日本農地改革と農地委員会

「農民参加型」土地改革の構造と展開

福田勇助

日本経済評論社

目　次

序章　本書の課題と構成

1　問題意識と課題

敗戦直後の農地改革は，実質的にわずか２年という短期間のうちに流血の大惨事をみることなく比較的平穏無事に，全国約１万1,000の市町村においてほぼ計画どおり実行された。日本農地改革がなぜ可能であったのかについては，戦前・戦時および戦後にわたる諸要因が指摘されてきた。まず改革の歴史的前提としては，戦前・戦時期における地主抑制的な農地政策の蓄積，地主的土地所有の後退，小作争議の展開とそれに伴う農村社会の変容などがある。戦後の要因としては，敗戦による体制転換と日本側からの第一次改革への着手，これに対する占領軍の外圧下での急進的な第二次改革法の成立，改革実行過程における日本政府の行政活動と農民運動の高揚などが指摘されてきた。しかし，いかに厳格な法令が準備され，改革に向けた政策や外圧があったとしても，法令を確実に執行する改革遂行力が末端農村に存在しなければ改革は不可能だったであろう。筆者はこれまでの農地改革に関する調査研究を通して，改革現場となった農村への国や都道府県の介入は意外に少なく，改革は市町村農地委員会を中心に農民たちの手で秩序だって遂行されたという印象を強くもっている。もちろん市町村によっては，階層対立等から委員会運営が紛糾し，行政当局と連携して問題を解決した事例もあり，なかには農地委員会が解散命令を受け，さらに知事の権限代行措置がとられた事例もあった。しかし，そうした事例をもって日本農地改革の一般的特徴とすることには無理がある。多少の紛糾のために行政介入を受ける事例があったとしても，末端農村における改革事業の大部分は農民たちの手で遂行されたというのが実態に即した見方であろう。

本書の課題は，この市町村農地委員会の活動，性格および機能の分析を通して，農地改革実行過程の特質を明らかにすることにある。農地委員会は農民のなかから選出された農地委員を中心に，事務局にあたる書記，農地調査等を担当した部落補助員からなっていた。この点を重視すれば，日本農地改革は「農民参加型」土地改革の一形態であったとみることができる。ここで「参加」とは農地委員，書記，部落補助員らの直接参加だけでなく，農民組合等の改革推進運動，耕作農民の自覚と行動，非公式の協力者のほか地主層の不本意な消極的参加も含む。こうしたさまざまな利害をもつ農民各層の改革への参加を可能にし，保証したのが農地委員会であった。農地委員会は「農地の耕作者又は所有者が一人の洩れなく農地改革に参画するための媒介物」[1) とされたのである。

2　改革実行過程の諸特徴

日本農地改革の大きな特徴の一つは改革実行機関である農地委員会が市町村単位に設置され，これに対応して改革事業が地域完結的な「村レベルでの改革の実施」[2) という実体をもっていたことである。農地委員会は全農民を小作，地主，自作の３階層に区分し，それぞれの代表委員を選出する階層代表制というユニークな選挙制をとっていた。小作５人，地主３人，自作２人という構成は第二次農地改革法の立案過程で固まったが，実際の委員選出では農民が居住する部落（ないし大字）の寄合で適任者を選出するという部落代表制も貫かれていた。所属階層に若干の違いがあっても適任者を部落から選出することが優先される場合もあった。したがって委員構成は階層代表原理とともに部落代表原理も内包していた。一方，他市町村との関係では地主の在・不在の認定基準が居住市町村に置かれ，委員会の権限行使が自村内に限定されていたため他村との権限の衝突は原則的にありえなかった。所有者であれ耕作者であれ他村の委員会運営に関与することは遮断され，自村の農地改革だけに参加することができた。ここに「農地委員会システム」が刻印づけた地域完結的な「農地改革の型」の根拠があった[3)。唯一の例外は地理的条件等から他村の農地を自村の農地とみなす隣接市町村特別地域指定であるが，その全国実績は低調であった。

しかし，この地域完結性は前近代的な農村社会の閉鎖性を意味しない。ここで政策的に含意されていたのは，定住性が強く近隣相識の関係にあり，農民相互の監視と規制のもとでさまざまな問題を処理してきた地縁集団が有する自主的な問題解決能力や調整機能を改革事業に取り込むことであった。農政当局は，当初から「農地の調整は農村民の自主的活動と協調に依って推進せらるべきもの」[4]と考えていた。この政策意図は農地委員会を行政委員会として制度化したことにも表れた。行政委員会は行政機構民主化の一環として戦後わが国に導入されたもので，農地委員会のほかに労働委員会，公正取引委員会，証券取引等監視委員会，公安委員会等がある。これらの委員会の特徴は既存の行政機関から相対的に独立し，短期間に特定の行政目的を遂行することにある。委員会の意思決定は会長および委員の合議を原則とし，目的達成のために「行政作用」とともに「準立法的作用」，「準司法的作用」を行使する強力な権限が与えられた[5]。行政委員会のこうした制度的特質は，改革遂行にあたって，農地委員会が農村社会固有の行政，立法，司法の自治機能を発揮することを可能にしたという意味でとくに有用であった[6]。改革現場である農村自体が買収・売渡方針の策定，農地調整，異議申立等の処理の場であったからである。法令の枠内で一定の自由裁量の余地が与えられたのもそのためであり，農政当局によっても「自作農創設特別措置法の運用は大体農地委員会にまかされておる」[7]とされたのである。

農地委員会は，戦時農地統制機関としてすでにほぼ全国市町村に設置されていた戦時期農地委員会を制度刷新し継承したものであった。買収，売渡計画の樹立は農地諸権利の移動統制，転用統制を不可欠としたが，このことが戦時期に自作農創設に関与してきた統制機関を改革実行機関として再登場させる一因となった。農地委員会は戦時期の臨時的な統制機関であることを超えて，政策の理念や目的が転換する農地改革期にも改革実行機関として利用可能な政策上のポテンシャルをもっていた。それは農地委員会が，もともと農地の所有，貸借，利用の調整・管理において地縁集団を活動基盤としていたことに基づいている。農地委員会は単に法令により規定された行政機関であるにとどまらず，属地的な地縁集団固有の機能組織を有効に組み込む改革実行機関として構想されていた。戦時期と改革期の農地委員会における連続性と非連続性が問われるのはこのためである。ただし，その検討にあたっては，制度の異同だけでなく，戦時期の応召，徴用等による労力不足下の一時的貸借や耕作放棄，敗戦後の引揚者，失業帰村者等による人口急増下の土地不足という両委員会を取り巻く客観条件の対照的差異にも留意しなければならない。

3　村の改革実行体制と農地調整

農地改革研究はすでに膨大な量に達している。しかし，その多くは改革の歴史的前提や歴史的意義あるいは世界史的位置など客観的条件の把握に重点が置かれ，末端農村において改革を遂行した主体的条件の解明は相対的に立ち遅れている。もちろん，これまでにも農地委員会に触れることがなかったわけではないが，その多くは第一次，第二次改革における委員会の制度上の差異が指摘されるにとどまり，改革実行機関という位置づけ以上の積極的論及はみられなかった。これまでの数少ない農地委員会論を振り返ると，委員会を改革前の旧秩序に牽制される従属的存在とみる見解[8)]と，農民運動に支えられ農村社会の新秩序を創出する変革主体とみる見解[9)]という両極端の見方が併存してきた。また最近では農地委員会の国家機関としての性格を重視し，委員会の自主判断範囲の狭さを指摘する見解がある[10)]。さらに戦前期の小作争議先進地域では改革がスムーズに進行するのに対し，争議後進地域では改革遂行能力が欠如するため，改革実行過程で階層対立が激化し委員会運営が紛糾するという見解もある[11)]。詳しくは以下の各章でそれぞれの主題に即してみていくが，これらの見解はいずれも農地委員会の一面を照射しているが，その全体像に迫るにはなお検討すべき課題が残されている。その最たるものは，改革実行性の確保や改革に伴う衝突の緩和に寄与した村の改革実行体制や農地調整についてである。

農地委員会は国家機関であったにもかかわらず，その構成員は国や都道府県の役人ではなく買収や売渡に直接かかわる利害関係の当事者たちであった。それは多くの発展途上国の土地改革に関する委員会に行政機関の役人が含まれるのとは大きく異なっている。たとえばフィリピンでは農地改革の対象地の地価決定に関する委員会に行政機関の役人も含まれ，役人の地主への妥協による高い地価決定が農民の地価償還を困難化し農地改革を阻害してきた[12)]。日本では末端農村における改革への参加者は農民だけであった。政府は，農地委員会が法令に基づき買収・売渡計画を樹立することを立法化したが，政府自らが改革現場で直接指揮をとることはなかった。そこには2つの意味があった。一つは前述した地縁集団が有する問題解決能力や調整機能の政策的重視であり，いま一つは既存行政機関の行政能力の限界である。後者については，国や都道府県が農地行政に有能な役人をいかに多数擁していたとしても，彼らが全国約1万1,000におよぶ市町村の膨大な改革実務を直接担うことは不可能に近いという実状があった。末端農村の農地・農家事情を知悉する農民自身あるいはその代表者が農地問題解決の直接的担い手になるほかなかった。国家事業である農地改革が「農民参加型」改革とならざるをえない理由はここにあった[13)]。

この点に関して重要な意味をもっていたのが，委員会運営に在村地主の参加を保証したことである。地主階層の参加は，自作階層の参加とも相まって，改革を全農民が参加する「村の事業」たらしめたが，それは改革の受益者である小作階層の参加だけでは実現しえないものであった。農村における所得源泉としての農地および社会的地位の再配分を特定階層の資産消滅を通じて実行するには，その「被害者」を実行過程に参加させ改革を受け入れさせる必要があった。「三階層が出ることにより穏健に事を進め得るであろう」[14)] という農政当局の見通しは，全階層農民の参加によってこそ，農地改革が大きな混乱や衝突なしに進むという認識の表れであった。地主の抵抗がなかったわけではないが，在村地主の多くは若干の小作地引上げや優等小作地保有などと引き換えに農地委員会の決定に服した。彼らは消極的にではあるが村の農地改革を受け入れ，あからさまな反対行動を示すことは少なかった。全国的にも被買収地主のうち農地委員会の決定に異議を申し立てたのは少数であり，都道府県農地委員会にまで訴願におよんだ地主はさらに少数であった[15)]。これらは改革の地域完結性，当事者主義，農民参加を原則とした農地委員会システムがもたらした政策効果であり，その検証や評価が改めて必要となる。

しかし農地委員会が有効に機能し所期の目的を達成するには，末端農村における改革実行体制の整備を必要とした。具体的には，委員会の会則や議事規則の策定，委員および補助員の部落別配分，専任・兼任書記の選定，村役場や農業会との協力体制の構築，正式の委員会会議に先行する村と部落を通じた協議会の開催のほか，村によっては農地委員会と農民組合の連携機構や地主団体との交渉機構が整備され，農民組合支部も設置された。これらはいずれも委員会運営を下支えする農民の自己組織化過程であり，その形態や組織範囲に偏差があるとはいえ，どの村でも取り組まれた。また，そこに各村の農地改革への対応論理が表出された。村によっては，改革過程の一時的紛糾の後に実行体制が見直されることもあった。改革実行体制の整備は綿密な農地・農家調査や農地移動統制のために必要であり，そのうえで買収・売渡計画の樹立や農地調整も可能になった。

農地調整では，戦時中の応召等による労力不足対応や敗戦後特有の事態への対応など，村民が納得する適切な農地移動が農地委員会に求められた。小作地引上げ審議では戦時中の一時的貸借の整理だけでなく，敗戦後における当事者の耕作能力，家族人数，兼業所得の有無，生計状態など世帯属性を斟酌した農地適正配分も課題となった。小作地引上げには地主の抵抗という意味だけでなく，円滑な改革遂行のための調整という意味もあり，個々の引上げが最終的にどのような基準で処理されたのかを検討する必要がある。同様のことは耕作権移動にもあてはまる。どの土地を買収しどの土地を地主保有地とするか，誰にどの土地をどれだけ売り渡すのかも，買収・売渡における調整課題であった。また農地調整は貸借関係にある当事者間だけで処理されるとは限らず，村全体の買収・売渡計画と関連づけて処理されることもあった。改革の諸事業・諸法令を個々別々にではなく，それらを組み合わせて処理した調整活動を見落してはならない。

改革実行性の確保において農民運動が果たした役割も見逃せない。敗戦後，多くの農民組合等が生まれたが，1946年12月末の農地委員選挙に際して農民組合は委員会運営の主導権を獲得すべく委員や書記らを送り込んだ。この過程では，戦前期の運動経験者が生存する村では彼らが主導的役割を果たした。戦前期の小作争議は農地改革に直結したわけではないが，争議による地主小作関係の変容は農地改革の受容基盤となった。また戦後農民運動の高揚は，それが事後的であったにせよ，改革遂行力を成長させたことを過小評価してはならない。戦後農民運動の高揚を，戦前期農民組合が最高組合員数を示した1927年と比べると，46年６月には組合数，組合員数ですでにそれを凌駕し，47年６月には戦前の最高水準の５倍以上という「本格的な大衆組織」[16] となった。47年に農民運動組織のある市町村数は9,718となり[17]，農地委員会総数のほぼ９割に達した。農民組合の多くは市町村単位に結成され，農地改革の地域完結性とも符節していた。なかには部落単位の組合もあったが，委員会設置後に村一円組織に単一化する方向を辿った。敗戦直後の農民運動は農地改革だけを目的としたのではなく，食糧供出対策や生産力対策にも取り組んだ。むしろ全農民の共通利益問題に取り組んだことが，村ぐるみの急速な農民組織化を可能にした。

4　政策と外圧

「農民参加型」土地改革は，政府が農地改革の実行を農地委員会に丸投げしたことを意味しない。政府にも，改革完遂のための最大限の行政努力が求められた。行政機構の大幅な拡充と増員，日本中の全農民に対する改革法令の宣伝普及活動，農林官僚自らの地方講習会への出席，農地委員や書記らを一同に集めた地方別法令説明会の開催などの行政努力が払われた。また改革が進捗しない不良委員会に対しては，都道府県農地課が査察班や指導班を送り込むなど，前例のない行政活動が要求された。その活動も，村民大会や部落座談会の開催を通じて改革遂行力を向上させることに重点が置かれた。

こうした特異な改革実行方式は，敗戦直後における日本社会の不安定化に対する一部為政者の危機意識を反映していた。農地改革が敗戦直後の経済的，社会的，政治的な危機的状況のなかで，危機回避策として断行されたことは改めて指摘するまでもない。第一次改革法案を提出した幣原内閣の農相，松村謙三は，食糧供出と農村安定化のために「農民に安心を与えることだ……出来るだけ自作農を創設する」と決意し，農業統制機関であった農業会を「農民の心に返さなければならない」[18] と，農民の自主性喚起による忠誠調達を強調した。さらに松村は農地改革について，「これをやらないと日本の農村は立たないし日本の国は立っていかない」と力説し，後には「農村の共産化を防ぐ目的だけは達成された」[19] と回顧した。危機の回避は政治的には保守と革新の一時的連携による危機管理内閣を出現させた。「私は保守です。だから農地改革は……やりたくない」[20] と語った吉田茂が，結局は農地改革を受け入れ，第二次改革法案を提出した第一次吉田内閣の農相に紆余曲折の結果，革新官僚左派といわれた和田博雄が就任したことは周知の事実であろう。危機回避は失敗することのない，しかも後戻りしない確実な改革を要求した。差し迫る食糧危機の対策，大量の引揚者，失業者の帰農対策のためだけでなく，すべての植民地の喪失，壊滅的打撃を受けた工業生産がただちには回復しえない見込みのなかで，日本経済再建の鍵となった農業復興のためにも農地問題の解決は急務であった。この緊急性の高い政策課題を一挙に解決するには，既存の行政機構による通常の法令執行体制では不十分であり，上からの政策課題を農村で確実に実行する下からの改革遂行力を必要とした。それを担ったのが農地委員会である。

しかし日本側農林官僚の農地委員会構想は，当初，司令部の天然資源局（NRS）の担当官に，日本政府が農地改革に直接関与しないという印象を与えた。司令部のこの不信は，農林官僚との折衝や彼ら自身が指揮した実地調査を通じて解消されていく。ただし，それは農地委員会の制度刷新というよりも，NRS の日本農業・農村に対する理解の深まりによるものであった。アメリカ対日占領が日本の行政機構を介した間接統治方式であったことも，急進的な第二次改革法の成立にとって有利な条件となっていた。この場合，日本側では，行政官庁は立法化された法律を執行する行政機関であったばかりでなく，立法府に上程される法律（原案）の立案機能も果たす機関であったことが重要な意味をもっていた。農地改革の断行は占領軍の外圧を必要としたが，改革プログラムの策定過程では日本側農林官僚の意向も反映された。事実，NRS との折衝に当った一農林官僚は「われわれは敵を利用した」[21] と語ったように，第二次改革法の立案過程では占領軍権力を日本側が「利用」するという場面もあった。この「利用」がもたらした占領軍権力という農林官僚の後ろ盾が，守旧派が多い立法府を抑え込む効果を果たしたことはいうまでもない。この事実は，日の目を見なかった戦時農地行政の蓄積が，占領下において一挙に政策効果を発揮することを可能にしたことを示している。もっとも絶対権力の「利用」は，戦時期にも有事を逆手にとった地主抑制的な農地政策において，すでにその基調が現れていた。戦後改革期には，そこに占領という要素が加わることにより，この基調が一層明確となる。農地委員会による「農民参加型」土地改革も，この一環として成立する。

5　農村新指導層の形成

農地委員会について，もう一点見落とせないのが，委員会運営の副産物ともいうべき農村新指導層の形成である。農地改革が耕作農民の利益を実現した結果，改革遂行にかかわった農地委員，書記，農民組合幹部らは改革後も一貫して農民利益を追求・実現する新指導者として村民から指導的地位を与えられる場合が多く，農政活動や村政の主要な担い手となっていった。彼らにとって，委員会運営の経験は行政能力や政治力を涵養する機会となり，改革後に指導的地位を獲得する有力な訓練の場となった。従来の農地改革研究で比較的等閑視されてきたこの問題を検証することも本書の課題の一つである。それは単なる個人的ヒストリーの追究ではなく，改革後の彼らの経歴や行動に即して農地改革の歴史的意味を探ろうとする試みである。また，これは改革期の中心人物を改革後の新指導層に押し上げていく耕作農民が農地改革をどのように受け止めたのか，その中心人物に即して戦後農村における変革主体の構造と再編の意味内容を明らかにすることにも通じる。

6　本書の構成

以上のような農地委員会をめぐる研究史上の主要な論点とその問題背景を射程に入れて本書の構成を示せばおよそ次のようになる。

第1章では，改革実行機関となる農地委員会の形成過程を，戦前・戦時期の農地政策から戦後の第一次，第二次改革法の立案過程の検討を通じて跡付ける。戦前・戦時期の農地政策については，すでに一定の研究蓄積があるが，戦前・戦時期から第一次，第二次改革を通じた農地委員会の制度形成の経緯は必ずしも明確ではない。農地委員会の制度史研究の焦点は，一方では戦時期農地委員会の政策構想が改革期農地委員会の何を準備したのか，他方では改革期農地委員会は戦時農地統制の遺産をどのように継承していたのかという点にある。とくに第一次，第二次改革の農地委員会については，日本側農林官僚が構想した改革案や司令部担当官との折衝過程で，日本の農地改革に適合した改革実行機関がどのような曲折を経て決定されたのかが主要な論点となる。

第2章では，改革過程における農地委員会の活動を若干の統計資料や府県別『農地改革史』等により検討する。改革期の小作地引上げ，農地委員の選挙とリコール，遡及買収，異議申立，訴願に表れた農地委員会活動の地域差を，戦前期の地主的土地所有後退や小作争議展開の地域差との関連で分析する。地主的土地所有が後退し耕作権が確立していた地域と未確立の地域では小作地引上げや農地委員選挙などで明瞭な差異があり戦前・戦時期の要因が作用していたこと，また都市部の異議申立や訴願の多さなど戦前・戦時期の要因では説明しえない問題があることも指摘した。本章の目的は，全国的定量観察を通して，個別農村の事例分析に有効な視点を得ることにある。

第3章以下は個別農村の事例分析であるが，それらの各章では第1章，第2章でみる農地委員会の一般的性格とともに，各村の農地改革を特徴づける個別具体的な問題を通して，農地委員会の諸側面が浮かび上がってくる。対象地は水田稲作中心の村と畑作・養蚕中心の村，山間部を擁する村と都市近郊の村，大地主が居住する村と中小・零細地主が堆積する村，農民組合組織の強い村と穏健な村，農民組合未結成の村，改革が一時的に紛糾した村と順調に進行した村など，改革期農村の多面性を反映している。

まず第3章では，戦時期と改革期の2つの農地委員会を対比する。同一農村におけるこのような対比は，資料的制約もあり，これまでほとんど行われてこなかった。焦点は，この2つの農地委員会それぞれの設置経緯，委員構成，事業内容とその実績に置かれ，とくに事業実績については小作料適正化，自作農創設，農地集団化目的の交換分合に着目する。これらの事業は戦時期において県当局の強圧的な行政指導とともに村民の内的自発性が介在するものもあり，各事業が改革期農地委員会へとどの程度継承されるのかが問題となる。また改革期においては，改革を主導した指導層の社会的資質，農地委員会と農業会の関係，農地委員会に対する県当局の行政指導に変化がみられる。これらの事態を通じて，前述した戦時期と改革期の農地委員会における連続性と非連続性の併存状況を明らかになる。

第4章は，改革当初は改革実行体制の整備が不十分で地主主導で運営されていた農地委員会が，農民組合が村内を席圏するに及んで小作側主導に転換するという事例である。この実行体制の変化は，その後の委員会運営を円滑にするが，それは小作地引上げの審議結果の見直し，これに続く異議申立・訴願の処理内容に表れる。これら異議申立と訴願を個々のケースに基づき詳細に検討することにより，農地委員会の問題解決過程の特徴を明らかにする。本章の異議申立・訴願の分析では，第2章の全国的な定量的観察では見えない農地委員会の司法的な権限行使の具体像も浮上する。全国的には異議申立の大半が村段階で解決されるが，その背景に何があったのかが問題となる。これについて本章では異議申立人のうちどのような社会的特性の地主が村内の決定や調整を受け入れず訴願におよぶのか，農地委員会の権限行使局面における法運用とその判断根拠に注目して検討している。また訴願については，村農委と県農委のやりとりを案件ごとに検討し，村と県を通じた農地委員会システムの政策効果を考察する。

第5章と第6章では，戦後改革期における農民組合運動の性格と活動を分析する。まず第5章では，結成当初は全階層の共通利益問題に取り組んだ組合が，農地改革直前に至って自小作・小自作・小作層主導の組合に純化し改革遂行力を高めていく過程を概括したのち，それが農地改革後の自主的農民組織にどのように継承されるのかを分析する。分析の焦点は，階層利益と全農民の共通利益問題の分岐と，その担い手の変化に置かれる。具体的には改革後の農村電化，農業機械化，土地改良などの農業改革および農政活動の担い手形成過程を明らかにする。この問題は，改革期における新指導層の形成を戦後農政活動の担い手形成史として位置づけなおすことでもある。第6章では，従来，ほとんど検討されてこなかった郡段階の農民組合連合会の活動を取り上げる。郡連合会の活動が支部町村の農地改革にどのように関与したのか，また当時の食糧供出，税金問題，農協設立をいかに主導したのか，そこに支部町村の意向がどのように反映されたのかが主な検討課題となる。それらの諸活動の分析を通して，改革期後半に進行する農民運動と農政活動の分岐，前者から後者への移行過程の論理を考察する。本章では，地域完結性をもっていた農地委員会の活動に対して郡農連の指導や関与には限界があったことも明らかにする。

第7章では，小作地引上げと耕作権移動を中心に農地調整の諸形態とその論理を考察する。問題の核心は，改革期における農民各層の異なる諸要求の調整基準がどこにあったのかという点にある。農地調整では戦時中の一時的貸借の事由，専兼業や世帯員数の変動も考慮されたが，過剰人口圧力と有限な農地面積が調整を困難化した。そのため未墾地開発を進める一方，小作地引上げと引き換えに地主保有地の限度以下への切り下げ，零細農への開墾地分与，共有地や村有地の解放，耕地条件の優劣均等化，農家新設防止など，弾力的な法運用による多様な調整が行われた。これらの調整が農民組合の土地共同管理，農民組合と地主会との交渉という改革実行体制のもとで可能になったことも明らかにする。本章の事例は，農民組合と地主会の対立は，それが村の改革実行体制を共有する対立であれば改革の阻害要因にはならないことを示している。

第８章では，農地改革期における経営規模調整と買受機会公正化目的の交換分合を中心に，農地移動の調整論理を考察する。敗戦期農村では，専兼業，世帯員数，所得水準のほか不耕作地主，引揚者，失業帰村者などの多様な村民構成のもとで，世帯属性に応じた農地適正配分が改革遂行上の問題となっていたことを明らかにする。そのうえで改革に伴う利益と不利益をできるだけ均等化しようとする農地均分化という経営規模調整に取り組んだ事例をもとに，経営規模を縮小する協力者と拡大する被協力者がどのような基準で選定されたのかを明らかにする。選定指標として買受率，自作化率という概念が，村民にどのように適用されるのかを解明する。この均分化の線上で買受機会公正化目的の交換分合も実施されたが，その実績が低調となる要因も検討している。

第９章では，改革実行過程で生起した「地域」間の対立問題を分析する。具体的には，①駅建設敷地をめぐる村内部落間の対立，②隣接市町村特別地域指定をめぐる町村間の農地拡大・縮小をめぐる交渉，③旧軍需工場所有農地の買収をめぐる農業的利害と非農業的利害との対立の３事例を対象とした。これらの事例は，それぞれ固有の問題を契機に地域間対立を惹起させたものであるが，そこには地域農民の利益確保要求と農地委員会の権限行使の確執とともに，階級・階層問題とは位相を異にする「地域」問題に直面した農地委員会の処理能力や調整機能の限界面も映し出されている。

第10章では，都市近郊農村における農地改革の特質を検討するとともに，改革後比較的早期に現出する近郊農村の地域開発に伴う土地問題との関連で農地委員会の独自の機能を分析する。ここでは農地委員や書記を経験した新指導層が，改革後，とくに高度成長期の地域開発過程においてどのような役割を果たすのかに注目している。改革後の新指導層については他の章でも取り上げているが，改革後10年足らずのうちに非農業部門からの激しい土地需要に見舞われる都市近郊農村では，新指導層が農地改革期とは正反対に農民から農地を切り離すという役割を果たすことになる。

事例分析では各町村固有の問題とともに，町村間で比較可能な共通問題もある。その主な論点は，農地委員や書記の構成，村の改革実行体制，農民組合の活動，農地調整の諸形態，異議申立や訴願への対応，新指導層の形成などである。これらの分析により町村間における農地委員会の性格や機能の比較とともに，委員会の政策効果に関する一般的考察も可能となる。その効果は改革の実行性（徹底性と円滑性）の確保，改革に伴う混乱や衝突の緩和，抵抗・不満行動の極小化と事務手続化，改革推進運動の改革業務への解消，新指導層の形成などに整理される。以下，これら共通問題に留意しつつ事例分析を進める。

注

1）L. I. ヒューズ『日本の農地改革』農林省農地課訳，農政調査会，1950年，116頁。本書で農地委員会とは第二次農地改革の市町村農地委員会を指すが，単に委員会または農委と略記することもある。
2）W. I. ラデジンスキー（ワリンスキー編）『農業改革　貧困への挑戦』齋藤仁・磯辺俊彦・高橋満監訳，日本経済評論社，1984年，377頁。
3）大和田啓氣『秘史　日本の農地改革　一農政担当者の回顧』日本経済新聞社，1981年，「まえがき」。
4）和田博雄『農地調整法の解説』（農地改革資料編纂委員会『農地改革資料集成』第一巻，1974年，農政調査会，所収）1003頁。
5）東京大学社会科学研究所編『行政委員会　理論・歴史・実態』日本評論社，1951年，4頁。
6）日本農村が行政・立法・司法の自治機能をもっていたことについては，齋藤仁『農業問題の展開と自治村落』日本経済評論社，1989年，189頁などを参照。
7）前掲『農地改革資料集成』第三巻，1975年，907頁。
8）我妻栄・加藤一郎『農地法の解説』日本評論社，1947年，300頁。
9）愛甲勝矢「農地委員会論」日本農村調査会『農業問題』第4号，1948年，68頁。
10）川口由彦「農地改革法の構造」西田美昭編『戦後改革期の農業問題』第2章第1節，

日本経済評論社，1994年，178頁。

11）　庄司俊作『日本農地改革史研究』御茶の水書房，1999年，第２章など。同書は農地改革の地域類型を戦前期小作争議の地域差と関連づけた点で農地改革研究を大きく前進させた。ただし，争議後進地域における改革遂行能力の低さが，同地域における最終的な改革の徹底性とどのように関連するのかが説明されていない。改革期の激しい階層対立を経験しながら改革遂行能力が急成長することを評価する必要があると思われる。

12）　滝川勉『東南アジア農業問題論』勁草書房，1994年，239頁。

13）　改革への農民参加を部落補助員の活動と関連づけて捉える見解がある。西田美昭「戦後改革と農村民主主義」東京大学社会科学研究所編『20世紀システム５』東京大学出版会，1998年，92～93頁。同様に部落補助員の活動を「ムラの参加」として捉える見解もある。岩本純明「農地改革」同編『戦後改革・経済復興期Ⅱ』戦後日本の食料・農業・農村第２巻Ⅱ，農林統計協会，2014年，56頁。筆者は，部落補助員だけでなく農地委員の部落代表制や村の改革実行体制整備を含めて全農民の改革への参加を重視している。

14）　和田博雄「農地改革講習会に於ける和田農林大臣講話」和田博雄遺稿集刊行会『和田博雄遺稿集』農林統計協会，1981年，105頁。

15）　異議申立，訴願の全国動向は第２章でみるが，その件数が少数にとどまったことについては野田公夫『日本農業の発展論理』農山漁村文化協会，2012年，176頁などを参照。

16）　農地改革記録委員会編『農地改革顛末概要』農政調査会，1951年，1045頁。

17）　前掲『農地改革資料集成』第十一巻，1980年，1002頁。

18）　前掲『農地改革資料集成』第一巻，64頁。

19）　同上，第一巻，124頁。

20）「“対談”農地改革を語る」前掲『和田博雄遺稿集』123頁。

21）　東畑四郎他「農地改革の再評価によせて」暉峻衆三編『農地改革論Ⅰ』昭和後期農業問題論集１，農山漁村文化協会，1985年，314頁。

〔補注〕　本論文で取り上げる個別農村の事例分析では本人またはその遺族により了承を得た場合は個人名を記すが，それ以外は適宜アルファベット表記する。

第1章　戦前・戦時・戦後における農地委員会構想と改革実行性の確保問題

──「農民参加型」土地改革の形成過程──

はじめに──問題背景と課題──

本章の課題は，戦前・戦時期に構想・制度化された農地委員会が敗戦後どのような曲折を経て再登場するに至ったのかを，日本側農政当局の政策構想を中心に検討することである。農政当局の言説や資料には，ときとして抵抗勢力への配慮から政治的バイアスを含むものもあれば，逆に本音が示されるものもある。検討にあたっては，こうした点にも留意しなければならない。予め各時期の主な検討課題を示せば以下のようである。

戦前期，とくに大正期後半から昭和恐慌期にかけては，農地委員会が農業・土地問題のいかなる局面において構想されたのかがまず問題となる。そこで課題は，戦前期農政上の「思想的大転換」[1]とされる小作問題対策から農地問題対策への政策基調の転換のなかで，農政当局がなぜ農地委員会を必要とするに至ったのかという点に絞られる。また，それはこの時期の土地政策を農地委員会の成立前史という視点から再構成することでもある。

次に検討すべきは，農地調整法（1938年）により農政当局が法制化した農地委員会に対する，彼ら自身の認識や指導方針についてである。戦時期農地委員会の事例分析はきわめて乏しく，その活動についても，消極的評価[2]と一定程度の積極的評価[3]といった相反する見解が並存している。またその活動に大きな地域差があるものの，地道な活動が戦時末期の自作農創設事業拡大の背景になったという評価もある[4]。筆者も設置当初の停滞期を経た後の活動期においても事業別に相当な実績差があることを指摘した[5]。戦時期農地委員会に対する政策構想の検討に際しては，これらの多様な見解に示される諸側面のうち，何が改革期農地委員会に継承されるのかが主要な論点となる。

敗戦後，農政当局は戦時期農地委員会を農地改革の実行機関として活用しようとしたが，その意図を彼らの政策構想を中心に検討することがこの時期の課題となる。その場合，日本側が立案した第一次改革法の独自の意義を，その限界も含めて正当に位置づける必要がある。農政局原案や農地審議会では，農政当局の政策意図が明瞭に示されていたが，閣議や議会では在村地主の小作地保有限度だけでなく農地委員会についても修正が加えられた。この修正が司令部による第一次改革法拒否の一因となるが，そこには第二次改革法に通脈する農地委員会による改革実行性の確保問題が伏在していた。

農地委員会の活用は，司令部の第一次改革法拒否により一旦挫折するが，それが第二次改革法立案過程のいかなる局面で復活するのかが次の検討課題となる。近年，農地改革に関する降伏以前のアメリカ対日占領政策の研究や占領期のGHQの記録を踏まえた回顧や著書の公刊により[6]，日本側資料を突き合わせた農地改革論の再構成が可能となっている。ところが農地委員会については，降伏以前の対日占領方針の検討，「降伏後における米国の初期の対日方針」，「初期の基本的指令」，「フィアリー文書」，「農地改革に関する覚書」等には，末端農村の改革実行機関や実行性確保に関する論及は見当たらない。敗戦直後に占領軍が持っていた絶対権力が農地改革に果たした役割は疑問の余地がない。だが，占領軍権力を一般的に論じるだけでは不十分であり，改革事業全体のどの部分でどのような圧力が加わったのかを具体的に検証する必要がある。農地委員会についてもその例外ではない。

こうした課題設定の背景には，戦時経済統制の手法は政策目標が転換する戦後改革の遂行にも継承され有効に機能したという問題が伏在している[7]。農地委員会についても同様であり，改革期に制度刷新されるとはいえ，戦時農地統制を担ってきた農地委員会は戦後改革期に否定されることなく改革実行機関として再生された。それは「新型組織の登場」でもなく，旧組織の「看板のぬりかえ」でもなかった[8]。戦時期農地委員会は委員構成や権能などで重要な改変を要したとはいえ，農地改革期にも利用可能な政策装置であった。このことは戦前来の農林官僚らの農地委員会をめぐる政策の方向と内容が，日本農業の土地問題の解決に適合した実践的な政策装置をつくり上げてきたことを裏付けている。本章では，戦前・戦時期の農地政策を法制定には至らなかった法案や計画も含めて，改革実行機関となる農地委員会がどのように「政策ストック」として形成されたのかという視点から取り上げる。占領下の農地改革の実行にあたって，それが一挙に「ストック効果」を発揮することになるからである[9]。したがって，以下ではすでに通説化している農地政策については詳述を避け，もっぱら農地委員会に焦点を絞ることにする。

第１節　土地問題の性格変化と農地委員会の構想

1　小作立法の企図と挫折

1920（大正９）年11月，原敬内閣のもと農商務省が諮問機関として小作制度調査委員会を設置することで，日本政府による初めての本格的な土地政策が小作立法の企図として始動する。農務局内では農政課小作分室を中心に農林官僚や研究者らによる小作法の立案作業および各種の調査研究が行われた。調査研究は国内の小作慣行調査だけでなく諸外国の土地法制研究にもおよんだ。それらの成果は農務局が作成した「小作法案研究資料」に集約され，立法化はこれを原案とし小作制度調査委員会が小作法，小作組合法を審議するという形で進められた。しかし審議は，同委員会が保守勢力の地主的意見が多数を占めるなかで難航し，1921年において原案は３次にわたる改変を受け，それでもなお成立の目途が立たないという状態が続いた。とくに第３次小作法案研究資料は，突然，東京・大阪両朝日新聞に幹事私案が掲載され，小作法反対の地主的世論を喚起するにおよんで，委員のなかからも全面的修正意見が提出された。この第３次資料は，その後，作成者である石黒忠篤・小平権一両幹事により「公表されるべき筋合いにあらざる」[10] ものとして「小作法幹事私案」と称されることになる。ともかく，この一件により原案が地主層の反発を大いに買うものであったこと，そうした原案を農政当局が作成したばかりでなく，幹事として委員会の内側からも推進しようとしていたことが明らかになる。

この最初の小作法案（小作法幹事私案）は当時の小作事情のもとではきわめて急進的性格をもち，「その後政府部内で企画された何れの小作法案と対比しても最も徹底したもの」[11] と評されている。その内容は概ね次のようである。すなわち，①賃借権および永小作権を小作権という概念で統一化し，小作権は登記がなくとも第三者に対抗しうるものとする。②小作期間は最短15年（永年作物では20～50年）とする。③小作権の転貸は原則的に禁止するが譲渡の自由は認め，これを禁止または制限する特約は無効とする。④地主による小作権の消滅を著しく限定する。⑤小作地の収益が災害等の不可抗力により小作料額に満たないときは小作人の取り分が次年度の生計費と小作の継続に必要な額に達するまで減免を請求できる。⑥相当小作料の判定およびその他の小作関係に関する争議を判定する裁判権を有する小作審判所を新設する，などであった。物納小作料の金納化規定こそ欠いていたが，地主的土地所有の私権制限，小作権の確立という点で画期的な内容が盛り込まれていた。「地主ニハ気ノ毒デアッテモ小作人ノ保護ヲ第一トセネバナラヌ」[12] というのが小作立法の企図を貫く基本理念であった。

しかしながら地主的意見が多数を占めるなかで，小作制度調査委員会では小作法制定の企図は後退を余儀なくされていった。1922年２月の第６回特別委員会では，地主団体の要求を反映し，先の私案を骨抜きにしようとする修正意見が提出された。その主な内容は，①小作期間の短縮（普通小作で５年），②小作権譲渡の地主拒否権の容認，③小作人の先買権否定，④有益費の償還を予め地主の同意したものに限る，⑤小作権の消滅の場合における小作審判所の判定の拒否および審判所の介入制限など，地主側の権利擁護，小作権強化への反対が中心となっている。こうしたなかで小作法よりも自作農創定かあるいは小作調停という議論が浮上してくる。22年５月第７回特別委員会における横井時敬委員の発言「調停法ヲ先ニ出シタ方ガヨイ。小作法案デハ反動変革ガ大ニ過ギル虞レガアル」[13] が最終意見となり，流れは小作法ではなく小作調停法の制定へと傾斜していく。周知のように小作調停法は，後年は小作側に有利に運用されるが，当初は地主側に有利になると判断され1924年に施行された。ただし，同制度により道府県に小作問題を専門に担当する地方小作官・小作官補が配置されたことは，農林省による各地の小作事情の収集を可能にし，その後の土地政策の展開に大きな役割を果たすことになる。また国家資金の低利長期貸付を利用して小作地売却の意思をもつ地主が時価で有利に土地売却できる自作農創設維持補助規則も1926年に農林省令として発足した（第一次施設）。

一方，肝心の小作立法については，農林省は1926年に小作調査会を設置し再び小作法案の検討を開始する。調査会は同年10月に「小作法制定上規定スベキ事項ニ関スル要綱」，翌27年1月に「小作法中永小作関係ニ関シ規定スベキ事項要綱」，「旧慣永代小作整理要綱」を答申する。これを受けて農務局内では1927年の「小作法草案」，次いで31年の「小作法案」と一連の立案努力が続けられた。この二法案の詳細な検討は措き，ここでは次の点を確認するにとどめる。この両法案では，ともに小作権の物権化を図る小作権の包括的な実体規定が後退している。「小作法草案」では，小作権の消滅や放棄および地主による買取りは賃貸借の終了とみなされ，小作権の譲渡や転貸は否認され，有益費の償還請求は賃貸人の承諾した改良に限定され，期間の定めのない契約はいつでも解約できるとされた。期間の定めのある契約のみ賃借権の対抗力および法定更新，解約・解除の制限規定を設けた。「小作法草案」を修正した「小作法案」もこれらを継承していたが，請負小作について賃貸借とみなし，違法な小作契約を防止する規定が新たに追加された。むしろ両法案の共通点として注目されるのは，賃貸借の当事者の合意により小作料その他の小作条件の改定を請求しうる組織として小作委員会を規定したことである。これは先の小作審判所のような第三者機関による地主小作関係の調整や争議解決ではなく，賃貸借当事者の小作協約による地主・小作関係の調整組織であり，のちの農地委員会に連なる政策的淵源となる。「小作法案」は浜口民政党内閣のもとで第59国会に提出され，一部修正のうえ初めて衆議院を通過するが，貴族院では審議未了に終わっている。この時点で，着手して以来すでに10年余を経過していた小作立法の企図は政治の表舞台から姿を消すことになる。

2　小作立法から農地立法への転換

1931年の立法化挫折以降も，農政当局は小作法の研究を継続する。だが小作立法としての性格は後退し，これに代わって農地立法としての性格を強めていく。この政策基調の転換の背景には，昭和恐慌期に性格変化を遂げていった小作争議に対する農政当局の次のような認識が介在していた[14]。すなわち「最近農村不況ノ影響ヲ受ケ各地方共ニ争議ノ激増スルヲ見ルニ……従来ノ小作料減免ヲ中心トスル広範囲ノ団体的争議ヨリ土地返還ヲ中心トスル小範囲ノ個人的争議ニ移リツツアル」。「此ノ種ノ土地返還ニ関スル争議ハ……両当事者ノ生活自体ニ触ルル問題ナルガ故ニ極メテ深刻ニシテ其ノ解決モ一層困難ナリ」。ここでは争議の原因として,「地主ノ自作経営,小作地ノ売却,殊ニ負債整理ニ因ル自発的強制的ノ土地処分,小作料ノ滞納,地目ノ変換等ヲ理由トスル小作地返還」が注目されている。同時に「現行ノ法制ニ於テハ此等小作事情ノ変遷ニ適応セズ……小作ニ関スル特別法ヲ制定スルノ必要アリ」との立場から,「農村ノ安定及振興ヲ期スルヲ根幹トシテ農地制度ヲ確立スルヲ刻下ノ急務」という認識が示される。ここに土地返還争議を誘発させることのない「小作ニ関スル特別法」としての「農地制度」をめぐる法制化の流れが出現する。

周知のように,小作争議は1920年代から西日本を中心に頻発するが,それは主として自小作・小作中上層が主導する永久的小作料減免を要求する集団的な攻勢的運動として展開された[15]。小作料減免が主要な目的となったのは,都市労働市場の拡大のなかで賃労働者の所得と比較して農業所得が低位であるのは高率小作料に原因があり,それを引下げることが農業所得の増大になるという意識が小作側に醸成されたという事情がある。この争議の大半は妥協に帰結するが,なかには１～２割程度の小作料減額を実現する事例もあり,小作料減額基準の決定や離作料支払いの協定など小作条件の一定の改善,耕作権の確立,さらに地主・小作関係の協調を図る小作委員会等が成立する場合もあった。これに対して,1930年代には恐慌期の農産物価格の暴落下で地主の小作地変換要求に対して小作側の耕作権確保をめざす生活防衛的争議が主流となる。この争議は１件当り関係地主・小作人数や関係土地面積からみて個別的な地主・小作間で争われた小規模争議であり(図１-１),集団的運動に発展する契機を欠いた孤立分散的争議であった。それだけに争議件数は20年代よりも遥かに多く,主要な舞台を東日本に移しつつ全国的な拡大傾向を辿った。もっとも小作側からみれば,土地返還争議は20年代の攻勢的争議から受身的争議への変化を意味し,そこで現出した農家・農村経済の破綻が土地政策の転換を方向づけることになる。

図1－1　小作争議1件当り関係者数・面積の推移

資料：農林省農務局『小作調停年報』第一次・第二次，『小作年報』第三次，『農地年報』1940，41年。
出典：加用信文監修，農林水産業生産性向上会議『日本農業基礎統計』1958年，107頁。

恐慌期の米価や繭価の暴落のなかで小作人が恒常的な小作料滞納に陥る一方で，地主も小作地売却に踏み切るなど相当苦境に立っていた。そうしたなかで地主・小作間の土地争奪ばかりでなく，土地所有権の村外流出という事態すら生まれた。負債返還不能に起因する村外の金融機関や土地ブローカーへの土地流出を，農政当局は農村社会の危機と受け取っていた。恐慌末期に農林大臣に就任した山崎達之輔は，「土地売買ノ傾向ヲ見マスト……或ハ担保流レデアル。或ハ銀行ノ手ニ，或ハ町ノ人々ノ手ニ土地ガ流レ込ムト云フヤウナ場合ガ少クナイ」。「私ハ……農村ノ安固ヲ期スル為ニハ，出来得ル限リ農耕地ヲ農村人ノ手ニ収メルト云フコトガ一番大事」と発言した[16)]。ここで示された「農耕地ヲ農村人ノ手ニ収メル」ための土地管理組織の必要性が，1937年の「農地法案」における農地委員会構想を支える農政当局の関心事となる。また，それは農地改革期に至るまでの不在地主の排除という農政思想の源流ともなる。

この間を遡ると，1933年に作成された「小作問題ニ関スル件」のなかの「小作法ノ制定」において，すでに小作問題に対する政策スタンスには変化が現れていた。その内容は先の「小作法案」の趣旨を踏まえたものではあるが，「事軽微ニ失スル」[17)] ものや「他ノ立法ト共ニ考慮スルヲ適当ト認メタル」ものを「削除」

し，小作契約に関する規定をさらに簡略化したところに特徴があった。その内容の骨子は，①小作契約の第三者に対する効力，②小作契約の継続および消滅の場合の事項，③小作契約消滅の場合の賠償に関する事項などで，小作権保護の項目を厳選している。一方，削除されたのは，①小作条件の改定や小作料変更の請求権，②小作委員会，③小作関係の強制執行に関する事項などであった。そして，こうした変化が以下でみる「町村ノ農地所有管理計画案」と結びつくことにより，小作問題対策が農地問題対策のなかに吸収されていくことになる。

1934年に作成されたとみられる「山崎農林大臣時代・小作法及農地管理案審議経過」(農務局保存資料)[18]に収められた「町村ノ農地所有管理計画案」と「町村ヲシテ農地ヲ所有管理セシムル方策ニ対スル意見」は，恐慌下における農地所有権の村外流出という事態を受けて[19]，「農村流出防止及既ニ流出セシ農地所有権ノ農村還元ヲ図ル」ことを目的としていた。この計画では町村による農地所有権の取得方法として，①任意売買によるものとし国家がこれを助成するもの，②任意売買によるが国家が助成するとともに売買価格その他につき制限を設けるもの，③強制収用その他強制力を要するもの，という3種類が検討されている。これはすでに着手されていた自創事業の活用であり，とくに新たな立法を企図したものではないが，内容的には強制力を伴う農地取得により「農耕地ヲ農村人ノ手ニ収メル」という先の思想を実現しようとする手法が視野に入っていた。ここで自創事業の活用とは，町村が所有権移動に関与・取得したうえで，「直接農家ヲシテ小作セシムルカ又ハ利用組合其ノ他適当ナル団体ニ転貸シテ小作セシム」ということであり，安定的な貸借関係の設定を通じて農地流出を防止しようとするものである。この場合，所有権の管理主体を町村とすることは，農村内の任意組織（種々の利用組合等）が管理主体になることへの否認を意味した。農政当局は「利用組合等ノ農地所有管理ハ多少ノ実例アルモ何レノ地方ニ於テモ普遍的ニ之ヲ行フコトヲ得ルヤ疑ワシ……農地ノ農村流出防止及還元ノ為ニ之ヲ行ヒテ成功スルヤ否ヤハ猶未知数ニ属ス」と考えていた。主眼は，あくまで所有権移動を管理しうる強制力をもつ行政機関に置かれ，この機関により当面する課題を自創事業の一環として町村に担当させるという構想であった。村内の地主・小作関係の自主管理については，前述した小作委員会との関係がのちに浮上するが，町村の行政機関により所有権移動に関与する農地管理構想が恐慌期に胎動し始めていたことが注目される。

3　農地立法の企図と農地委員会

農地委員会という用語が農務局内で使用され始めるのは1936年6月頃からであり，国会の場に初めて登場するのは37年の「農地法案」の審議においてである。この間の検討経過は以下のようである[20]。農務局農政課は36年6月10日，「農地問題対策要綱」，「農地法要綱」，「小作調停法改正要綱」，「農地問題対策ニ関スル経費」からなる「農地問題対策案」を作成する。ここに新たに登場するのが「行政官庁必要ト認ムルトキ」市町村に設置される農地委員会であり，小作事情の改善，小作紛議の緩和，自作農創設維持，その他農地に関する事務処理のための「行政整備ヲ為ス」ことが計画された。34年の「町村農地所有管理計画」で農地管理主体とされた「町村」が「農地問題対策案」により機構的に整備されたという意味で，同「計画」の延長線上に農地委員会を位置づけることもできる。しかし，それが既存の町村役場とは別の独自組織として新設されようとしていたことについては，そこに埋め込まれていた政策意図が改めて問われなければならない。

1930年代半ばを前後して，小作問題対策が農地問題対策に転換していくことを明確に示すのが，「農地問題対策案」を整備した「農地問題ニ対スル施設」（原案1936年6月）である。この検討に当った特別委員会は，「本案ハ農家ヲシテ互譲相助ノ精神ヲ以テ農地問題ノ解決ニ当ラシムルヲ根幹トシ……之ニ併セテ農地委員会等ノ行政機関ノ整備ヲ為サン」と説明し，農地法の制定と農地委員会の設置が企図される。同「施設」の特徴は，①小作法と自作農創設維持事業が農地法という同一施設において初めて一体化され，②小作問題が地主と小作人ではなく「農家」相互間の「互譲相助ノ精神」により解決されるべきものとされ，③そのための行政機関として農地委員会が位置づけられたことである。ここにおいて農地立法の政策ビジョンが明確に打ち出されるとともに，農地問題が小作問題の「根幹」とされ，農地立法が「小作関係ヲ規律スル」という両問題の包含関係が明らかにされる。農地委員会とは，農政当局によるこうした農地立法の企図のなかで，文字通り「農地問題」を扱う町村の専門機関として構想されたのである。

この間の小作問題対策の試みとしては，小作「調査会の先の答申「小作法制定上規定スベキ事項ニ関スル要綱」に基づき，上記「施設」の前月に立案された「農業借地法案」がある。同案は国会未提出に終わったが，法規制を免れる請負小作について，「土地ノ耕作ヲ目的トスル請負其ノ他ノ契約ハ之ヲ賃貸借ト看做ス」という先の「小作法案」で追加された規定が踏襲されている。農地立法の企図においても，小作法立案時代の遺産は部分的に継承されていた。これと同様に，やがて国会に上程される「農地法案」のなかの「農地ノ使用収益関係ノ調整」（第１条）という文言が「小作関係ノ如ク農地ノ使用及収益ニ関スル契約等ノ対人関係ヲ指スモノ」とされ，実質的に地主・小作関係の調整であることが明らかにされる。この段階ですでに地主・小作間の階級関係で小作問題を解決することを回避しつつ，所有よりも使用収益の権利を重視する立場から小作権の法的根拠を確立しようとする迂回的な立案努力が図られていた。

「農地法案」は先の「施設」（原案）からまもなく1936年６月に「農地法案要綱」が作成され，それが数度の検討を経たのち，37年に入ると２度の修正のあとで国会に提出される。では，この「農地法案」において農地委員会はどのように具体化されようとしていたのか。すでにみてきたように，農地管理組織の必要性は土地返還争議の多発のなかで高まっていた。したがって，農地委員会にも，当然，争議解決能力が求められた。しかも，それは既存の小作調停制度の枠外の解決機構でなければならなかった。農地委員会が取り扱う争議は「比較的軽易ナルモノニ付，互譲相助ノ精神ニ基キ簡易ニ解決ヲ為サシムモノ」とされた。その意図は「現在ノ如ク極メテ軽易ナル事件迄裁判所ノ手数ヲ煩ス」ことなく，「農地委員会ノ活動ニ依リテ……小作争議ノ解決ヲ為シ得ル」ことであった。農地委員会は「或ル場合ニハ小作調停委員会ノ下ニ働」くものとされたが，「シカシ農地委員会ノ目的ハ農民ノ親シキ『農地相談所』タルコト」にあり，法律外あるいは法律以前の調停・解決能力が求められた。農地委員会の活動は，小作調停法における法外調停の拡充という一面をもっていたが，同法が争議発生を前提とし裁判所や小作官の手を借りて解決する司法手続法であるのとは異なり，争議の非司法的な自主解決を原則としていた。この政策構想は，その後紆余曲折があるとはいえ，農地委員会を貫く基本的性格として戦後の第二次農地改革法にも継承される。「農地法案」は37年3月に衆議院を通過するが，同月末の衆議院解散により本会議に上程されることなく審議未了となる。しかし，ここで構想された農地委員会は若干の修正を経て翌年に成立する農地調整法のなかに再現される。

第2節　農地調整法の成立と戦時農地政策

1　農地委員会の法制化

1938年4月制定，8月施行の農地調整法は第一次世界大戦以降の小作問題対策の集大成であり，自作農創設維持，小作調停制度の拡充，小作権の強化，小作争議および農地利用関係に起因する紛議の解決と未然防止，農地交換分合などを目的としていた。農地調整法は，わが国の土地立法史上，初めて農地とは何かを定義づけたが，その必要性はすでに「農地法案」の立案過程で検討され，「農地法案要綱」第2条で「本法ニ於テ農地ト称スルハ耕作ヲ目的トスル土地」と規定されていた。この規定は農地調整法にも継承され，合わせて自作地，小作地，賃貸借等の概念の適用もすべてこの「農地」においてのみ成立することになる。しかも「耕作ヲ目的トスル土地」とされた「農地」をめぐる権利調整は「所有」ではなく「耕作」重視の立場からなされるべきものとされた[21)]。

しかし，この「耕作」重視の立場は明治民法と衝突せざるをえず，所有権に帰属する処分権や賃貸権の重大な修正を必要とする。この修正は資本主義経済原則の根幹を揺るがす問題でもあり，その法制化は所有権の絶対性や自由契約を制限するという困難性を孕んでいた。これを端的に示すのが，小作権の第三者に対する対抗力の規定（第8条）と小作契約の解除および更新拒絶の制限に関する規定（第9条）である。この2つの条項のゆえに，農地調整法はかろうじて小作法としての性格を保持しえた[22)]。もっとも第9条には「土地使用目的変更又ハ賃貸人ノ自作ヲ相当トスル場合其ノ他正当ノ事由アル場合」は解除または更新を拒絶できるという「但シ」書きが付されている。「正当ノ事由」については地方の慣行，当事者の事情，更新拒絶の条件など「地方ノ一般ノ常識」に委ねられ，ここに農地委員会の判断が大きな意味をもつことになる。委員会の判断しだいで，小作地返還の成否が決まるからである。しかし，この曖昧さは地方により異なる小作慣行を考慮し画一的規定を避け，農地諸権利をできるだけ自主的に調整させようとしたことから生じたものであり，小作地返還を無規制に認めたものではない。小作権にかかわる規定が先の２項目に限定されたとはいえ，「小作関係に付ては右二箇の民法の賃貸借に関する規定に優先して適用されることはもとよりである」[23] というのが農政当局の立場であった。むしろ，この規定の曖昧さよりも，同法の成立が地主的土地所有制限の端緒となり，その後の戦時農地統制の途を拓くものであることを重視すべきであろう[24]。

もとより，農地調整法が地主的土地所有の制限において不十分であることは否めない。小作権の規定は，前年の「農地法案」が一定条件下で，将来に向けた小作料引下げの協議や小作人の作物買取り請求を認めていたことと対比しても，さらに後退していた。しかし，これを地主的土地所有への妥協とみるのは一面的理解である。小作権に関する最低限度の規定が，「耕作」を重視する農地の法的規定に基づく農地委員会の活動を前提としていたことを見落としてはならない。この場合，農地委員会の活動には，自主的活動だけでなく官治的行政指導・介入も予定されていた。しかも，その介入度は「農地法案」よりもさらに強まり，農地委員会の自主的な調整・解決が不能であれば，地方長官，地方小作官などの行政権や司法権（調停判事の職権）の発動も予定されていた。この介入度の強さは，当時の新聞各紙が同法案発表と同時に一斉に「強権依存の農地法案」（東京朝日新聞），「官僚圧力の加重必至」（東京日日新聞）という反発を示すほどであった[25]。

農地委員会に対する行政指導・介入が企図された背景には，「非常時」という新たな要因が加わっていた。1937年７月７日の日中戦争勃発は，農地立法をめぐる政治・社会情勢を一変させた。内容的に若干の変化はあるが基本的骨格に大差がなく，時期的にそれほど大きな隔たりがないにもかかわらず，「農地法案」が流産したのに対し農地調整法は成立した。同法が成立する第73国会においてほぼ同時期に国家総動員法も成立している。その前年の1937年秋には「臨時」や「応急」という語を冠した農地関連法案が検討され，「農地法案」にはなかった「応召農家ノ銃後対策」や「銃後農村ノ経済更生及生活ノ安定」等の文言が盛り込まれている。平時には不可能な立法も有事には可能になるという論理を逆手にとって，農林官僚が，反対が少なく国会を通過させやすい法案作成に改めて取り組んだ形跡が見受けられる。彼らが「時局対策」を名目に農地調整法の立法化を企図したことはほぼ間違いない。事実，農地調整法の原案名は「農地関係応急処理法案要綱」であった。1938年5月公布の国家総動員法は「国防目的達成ノ為国ノ全力ヲ有効ニ発揮セシムル様人的及物的資源ヲ統制運用スル」（第1条）ことを目的とし，第2条で「総動員物資」を具体的に定めている。そのなかに「国家総動員上必要ナル食糧」や「総動員業務ニ必要ナル土地」が含まれることはいうまでもない。私益を制限し公益を優先させやすい戦時期特有の社会情勢が，農地調整法の成立を可能にした有力な条件となっていた。

こうして成立した農地調整法の性格は，最初の小作法案（小作法幹事私案）と対比することで一層明瞭となる。後者が明治民法で否認された小作権の確立に向けて個人間の権利義務関係を修正し地主・小作関係を合理化しようとしたのに対し，前者は農地問題の解決を，それが所在する農村の「経済更生」への農民の自覚と協調を促迫することで地主・小作関係を律しようとした点で基本的性格を異にしていた。小作争議に対しても，裁判規範による解決から農村地域規範である「互譲相助ノ精神」による解決や未然防止に重点が移っている。しかし「互譲相助ノ精神」により問題が解決されるのであれば法律は必要とされない。したがって，あえて第1条の目的にこの文言を掲げたことは，同法が自由売買可能な土地の商品性や自由契約を前提とする近代市民法とは異質の，日本農村が培ってきた集団的農地管理や自治的調整機能に依拠した国家目的遂行のための特殊な法律であることを裏付けている。この特殊性は，私的所有のもつ市民的自由の諸権利さえ奪う全体主義的性格を帯び，地主的土地所有の私権をも抑制しうるものであった[26]。

農地調整法の特殊性は，農地委員会の意思決定方法や事務処理方法について，同法が何も規定していないことにも現れていた。これについては「其の決議の方法，事務の執行方法等は各農地委員会に於て準則を定め其れに依る」[27]とされた。だが，こうした規定の欠如は，農地委員会が法的裏付けのある国家機関として制度上の不備があるといわざるをえない。「農地委員会が国家機関であることの法理は明らかではない」[28] とされる所以である。しかし実は，この規定の欠如にこそ，農地委員会制度に凝集された政策構想の本質をみることができる。本来，直接的対面性をもつ第一次集団たる部落を軸足とする行政村の範域で成立する意思決定や合議の仕組みに依拠して国家機関が運営されることは，その機関に相異なる２つの性格が持ち込まれることを意味する。農地委員会制度に刻み込まれた国家機関と村の機関という２つの性格は，戦局の進展とともに要請される農地の国家管理の強化にとっても有用であった。国家統制が法的強制力により実施されるだけでは政策効果も限界があるのに対し，上からの統制に呼応する下からの合意調達による自主管理の徹底化は，政策実行性の安上がりな確保を可能にするからである。

如上の農地委員会の２つの性格については，第一次大戦以降に争議先進地で地主・小作関係の調整を目的に自生的に生まれていた小作委員会や農業委員会に対する農政当局の認識が改めて問題となる。これらの委員会は市町村に設置されていた自作農維持審議会と並んで農地委員会の系譜的淵源と位置づけることができる[29]。実際，小作委員会等は農会や産業組合を母体団体とするものが多く，部落（ないし大字）または行政村単位に設立をみた自主的な地主・小作間の協調組織であった。小作料の決定，小作条件の改善，農事改良等を図る組合の階級宥和機能は小作立法時代から地方小作官らも注目し，「小作法或ハ委員会ニ関スル単行法ノ制度ノ必要ヲ痛切ニ感ジル」（福岡県小作官）や「小作法ノ制定ガ困難ナリトスルナラバ先ズ農業委員会ニ関スル制度ヲ単行法トシテ公布スル」（三重県小作官）などの意見もあった[30]。農政当局もこれと同様の認識から小作法の立案において小作委員会を規定していた。とくに小作法案では一定の区域内の賃貸人と賃借人が各層別に，または共同して選定した者により小作委員会を組織することを規定していた。こうした委員会の設置構想は小作立法の挫折以降一旦消失するが，それが農地立法段階で形を変えて再現したのが農地委員会であった。これについて，一農林官僚は「農村内の紛議は成可く自治的に村内にて解決し又村内に於て各種の方策を講じて争議の未然防止を為すことが望ましい」との観点から，「此の趣旨に基づいて……農地委員会を設置せしめることとした」と説明している[31]。ここには小作委員会等が有していた自治性と協調性を継承し農地委員会を法制化したことが示されている。しかし，この小作委員会等がそのまま農地委員会に再現されたわけではない。農地調整法の立案過程では農政当局は次のような別の認識も持っていた。すなわち，「小作法草案ニ規定セシ小作委員会ハ，地主小作人間ノ協調宥和ヲ図ル機関トシテ……地方ニ存シ活動セル形態ヲ取リ入レタル組織」であるが，「然ルニ本案ニ於テ農地委員会と称スルハ……市町村ノ機関トシテ之ヲ特設セシメ，市町村ノ自治行政ト緊密ナル関係ヲ保タシメ」るものとされた[32)]。前述のように，農政当局は農地立法の立案当初から「町村」にこだわっていたが，ここではそれが委員の官選，市町村長の会長就任として具体化された。小作委員会等のような任意組織ではなく，地方長官の指導・介入を受ける「市町村」に立脚した官治的な新機関が構想された。農地委員会は政策理念としては自治的，協調主義的な小作委員会等と相似性をもつ一方，組織の性格としては官治的な農地行政の末端機構に位置づけられるという相違性をもっていた。またそうすることで，以下でみるような急速な全国的な設置・普及が可能となる。

2　戦時農地政策の展開と農地委員会

農地委員会の権限や組織に関する一般的規定は農地調整法に尽きる。この規定が改正されるのは戦後の第一次，第二次農地改革法によってである。しかし，その間にも少なからず変化があった。この変化は戦時食糧・農業統制の一環として生産力対策の面からも生じた。総力戦は農村に戦時体制に応じた改造を要求したが，農政当局は必要に応じて，そのつど農地委員会の権限や機能を追加し強化していった。以下，制度的実現をみなかった計画も含めて，農地委員会のこの時期固有の変化を追っていこう。

(1)　農地委員会の構成と活動

農地委員会は法施行から約1年後の1939年6月末現在には，早くも全国市町村の約7割に当る7,802となり，急速な設置状況を示す。農政当局は「未設置市町村ニ対シテハ夫々道府県ノ関係職員ノ指導ニ依リ漸次設置セラレ居ルヲ以テ本年十二月末迄ニハ其ノ数大体八千五百六十二ニ達スル見込」[33)]と記している。また1940年6月末現在の設置数は9,349となり，全国市町村数1万1,053の85％に達した。さらに同年12月末には9,551（設置率87％）となり，２年後の42年10月末には１万74（同93％），43年10月には１万104（同95％）に達し，戦時末期には農地の少ない都市部や漁村を除くほとんどすべての市町村で設置完了となる。こうしてのちに農地改革の実行機関として農地委員会を活用する一条件が整備された。

ところで農地調整法第15条で「設置スルコトヲ得」とされた農地委員会は，市町村の側に設置するか否かを選択する余地はほとんどなかった。この点は上述の行政指導からも窺われるが，それは農政当局の「可及的ニ全市町村ニ普遍的ニ之ヲ設置スルコトガ本法ノ趣旨」[34)] という方針に基づいていた。半ば強制的な設置の経緯については，のちに長野県の一農村の事例（第３章）で確認するとおりである。

農地委員の階層構成は一貫して地主および自作の土地所有者が優位であった[35)]。1940年12月には地主と地主自作で31％，自作35％，自小作で28％だったが，これが42年10月末にはそれぞれ29％，36％，30％となり，さらに10月にはそれぞれ28％，37％，31％となる。戦局の進展とともに自作，自小作，小作の比率が高まるものの，地主，地主自作および自作で全体のほぼ３分の２を占めるという土地所有者の優位性は基本的に変化していない。この階層比率は地主，自作，小作を同数とする第一次改革の農地委員会に近いが，小作を半数とする第二次改革の農地委員会とは大きく異なっている。また農地委員会は農村民からなることを原則としたが，例外的に駐在警察官を臨時委員に加えることも容認された[36)]。のちには指導・監視役として小作官，府県係官，農地調整指導員を置く場合や警察官や特高主任を臨時委員とし，連絡体制が強化されることもあった[37)]。一方，市町村の側では内申書の提出に基づき県当局によって承認された正委員（原則８人以内）のほか助役，農会，産業組合役員等の公職・役職者が多く選出された。しかし，これものちに委員改選に際して，「公的地位ニ捉ハルルコトナク農地事情ニ通暁シ……国家ノ大方針ニ即スル農家ノ要望ヲ真ニ代表スル者及実際農耕ニ従事シ農業報国ノ精神ニ燃ユル者ニシテ実行力ニ富ム革新的人物」という新たな選出基準が示される[38)]。農地委員会は「農村ノ実情ニ精暁セル者」からなる「国ノ事務ヲ掌ル機関」とされ，農地に関する事項を処理する「権能」と「責務」を併せ持つものとされた[39)]。

委員会構成について時局下の変化が確認できる少ない事例の一つ，長野県埴科郡五加村では，農地委員会設置当初は県経済部の設置基準の通牒に応じて助役，農会会長，産業組合長，村議など行政村レベルの役職者が委員の中心となっていたが，41年1月の選出基準の変更に関する通牒後は，農事実行組合や養蚕実行組合の役員など，より耕作者的性格の強い自作中農層を中心とする構成に変化している[40]。また同じ長野県下高井郡延徳村では設置当初は助役，村議，産業組合や農会の役員で村を代表する地主層を中心とし，これに自作，自小作が加わるという構成であった[41]。彼らの経営規模は自作層で7反以上，自小作層で8反以上という中農上層中心で，この傾向は戦時末期まで続く。43年6月以降，初めて小作層2人が委員となるが，地主層も増加し，さらに駐在警察官も臨時委員に加わる。地主層の独占状態ではなく，比率が小さいとはいえ小作層も加わり，村内各層が糾合する構成のもとで農地統制管理を村全体として取り組む体制に移行している。

(2)　戦時農地統制と農地委員会

農地委員会の活動については，戦時農地統制全般に関与するものとされたが，その活動実績には，道府県別だけでなく市町村別にも相当な差があり，設置直後と戦局が進展する時期との差もあった。上述の五加村では自創事業がほとんど進まないのに対し，延徳村では戦時末期に一定の成果を上げている。また小作料適正化事業はともに実施したが，その実績（面積割合）には大きな差があったし，農地交換分合では延徳村が自作地の一部と全小作地を対象としたのに対し，五加村では全小作地を対象としなかった。

農地委員会活動の全国的実績は『農地制度資料集成』第十巻（農地制度資料集成編纂委員会編，1972年）にあり，その分析もあるためここでは再論しない[42]。ただし，この時期の農地委員会の活動について注意すべきは，委員会に対する道府県行政や村全体の関与があったことである。小作料統制令の運用においては，地方長官による小作料引下げ命令（第6条）とは別に，形式上は地主・小作人の集団的合意に基づく農地委員会による小作料適正化（第4条）でありながら，実質的には道府県行政が指導・介入する場合がありえたことである。こうした第4条の運用方法については同令の審議過程で地主議員が懸念を示し，「農地委員会ニハ小作料ノ引下ヲ決定ヲスルト云ウヤウナ重イ権限ハ農地調整法デハ与ヘテアリマセヌ」[43]という反対意見が出されていた。もともと農地調整法は地主小作関係の規制について最低限度を規定したにすぎず，戦時下の農政当局による法運用が，農地委員会に対しても，建前としての自主的な小作料引下げを実質的に強制しうる余地を残していた。戦時期に一層強大化する行政権力が，農地委員会が関与しない小作料適正化を生み出す場合もあった。たとえば，1940年6月末の調査によれば，農地委員会の活動によって小作料を決定したのは全国で55カ村である。しかし同年度の小作料適正化を実施した市町村数は全国で729であり，その前年の39年度は577となっている[44]。調査時期が同じでないとはいえ，農地委員会が関与しない場合があったことが窺われる。前述の延徳村では県当局の指導に促迫され，2度にわたる県係官の来村・臨席のもとで村議，農会・産業組合役員を加えた6回におよぶ会議の末に漸く農地委員会は小作料適正化に踏み切っている。この事例は，小作料適正化について，農地委員会は県行政に促迫されつつ，しかも単独ではなく村内諸機関・団体と合議し，いわば村全体として事業に取り組んだことを示している。こうした活動のあり方は総力戦下の農村統合の産物であるが，それは独立した強力な権限をもたない戦時期農地委員会の制度的特徴であった。戦後の農地改革に際して，実態的にも制度的にも，改めて農地委員会と村内諸機関・団体の関係の分離・再編が課題となる理由はここにある。

農政当局は農地委員会の争議解決能力をどのようにみていたか。全国の小作争議は，件数では1936年をピークに戦時期に入ると減少に転じるが消滅には至っていない。争議内容についても「事変前ト著シキ差異ナシ」[45]と「地主側ヨリスル小作地引上ニ因ル争議ガ最モ多」いと見ていた。しかし一方では，「小作人側ヨリ小作料高率又ハ収支不償ヲ理由トシテ小作地ヲ返還シ争議化スルモノ」や「小作人ノ小作地買受ケ要求事件ノ増加」といった戦時期の新たな事態にも着目している。これについては「大部分ハ小作調停ニ於テ，或ハ直接交渉ニ於テ当事者ノ互譲妥協ニ依リ解決シツツアリ……殊ニ農地委員会ノ設置以来争議発生ノ初期ニ於テ解決ニ当リ」[46]という認識が示されている。戦時期における小作料低下や生産者米価上昇を背景とする相対的な小作人の地位上昇という新たな動きのもとで，農地委員会の独自の役割が認められるようになった。もっとも，この動きは戦時期の農民運動の禁圧と農民団体の解散・右傾化のなかで生じたものである。しかし農政当局が小作調停制度とは異なる農地委員会の独自の調整・解決機能を認めていたことは，彼らが敗戦後，それを改革実効機関として活用することに踏み出す根拠の一つとなる。

次に，農地諸権利の統制に関する認識をみておこう。国家総動員法第13条に基づき1941年2月に公布・施行された臨時農地等管理令にかかわる農地統制の主な内容は①農地壊廃・転用の制限，②空閑地の耕作強制，③作付けの統制であった。このうち農地委員会が関与するのは②と③である。②は戦時期の労力不足に起因する耕作放棄や裏作放棄を解消し農地の有効利用を図る目的で，農地委員会には耕作困難な農地の権利者に対し「賃貸ソノ他必要ナ措置ヲ勧告デキル」という新たな権限が付与された。この権利移動統制は「消極的ニ農地ノ使用方法ヲ制限スルノミナラズ積極的ニ作付ヲ調整シ不耕作ノ放置セル農地等ノ耕作ヲ命ズル」[47]というものである。その際，統制上の留意点として「我国ノ農地等ヲ全体トシテ管理スルコトトセリ。蓋シ我国ノ如ク散地農業ヲ一般的トスル場合ニ於テハ一農業経営ヲ採テ之ヲ管理スル如キハ到底為シ得ザル所ナルヲ以テナリ」と，個別経営を超えた地縁集団による農地管理が求められた。これはさらに，農地の使用収益処分の権利への関与を農地委員会単独ではなく，「部落農業団体」との連携のもとで推進させようとする戦時末期の統制手法に継承される。この統制は，それまで相対的に小作争議対策としての農地の権利調整を主要業務としてきた農地委員会が，生産力対策，食料増産をめざす地域資源としての農地管理に取り組む転機となる。

また③の作付け統制は，不急・不要作物の作付け制限・禁止を内容とするが，この業務は1941年10月の農地作付統制規則（農林省令第86号）の作付け転換計画によりさらに強化された。そこで企図された特定重要作物の作付け強制は，農業生産統制令を担う農会の事業であり，農地委員会には，その実効性を高める役割が求められた。具体的には，農会が作物の面積，種類を農地の権利者に指示したとき，小作料減免を農地委員会に請求できるとした。戦時期の重要農産物作付け強制計画の実施は，農地の有効利用と農地権利調整の両面において，それまで別機能を果たしてきた農業団体を横断的に統合づけることで政策効果を高めようとする方向を辿った。

この権利移動統制は，1944年３月施行の臨時農地等管理令の改正勅令によりさらに強化された。この改正により農地の利用，賃貸借，所有の移動に対する全面的統制が完成し，農地移動統制は転用の制限，転用のための権利移動制限だけでなく，耕作目的の所有権や賃借権の取得にまでおよび，所有権，永小作権，賃借権の譲渡契約がすべて地方長官の許可事項となる。その基本方針は「農地関係全般ヨリ総合的ニ判断シテ譲渡ニ依リ農業生産力ノ維持昂上ニ資スルニ非ザレバ許可セザル」[48] という厳しさであった。この改正勅令の運用に際しては，農地調整法第５条（農地処分の制限）と第９条（小作契約解約および契約更新の拒絶の制限）にかかわる届出を励行するとともに，とくに「市町村農地委員会ノ斡旋ト本許可トヲ有機的ニ運用スル」ことが指示された。また許可手続の処理機構も変更され，賃借権や永小作権の譲渡は農地委員会または市町村長，所有権の譲渡は都道府県本庁が処理することになった。この処理機構は，事業項目に違いがあるが県知事—市町村農地委員会の系列による農地改革期の処理機構に継承されていく。一方，農地委員会はその農地管理機能が耕作目的の権利移動にまで拡大されたことで，戦時末期の労力不足による耕作業務の不適切な権利者に対し，耕作に関して自ら勧告できる立場に立つことになる。制度上は「地方長官ノ適当ト認ムル者ヲシテ耕作セシムル為耕作其ノ他賃貸其ノ他適当ナル措置ヲ命ジル」（第８条第２項）とされたが，実際には地元の事情に精通する農地委員会が判断することになる。この場合の地方長官の命令とは，農地委員会の活動に権力的裏付けを与え強制力を発揮するものであり，委員会活動が権力行使という内実をもつことになる。

改正臨時農地等管理令により耕作可能な全農地が権利移動統制の対象となったことは，農地委員会が村の全農地の管理主体となることを意味した。この改正に際して，農政当局は地主への報奨金の交付と引き換えに土地譲渡の裁定による土地所有権の強制移転を計画した[49]。この計画は実現しなかったが，同様の政策基調は戦時期最後の「農業生産緊急措置令（案)」（1945年７月）において一層明確となり，地方長官の権限強化と部落農業団体による農地管理構想に収斂する。内容は農家の耕作能力確定と耕作の義務づけ，耕作面積の配分調整をめざす耕作権の譲渡，譲受，交換，賃貸その他についての勧告・斡旋，農地集団化に向けた耕作権の交換分合の斡旋，農地賃貸契約に際しての相手方への指図などにおよんでいる。食糧増産対策と結合したこの計画は小作料金納化の企図も含み，立案に当たった東畑四郎によれば「大体第一次農地改革案に非常に似ておるもの」[50]であった。この「農業生産緊急措置令（案）」は戦時緊急措置法第1条に基づき法制化されるが公布，施行されることなく敗戦を迎えている。

(3) 自作農創設維持事業と農地委員会

小作争議対策として始まった自創事業は1937年には補助助成規則として法律に格上げとなり，大蔵省預金部資金も導入され，その規模は全国小作地の約7分の1に当る41万7,000町歩という計画であった（第二次施設）。農地調整法ではこれを受けて農地委員会，市町村，産業組合，農事実行組合などが土地譲渡または使用収益の権利設定に関する協議を地主に申し入れることを認め，地主には協議に応じることを義務づけた。また土地処分に際して事前に農地委員会に通知すべきことが地主に義務づけられた。

自創事業は農地委員会が取り組んだ事業のうち必ずしも低調なものではなかったが，計画の達成度からみれば全く不十分であった。同事業の実績は年度により差があるが，1934年から1万6,000町歩台となり，37年の若干の落ち込みを経て38年には1万7,000町歩台に上昇する。しかしその後は，むしろ低調となる[51]。その要因の一つは戦時インフレの影響であり，農林省は「近時『インフレーション』防止ノ為県債抑制ノ方針ノ採用セラルニ至リタル為本事業ノ遂行上多大ノ支障ヲ来セル府県モアリ……減少ノ傾向ヲ示セリ」[52]とみていた。この傾向は太平洋戦争期にも続き，農政当局の評価も「ソノ計画ノ半ニ達セザル状態ナリ」[53]と低いものであった。そこで農林省は1943年4月に皇国農村建設促進方策の一環として「自作農創設維持事業ノ整備拡充要綱」（閣議決定は同年12月28日）を策定し，自創事業第三次施設に着手する。この施設は事業開始があまりにも戦時末期であることが，その意義を過小評価させているが[54]，実は，この戦時末期に企図された政策構想のなかに第一次農地改革に連なる行政手法が生み出されていく。

自創事業第三次施設は，25年間に既墾地の小作地150万町歩（全小作地の約6

割）の自作地化（初年度は３万町歩，翌年度以降は６万町歩）および未墾地の自作地開発50万町歩を計画した。この計画は第一次，第二次施設とは「雲泥の差がある」[55]と評され，その計画面積はそのまま第一次改革に継承される。44年の実績は創設面積が４万3,000町歩を超え，年度計画面積に対する割合も７割に達し，「空前の活動拡大がみられた」[56]という評価もある。この第三次施設の特徴は道府県行政の役割を強化したことである。その方針は，「計画ノ樹立ナリ指導ナリト云フモノハ府県ノ行政トシテヤリマシテ……資金融通ト云フモノハ現在ノ金融機関ニ担当ヲシテ貰フコトガ最モ時宜ニ適シタ行方」[57]とされた。この背景には，現状は「農地委員会ニカケ仕事ヲ進メルト云フ非常ニ煩雑」な手続きであり，「ソノタメ時期ヲ失ツタリシテウマク仕事ガ伸ビナイ」という認識があった[58]。この新たな方針は，下から計画を積み上げていく従来の方法から，道府県が上から計画を立て，市町村に資金を割当て消化させることにより事業を加速させるという手法への転換である。しかも自創事業の重点は「創設維持」から「創設」に移っている[59]。

もとより，この方針転換は農地委員会の斡旋を否定するものではないが，道府県行政と農地委員会の関係を変化させる契機を孕んでいた。当局は，改定後「一般的ナ方針デアルトカ其ノ他ノ重要ナ事項ハ勿論農地委員会ヲ経ルコトガ必要デアルト考ヘマスガ個々ノ貸付ノ決定ヲスルコトヲ農地委員会ニ一々図ル様ナコトヲセズ」[60]と説明している。ここには戦時末期の農地政策を農地統制・管理一般と自創事業の２つに区分し，前者については農地委員会の役割を認め，後者については道府県行政の主導のもとで事業を加速化しようとする意図が読み取れる。しかも，この両者は事業拡大に伴って相互に密接な関係を形成し，行政機構の拡充とともに農地委員会にも一層の機能強化を要求した。

行政機構の拡充としては，本省に書記官と事務官を各１人，農務官４人，技師２人，属４人，技手４人を増員し，地方庁においても事務官または技師47人，属および技手141人の増員が計画された[61]。農地行政機構についても中央に自作農創設委員会の設置が計画された。これは農林大臣を会長とし，委員は関係機関首脳者に学識経験者を加えた30人からなり，「自作農創設事業ニ関スル実施計画，資金ノ分配，土地価格其ノ他ノ事業実施上重要ナル事項ニ付調査審議」するものとされた。連携的活動に乏しい道府県と市町村の農地委員会の上に全国段階の機関を置き系統的活動を促進しようとするもので，農地改革期の中央農地委員会に酷似している。これらはいずれも戦後の農地改革ほどではないが，「事業計画ノ樹立実行上ノ指導監督ノ万全ヲ期ス」ための行政機構の拡充計画であった。

農地委員会の機能強化については，自創事業第三次施設が適正経営規模の自作農創設をめざしていたことが重要な意味をもっていた62)。ここで適正経営規模とは，「創設又ハ維持セントスル農家ノ自作地面積ノ最高標準」とされたが，その面積は全国一律ではなく，そのため同事業を推進する農地委員会にはそれまで以上にきめ細かな調査能力と調整機能が要求された。まず調査能力では，「農地ノ生産力調査，農地評価，資金借入者ノ状況其ノ他重要ナル事項ニ付調査審議」することが求められた。とくに創設自作農の適正経営規模や農地価格の調査が重視され，道府県と市町村で「農家ノ農地面積ノ最高標準ノ決定，ソノ他ノ……重要ナル事項ニ関シテハ農地委員会ノ調査，審議ヲ経ルコト」が指示された。総力戦下で農業生産力拡充が課題となるなかで食糧生産を担う経営の合理化が推進されたが，その推進役として農地委員会も動員されたのである。一方，農地調整機能については，小作地の自作地化に際して地主小作関係の調整が問題の焦点となった。小作人の場合は原則として当該土地の小作人を対象としたが，適正経営創設の必要がある場合は他の小作人への譲渡も可能とされ，「必ズシモ当該小作人ノミヲ対象トスルコトヲ要セザル」という方針が示された。地主に対しては「在住地主ニシテ自ラ耕作ニ従事セントスル」者にして，「適正経営農家タリウベシト認メラレル者ニ限リ……ソノ農業経営ニ必要ナル小作地ヲ自ラ耕作スルコトヲ得セシメ」るとした。つまり地主層を線引きし，不在地主や不耕作地主の自作化を否認し，在村耕作地主だけを適正農家として自創事業の対象に組み込んだ。戦後農地改革は不在地主や不耕作地主を最大の犠牲者として断行されるが，その基本方針はすでに戦時末期の自創事業において明確になっていた。

しかし，たとえ在村耕作地主であっても，小作地返還による地主の自作化を容認することは，農村の安定を脅かすことに違いはない。この点は農地審議会特別委員会でも議論され，「地主ガ自作農家セントスル場合ニハソレガ適当ナ農家トナルダラウトイフ認定」について，「コレ等ノ判定……ハ誰ガ与ヘル」という質疑が那須委員から出されていた。これに対して石井局長は「ソノ点ハ農地委員会ノ活動ニヨッテ適切ナル判定ヲシテ貰フ」と答弁している。この点は戦後の第二次農地改革における小作地引上げの処理方法にも基本的に貫かれる。第二次改革が知事の許可を必要としたことを除けば，地元の農地委員会の判断を重視するというほぼ同様の方針が，この段階ですでに明確になっていた。

もとより，自創事業第三次施設は，その計画と実績において農地改革とは比較にならない。しかし，その実績は第一次，第二次施設とは一線を画している。農政当局も敗戦後にこの第三次施設の実績を引き合いに出して，第一次改革がその延長線上にあると力説し，さらに自創事業が小作争議対策から適正経営育成対策に転換したことを「その意義と意図において農地政策の正しい方向」と評価した[63]。とはいえ戦時期特有の強力な権力介入と農地委員会の自主的活動という2つの手法のいずれを採用するかは，両者の複合も含めて，農地改革法の立案に際して農政当局が腐心する問題となる。

第3節　第一次農地改革法の立案と農地委員会

敗戦を契機に軍部と既成政治勢力が後退し，官僚の位置が相対的に浮上するという特殊戦後状況のなかで，占領軍が民主化政策をとるであろうという情報が漏れ聞こえてくると，体制転換の機を捉えた思い切った改革への着手がまず日本側から始まる。幣原内閣の農相，松村謙三は1945年10月9日の談話のなかで早くも「出来るだけ自作農を創設する」[64] と発言し，事務当局に法令の立案を指示した。立案作業は戦前来，豊富な農地行政経験をもつ農政局内で極秘に進められ，10月13日付と16日付の2つの原案が作成される。13日の「農地制度改革ニ関スル件」は，①小作料定額金納化を中心とする小作制度の適正化，②農地委員会の活用，③自作農の徹底的創設を3つの柱とし，続く16日の「自作農創設を中心とする農地制度改革に関する件」では，これを①自作農の徹底的創設，②小作制度の改革，③農地委員会の改組という順に変更している[65]。両案の骨格は基本的に同じだが，詳細にみればその内容には次のような違いがあった。

13日付原案における農地委員会の組織や権限については，戦時中は会長，委員，臨時委員が地方長官による選任・解任であったため「自主的活動ニ遺憾ナル点少ナカラズヲ以テ改組スルト共ニ広汎ナル権限ヲ与ヘ農地問題ノ自主的解決ニ当タラシムル」と変更の主旨が示された。農地委員は名誉職とされ，その人数は地主・自作から10人，自小作・小作から10人の合計20人で，土地所有者と耕作者を同数とする二階層構成であった。これは地主，自作，小作を各５人とする第一次改革の政府案よりも，むしろ小作を半数とする第二次改革法に近い。また「委員ノ決議ニヨリ事務者ヲ選任スルコトヲ得」とあり，書記が第二次改革で必置とされるのとは異なり戦時期と同様に任意とされた。会長は委員の互選となり，市町村長が会長となる戦時期とは大きく変化している。農地委員会の権能については①既存小作契約の適正化，②新小作契約の内容の決定，③小作争議の防止および調停の斡旋，④農地交換分合の斡旋，⑤自作農創設の斡旋，⑥農地の潰廃および移動の統制の６項目を掲げている。このうち小作条件の改善については「小作料定額金納化ヲ中心トシ市町村農地委員会ノ自主的活動ニ依リ小作制度ノ適正化ヲ図ル」ことになった。また自作農創設については，自創事業第三次施設が「着々，其ノ成果ヲ挙ゲツツアル」と戦時末期からの連続性を指摘する一方，事業の急拡大をめざして「強力ナル措置ニ依リ健全ナル自作農ヲ急速且広範ニ創設」し，さらに「小作地譲渡ノ勧奨ヲ承諾セザル地主ニ対シテハ地方長官ハ市町村農地委員会ノ申請ニヨリ小作地ノ譲渡ノ命令ヲ為スコトヲ得」とした。

続く16日付原案について変化した点だけをみると，自作農創設では「急速且広汎ニ創設ス」とし，戦時末期の第三次施設とは異なり創設計画は「市町村農地委員会ニ於テ自主的ニ樹立スル」とされた。その際，「一定ノ期限内」という譲渡期限を設け，申込みに不承諾の地主に対しては，農地委員会の申請により地方長官が譲渡命令を発することになる。また抽象的表現ながら，創設自作農の転落防止策として「農業経営ニ伴フ諸般ノ指導施設ヲ充実スル」ことが考慮された。もっともこれは第一次改革法には盛り込まれず，GHQ の「覚書」により指令を受けることになるが，それが当初の原案には含まれていた。小作制度の改革および農地委員会の改組は13日付原案からほとんど変化していない。農地委員会の権能では先の６項目に「農地価格の評定」が新たに追加された。

以上の検討ののち，農林省は1945年11月11日に司令部にこの原案を説明している[66]。そこではまず中小・零細地主の多さや現物小作料の高率性などの日本の農地問題の特殊性が説明された。そのうえで「土地所有者カラノ土地ノ解放及小作料ノ金納化ヲ行」うとし,「今後農地ニ関シテハ相当ノ問題ガ起ルト思フガ,出来ル丈関係者ノ自主的活動ニ依テ解決ヲ図」ること,その際「現在市町村ニアル農地委員会ヲ民主化シテ自作農創設トカ小作条件ノ適正化トカ或ハ耕地ノ交換分合ノ斡旋ヲ担当サセタイ」という意向を伝えている。しかし,そのなかの「自作地ニスル為強制譲渡ノ途ヲ拓ク」という文言については,「強制譲渡ノ途」,政府および農地委員会の関係が不鮮明であり,司令部が一度は間接強制譲渡や政府買収について誤解する一因となる[67]。この点は後述するように,司令部はまだ「ノー　オブジェクション」とか「何か君の方で困る点があったら手助けをしよう」と,この段階では好意的な姿勢をみせていた[68]。最近の研究では,この時期にはまだ司令部側のスタッフが整っておらず,農地改革は十分調査してから取り組む予定であり,むしろ司令部は食糧問題のほうが緊急性が高いと認識していたことが明らかにされている[69]。

農政局原案から約1カ月後の農林省原案では若干の変化がみられた。同年11月15日に農林省から出された閣議請議案「農地制度改革ニ関スル件」[70]では,自作農創設の強化について新たに「農地ノ所有ハ原則トシテ所有者ノ耕作能力ヲ超ヘザル方針」をもって「市町村農業会ヲシテ小作地ヲ一括買取ラシメ……農地ノ再配分ヲ図ル」ことが示され,ここに農業会が農地買入れ機関として登場する。土地譲渡方式については「強制シ得ル方途ヲ講ズル」としたが,その具体的内容は明示されていない。小作料の適正化と金納化については,「市町村農地委員会ノ自主的活動ニ依リ小作料適正化ヲ図」るとしている。「市町村農地委員会ノ刷新」では,農政局原案と同様に土地所有者と耕作者の「両者ノ立場ヲ正当ニ代表スル」二階層構成が示された。しかし翌12月の第89議会提出の政府案では,地主,自作,小作の三階層各5人の合計15人となり,さらに一部修正のうえ可決・成立する第一次改革法では「徳望経験アル者」3人を加えた18人となる。立案過程ではなく立法過程で農地委員会の構成が土地所有者優位に後退していった。

この閣議請議案は地主保有限度を明示していなかったため,小作地をどこまで自作地化するのかをめぐって閣議は紛糾した。農林省は翌16日に不在地主の全小作地と在村地主（隣接市町村居住地主を含む）の保有小作地3町歩（都府県平均）を超える小作地解放案を示すが，これが3度目の閣議（11月22日）で5町歩に引き上げられたことは周知の事実であろう。しかし，もともと農政局では在村地主の保有限度について，「僕等の方では，一町，一町五段，三町，それから五町という四つの案を作ったのです，松村さんに言われて」[71]という経緯があり，第二次改革に匹敵する急進的な案も視野に入っていた。改革期間は松村が「私としては二年位の間にやってしまう」[72]と，あとからみれば第二次改革と同じ期間が考えられていたが，16日の提出案は5年間であった。また同案では自作農創設の方法について，買取機関は市町村農業会という原則に加えて，「市町村農業会，市町村農地委員会等ガ農地ノ譲渡ヲ申込ミ地主ガ之ヲ拒絶シタルトキハ地方長官ニ於テ之ヲ強制シ得ル途ヲ講ズル」[73]ことが示された。その後，第89議会では計画面積150万町歩のうち約100万町歩を地主・小作間の直接売買交渉，協議不調の場合に地方長官の譲渡裁定とし，残りの約50万町歩は農業会の買入れ申し入れに地主が応じるという方式が示される。実際の運用では前者を原則とし，後者は自作農創設において交換分合を要する場合，個人に直接所有権を移転することが困難な場合，団体が開発して譲渡する場合などに行われるものとされた。また前者の裁定は私法上の譲渡契約の締結と同一の法的効果をもつものとされた。

ところが第一次改革法は法文上は農地買取機関は農地委員会や農業会のほかに市町村，産業組合，農事実行組合，養蚕実行組合も列記している（第3条第1項）。ここには，諸機関・団体の協力を通じて全農民の改革への取り組みを促進させようとする意図が読み取れる。これについては，「できるだけ国はただ大きな援助をして実際は自主的な機関をしてやらしめることが適当」[74]とする農政当局の意図との関連で理解する必要がある。彼らには「当初は市町村農業会などの申請によって県知事が地主に譲渡命令を発することを考えたが，地主がそれに従わないと罰則を課せられることとなり，いかにも権力的に見える」[75]という理由で，所有権譲渡に対する権力介入を回避する傾向があった。この経緯からすれば，農政当局は極秘で検討してきた案のうち比較的微温的な土地譲渡方式を閣議に提出したことになる。在村地主の小作地保有限度と同様に土地移譲方式についても農政局内の検討では相当ラジカルな計画も選択肢に入っていたが，それが閣議決定や立法化の段階で後退していった。だが「自主的な機関をしてやらしめる」とは，一見して権力介入の回避であっても，そこには農民の自主性を農地改革の実行に統合づけようとする農政当局の意向が伏在している。この点は改革実行性の確保問題としてのちに浮上してくる。

ところで，第一次改革法の立案時における農政当局の農地委員会認識はどのようなものであったか。大きな権限を持つことになった農地委員会に対する不信の念は農地審議会でもたびたび出された。たとえば東畑精一は「大概ノ事ハ農地委員会デヤル，農地委員会ガサウ云フコトガ出来ルダケノ力ヲ持ツテ居ルカドウカ，……今マデ農地委員会ハドウ云フ活動ヲシテ居リマシタカ」と質疑し，田辺勝正は次のように応えた。「農地委員会ハ九割五分位アリマス。此ノ中デ……活動シテ居ル所ハ特ニ自作農ガ進捗シテ居リマス，……特ニ小作料ノ適正化ヲ要スル所ト要セナイ所ガアリマス，要スル所ダケニ付テ見マスト，半分位マデ行ツテ居ルト云フ所ハ大体農地委員会ガ非常ニ活動シテ居ル」[76]。この説明は戦時末期の認識とそれほど変化していない。農地委員会の活動が自創事業の進捗と小作料適正化に寄与していることは認めているが，他方では活発な活動をしているのは「せいぜい総数の二割，約二千にすぎぬ」[77] とみていた。この数字が事実だとすれば，農地改革のためには戦時期農地委員会をそのまま継承するだけでは不十分であり，一部地域の活発な農地委員会を全国的に拡大させねばならない。しかし，それは無謀な計画ではなく，農林官僚の一人は「われわれは市町村農地委員会を強力に指導して，ダミーが起らないようにする自信があった」[78] と回顧している。これは戦時農地行政の経験に裏付けられた自信であろうが，農林官僚らは農地委員会を改革実行機関とすることに何の躊躇もなかったのである。

だが農地委員会の活用が企図された理由はこれだけではなかった。第一次改革法は，その附則で小作料統制令，臨時農地価格統制令，臨時農地等管理令を廃止としながらも，これら３勅令に基づく許可，認可は「本法ノ相当規定ニ基キテ為シタルモノト看做」し，その罰則規定も「効力ヲ有ス」とされた[79]。農地の権利移動や転用が自由である状態では買収・売渡計画を立てることはできず，農地価格が変動する状態では買収対価を決定することもできない。また食糧生産に支障をきたさない適切な農地管理も必要であった。つまり農地統制・管理の継続は農地改革の遂行にとって不可欠の前提であり，それを担ってきた農地委員会を改革実行機関とすることは農政当局にとって唐突なものではなく，むしろ当然の選択であった。問題は司令部がそれを容易に受け入れなかったことにある。

第4節　第二次農地改革法の立案と農地委員会の承認

1946年に入るとNRSの本格的介入が始まり，日本側もこれに対応した動きをみせるようになる。まず3月15日付日本政府の回答「農地改革計画」は，「覚書」に応じて適正利率の短期・長期信用の普及，農業技術指導農場の設置，農村協同組合運動の奨励等の新構想を示したが，土地譲渡計画については，小作地保有限度引下げや隣接市町村居住地主の不在地主化への配慮はあるものの，政府買収を規定しない第一次改革法を基本的に継承していた。農林省はその後も「農地改革促進に関する措置案」（3月19日）で地主が譲渡に応じない場合は主務大臣や知事が職権をもって譲渡裁定を命じるという代替案を提出するが，これらを司令部は受け入れなかった。こうして実施予定の農地委員選挙が2度の延期後，4月12日に中止になると，改革案作成のイニシアチブは司令部側に移っていく。

第一次改革法の土地譲渡方式における政府と農地委員会の関係について，NRSのギルマーチンは「本計画ニ於テハ政府ハ第一線ニ立ツコトヲセズ地主ノ利益ニ多分ニ支配セラルル地方小委員会ニ対シ大幅ノ権限ヲ与ヘテ居ル」[80]と批判した。この批判は，①政府が土地譲渡に直接関与しない，②地方農地委員会に大きな権限を与え，改革の遂行を任せている，③農地委員会が地主的利益に支配されているという3点に要約できる。③は委員階層比率の変更による対応も可能である。しかし①と②は，農地改革の実行方式に関する基本問題であり，NRSは農地委員会の活用を政府が直接改革に関与しないことと同義と受け取った。ラデジンスキーも「総ユル場合ニ於テ政府ハ介入シ土地ヲ買取ルベキ」[81]と批判した。そこには，地主と小作人の直接交渉を含む煩雑な土地譲渡手続きを放任しては，改革が確実に実効される見込みがないという認識があった。法的強制力のない農業会の土地買入れ申し入れは論外であった。ところが農政当局は「政府自身が農地を買って売るなんてことは，ぜんぜん考えなかったし考えたって，実行は不可能」[82]

と考えていた。土地売買を政府が直接行うことは「それだけの行政能力もないし人手もない」[83]というのが実情であり，行政機構の事務能力を超えるとの理由で「政府で買い上げることは，われわれは反対」[84]というのが日本側の立場であった。また，だからこそ既存の行政機関とは異なる農地委員会が必要とされたのである。

農地委員会の活用を拒否された農政当局は，他の新行政機関の設立の可能性を探る。しかし，その結論は新行政機関の設立ではなく，農地委員会の活用は不可欠というものであった。その理由は次の３点にあった[85]。①政府買収には広範な地方行政機関の設置が必須であるが，そのための時間的余裕がない。②膨大な数に上る零細小作地所有権の買上げ・売却はきわめて煩雑な手続きを要し，新設行政機関ではかえって円滑を欠く，③小作人が買取るまでの期間，農地を国が一時的に管理するのはきわめて困難である。これらのうち①は単純な時間の問題であるが，②については，円滑な事務処理のためには，すでに農村に設置され農地問題の処理・調整機能を果たしている農地委員会の活用が現実的であるという認識があった。また③には，言外に農地管理は地縁集団である農民自身が担う以外にないという含みがあった。いずれにせよ農村民が担ってきた農地調整機能や農地管理機能なくして改革の実行は不可能というのが日本側の立場であった。

３月15日の日本政府の回答を不満とするNRSは民間情報教育局（CIE），経済科学局（ESS），民政局（GS）などと協議し，新たな改革案の骨格を固める作業に入り，４月10日案と26日案の２つを作成している。とくに後者はNRS単独の素案ではなく，対日理事会の開催を前にして，司令部内各部局の討議を経て方針を定め参謀部に提出されたもので「GHQ原案」と呼ばれている[86]。その主な内容は次のようであった。①在村地主の小作地保有限度は内地平均３町歩（北海道は12町歩）とし自作地は買収しない。土地所有状態は1946年１月１日の事実で決定する。②保有限度以上の土地は政府が買収し，小作人に売り渡す。③農地改革実施のため中央，都道府県，市町村に農地委員会を置く。市町村農地委員会は土地所有者と小作人が同数で構成する。④市町村農地委員会の土地譲渡計画が承認されれば，それが土地所有権移転の法的基礎となる。⑤政府提案の農地価格に報償金を加えた額を農地買収価格として承認する（これ以外に小作契約の文書化や最高小作料の法定もあった）。この案は農地委員会に関して，農政局原案や修正前の農林省案にきわめて近い内容を含んでいる。NRSが一度は拒否した農地委員会の設置や活用を認めたことは，そこに何らかの方針転換があったことを示唆する。実際，以下で見るように改革案の重要事項の決定では，日本側からの頻繁な申し入れが介在していた。もっともこの時点では，農地委員会の承認はまだ司令部の最終決定とはなっていない。

1946年5～6月に対日理事会で農地改革が議題に上ると，改革案の詰め作業は新たな段階に入る。「GHQ原案」をもとに司令部の案は一応固まっていたが，5月29日の第5回対日理事会で在村地主の保有限度3町歩を提案していた英連邦代表マクマホン・ボールが，6月12日の第6回理事会で1町歩案を提案すると，改革案の内容は一挙に急進化する。この間の経緯については，ボールの政治顧問，エリック・ワードが地主保有地を2～3町歩程度とする英連邦の計画を見ないままNRS担当官と会ったのちに1町歩案をボールに進言したことが明らかにされている[87]。この過程でワードが，農政局が極秘に検討した案や資料に接した可能性は十分ありうる[88]。ボールの英連邦案では，土地譲渡計画を管理するため，中央に農地収用委員会（委員長は農林大臣），県と地方には地主・小作人の利益を平等に代表する農地委員会を設け，地方農地委員会が農地収用委員会の最終的承認を得て各地方の移転農地を決定し，小作人からの申し込みを受けることになっていた。同提案は，地方農地委員会を経て政府が土地を購入することも含んでいたが，それは地主と小作人との直接交渉の否認を意味した[89]。ボールはこの日の理事会で改革実施期間を3年に短縮することも提案したが，それは17日の第7回理事会（農地改革を審議する特別会）における2年まで短縮という中国代表提案に取って代わられ，これが最終案に盛り込まれることになる。その後，ボール提案に対し，マッカーサーは「きわめて建設的で価値のあるものだと思う。すぐにもそれらの提言を取り入れて指令を出すつもりだ」[90]と語ったという。司令部の最終案はマッカーサー臨席の会議で確定され，6月28日にスケンク天然資源局長から和田農相に伝えられた。これは事実上の指令であったが，そこに至るにはもう一つの折衝が介在していた。

対日理事会の成り行きを見守っていた農林官僚は，司令部が英連邦案をもとに改革案を固めつつあることを知らされると，英連邦案は日本農村の実情になじまない点があり，かえって改革を阻害するおそれがあると判断し，山添農政局長の名で修正を申し入れた[91]。この申し入れには「土地の買入及売渡は政府が行ふものなるも，其の実施については原則として市町村農地委員会に於て買入の決定其の他の事項の処理をなさしめるのが実際的」とある。ただし「異議の裁定又は特に困難なる場合の処理」には府県または中央の委員会が担当する旨，あるいは「土地改革に関する業務の各委員会に対する配分は融通性のある様に」と，各級の農地委員会の弾力的運用にも言及している。司令部は英連邦案を基礎に，この申し入れも踏まえて最終案を確定するが，確定案に取り入れられたのは申し入れの一部であった。そのなかには小作地保有限度1町歩，自作地保有限度3町歩は地方別に弾力性をもたせる，小作人の買受面積を1町歩に限定しない，報償金支出の範囲を中小地主に限る，遡及の期日を1945年11月23日にするなどの重要事項のほか，政府による直接強制譲渡でありながら農地委員会が改革実務を担当することも含まれていた。こうして農地委員会を改革実行機関とすることについて日本側の申し入れが承認され最終的に確定し，第90議会において第二次農地改革法が原案どおりに成立し10月21日に公布された。

このように農林官僚は司令部（実際にはNRS）と水面下の折衝を重ねていった。その主導権は司令部側にあったが，それは必ずしも日本側の意見を排除するものとは限らず，むしろ取り入れることすらあった。この折衝過程について東畑四郎は「最初われわれが却ってマイナスになると考えてきたことが，それが力になって，従って占領下における政策にだんだん転向して来まして，農林省の意見が強く反映して来まして」[92] と回顧している。ここには国内の抵抗勢力の修正による第一次改革法の不徹底性が，かえって第二次改革法を生み出す力になったというパラドックスが示されている。他面では司令部の介入が当初の農政局内にあったラジカルな要素を復活させたと見ることもできる。もちろん対日理事会で全小作地の買収（6町歩以上は無償没収）という過激なソ連案の提出が，司令部に微温的な改革に踏みとどまることを許さない政治状況を作り出していたことも見逃せない。だが，第二次改革法のラジカルな要素のすべてが司令部の力によって作り出されたわけではない。NRSがインフレの進行に連動した買収対価を主張したのに対し，日本側が最後まで低位な買収対価を堅持したことを見落してはならない。ラデジンスキーをして「日本では事実上没収になってしまった」[93] と言わせしめたのは，第二次改革法の立案過程に日本側のラジカル性も介在していたことを裏付けている。

しかし，これで司令部の農地委員会に対する不信の念が完全に払拭されたわけではない。第二次改革法が成立したのちの1946年11月になって地方軍政部から再び，農地委員選挙が趣旨不徹底を理由に問題として湧き上がった。これに対して，和田農相は農民が「政府の農地改革に対する熱意を疑う」という理由で，予定どおりの実施を司令部に申し入れ，承諾を取り付けている[94]。

しかし同年12月末に実施された農地委員選挙はNRSが危惧したとおり低調であった。投票実施割合は西日本で低く，東日本で高いという地域差があったが，全国平均は小作階層41.0%，自作階層44.2%，地主階層23.7%であった[95]。また投票は実施したが，棄権率が高いという委員会が数多くあった。不信をもったNRSは選挙の事後調査を指揮したが，その結果「約75%の農地委員会が，民主的とみなし得る選任手続きによって設立された」と結論づけた[96]。この間，農林官僚は「村の選挙では正式の手続きから逸脱することがあること，それは主として日本の村共同体の生活が持つある種の伝統の強さによるもの」と説明した。これに対しNRSは10県で現地調査を実施し「選挙前の選定が部落の寄合によって行われたこと，しかし全員一致の選挙の場合は大体，候補者は話し合いや内々の合意によって選ばれたようであった。部落の共同体的構造のために，こうした選任は通例，基本的に民主的なものであった」と判断した。この調査はNRSが日本農業・農村の理解を深めるうえで大きな経験になったと思われるが，それは翻って当初から日本側が計画した農地委員会の活用が妥当なものであることをNRSに認識させることとなった。

農政当局にとって，日本農業・農村をNRSに理解させることは相当困難であった。折衝の任に当たった和田博雄は，相手が「アメリカノ農業ヲ頭ニ置イテヤル」から「日本ノ農業，殊ニ小農業国ノコトハナカナカ分リニクイ」としながらも，「日本の場合には家族経営が主なんだから……そういう議論をやっている間に，向こうにもそういう頭ができた」[97] と回顧している。さらに興味深いのは，これらの折衝を通じてNRSと他の関連部局（たとえばGS）との間で日本農業の理解の深さに相当な差が生じたことである。訴求買収等をめぐる部局間調整では，NRSが「農林省がNRSの行き過ぎを説得した論法をそのまま用いてGSを説得する」[98]という場面すらあった。このNRSの「日本化」ともいうべき変化は日本側との折衝や彼ら自身が指揮した実地調査経験の産物であった。

以上の諸事実は，とくに改革実行機関に関して，占領軍が予め準備した改革プログラムを敗戦国日本に押し付けたものではないことを示している。ラデジンスキーは改革後に，「日本の場合については，アメリカに打ち負かされ，占領軍としてのその影響力が働いたことが，改革の時機を決めるのに決定的な重要性をもったが，それに急進的な性格を与えた点での重要度はきわめて限られていた」[99]と述べ，むしろ戦時期から敗戦後にかけての農地政策や農民運動などの国内的要因を重視している。もっともこうした見方は，日本の行政機構を前提とした間接占領統治のもとで断行された諸改革に通じる一般的特徴でもあった。司令部では「積極的改革を推進するにあたって，専門的助言と援助に重きが置かれた」が，司令部の専門家スタッフは「日本人の心理・社会構造パターンに合わせて占領の目標を達成すべく，日本政府のスタッフと共同で計画立案に当たった」[100]。農地改革においては，日本側の計画に基づく農地委員会の構想が，NRSと日本側との相互作用的な改革案の詰め作業で固まり，司令部全体もこれを承認した。第二次農地改革法の立案過程にも，日本側農林官僚の主体的役割が介在していたことは前述したが，農地委員会をめぐる折衝ではそれがとくに際立っていた。そして，その折衝過程が，日本の農地改革に適合した「農民参加型」土地改革の決定へと司令部を導くことになった。

第５節　農地委員会システムと改革実行性の確保策

法的強制力のある厳格な改革法令の策定は徹底した農地改革の必要条件であるが，それを全国各地の農村で確実に執行するには改革現場の実行機関が準備されねばならない。それが司令部との折衝過程で日本側が堅持してきた農地委員会である。問題は，農地委員会を改革現場でいかに機能させるかにあった。そこで以下では，農地委員会の政策効果と，それを導出した農政当局の指導方針や政策構想を検討することにしたい。

1　農地委員会システムの政策効果

全国の農地委員会関係者数は，1市町村当り平均で農地委員10人，専任書記3人，部落補助員25人で，それらの全国総数は約41万人に達した。改革実行に伴う行政機構の人員増加は膨大であったが，その大部分は市町村段階に集中し（表1-1），しかも彼らは既存の行政機関の役人ではなく農民であった。彼らが農村社会に占める比重を，試みに当時の農家数561万戸（1947年8月1日現在『臨時農業センサス』）に対する比率を単純計算すると，約14.4戸のうち1人が改革への直接参加者であったことになる。ところが，これ以外に農民組合幹部（彼らの一部は委員に就任した），非公式の協力者のほか村独自に調査員を設けたところもあり，これらを加えると実質的な改革参加密度はさらに高くなる。またどの階層の農民も部落ごとに委員や補助員を選出するための寄合に出席した。さらに改革に消極的な地主層も個人的または集団的に農地委員会に関与した。この参加密度の高さは，それ自体で膨大な改革業務の適正処理を監視するモニタリング機能を発揮する効果をもち，違法・脱法行為を極小化することにより改革の徹底化に寄与した。

表1-1　農地改革行政機構の人員構成

（単位：人，%）

機　関	1946年11月（農地部発足前）	1947年当初	
農林省（東京）	27	61	(0.0)
地方農地事務局（6局）	—	563	(0.1)
都道府県農地部（46局）	497	3,415	((0.8)
都道府県農地委員会（46）	—	1,150	(0.3)
市町村農地委員会（書記）	10,000	32,462	(7.8)
市町村農地委員会（委員）	—	114,831	(27.7)
部落補助員	—	262,500	(63.3)
計	10,524	414,982	(100.0)

資料：農地改革記録委員会『農地改革顛末概要』1951年，156頁。
注：市町村農地委員会については書記は8月1日現在，委員は6月30日現在の実数。また，部落補助委員は1町村平均25名とした推定値である。

農地委員会のなかで書記（とくに専任書記）について次の点を確認しておこう。1委員会当り平均3人であった書記は，その人数から農地委員や部落補助員のように部落の寄合で選出されたというよりも，村の農地改革を主導した中心人物や農民団体の要請で就任した可能性が高い。それだけに当時の村内勢力関係を反映する人物が登用される傾向が強い。書記は単なる記録係ではなく委員会運営の要であり，「非公式にではあるが広汎な権限を行使出来た」存在であり[101]，自ら改革を先導することもあった。こうした書記については甲種中学校，乙種中学校，高等小学校の卒業生が多く，この3者で書記全体の92％を占め，当時の農村では比較的高い知的階層の人々が就任していた。引揚者や復員者が多く含まれ，村によってはそれが25〜50％にも達した。彼らが海外の経験をもとに新しい感覚で改革に取り組んだことが改革成功の一因になったという評価もある[102]。村の出身者でありながら村外でさまざまな経験を積んだ人物が敗戦後に帰村したことは，敗戦直後の農村が改革遂行にとって有能な人的資源を獲得していたことを意味する。この点は書記だけでなく一部の農地委員にもあてはまるであろう。

農地委員会が司法的機能を最もよく発揮したのは異議申立の処理においてである。第一次改革法では土地譲渡の裁定に不服がある地主に対する救済策として主務大臣（実際には行政裁判所）への訴願を認めていたが，第二次改革法では売渡を受ける小作側にも認めただけでなく，訴願の前段階に異議申立を設け，その申立先が地元の農地委員会とされた。つまり農地委員会の問題解決・調整機能を認めることで，改革遂行に伴う利害衝突や不満をできるだけ農村内部で自治的に解決させる仕組みへの転換が図られた。この問題解決方法の成果は相当な地域差があったが（第2章第3節参照），全国的には被買収地主による異議申立の約4分の3が地元の農地委員会により解決され[103]，都道府県農地委員会や裁判所に持ち込まれる訴願・訴訟件数を大幅に減少させる効果を果たした。異議申立のすべてを既存の行政・司法機関が処理したとすれば，改革事業はもっと遅滞し混乱したであろう。もちろん地元の農地委員会による解決のなかには不本意な合意や妥協もあったが，そうした合意や妥協を引き出したことも農地委員会システムの政策効果であった。

農地改革に伴う紛争のもう一つの解決策として戦前来の小作調停制度もあった。1924年の法施行後，その調停件数は当初の地主側による申請から小作側による申請へと変化し，1930年代半ばに件数は5,000台から7,000台へ増加する（受理件数では36年の7,634，争議単位数では35年の4,368がピーク）。その後，30年代末から徐々に減少に転じ，太平洋戦争期には2,000件以下となる。これに対し敗戦後は，受理件数は1945年に早くも6,688となり，この水準で47年まで推移し，それ以降急減する[104]。敗戦から1〜2年は地主側からの申請が多く，その後は小作側か

表1－2　地主の小作地引上げ要求に起因する争議の発生件数（発生ルート別）の推移

	期　間	訴訟，調停中立		陳情，投書その他の情報	農地委員会に提出したもの	農民組合活動等によるもの	その他	計
		地主中立	小作人中立					
実数（件）	1946年8月15日～11月21日	998	854	2,290	3,146	826	192	8,309
	1946年11月22日～1947年8月14日	2,737	1,897	3,693	27,784	9,114	2,837	48,062
	1947年8月15日～12月31日	1,255	821	2,318	9,895	3,729	393	18,411
	1948年1月1日～6月30日	290	174	594	1,575	74	27	2,734
比率（%）	1946年8月15日～11月21日	12.0	10.3	27.6	37.9	9.9	2.3	100.0
	1946年11月22日～1947年8月14日	5.7	3.9	7.7	57.8	19.0	5.9	100.0
	1947年8月15日～12月31日	6.8	4.5	12.6	53.7	20.3	2.1	100.0
	1948年1月1日～6月30日	10.6	6.4	21.7	57.6	2.7	1.0	100.0

資料：農地改革史料編纂委員会『農地改革史料集成』第十一巻，922～929頁。

らの申請が増加するが，当時の食糧難，農地不足下での農地改革の断行を考えれば，その件数は必ずしも膨大であったとはいえない。もちろん改革期の小作調停制度は，それが農地委員会の問題解決能力の限界面を補完するという独自の意義をもっていた。しかし，政策基調は裁判所ではなく「農地委員会の判断，その裁定，これが優先的というよりも，むしろそこで片づけられるべき」[105] というのが基本的な政策スタンスであった。事実，異議申立件数は調停件数とは比較にならないほど多く，その背後には農地委員会の解決・調整機能の高さがあった。小作関係や農地に関する紛議の解決は相対的に司法の場から行政の場にシフトしていたのであり，しかもその担い手は既存の行政機関ではなく農地委員会であった。この農地委員会を通じて小作調停制度の運用において戦前期にすでに出現していた「司法の行政への従属化現象」[106] が，改革期農村の問題解決能力を飛躍的に高める形で一挙に推し進められたのである。

改正農調法第9条3項の小作地引上げにも農地委員会の役割が求められた。その役割は小作地引上げの摘出・表面化と適正処理にあった。前者については，農地委員会ルートを通じた引上げの表面化が最大割合を占めたことにより委員会の機能を確認できる（表1－2）。この割合は，農地委員会と密接な関係にあった農民組合ルートを加えるとさらに高くなる。敗戦1年目に多かった耕作農民からの「陳情・投書その他の情報」が委員会設置後に減少し，委員会ルートが高まっていくところに農地委員会システムの効果を読み取ることができよう。小作地引上げ申請は知事の最終的許可を必要としたが，地元の農地委員会の判断が引上げの

表1－3　小作地引上げ申請に関する市町村農地委員会の決定と知事の裁定

市町村農地委員会の決定		許可				不許可			
知事の裁定		許可	不許可	未処理	計	許可	不許可	未処理	計
実数（件）	1947年	61,592	21,473	22,751	105,816	430	15,846	4,968	21,244
	1948年	62,375	28,900	18,048	109,323	411	14,301	2,620	17,332
	1949年	37,420	7,424	2,016	46,860	152	4,791	93	5,036
	1950年	29,360	2,357	1,664	33,381	151	3,457	185	3,793
比率（%）	1947年	58.2	20.3	21.5	100.0	2.0	74.6	23.4	100.0
	1948年	57.1	26.4	16.5	100.0	2.4	82.5	15.1	100.0
	1949年	79.9	15.8	4.3	100.0	3.0	95.1	1.8	100.0
	1950年	88.0	7.1	5.0	100.0	4.0	91.1	4.9	100.0

資料：前掲『農地改革史料集成』第十一巻，912頁。

適否において大きな比重を占めた。引上げ要求に起因する争議のうち，農地委員会の許可が知事により覆される割合は多い年でも26.4%（1948年）にとどまり，これに対し件数自体が少ない委員会の不許可に至っては，知事が覆す割合は増加のピークとなる1948年でもわずか2.4%にすぎなかった（表1－3）。もちろん小作地引上げは容易に認められたわけではなく，全国的には「不容認」を4～5割以上生み出す一方，「全面返還容認」が少なく，戦時中の応召や徴用だけでなく地主側と小作側の双方の耕作能力や生計状態を考慮した調整結果とみられる「一部変換容認」を相当な割合で生み出した（表1－4）。農政当局も敗戦後の膨大な小作地引上げが，戦前期の小作地返還と対比して，きわめて零細地をめぐるものに性格変化したことを認識し，47年11月の自創法の一部改正では遡及買収の徹底化と賃借権の強化を企図する一方，生活困難な零細地主の場合は賃借権回復から除外することも考慮した[107]。この改正案は司令部に拒否されるが，農政当局は小作地引上げを人口急増下の土地不足問題としても認識していた。だからこそ地元の農地・農家事情を知悉し農地調整を担う農地委員会に大きな権限を与えたのである。

2　改革実行性の確保策

自創法，改正農調法を軸に施行令，施行規則からなる第二次農地改革法令は厳格に整備されていたが，改革現場で効力を発揮させるには，それに向けた行政努

表1－4　地主の小作地引上げ要求に対する解決内容

	期　間	解　決　済				解決未済	計
		全部返還容認	一部返還容認	返還不容認	小計		
実数（件）	1946年8月15日～11月21日	916	3,105	3,518	7,539	767	8,306
	1946年11月22日～1947年8月14日	5,414	12,738	27,002	45,154	2,908	48,062
	1947年8月15日～12月31日	2,319	3,918	10,200	16,437	1,974	18,411
	1948年1月1日～6月30日	5,126	4,210	12,292	21,628	3,006	24,634
比率（%）	1946年8月15日～11月21日	11.0	37.4	42.4	90.8	9.2	100.0
	1946年11月22日～1947年8月14日	11.3	26.5	56.2	93.9	6.1	100.0
	1947年8月15日～12月31日	12.6	21.3	55.4	89.3	10.7	100.0
	1948年1月1日～6月30日	20.8	17.1	49.9	87.8	12.2	100.0

資料：前掲『農地改革資料集成』第十一巻，931～934頁。
注：1948年は前年からの持越し件数（2,734件）を含む。

力が必要であった。第1に陣容面では，行政機構の拡充として，中央で農林省本省に農地部，中央農地委員会，地方ブロックで6カ所の農地事務局（仙台，東京，金沢，京都，岡山，熊本)，都道府県では農地部が新設された。1946年半ばに農政課長から秘書課長に転じた東畑四郎が，満州や台湾からの引揚者のなかから有能な人材を面接して採用し，都道府県の農地部長に送り込んだことはよく知られた事実である[108]。また小作調停法施行以来，各地の小作問題対策に第一線で活動してきた小作官も都道府県の担当部局に配属された[109]。これは戦前期の農地行政経験の遺産が，とくに人材面で継承された典型である。第2は，改革法令の宣伝普及が必須であったことである。地方の農地改革担当職員を対象に大きな講習会が東京で開催されたほか，農林省は都道府県におびただしい通達や訓令を発し，地方農地管理事務局の農地部長が都道府県農地課をたびたび訪れた[110]。また農林官僚も地方講習会に直接出向いた。しかし，より重要であったのは市町村の農地委員や書記に対する指導である。その任に当った都道府県農地課職員や地方事務所係官が全国各地で農民大会の開催を促し，改革法令の趣旨徹底化を図った[111]。このなかには農地課長が書記たちに向かい，「青竹を片手に……GHQの仕事だから，日本の再建のため」（奈良県)[112] といった強力な指導や「軍政部立会のもとに実地調査をなし申告漏れの農地の発見をなし県下に範を示せり」（徳島県)[113] といった，占領軍権力の「利用」もみられた。

実行過程に入ってからも買収進捗率の低い不良委員会に対しては，各都道府県が巡回指導班や査察班を送り込み，農地相談，村民大会，部落座談会などの開催を通じて農民の自覚を喚起する指導を強化した[114]。改革途上の農地委員会は，その運営と実績から次の3類型に区分できる。①耕作農民の意思が盛り上がり自発的に運営された委員会，②自発的な創意と熱意には乏しいが，政府や都道府県の行政指導に督励され，とにかく所定の計画だけは大過なくすませてきた委員会，③創意もなく，唯あるのは地主の強烈な支配力と農民の薄弱な自覚だけであって，行政指導にもかかわらず改革が阻害されるかまたは中途半端な措置でお茶を濁してきた委員会[115]。この3類型は一般的な指導基準として地方農地事務局でも用いられた。たとえば，東京農地事務局では1948年4月になっても買収が進捗しない不良委員会を検出する基準を明示したが，その内容は「市町村農地委員会判定基準により全農地委員会を上，中，下に分類し，特に下の部類に入った不良農地委員会を重点指導」[116] するというものであった。同事務局管内の一つである茨城県ではこれに基づき，A. 買収を一応完了し売渡し体制を確立しているもの，B. 買収が近く完了する見込みのあるもの，C. 買収が相当残っており，その完遂に相当の困難があると認められるものの3ランクに分け，不良委員会に集中的に指導班を送り込んだ[117]。これらの3類型のうち，いずれが最多を占めたかを直接示す資料はないが，①や③はとくに目立った事例として各都道府県の『農地改革史』等に紹介されている。しかし実際には，記録に残されていない②のタイプが最も多かったのではないかと筆者はみている。また，この類型は固定的ではなく，改革途上で③から①や②へと変化することもある。委員会活動の実態に基づく改革プロセスの検証が必要とされるのはこのためである。

上述の③の不良委員会は改革当時にも問題視されたが，量的にはそれを過大視することはできない。その比率は，都道府県の取り組みや農地事情の差異があり一般化できないが，山形県17.4％（40余委員会），鹿児島県13.6％（16委員会）という報告がある[118]。同様に静岡県では25委員会，石川・富山両県の合計では12委員会で，不良委員会は5％にも満たなかった。島根県では買収成績不良の特別指定町村数は41であり30％を超えたが，同県では改革後の小作地率を8％未満とする厳しい方針で臨んでいた。いずれにせよ不良委員会は膨大ではなく，都道府県の重点指導により克服可能な程度にとどまった。

一般農民向けには，的確な情報をわかりやすい表現で迅速に流すために，国や都道府県がパンフレット，リーフレット，ポスター，新聞，ラジオ放送，紙芝居などあらゆる手段を用いた。とくにリーフレット「農地改革早分かり」は用紙不足下で全国農家数を上回る600万部が発行された[119]。国の政策意思を短期間に全国に普及する活動は政府にとっても前例がなく，後年，その活動は「農林省が行政目的実現のために一つの運動体となった稀有な例」[120] といわれた。またこの活動にはNRSも深く関与した。通達はもとよりパンフレットやリーフレットに至るまで，すべてに事前チェックが入ったが，それは徹底した改革を求める司令部の意思の表れであった。だが，司令部の関与は改革現場にまでおよぶものではなかった。地方軍政部配属の占領軍は総人員の１％であったといわれるが，進駐当初の総人員約40万人は46年には20万人に半減し，47年には12万人，48年は10万人余に急減した[121]。買収・売渡が最も進捗する1947～48年のこうした減員は，改革実行段階で占領軍の監視体制の強化を改めて必要としなかったことを示している。降伏以前の対日占領方針をめぐる対日「宥和派」と「厳罰派」の対立のなかで，「宥和派」が農地改革に消極的であった理由の一つは「軍政要員を大量に必要とする」[122] という点にあったが，この懸念は的中しなかったことになる。占領軍が第二次改革法の立案段階で果たした役割に比較すれば，改革実行段階で果たした役割は限定的に評価されるべきであろう。

改革実行過程では，事柄が細部にわたるほど，改革現場で判断し決定しなければならない問題が多かった。買収除外となる自創法第５条の「自作を相当と認める当該農地」は第一次改革法よりも厳密に規定されていたが，実際には農政当局は「命令ヲ以テ細カク一々ノ場合ヲ規定スルコトハ出来マセヌ，随テ農地委員会ニ於キマシテ……法律ノ趣旨ヲ能ク考ヘテヤツテ貰ヘバ間違イナシニ……具体的ナ事情ニ合タ判断ガ出来ル」[123] と説明した。そのうえで，個々のケースについては「自作ヲ相当トスル，而モ農地委員会ガソレヲ認メル，斯ウ云フ『システム』ニ依リ」処理することが基本方針とされた。また地主保有地の選定は地主の希望ではなく農地委員会の決定事項となったが，どの土地を買収しどの土地を地主保有地とするかは地目・収量や買受機会等を考慮した適切な調整が必要となる。これについては「村ノ事情ニ詳シイ人ガヤル訳デアリ……村ノ中デ土地ノ分配ヲスル際，斯ウ云フヤウニヤツテ行クト云フ建前，一ツノ基準ガ出テ参ル」[124]と，農地委員らの合議が村内事情に即した妥当な調整基準を創り出すという認識を示している。細部の事柄については通達も出されたが，その実行には農地委員会の適切な問題処理が重視された。

さらに都道府県と市町村を通じた改革業務全体のなかで，市町村段階で処理すべき業務の多さも指摘しなければならない。この点に関しては，前述した都道府県段階における行政機構拡充の意義を過大視することはできない。改革当時の都道府県農地部農地課の実情を，千葉県の例でみるとおよそ次のようであった[125]。ここでは農地部長と農地課長が新たに発令されたが，農地改革を担当した農地課は庶務係，創設係，指導係，経理係，調整係からなっていた。農地課の職員は法学士，農学士，高等農林学校卒業が各１人で，あとは中等学校卒業であるうえに新規採用の若い職員や女子職員も含まれ，農業に関する十分な知識を持たない「にわかづくりの混成部隊」で，その職員数は課長以下二級吏員を含めて総勢30数人であった。この人員と事務体制では，地方事務所の応援を得ても，県下313の市町村から上がってくる買収・売渡計画を入念に審査することは不可能に近い。県農地課は市町村農委が樹立した計画を適正なものとみなして事務処理するほかなかった。

同様のことは長野県でもみられた。1947年10月17日に松本市で開催された県農地委員会大会で県農地課長は買収計画樹立について「縦覧する時には県農地課で直ちに承認出来得るように適正な計画を樹立して貰いたい」と述べ[126]，県農地課が事務処理において市町村農委に依存していることを認めている。また売渡計画でも，48年３月，長野県南佐久地方事務所では売渡計画の審査を県農地課と地方事務所の数人の職員により，町村農委が樹立した売渡計画書についての会長や書記らの説明をもとに実施したが，午前９時から午後５時までで７町村分の計画を審査した。売渡事務の回数を重ねていたとはいえ，１町村当り平均約１時間で審査し，事実上，町村から上がってきた計画を適正なものとして処理している。

農地委員会が改革を遂行するうえで，実務面でとくに重要な意味をもったのが委員の部落代表者的性格である。これこそ法律が規定するものではないが，農政当局は重視していた。委員選挙に際して,「被選挙権者ハ立候補制ヲ採ラザルモ之ガ為部落毎ニ得票数分散ノ惧アルヲ以テ予メ各階級別ニ被選挙権者名ヲ部落会等ニ於テ示シ村内ノ真ニ公正ナル代表ヲ選出スル趣旨ニ相反セザル」という通牒が出された[127]。農政当局は,農地委員を単なる階層代表者としてでなく,階層別・部落別代表者として選出させようとした。特定階層の農地委員が特定部落に集中することなく各部落からバランスよく選出されることが,改革の円滑な遂行に必要だと考えていた。農地委員会の下部組織であった部落補助員の制度化もこれと同様の趣旨によるものであった。

以上みてきた諸論点は,農地委員会の国家（政府）からの相対的自立性を示唆している。膨大な中小・零細地主の堆積,農民間の錯綜した権利関係,農地利用（水利施設,林野,牧野の利用も含む）における地縁集団による共同管理など,日本農業の土地所有・貸借・利用の構造は改革遂行に際して,地縁集団の活動を必要とせざるをえなかった。農地の買収・売渡,小作地引き上げ申請の裁定,遡及買収などの処理では,農地・非農地の確定,自作地・小作地の区別,地主の在・不在の認定のほか,小地片ごとの地目,地番,面積,収量,境界,分筆状態,担保権設定の有無,農業施設の設置状況,賃貸価格,戦時期以来の貸借関係の変化の確認などの農地事情全般,地主と小作人双方の耕作能力,世帯構成,生計状態,兼業状態などの農家事情全般に精通していることが必要であった。また,これらの調査に先立つ農地委員選挙人名簿,世帯票,土地台帳の作成では,村役場や農業会からの資料収集だけでなく部落ごとの正確な情報収集と収集データの整理作業が不可欠であった。さらに買収・売渡計画の樹立では,権利移動統制の徹底化,食糧生産に支障のない適切な農地管理の継続が要求された。これらの改革業務や統制管理は既存の行政機関の能力範囲を超えている。農地委員,書記,部落補助員はもとより,各部落の協力者や農民組合等の協力,さらに地主側の不本意な協力や妥協など全員参加が求められたのは,農地改革が村内事情全般とかかわっていたからである。

これらの農地委員会の活動については,村長や村役場,農業会との関係が改めて問題となる[128]。制度上は,村役場は改革業務から完全に遮断され,村長の役割も農地委員選挙の準備や農地証券交付など機械的な手続き事務に限定され,それらは買収，売渡とは「別の系統の仕事」[129] とされた。国家の権力行使機関が複数存在することは無用な混乱を招き，農地委員会以外のいかなる機関・団体も改革業務への関与は禁止された。市町村長の関与についても，和田農相は内務省に「ソレヲ無闇ニヤラレテハ困ル……農地委員会等ニ付テハソウ云フコトハヤラナイヤウニ」[130] と申入れた。しかしむろん現実には，農政当局も村内においてそれぞれの機関，団体が無関係ではありえないことを熟知していた。改革実行に際して，山添農政局長は農地委員会に「役場トモ能ク協力ヲ願」い，「地元ノ農業会ノ支援ヲモ受ケ」，「緊密ナ連絡ヲ必要」とし，さらに「町村ノ人，又ハ農業会ノ人ニ，兼任ノ書記ト云フヤウナ名前ヲ付ケテ手伝ツテ貰フ」と述べている[131]。しかし村長，農業会役職員等の村内諸機関・団体の人々には，あくまで「ソレゾレノ立場々々ニ於テ十分協力ヲシテ貰フ」[132] ということであって，農地委員会に既存の諸機関・団体の利害が持ち込まれることは回避されねばならない。協力，支援は改革業務の遂行においてではなく，業務遂行の円滑化のための事務・手続きレベルで求められたのである。

長野県下高井郡平野村は農民組合主導のもとで農地改革が遂行されたが，専任書記であったＭは元役場書記であった。彼は組合幹部らと協議し，農地委員選挙と同時に辞表を提出し，役場書記を辞職し農委専任書記に「横すべり」した。彼は，役場書記時代の事務処理経験や役場内の各種資料・統計の所在・内容に関する知識を生かし，改革事務を中心的に担った。この意味で，Ｍ辞任によって書記兼任禁止の法令は制度上は遵守されたが，現実には村役場事務機能が改革に動員される体制ができあがった[133]。また長野県下高井郡延徳村や南佐久郡桜井村では農委会長が村長にも就任した。桜井村では専任書記や兼任書記に村役場書記や農業会専務理事・技術員が登用され，同様に隣接する前山村でも兼任書記に役場収入役や農業会技術員が登用された[134]。

こうした法令上に現れにくい農地委員会の内実は，第二次改革でも改めて農政当局が委員会に自主性を求めるという形で表明された。和田農相は，農地委員会を「小作，自作及ビ地主ト云フソレゾレノ層カラ代表サレタ者ニ依ツテ自主的ニ構成シテイク」ものとし，「何処マデモ是ハ自主的ナ農地ニ関スル処理機関デアルト云フ思想ヲ貫イテ居ル」[135] と力説した。ところが他方では山添農政局長は，

「法律ノ全般ガ政府ガ介入シテ自作農ヲ創設シヨウ」[136]とするもので，農地委員会を「一種ノ国家機関」とし，和田農相も別の場面では「行政庁」と位置づけている[137]，一見して矛盾するこの2つの説明は，農地委員会の本質的な二側面を的確に表現している。すなわち，ここで「自主的ナ農地ニ関スル処理機関」とは法的な政府買収規定の欠如ではなく，農地委員会を機能させる農民の自主的活動の必要性に基づいている。この二側面の歴史的淵源は戦時期農地委員会にまで遡ることができるが，第一次改革法の立案時にも改革実行性の確保問題として出現していた。第一次改革が計画倒れになることを危惧した石黒忠篤は，農地審議会の席上で「実行力アル機関モ備ハツテ居ラヌ，法制ヲ強化スルダケノ力モ与ヘテ居ナイ」と問題点を指摘したのち，「ドウ云フ風ニ実現スル御見込ミデスカ」と詰問した[138]。これに対し和田は実施計画について「実ハ私達モ頭ヲ悩シテ居ル」と本音を漏らした後で次の2点を指摘した[139]。一つは前述した行政機構の拡充であり，いま一つは国民的基盤をもつ実践活動である。後者について和田は「役人ダケデヤツテモ中々大事業ナノデ効果ガ挙ガ」らない，「之ヲ裏付ケル国民運動……ニ持ツテイク必要ガアル」とし，「結局市町村農地委員会ガ動キ，県知事ガ動キ，我々ガ動キ，全体ガ動イテ来ント，唯法制ダケデヤツテ，結果トシテ崩レタノデハ困ル」[140]と，実行性を確保する実践活動の必要性を指摘した。

中央，都道府県，市町村の各段階において改革実行性の確保が企図されたが，とりわけ重要視されたのが改革現場となる市町村段階であった。しかし，これについては第一次改革の松村農相と第二次改革の和田農相との間で重点の置き方に若干の違いがあった。松村が「農地ニ関スル問題ハ村自体デ民主的ニ円満解決ヲ致スコトガ最モ望マシイ」[141]と，「村自体」の問題解決能力を重視したのに対し，和田は「法律ノ建前ト同時ニ片方ニ於テ健全ナル組合ノ運動……ノ発達ガ必要」と，農民組合等による「農地問題ノ自主的解決」[142]を重視した。この2つの見解を第一次改革の間接強制譲渡と第二次改革の直接強制譲渡の違いとみるだけでは不十分である。ここには買収方式の違いには解消しえない改革実行性の確保に関する基本問題が伏在している。農地委員会の活動基盤となる「村自体」の改革実行体制の整備と農民運動がそれである。

第一次・第二次改革を通じて農政当局は改革実行性の確保について，制度や法律の重要性とは別に，改革への農民参加を重視し農地委員会を実践的たらしめようとした。第一次改革の農地移動統制について，和田は「この統制が有効に行はるるためには，単に権力によっては不可能である。『国民の選挙制による官庁』としての最初の試みたる市町村農地委員会の活動並びに自主的なる農民団体の健康なる発展に多くの期待がかけられる」[143] と，国家権力ではなしえない機能を農地委員会や農民団体の活動に求めた。また和田は第二次改革の実行に際しても，「国が直接売買することになった」と法的に政府買収に転換したことを指摘する一方で，「国家でなく，農村に居る人々で組織する，その農地委員会によって農地の買収，売渡を行い，自作農創定を行」うと述べ[144]，農地委員会が国家から相対的に自立した村の改革実行機関であることを明言している。食糧危機，大量の引揚者・失業者，農業復興など，敗戦直後の経済的，社会的危機を政府だけで一挙に解決することは不可能に近い。ここに人口の過半を占める農村の土地問題を農民自身の手で解決させる必要性があり，これを担ったのが農地委員会である。国家と農村を通じた農地改革の行政機構を下支えするものが村の実行体制と農民運動であり，それらを導出する政策装置が農地委員会であった。この意味で，農地委員会は，国家の権力行使と末端農村の改革遂行力との結節点に位置し，その両者を改革実行に向けて一体化させる仕掛けとして構想された。

しかし他方では，行政当局の強力な介入も，委員会運営が紛糾し改革が暗礁に乗り上げる場合のために計画されていた。改革の著しい遅滞は都道府県の行政介入を呼び込む契機となり，結果的に徹底した改革に帰結する仕組みがとられていた。だが，それは激しい階層対立や利害衝突のために農地委員会の問題処理能力が発揮されない場合のことであり，知事の解散命令や権限代行については「上ノ方カラ監督上ノ命令ヲ発スル，斯様ナ主義ハ採ツテ居ラナイ」[145] というのが基本的な政策スタンスであった。事実，最も強力な行政介入である知事の権限代行措置は，東北や九州の一部で目立ったが，その全国件数は63にとどまり[146]，農地委員会総数の１％にも満たなかった。このことは法令説明会など行政指導に督励されたとはいえ，多くの農地委員会が実質的には「農地問題の自主的解決」として農地改革を遂行したことを示している。

3　農地委員会の権限に関する諸論点

農地改革の実行性確保において，改革実行機関の権限や権限行使局面における法運用の根拠などが改革現場で問題となることはいうまでもない。それは異議申立や訴願への対応において顕著に現れた（第４章第３節参照）。ここでは改革実行性確保の問題を，農地委員会の権限の広さや自律的権限という視点から改めて再検討する[147]。

(1) 農地委員会の自律的権限をめぐる諸論説

農地委員会には，市町村，都道府県，中央を結ぶ系統組織という特徴があった。中央では政府（農林省）と中央農地委員会，都道府県では県農地部と県農地委員会との間で，行政機関と農地委員会の協力関係が存在したのに対し，市町村段階では役場と農地委員会の連携は制度的に遮断されていた。これは中央，都道府県段階では特定目的の行政機関の設置は可能であるが，市町村段階では役場は農村社会で多様な行政目的を果たすことから，農地改革業務を専門的に担う機関として不適当という事情があった。ただし後章の事例分析でみるように，業務遂行のためには農地委員会は村役場や農業会との協力関係を必要とした。また役場と改革業務の切り離しは，役場の業務が行政的匿名性と画一性を原則とするのに対し，農地委員会の仕事が特定個人の土地所有や耕作実態を扱うという全く異なる性格をもつことに対する当然の措置であった。そのうえで農地委員会には他に類例のない強力な権限が賦与され，「法に規定された委員会としては，今後これだけ強力な権限を与えられたものは作られないであろう」[148]とまで評された。このことは既存の行政機関から独立した強力な権限行使機関が，市町村段階でこそ必要であったことを示している。

ところが農地委員会の権限については，各論者の農地改革像ともかかわって，これまで相異なる見解が提出されてきた。農地委員会の仕事は階層的・個人的利害と直接かかわることから，その判断や権限行使が村内の社会関係，とくに地主・小作関係に制約され一定の規制を受けることが予想された。ここで問題となる農地委員会の権限とは，権限の強さではなく，権限行使に当たっての自主判断の広さあるいは自由裁量の範囲である。この自主判断の広さについては，それが厳格な法令執行の制約要因になると危ぶまれ，改革当時から問題視されていた。すなわち，「農民が自村内の事柄について第三者的立場に立つことは，きわめて困難であり，実際にはおそらく不可能」であり，「旧秩序の残存物に牽制されて，村内の利害関係に制約されて，事勿れ主義的な現状維持的な処理方法をとり，農地改革を最小限度の線にとどまらしめる結果を招きやすい……立法論としては，法律でさらに強いわくを定め，農地委員会の自由に定め得る範囲をもっと狭くすべきであった」[149]。この見解は農地委員会に与えられた自主判断の広さが改革を阻害することを危惧する立場からのものである。実際，各農地委員に即してみても，個々の農家事情に通じていることが，かえって事業処理に当って判断を下すことの制約となり，個人的恨みを受けたくないとの意向とも相まって，厳格な法令適用が抑制されることは十分ありえたであろう。

これに対して，広範な自主判断の範囲があることを積極的に評価する見解もあった[150]。これは自主判断しうる余地があることは，むしろ一般農民も土地問題や農地改革に対する自覚を促す契機となり，結果的に改革遂行に寄与するというものである。この見解の特徴は，農地改革を「動的に，主体的に」捉えていることであり，各階層代表の複数の委員による「合議制を法的に確立したことは，保守的な立場に通じるどころか，却って……進歩的な立場」に通じるとみている。また農地委員会を取り巻く農民間の利害錯綜についても，「保守的な農民も進歩的な農民もみんなで自分自身の問題を，成るべく身近に提起して，自ら解決してゆくところに，民主的な成長がある」とみなし，農地委員会の役割を「耕作農民の歴史的推進力」[151] を展望する運動論的立論が示されている。ここでは，背後で農地委員会運営を支える農民組合等の運動主体が前提とされ，階層の流動化を通じて農村社会が激しい熱気に見舞われるなかで，農地委員会の成長とともに改革が進行するというドラスティックな農地改革像が想定されている。

この２つの代表的見解は，農地委員会の２つの異なる側面を照射している。前者が農地改革法の規定の不十分性に起因する農地委員会の消極面を危惧するのに対し，後者は農地委員会の変革主体としての成長という積極面を重視している。だが，このどちらの見解も，ともに農地委員会に自主的に判断しうる範囲が存在することを共通の認識としている。ところが近年，川口由彦により農地委員会には自由に判断しうる範囲がほとんどなかったとする見解が提出された。一般に，ある社会的事象について，それが同時代になされた解釈と，後年の歴史的評価にかかわって示された解釈を同一レベルで比較することはできない。しかし農地委員会の権限について正反対ともいえる解釈が示されている以上，時代背景を超えて両者を検討しておくことは問題の所在を明確にするうえで必要である。川口の農地委員会論は農地改革法の構造の一環として展開されたものであるが，農地委員会の自主判断範囲については次の2点を指摘している。

第1に，都道府県農地部の権限と市町村農地委員会の権限との関係について，「買収売渡手続については，ほぼ完全に法律等に規定されており，市町村農地委員会が独自に判断を下す余地は，きわめて小さ」[152]く，正確に業務を遂行することのみのために「大きな権限」が与えられたとみる。また遡及買収については「事情によっては買収する事となっていて市町村農地委員会に広い自主判断が認められていたものが，原則買収へと行政規則によって変更され自主判断の範囲を著しく狭められ」，「小作地の引き上げ承認にいたっては，権限すら奪われて引き上げ許可は知事の権限事項となり，市町村農地委員会は単に意見を述べるにすぎなくなった」としている。なお自主判断範囲の狭い事業として地主保有地の選定問題も挙げている。第2は農地委員会の事件処理能力についてであり，買収，売渡計画に不満な者が行った訴願の処理状況と地主の小作地引上げの調整・調停の2つを取り上げている。前者については，市町村農委が改革事務をいかに正確にこなし，それを都道府県農委がいかに修正したかという系統性をもつ農地委員会システムの自己調整機能が問題とされた。具体的には都道府県農委で審査される訴願について，農地改革法の論理体系に照らしてどの部分が容認されやすくどの部分が棄却されやすいかが検討された。後者については，具体的な状況に応じた地主・小作間の調整を必要とする小作地引上げを中心に市町村農委の調整能力の欠如を指摘する。また小作地引上げの処理は，その多くが小作官の小作調停，県農地課職員，県農委の法外調停により処理されたとし，「土地取り上げの処理は，すべて県農地部においてなされたといっても過言ではない」と結論づけている。

以上の川口の議論は「農地委員会と農村社会との距離」を立論の根拠としてい

る。すなわち，国家の農村社会への介入度を，一方では農地委員会の権限の強弱との関係で相関するものとして，他方では自主判断範囲の広狭性との関係では逆相関するものとして捉えている。つまり農村社会への国家権力の介入度の強さが，市町村農委の自主判断範囲の狭さの根拠とされている。そこから「市町村農地委員会に強力な権限を保証しつつ，自主判断の余地を狭めるという第二次改革の特徴」が導出される。その結果，知事への申請とは位相を異にする村段階での小作地引上げの総体とその処理，買収や売渡における調整などの市町村農委の活動が不問に付され，一義的に改革法令の構造が重視されている。

(2) 自律的権限の行使と農村社会

農地委員会の自主判断や自由裁量については，法令解釈論だけでなく改革実行過程における検証が必要である。上でみた諸見解から学ぶ事柄も多いが，実態分析においては，そのまま受け入れがたい点もある。とくに，法令の規定と農村社会におけるその具体的運用との境界線上に位置する自主判断範囲については，その検証方法自体から問われなければならない。以下，３点に分けてこの方法をめぐる論点を検討しておこう。

第１は，改革現場における法令運用の実態である。自主判断範囲が当初から狭いとされた農地買収においても，市町村ごとに法令の運用は必ずしも一律ではなかった。たとえば山形県西田川郡京田村では，村内に分厚く存在した在村耕作地主の要求に沿って，農地委員会は県農地委員会が定めた基準とは異なり自作地所有上限を４反引上げ，小作地保有限度を３反引下げることにより，在村耕作地主を自作大農として再編しようとする方向で買収計画を樹立した[153]。そこには在村耕作地主の小作地保有限度と自作地所有限度を一体化して捉えようとする村独自の方針があった。また埼玉県入間郡大井村では，自作地保有限度以上の所有者の農地買収に際して，農地委員会は県が定めた自作地保有限度３町歩の基準を一律に適用せず，収量水準の高い部落では保有限度を２反９畝にするという弾力的な買収計画を樹立した[154]。さらに野田公夫は当然買収と未墾地，宅地，農業用施設などの解放をめざす認定買収を区別し，後者について農地委員会の主体的な判断を認めている。すなわち，その「買収実施は当事者などの申請を受けた農地委員会の判断」が介在し，その「徹底度は小作側の主体的（政治的・経済的）成長度を密接に反映したもの」[155]と評価している。そもそも買収は売渡を念頭に置いて計画され，地目や土地条件などを考慮したうえでどの土地を買収し，どの土地を地主保有地とするか，どの土地を誰に売り渡すのかなど，買収のなかに農地調整の要素が入り込んでいた。買収・売渡事業のなかにも，農地委員会が自主的に判断せざるをえない事柄は存在していた。

小作地引上げの処理においても農地委員会の自主的判断の余地は存在した。「村の平和」の名のもとに，農地委員会が村段階で地主の引上げを認め，結果的に改正農調法第９条３項の申請が皆無となった事例も報告されている[156]。また保有限度内に食い込んだ地主保有地の任意解放と交換に，一定限度の小作地引上げを容認する事例[157]や村の農地改革をスムーズに進めるために買受機会の格差是正に取り組み，その格差是正を小作地引上げを含む経営規模調整という形で実施した事例もあった[158]。これらは，村段階において一定の条件下で容認される小作地引上げが存在したことを示している。

一方，こうした村段階の独自の判断による問題処理以外に，県知事の許可を受ける場合にも農地委員会の自主判断は介在していた。これについては小作地引上げや訴願への知事の裁定に関する全国的傾向も問題になるが[159]，ここでは遡及買収も含めて市町村農委の権限行使との関連で以下の諸点を指摘しておこう。全国の市町村農委による小作地引上げ申請に対する県段階での裁定割合を見ると（前掲，表１－３），圧倒的に「許可」が多いが，このうち知事も「許可」した割合は半数以上を占めている。知事による「不許可」もかなりあり，県の慎重な審理の跡が窺われる。引上げ申請が制度上，知事の許可を必要としたのは，小作地引上げが農地改革の根幹を揺るがす重大問題であったために，市町村農委と県知事の二重の機構による厳しいチェック・システムが採用されたとみるべきである。他面このシステムが市町村農委の自主判断範囲の欠如を示すものでないことは，この申請において市町村農委が「不許可」とした場合は，知事の「許可」が２％程度と極端に低いという事実にみることができる。ここには引上げの調整・処理能力が村段階ですでに高い達成度を実現していたことが示されている。つまり小作地引上げ申請が認められるには何よりもまず地元の農地委員会の承認を得ることが必要であり，市町村農委が下す判断が引上げ許可の第一関門であった。

遡及買収は「GHQ から強く要請された」ものであるが[160]，これについては農林省の方針転換が，改革現場に混乱を招いたという経緯がある[161]。当初，日本政府は遡及買収に難色を示したが，対日理事会の強い批判の前に1946年７月22日の農政局長通達により積極的に遡及買収を図ることに転換した。ところが立法段階になって逆転し，買収計画樹立時の状態に基づいて買収計画を樹立することが原則となった。その後，農林省は施行令，勅令により原則として遡及買収を行うことに再転するが，しかし，これにより法律と勅令とのあいだの矛盾が顕在化することになった。この問題は結局，46年12月26日の自創法の一部改正により遡及買収の規定が整備され決着をみる。こうした一連の経過については，「出発点における躊躇は容易に回復されなかった」[162]という評価がある一方，先の46年７月22日の農政局長通達が「かなり効果があった」[163]という別の評価もある。このように遡及買収の評価はさまざまであり，それは農地委員会が法令の執行にあたって自分自身で判断せざるをえない客観的状況の存在を示唆する。原則買収になったからといって，農地委員会の自主判断の範囲が狭められたとは必ずしも言いきれない。この点の検証に際しては，遡及買収の正当性をめぐる判断根拠が検討課題となるほか，農地一筆調査時と遡及買収期日との事実関係の相異も市町村農委が判断すべき問題となる。

第２は，市町村農委の調整機能や問題解決能力の検証方法である。この機能や能力が最も問われる場面が異議申立と訴願である。訴願は，もともと農地委員会の計画や決定を不服とする者による異議申立，それに対する農地委員会の棄却ないし却下の決定という村段階の対立状況を前提とし，そこで調整・解決しえなかった案件が都道府県段階の審査に上がったものである。異議申立が棄却，却下の裁定を受ける場合も含めて，まず村段階での調整・解決の努力過程が先行しているのであり，この意味で，訴願に至るのは不服全体のなかの「氷山の一角」であった。市町村農委のこの調整機能や解決能力が異議申立に対する訴願の比率を低下させたことは前述したが，ここではもう一つの指標として訴願に対する県農委（知事）の裁決結果をみておこう。1947年から49年までの３年間の累計では，訴願人の要求を県農委が容認したのは14.6％にすぎず，棄却64.8％，却下6.3％，

表1－5　訴願に対する知事の採決

		採決					訴願内容		
		容認	棄却	却下	取下	未処理	合計	買収関係	売渡関係
実数（件）	1947年	478	4,315	335	92	303	5,523	5,365	158
	1948年	1,815	8,475	617	771	909	12,587	11,229	1,358
	1949年	1,387	3,578	630	847	715	7,157	5,878	1,279
	1950年	650	1,198	458	484	887	3,677	2,974	703
比率（%）	1947年	8.7	78.1	6.1	1.7	5.5	100.0	97.1	2.9
	1948年	14.4	67.3	4.9	6.1	7.2	100.0	89.2	10.8
	1949年	19.4	50.0	8.8	11.8	10.0	100.0	82.1	17.9
	1950年	17.7	32.6	12.5	13.2	24.1	100.0	80.9	19.1
	47～49年の累計	14.6	64.8	6.3	6.8	7.6	100.0	88.9	11.1

資料：前掲『農地改革資料集成』第十一巻，749頁。

取下げ6.8％であった（表1－5）。どのような理由であったにせよ，県農委への訴願が容認されるのは相当困難であった。しかも表示してはいないが，裁決内容について県農委と市町村農委の対応関係をみると，後者の決定の約85％が前者の裁決と一致していた。このことは小作地引上げ許可の場合と同様に，問題解決が市町村段階で高い達成度を実現していたことを示唆している。

しかし他面では，訴願は市町村農委の問題解決能力の限界面に位置している。県農委の関与は，訴願人と市町村農委そして県農委の三者間の対抗・同調関係として訴願事件が展開することを軌道づける。それがいかなる限界面を構成するかは，もともとの異議申立の内容と訴願段階での三者の主張・弁明から判断するほかない。全国的には県農委の裁決と市町村農委の決定が一致する傾向が強いが，むろん不一致の場合もある[164]。後者の場合，県農委と市町村農委の意見の対立を市町村と県を通じた農地委員会システムの自己調整機能の欠如という制度的視点のみではなく，具体的な争点や訴願人の属性の分析を通じて訴願事件の構造を明らかにすることが，農地委員会論のより実態に即したアプローチの方法であろう。それはまた，限界面からみた農地委員会論である。

第3は，市町村農委の活動が，農村社会の磁場の上で展開されていたという点である。それは農地委員会の活動を官製機構としての行政機能にのみ還元するのではなく，農村社会がそれ自体持っていた調整機能や解決能力との関連で捉えることである。村のこうした機能や能力は，小作地引上げや異議申立の処理・解決を事件として村外に持ち出すことなく，自主解決をめざす調整機能でもある。農地改革という国家目標のもとに制度化された農地委員会が目標を達成しえたのは，一面で国家から強力な権限を賦与されたからであるが，他面では多くの農民から支持された「村の機関」であったからでもある。しかも，この2つを相補的関係として整合的に捉える視点が必要である。「政府には面倒なことはすべて農地委員会に任せてしまおうという相当無責任な気構えがどこかにあることが法律の隅々から感じられる」[165]という見解が示唆するのは，改革過程において村に「面倒なこと」が多数存在し，政府がその解決を市町村農委に託したということである。ここでの農地委員会は，農村社会の諸連関に連なる「村の機関」とみてよいが，それは農地改革が政府だけでは実行しえず農民参加を必要としたことを裏書きしている。農地委員会に賦与された強力な権限についても，それが有効に機能するための媒介的契機として農村社会のもつ調整機能や解決能力，それを導出した村の改革実行体制を分析視点からはずすわけにはいかない。

むすび——小括——

戦時末期から敗戦期にかけて農地行政の中心にいた東畑四郎は，1970年代半ばから始まる農地流動化施策にかかわって，属地的集団による農民の自主的組織を政策の受け皿とすることを構想した[166]。この構想はその後の利用権等設定促進事業，さらに農業経営基盤強化促進法の農用地利用集積計画にも引き継がれた。同計画は「事前の意見調整」を法運用の出発点とし，農地貸借を個人間の契約としてでなく，農民相互間の地域的・集団的な「契約の束」[167]による面的な土地利用調整を図ることを特徴としている。とくに同法の一事業である農用地利用集積計画においては，「農村で行われる活動としての事前調整にまで農地制度の領域が拡大」され，「制度が契約成立前の世界に乗り出して行った」[168]ことが特徴であった。農村過剰人口から農業担い手不足へ，貸し手市場から借り手市場へ，土地不足から耕作放棄へと農地事情は一変したが，所有・貸借・利用をめぐる権利調整の諸局面において戦後日本の農地制度政策のなかには，当事者である属地的な集団の自治的活動や農地の自主管理という構想が伏流してきた。

この構想は政策の深さと広がりにおいて，徹底性と緊急性が要求された農地改革の実行においてより鋭く現れた。ラデジンスキーは「よく機能する行政機構を備えた日本においてすら，委員会の存在なしには改革は成功しなかったであろう……文字通り委員会は，改革が成功するのを保証し」たと述べたが，その意味するところは「農民の積極的な参加をかち得なければならない」改革が「効果的であるためには，村落水準で遂行されなければならない」ということであった[169)]。この見解は第一次改革法拒否時のアメリカ側の農地委員会認識とは大きく隔たり，松村や和田らの日本側の考え方と基本的に一致している。改革後の評価と改革前の構想という違いはあるが，農地改革に深くかかわった日米の政策担当者はともに農地委員会の活動を改革成功の一因として重視した。

農地改革実行の行政機構は，その末端を農村自体の改革遂行力が下支えしていた。動き出した農地委員会は，農民組合等の改革推進運動，耕作農民の自覚と成長，地主の不本意な妥協（限定された抵抗も含めて）など，改革遂行力の培養契機となった。委員会運営は対立・緊張あるいは協調・妥協を伴っていたが，それらは農民各層が自己変革を遂げつつ改革遂行力を成長させていくプロセスであった。もちろん自村民の手で自主的に改革を遂行しえなかった不良委員会が一部に存在したことは事実であるが，この場合は農地委員会は行政介入を呼び込むという効果を果たした。

農地委員会は，一方では戦時農地統制の遺産を継承していたが，他方では敗戦・占領という体制上の臨界局面において失敗を許されなかった農地改革完遂のために，改めて農民の自主的な問題処理能力と調整機能を引き出すことを企図した農政当局の改革実行性確保策であった。彼らは，農地改革が農民の参加がなければ実質的に実行できないことを熟知し，司令部との折衝過程でも農地委員会の活用を堅持し続けた。農地委員会は戦前以来の日本農業に織り込まれていた農地問題の弊害を農民自身の手で解決させる歴史的機会を与えた。こうして農地委員会は，農政当局が戦前・戦時期以来一貫して農地問題に正面から向き合うことにより，改革実行に向けて生み出した政策装置となったが，それはまた農地問題解決に農村社会の地縁集団を統合づけることで改革実行性を導き出すという特殊日本的な政策構想の産物であった。

注

1） 農林水産省百年史編纂委員会『農林水産省百年史』中巻，1980年，95頁。

2） 暉峻衆三『日本農業問題の展開　下』東京大学出版会，1984年，337頁以下。

3） 庄司俊作『日本農地改革史研究』御茶の水書房，1999年，106～114頁。

4） 坂根喜弘「戦時期日本における農地委員会の構成と機能」『歴史と経済』第187号，2005年，63頁。

5） 本書第３章参照。

6） 農地改革を中心とする降伏以前のアメリカ対日占領方針については，岩本純明「農地改革　アメリカ側からの照射」思想の科学研究会編『共同研究日本占領軍　上』現代史出版社，1978年，378～392頁。合田公計「R. A. フィーリーの農地改革原案」『大分大学経済論集』第41巻第５号，1990年。大蔵省財政支出編『昭和財政史　降伏から講和まで』第３巻第２章第４節，東洋経済新報社，1976年，202頁以下。スーザン・デボラ・チラ「降伏前の計画」（小倉武一訳注『慎重な革命家達』第３章，農政研究センター，1982年，66～80頁）。三和良一「農地改革の決定過程」同『日本占領の経済政策史的研究』第７章，日本経済評論社，2002年などを参照。なお「フィーリー文書」は農地改革資料編纂委員会編『農地改革資料集成』第十四巻，1982年，77～96頁，「農地改革に関する覚書」は同書114～116頁を参照。

7） 戦時統制の手法が戦後改革の遂行にも継承され有効に機能したことはさまざまな経済分野において見られた。この点については中村隆英『日本の経済統制』日本経済新聞社，1974年，107頁以下を参照。

8） 石田雄は戦後改革期における諸組織の変化を「解体現象」「看板のぬりかえ」「旧組織の凍結解除」「新型組織の登場」に４類型化（およびその複合）している。同「戦後改革と組織および象徴」（東京大学社会科学研究所編『戦後改革　1　課題と視角』第４章，東京大学出版会，1974年），とくに154～173頁を参照。しかし，厳密には，農地委員会はそのいずれにもあてはまらないであろう。

9） 農地改革法の立案や改革事業の成功を農林官僚らが戦前期から取り組んできた政策努力の「ストック効果」と見ることについては大竹啓介『幻の花　和田博雄の生涯　上』楽游書房，1981年，223頁，245頁を参照。

10） 農地制度資料集成編纂委員会編『農地制度資料集成』第四巻，御茶の水書房，1968年，181頁。

11） 農地改革記録委員会編『農地改革顛末概要』農政調査会，1951年，82頁。

12） 前掲『農地制度資料集成』第四巻，268頁。

13） 同上，第四巻，291頁。

14)　以下，農林官僚の土地返還争議に対する認識は同上，第七巻，1972年，3頁，6頁，223頁による。
15)　以下，小作争議の実態については，本書第2章第2節で概説する。
16)　前掲『農地制度資料集成』第七巻，477頁。
17)　以下の引用は同上，6頁による。
18)　以下の引用は同上「解説」（細貝大次郎執筆）22～23頁，25～28頁による。
19)　昭和恐慌期における農地の村外流出面積を全国的に確認することは困難であるが，米価と繭価の暴落により農家経済が大打撃を受けた長野県では，この時期に銀行地主が急増している。東畑精一『農地をめぐる地主と農民』酣燈社，1947年，53頁。
20)　以下，「農地法案」における農地委員会に関する引用は，前掲『農地制度資料集成』第七巻，143～146頁，152頁，312頁，418頁，510頁による。
21)　この「耕作者主義」による農地の定義は農地改革に引き継がれ，さらに戦後の農地法の原型となり現在にまでおよんでいる。関谷俊作『日本の農地制度　新版』農政調査会，2002年，37～38頁参照。
22)　小倉武一は農地調整法を大正期の小作法案からみて退歩したものとしながらも，「民法の賃貸借契約に対する特別法規が二個条挿入されたことは地主的土地所有権の改訂への第一歩を印したものとして画期的意義を有する」と指摘している。小倉武一『土地立法の史的考察』1951年（『小倉武一著作集　土地所有の近代化』第三巻，農山漁村文化協会，1982年）90頁。
23)　農林省農務局編『農地調整法令解説』1938年，117頁。
24)　農地調整法の成立過程において有馬農林大臣と帝国農会長との間で一定の政治的取引があった。それは「良イ法案ダトハ見テ居ラヌガ……モット悪イノガ出来チヤ大変ダカラ，ココラデ決メテシマツタ方ガ宜カラウ」という地主勢力の妥協であった（小倉武一，前掲『著作集』第三巻，84頁）。また小作法制定に反対してきた新潟県の地主団体が，農地調整法の成立を機に活動を停止し解散するという事例もあった。森武麿『戦時日本農村社会の研究』東京大学出版会，1999年，197頁参照。革新派から見れば微温的な法律も保守派には重大な打撃を蒙るものと受け止められていたのである。
25)　前掲『農地制度資料集成』第八巻，1971年，125頁，128頁。
26)　農地調整法の全体主義的性格については小倉倉一『近代日本農政の指導者たち』農林統計協会，1953年，212頁参照。
27)　前掲『農地調整法令解説』198頁。以下，農林官僚の考え方は同著，183～200頁からの引用による。
28)　小倉武一，前掲『著作集』第三巻，103頁。
29)　野本京子「農業委員会の歴史的位置」椎名重明編『団体主義』東京大学出版会，

1985年，240頁。庄司俊作，前掲『日本農地改革史研究』第３章，92頁。

30） 農林省『第五回地方小作官会議』1928年，26頁，29頁。

31） 田辺勝正「農地問題の本質と農地調整法」『法律時報』第10巻５号，1938年，420頁。

32） 前掲『農地制度資料集成』第七巻，505頁。

33） 以下，戦時期農地委員会の設置普及状況については，前掲『農地制度資料集成』第十巻，1972年，45頁，494頁，603頁，農林省農政局『昭和十五年農地年報』1942年，75頁，前掲，坂根論文，58頁による。

34） 前掲『農地調整法令解説』184頁。

35） 戦時期農地委員会の階層構成は，前掲『昭和十五年農地年報』78頁，『昭和十六年農地年報』1943年，77頁（この階層比率は臨時委員を除去して算出した）および前掲，坂根論文，58頁による。

36） 前掲『農地制度資料集成』第九巻，1971年，914頁。

37） 同上，第十巻，166～167頁。

38） 同上，第九巻，913頁。

39） 前掲『昭和十六年農地年報』67頁。

40） 大門正克「戦時経済統制下の経済構造」大石嘉一郎・西田美昭編著『近代日本の行政村』第４章第１節，日本経済評論社，1991年，535～537頁。

41） 本書第３章参照。

42） 前掲『農地制度資料集成』第十巻，495頁，603～604頁。この分析については庄司俊作，前掲『日本農地改革史研究』第２章，108頁以下を参照。

43） 前掲『農地制度資料集成』第十巻，74頁。

44） 同上，494頁。

45）46） 小作争議の解決・未然防止については同上，605～606頁。

47） 同上，517頁。

48） 以下の引用は改正臨時農地等管理令の「事務処理参考」同上，620頁による。

49） 土地を譲渡する地主への褒賞金制度だけが成立し，地方長官による譲渡の裁定が実現しなかった経緯については，前掲『農林水産省百年史』下巻「回顧座談会」716～718頁を参照。

50） 東畑四郎「終戦前後における農地改革法案成立の経緯」についての座談会速記録（前掲『農地改革資料集成』第一巻，106頁）。

51）「自作農創設維持事業成績」前掲『農地改革資料集成』第一巻，946頁。

52） 前掲『昭和十五年農地年報』101頁。

53） 前掲『農地制度資料集成』第十巻，859頁。

54） 森武麿は自創事業第三次施設について「すでに国力は小作地を有償解放する余力を持っていなかった。すでに手遅れであった」とネガティブに評価している。同「農村社会とデモクラシー」南亮進・中村正則・西沢保編『デモクラシーの崩壊と再生』第４章，日本経済評論社，1998年，140頁。

55）農林大臣官房総務課『農林行政史』第一巻，農林協会，629頁。

56）W. I. ラデジンスキー（ワリンスキー編）『農業改革　貧困への挑戦』齋藤仁・磯部俊彦・高橋満監訳，日本経済評論社，1984年，135頁。

57）前掲『農地制度資料集成』第十巻，786～787頁。

58）同上，845頁。

59）自創事業第三次施設の趣旨説明では「創設維持」という文言が消失し，単に「創設」という用語が使用される頻度が高まっている。同上，844頁，860頁，864～865頁などを参照。

60）同上，817頁。

61）以下，行政機構の整備計画については同上，864～865頁参照。

62）以下，農地委員会の機能強化については，同上，818頁，865頁，873頁，878頁を参照。

63）「農地調整法の解説」（前掲『農地改革資料集成』第一巻，1008頁）。ただし，この方向は第二次改革では「適正規模農家そのものを徹底的に創設するということには参らない」と大きく転換する。『農地改革資料集成』第二巻，170頁，374頁。

64）1945年10月10日「毎日新聞（東京）」『農地改革資料集成』第一巻，63頁。

65）以下，農政局原案については『農地改革資料集成』第一巻，64～67頁による。

66）以下，司令部に対する改革案の説明は同上，67～69頁による。

67）大和田啓氣は，東畑農政課長の「保有限度を超えるものは強制的に譲渡させる」という発言を通訳が「政府が買収する」と意訳したために誤解が生じたとみている。同「解題」『農地改革資料集成』第十四巻，15頁。

68）前掲『農林水産省百年史』下巻「回顧座談会」722～723頁および前掲「座談会速記録」『農地改革資料集成』第一巻，112～113頁。

69）三和良一，前掲「農地改革の決定過程」208頁。

70）農林省から提出された閣議請議案（農林省案）については，前掲『農地改革資料集成』第一巻，72頁。

71）前掲「座談会速記録」『農地改革資料集成』第一巻，133頁。東畑四郎も第一次改革法の立案時に「一町歩，二町歩，三町歩ということで，最後にやっと三町歩ということにした」と，日本側が１町歩案を視野に入れていたことを証言している。前掲『農林水産省百年史』下巻，720頁。

72）前掲『農地改革資料集成』第一巻，124頁。

73）同上，74頁。

74）同上，390頁。ただし農地委員会は農地の管理や買取を申し出る団体を指定することができるとされ，これらの諸団体より上位の機関に位置づけられていた。前掲「農地調整法の解説」1006～1007頁。

75） 大和田啓氣『秘史　日本の農地改革――農政担当者の回顧』日本経済新聞社，1981年，62頁。

76） 前掲『農地改革資料集成』第一巻，889頁。

77） 前掲「農地調整法の解説」（『農地改革資料集成』第一巻）1058頁。

78） 大和田啓氣「農地改革の回顧――エリック・ワード氏に聞く」（『農業構造問題研究』1983年第3号，No. 137）15頁。

79） 前掲『農地改革資料集成』第一巻，156頁。もっとも耕作目的の権利移動統制は国会提出直前に松本蒸治法相により第一次改革法から削除される。しかし，この統制は第二次改革法で復活する。前掲『農林水産省百年史』下巻，725頁参照。

80） 前掲『農地改革資料集成』第一巻，995頁。

81） 同上，992頁。

82） 同上，138頁。

83） 前掲『農林水産省百年史』下巻，726頁。

84） 1945年10月25日「読売報知」前掲『農地改革資料集成』第一巻，118頁。

85） 以下は「農地改革促進ニ関スル措置案」（『農地改革資料集成』第二巻，18頁）による。

86） 大和田啓氣，前掲「解題」『農地改革資料集成』第十四巻，19～20頁。以下の論述もこの「解題」による。なおスーザン・デボラ・チラ，前掲『慎重な革命家達』98頁も参照。

87） 三和良一，前掲「農地改革の決定過程」232～234頁。

88） ワードは「ギルマーチンとラデジンスキーはとても助けになり…… GHQの文書とは別に，なお農林省からの価値のある統計資料を私に供してくれた」と記している。農政研究センター編『農地改革とは何であったか？』小倉武一訳，農山漁村文化協会，1997年，94頁。

89） 前掲『農地改革資料集成』第二巻，34頁。

90） A. リックス『日本占領の日々　マクマホン・ボール日記』竹前栄治・菊池努訳，岩波書店，1992年，64頁。

91） 山添農政局長申入れについては，前掲『農地改革資料集成』第二巻，69頁参照。

92） 前掲「座談会速記録」（『農地改革資料集成』第一巻）135頁。

93） W. I. ラデジンスキー，前掲『農業改革　貧困への挑戦』372頁。

94） 大和田啓氣，前掲「解題」31頁。

95） 前掲『農地改革資料集成』第六巻，66～73頁。

96） 中村隆英・竹前栄治監修『GHQ日本占領史』第33巻，『農地改革』日本図書センター，

1997年，53～54頁。以下，農地委員の選挙結果に関するNRSと日本側との対応は同書による。なおL. I. ヒューズもこの事後調査の結果を踏襲している。同『日本の農地改革』農林省農地課訳，農政調査会，1950年，118頁。

97）前掲「座談会速記録」119頁および「第八十九回帝国議会議事録」（『農地改革資料集成』第一巻）777頁。

98）大和田啓氣，前掲『秘史　日本の農地改革――農政担当者の回顧』184頁および186頁。

99）W. I. ラデジンスキー「アジアの土地改革」『世界』川田侃訳，1964年11月，196頁。

100）W. E. ハッチンソン編「GHQ日本占領史序説」前掲『GHQ日本占領史』第1巻，11頁。

101）L. I. ヒューズ，前掲『日本の農地改革』124頁

102）前掲『農地制度資料集成』第六巻，714頁，721頁。

103）1947～48年の買収計画に対する地主の異議申立件数9万4,253に対し，同期の訴願裁決総件数は2万5,123である。前掲『農地改革資料集成』第十一巻，744～745頁。前者は地主側だけの数値，後者は地主・小作双方の数値であるが，異議申立ての約4分の3は地元の農地委員会で解決されたとみてよい。

104）前掲『農地改革資料集成』第三巻，958頁。

105）同上，470～471頁。

106）齋藤仁「戦前日本の土地政策」，前掲『農業問題の展開と自治村落』199頁。

107）同上，559頁。

108）都道府県を含む人員の増員について，東畑四郎は「ばく大な人を採用したのです。とにかくめちゃくちゃに人をふやして二年間であれをやった」と証言している。同「農地改革の再評価によせて」（暉峻衆三編『農地改革論Ⅰ』昭和後期農業問題論集1，農山漁村文化協会，1985年）294～295頁。

109）これは第一次改革のときから改革実行性の確保策として構想されていたことである。第4回農地審議会での松村農相，和田農政局長の発言。前掲『農地改革資料集成』第一巻，875～876頁を参照。

110）これらの点については前掲『農地改革顛末概要』239～240頁。前掲『GHQ日本占領史』第33巻「農地改革」，58頁および前掲『農地改革資料集成』第七巻，76頁などを参照。

111）前掲『農地改革資料集成』第七巻，749頁。

112）同上，77頁。

113）同上，755頁。

114）この点については同上，第七巻第二編第二章「農地改革完遂のためにとった措置と各都道府県別農地事情報告集」を参照。

115) 前掲『農地改革顛末概要』515頁。

116) 前掲『農地改革資料集成』第七巻，579頁。

117) 同上，630〜633頁。

118) 山形県については同上，第七巻，562頁，鹿児島県については同，788〜89頁。なお各県の委員会総数は同上，第六巻，42頁による。

119) 同上，第七巻，913〜922頁。

120) 大和田啓氣，前掲『秘史　日本の農地改革――農政担当者の回顧』258頁。

121) 竹前栄治「総合解説」前掲『GHQ 日本占領史』第1巻，27〜28頁。

122) 岩本純明，前掲「農地改革　アメリカ側からの照射」381頁。

123) 以下，自作相当地に関する説明は，前掲『農地改革資料集成』第二巻，378頁，847〜848頁による。

124) 同上，811〜812頁。

125) 山田功男『農地改革』下巻，日本評論社，1985年，293頁および332〜333頁。

126) 以下，長野県については前山村農地委員会『会議記録』による。

127) 1946年1月26日付農政局長通牒「市町村農地委員会委員選挙ニ関スル件」前掲『農地改革資料集成』第一巻，903頁。この通牒は実施されなかった第一次改革の委員選挙に際して出されたものであるが，農地委員（会）と部落の関係に関する農政当局の認識が急変するとは考えにくく，第二次改革の農地委員会の認識にもあてはまると考えられる。

128) 農地委員会と村長，村役場，農業会等の関係に関する説明は，前掲『農地改革資料集成』第二巻，868〜869頁，1070頁。同上，第三巻，72頁。

129) 前掲『農地改革資料集成』第二巻，868頁。

130) 同上，1070頁。

131) 同上，869頁。

132) 同上，第三巻，72頁。

133) 平野村の農地改革および農民組合運動については拙稿「戦後農協設立期における農民組織の形成と展開」『協同組合研究』第12巻3号，1993年。また本書第5章第1節を参照。

134) 延徳村については本書第3章，桜井村については，本書第7章，前山村については本書第8章を参照。

135) 前掲『農地改革資料集成』第二巻，505頁。

136) 同上，980頁。

137) 同上，799頁。

138) 同上，第一巻，875頁。これは1946年1月7日の第5回農地審議会総会での質疑である。

139)　同上，875〜876頁。

140)　同上。

141)　同上，856頁。

142)　同上，第二巻，594頁および第一巻，1058頁。

143)　和田博雄「農地制度改革雑感」前掲『和田博雄遺稿集』844頁。

144)　和田博雄「農地改革講習会に於ける和田農林大臣講話」(同上『和田博雄遺稿集』) 105頁。

145)　前掲『農地改革資料集成』第二巻，1007頁。

146)　前掲『農地改革顛末概要』245頁。

147)　かつて筆者は西田美昭編，前掲『戦後改革期の農業問題』を書評した際，同書所収の川口由彦論文「農地改革法の構造」(第2章第1節) が農地委員会の自主判断範囲を著しく狭く捉えていることに対して疑問を呈した (『日本史研究』393号，1995年)。この自主判断範囲という概念は，その実質的内容として決して目新しいものではなく，改革期にすでに議論の対象となっていた。ここではこの概念の再検討を試みる。ただし川口の主張は別稿の「農地改革法の構造 (一)」(『法学志林』第90巻第4号，1993年) においてより体系的に展開されているので，ここではこの論文を検討する。

148)　古島敏雄・的場徳造・暉峻衆三，前掲『農民組合と農地改革』11頁。

149)　我妻栄・加藤一郎，前掲『農地法の解説』300頁。

150)　愛甲勝矢「農地委員会論」日本農村調査会『農業問題』第4号，1948年。以下は同論文による。

151)　農地委員会を理解するうえで，農民組合等の農民団体は切り離すことのできない存在である。愛甲のこの観点からの農地委員会論は農業総合研究所計画部編『農地委員会の成長』農業総合研究所，1949年，第1章でより詳細に展開されている。

152)　川口由彦，前掲「農地改革法の構造 (一)」。以下の引用も同論文による。

153)　菅野正・田原音和・細谷昂『稲作農業の展開と村落構造』御茶の水書房，1975年，202頁。

154)　埼玉県大井町史編纂委員会編『大井町 (村) における農地改革』大井町史料第36集，1985年，57頁。

155)　野田公夫「農地改革」山田達夫編著『近畿型農業の史的展開』日本経済評論社，1988年，255頁。

156)　古島敏雄『改革途上の日本農業』柏葉書院，1949年，142頁。

157)　この点については本書第7章参照。

158)　この点については本書第8章参照。

159)　この点については本書第2章参照。

160)　大和田啓氣，前掲『秘史　日本の農地改革——農政担当者の回顧』222頁。

161）　以下の論述は，前掲『農地改革顛末概要』207頁以下による。

162）　同上，208頁。

163）　小林三衛「農地改革と行政過程」前掲『戦後改革６　農地改革』第５章，192頁。

164）　一般的に，県農地委員会は県農地部と協力しながら市町村農地委員会の違法を是正し，さまざまなトラブルを解決する役割を果たした。しかし市町村農委を指導・監督する立場の県農委の裁決がいつも法律的に正しいとは限らない。茨城県や熊本県のように解散を命じられた県農委もあったし，また個々の処理事項について過ちを犯すことがなかったとはいいきれない。

165）　我妻栄・加藤一郎，前掲『農地法の解説』300頁。

166）　東畑四郎『昭和農政談』家の光協会，1980年，131～134頁。

167）　関谷俊作，前掲『日本の農地制度　新版』244頁，278頁。

168）　同上，281頁。

169）　W. I. ラデジンスキー，前掲『農業改革　貧困への挑戦』173頁，377～378頁。

第2章　農地委員会活動の諸側面――全国動向の概観――

はじめに――問題背景と課題――

本章では，全国的視野から小作地引上げ，農地委員の選挙とリコール，遡及買収，異議申立と訴願を概観し，農地委員会の諸側面を検討する。これらの諸問題は，いずれも戦前・戦時期における農業・土地問題にその歴史的淵源をもっている。しかも，これらは改革期農地委員会の性格をも規定する要因である。本章が戦前・戦時期の地主的土地所有や小作争議に注目するのはそのためである。しかし改革期農地委員会の性格を戦前・戦時期の諸要因に還元するだけでは不十分であり，敗戦後の新たな要因にも留意しなければならない。とくに敗戦から農地改革直前，さらに改革実行過程に入ってからの農村社会の急激な変化にも眼を向ける必要がある。農地委員会の性格や活動には戦前・戦時期からの連続面と，敗戦後の要因に規定された非連続面が併存しているからである。

もとより農地委員会研究も，全国的傾向を知るだけでは不十分であり，個別農村の実証分析を必要とする[1)]。だが個別実証分析は，その個別事例の相対的位置を踏まえてなされるべきであり，そのためには全国的視野から一定の見通しを与えておくことが必要であり有用でもある。本章も第3章以下で取り上げる個別事例分析に先立って，予め全国的傾向を把握することに主眼を置いている。その場合，これまでの研究で使用されてきた西日本と東日本，近畿型と東北型（その中間としての養蚕型），小作争議の先進地域と後進地域などの地帯構造論あるいは地域類型論は農地委員会研究にとっても有用である。しかし，本章は地域類型や地域差を検出することが目的ではなく，個別事例分析に有効な視点を得ることに重点を置いている。これについては次の2点に注意する必要がある。

第1は，同一地帯や同一府県にも詳細に見れば異なるタイプの農地委員会が存在していることである。もっとも，本章ではこの点に深入りすることはしない。第2は，従来の地帯構造論が暗黙のうちに地帯間の一定の段階差を前提としていたことにかかわっている。農地改革は地主的土地所有の解体と自作農的土地所有の創出を急激に推し進める変革事業であり，それまでの段階差を一挙に縮小ないし消滅させる効果をもっていた。したがって，そこで問題となる地帯や地域の類型差は改革の結果だけでなく，改革実行過程における事業処理の難易度，改革実行体制の類型差などに現われ，それらは農地委員会の性格や運営の類型差として現出する。こうした改革実行過程自体がもつ変革的作用が農地委員会活動の全国的動向にどのように現れるのかが本章の分析課題となる。

第1節　農地委員会と農村社会をめぐる諸論点

1950年8月1日までに政府が買収した農地は174万町歩，これに財産税として物納された農地，国有地，皇室財産等を加えた合計193万町歩が自作農創設のために解放された。これにより1945年11月23日に全国で約238万町歩あった小作地は，農地改革が完了する1950年8月1日には約52万町歩に減少した。改革により小作地率は約46%から約10%へと減少し，小作地総面積の約80%が解放された。被買収地主数は約176万人，売渡を受けた農家数は約475万人におよんだ。その結果，改革前に農家数の43.5%を占めていた小作・小自作農は15.3%に減少し，逆に，改革前に農家数の56.5%を占めていた自作・自小作農は82.8%に増加した。これらの数字は地主的土地所有を急速に解体し，それに代わって自作農的土地所有を広範に創出した農地改革の全国的実績を示している。農地以外に牧野，林野等の未墾地，宅地，農業用施設の一部も解放され，改革の達成度から見れば，農地改革は「すばらしい成功であった」[2)] といってよいだろう。

農地改革は全国一律の法律により断行されたにもかかわらず，改革実績においては，自創法が規定した当然買収すべき小作地は不在地主の全小作地と，在村地主の所有小作地のうち都府県では「概ね一町歩」（北海道は4町歩）を超える面積とされたが，不在地主にせよ在村地主にせよ，その分布や所有面積には相当な地域差があった。また在村地主の自作地と小作地の合計が都府県平均３町歩（北海道は12町歩）を超える場合の超過小作地も当然買収の対象となったが，これについても同様の地域差があった。さらに耕作の業務が不適切であると認められる場合は都府県平均３町歩を超える自作地も買収可能となったほか，地主の任意解放を農地委員会が勧奨することも認められていたから，市町村ごとの独自の買収方針による地域差も生じる余地があった。

こうした地域差について，まず注目されるのは，齋藤仁が村落を在村地主型村落と不在地主型村落に分け，前者よりも後者において小作争議が発生しやすい社会的基盤があることを「農地改革以前の主な土地所有形態」（1970年『農業センサス』の「農業集落調査」所収）により明らかにしたことである[3)]。また牛山敬二も新潟県蒲原平野白根郷地域の実証分析から同様の見解を示した[4)]。これらの見解は，不在地主や在村地主の在・不在の基準を当時の行政村にではなく部落（ないし大字）に置き，部落外地主と小作人との間でより小作争議が発生しやすいという認識を示している。つまり部落内地主と小作人は，同一部落の成員であることから地縁的な規範や秩序に服する協調主義的性格が強く，争議が発生しにくいというのである。また西田美昭は，小作争議の展開の差異について，争議指導層の対応における在村地主型村落と不在地主型村落の差異を検討するうえで興味深い事実を提示している。すなわち山梨県東八代郡英村の在村地主に対する小作争議では，争議指導層が自作農創設維持資金の貸付政策に乗ることで和解していくのに対し，新潟県北蒲原郡金塚村での不在大地主・白勢家に対する争議は最後まで小作料減免要求を貫き通すというものである[5)]。この２カ村の事例は在村地主型村落での小作争議はたとえ発生したとしても階級融和的あるいは協調主義的な和解に落着するのに対し，不在地主型村落での不在大地主に対する争議は最後まで階層対立の激しさを堅持するということを示している。

これらの諸説に関連して，地主制後退期における村落協調体制が部落（ないし大字）を社会的基盤として形成されたことをより鮮明にしたのが庄司俊作である。争議先進地で成立した小作委員会等が協調的，宥和的な地主小作関係に寄与したことは第１章第２節でみたとおりであるが，同様のことは小作委員会[6)]，土地利用組合，耕地管理組合，産業組合の土地管理事業などでもあったことは，すでに戦前の研究が示している[7]。庄司はこれらの研究を踏まえたうえで，争議が発生した場合の問題処理方法について村落（部落）の調停機能に着目し，これを東北型と近畿型の地域類型で把握した。近畿型では「争議による地主小作関係の協調体制への移行のなかで，村および部落が新たな調停機能を獲得していったため」に「村体制の調停機能が強い」のに対し，「一般的には東北では階級対立を『自主的』に処理する村体制はまだ確立していなかった」[8]。同氏は協調体制論というこの自説をさらに農地改革期にまで敷衍し，改革遂行能力が争議先進地域で高く，後進地域で低い（その間に中間地域Ⅰ・Ⅱがある）という地域類型を提起した。この場合の改革遂行能力の高さは行政介入度の低さ，改革の地域自律性の高さを意味し，それは小作料・小作関係を自主的に調整する農村社会の成熟度に対応するものと位置づけている[9]。地主・小作関係の変容を中心とする農村社会構造の変化を媒介として，戦前小作争議の研究と戦後農地改革の研究をリンクさせたところに同氏の方法論上の特徴がある。

以上の諸説は，村落体制のあり方が，地主・小作関係の変化に一定の方向性を与え，小作争議の発生の未然防止と発生した場合の展開およびその帰結のあり方を規定する有力な条件であったことを示唆している。もちろん農村社会の地域差はこれ以外の条件によっても生じる。都市近郊と山間地域，水田単作と畑作中心の村で差異があることはいうまでもない。個別事例分析では，これらの地域差が具体的に問題となる。だが在・不在地主型村落という類型把握は，個別事例を超えた農地改革の普遍的問題である。もっとも農地改革における在・不在の基準は部落にではなく行政村に置かれた。このことは，農地委員会が行政指導・介入を受ける官治的な政策装置として，行政上の必要から市町村に設置されたことに由来している。したがって改革実行過程における行政村と部落の関係が改めて問題となる。具体的には農地委員や部落補助員の選出方法，農地委員会の運営および事業処理の進め方，協議会や農民組合の末端支部の役割などが主要な分析課題となる。その際，隣保組合などの部落内小区域の機能にも留意する必要がある。

第2節　農地改革の歴史的前提

1　地主的土地所有の後退

戦前日本資本主義はその形成において必要不可欠な財政基盤を農業・農村に求めるほかなく，そのため本来，資本主義とは異質の存在である地主的土地所有を存立の構成的一環に組み入れた。しかしながら工業部門において資本主義が資金および財政基盤を，もはや農業・農村に依存することなく自立的に再生産しうるようになると，地主的土地所有は小作争議の火種として体制不安の要因でしかなく，ここに資本主義と地主制の矛盾が顕在化してくる。その発現時期は同時に地主制後退の開始期でもあり，1920年代がその第一段階であった[10]。その矛盾は小作争議として現れたが，それは地主抑制的な社会政策的土地政策を登場させる一方で，小作料よりも有利な地主の非農業部門への転進とも相まって，地主的土地所有の後退を方向づけていった。

しかし，地主的土地所有の後退は全国一様ではなく相当な地域差があった。たとえば，50町歩以上の大地主数は全国（北海道を除く内地）では1919年に最高の2,451を示したが，近畿6府県ではそのピークは1912年の111，東北6県では30年の634であった[11]。20年代には近畿では寄生地主的大土地所有はすでに後退過程に入っていたが，東北ではいぜんとして増加しており，昭和恐慌期に漸く減少に向かう。この間には約20年の開きがあり，これが大土地所有後退の地域差となった。農林省農務局『五十町歩以上大地主』[12]により，大地主の所有小作地が農地全体に占める比率をみると（表2-1），いくつかの例外はあるが概して東北諸県，新潟県など東日本で高く，西日本で低くなっている。同表は属人主義調査により二重計算された可能性が高い東京と農業構造を異にする北海道を除く44府県を示すが，その平均は5％にすぎない。データの信憑性は落ちるが46道府県平均では6.8％になる。大地主が集中していた東北や新潟県でさえ，その比率は10～18％程度である。「日本の地主の問題がランドロードにあることはむしろ少ない」[13]といわれるのはこのためであり，膨大な中小・零細地主が日本地主制の広大な底

表2－1　50町歩以上地主所有小作地が農地全体に占める比率（府県別）

15％以上	秋田（18％）
10～15％未満	新潟，宮城，山形
8～10％未満	青森，香川
6～8％未満	鳥取，富山，熊本，大阪
4～6％未満	島根，宮崎，兵庫，徳島，岩手，埼玉，茨城
3％台	福島，山梨，愛知，福岡，岐阜，岡山，佐賀，三重，栃木，長崎，千葉
2％台	岐阜，愛媛，神奈川，京都，群馬，和歌山，石川
1％台	福井，滋賀，高知，大分，鹿児島，長野，山口，広島
1％未満	奈良（0.7％）

資料：大正14年11月「五十町歩以上ノ耕作地ヲ所有スル大地主ニ関スル調査　大日本農会」農業発達史調査会編『日本農業発達史　7』中央公論社，1978年所収。「府県別累年基本統計」加用信文監修『日本農業基礎統計』農林水産業生産性向上会議，1958年，608～652頁。

辺を形作っていた。

表2－2は，1930年代までの東北，近畿および東山（養蚕型諸県）の3地域の所有規模別地主数の推移を指標化したものである。これによれば，まず5～50町歩の中クラスの地主14) の動きは，近畿・東山では減少の一途を辿っているが，東北では50町歩以上地主と同様に20年代には増加し，30年代に減少に転じている。中クラスの地主の後退の開始は近畿で早く，東北で遅くなっている。その結果，一般的に東日本では西日本よりも農地改革期までに相対的に多くの小作地が残ることになる。ところが3町未満層（このなかには自作・自小作も一部含まれる）の動きを見ると事態は逆になっている。すなわち東北・東山では一貫して増加しているのに対し，近畿では1～3町層がほとんど一定であり，1町未満層の増加率も東北を下回っている。東日本ではしだいに3町未満層も増加する傾向にあった。3～5町層については，そこに不耕作地主や零細耕作地主，地域によっては自作も含まれるが，研究史上，注目されてきたのは耕作地主層の動向である。この層は近畿，東山では20，30年代を通して一貫して減少しているが，東北では20年代に減少し，30年代には再び増加している15)。一般的に東日本において，自作地拡大を指向する耕作地主が農地改革期までに相当増加していたことがわかる。近畿では，その動きはほぼ1～3町層に含まれていたと推定される。

ところでこうした1920，30年代の土地所有構成の変化は，当該期の農業生産力の担当層との関連で，どのように議論されてきたか。綿谷赳夫は，20年代以降を

表２-２　土地所有規模別農家戸数の推移

（単位：人，％）

	年	土地所有規模別農家戸数（実数）						1917（大正６）年基準の指数					
		0.5～1	1～3	3～5	5～10	10～50	50以上	0.5～1	1～3	3～5	5～10	10～50	50以上
東北六県	1908（明41）	110,271	137,661	38,316	15,771	5,627	516	94.3	118.3	106.3	107.5	102.3	92.8
	1912（大１）	124,867	122,587	38,229	16,195	6,069	524	106.8	105.3	106.1	110.3	110.4	94.2
	1917（大６）	116,942	116,390	36,043	14,677	5,499	556	100.0	100.0	100.0	100.0	100.0	100.0
	1922（大11）	122,732	121,966	36,823	15,225	5,781	620	105.0	104.8	102.2	103.7	105.1	111.5
	1927（昭２）	124,650	124,381	35,456	15,024	5,794	620	106.6	106.9	98.4	102.4	105.4	111.5
	1932（昭７）	128,858	126,290	34,033	14,717	5,432	632	110.2	108.5	94.4	100.3	98.8	113.7
	1937（昭２）	137,677	129,381	34,657	13,712	4,969	560	117.7	111.2	96.2	93.4	90.4	100.7
	1940（昭15）	139,707	134,929	38,260	14,509	5,280	587	119.5	115.9	106.2	98.9	96.0	105.6
東山三県	1908（明41）	93,196	57,415	12,168	4,557	1,687	102	109.4	106.6	102.6	84.7	97.2	98.1
	1912（大１）	96,930	55,836	12,086	5,051	1,735	88	101.8	103.7	101.9	93.9	93.0	84.6
	1917（大６）	95,199	53,845	11,858	5,377	1,866	104	100.0	100.0	100.0	100.0	100.0	100.0
	1922（大11）	96,935	54,445	11,738	5,151	1,666	103	101.8	101.1	99.0	95.8	89.3	99.0
	1927（昭２）	96,765	56,749	11,758	4,882	1,442	95	101.6	105.4	99.2	90.8	77.3	91.3
	1932（昭７）	103,248	56,496	11,714	4,632	1,358	79	108.5	104.9	98.8	86.1	72.8	76.0
	1937（昭12）	106,798	58,604	10,267	3,777	1,162	56	112.2	108.8	86.6	70.2	62.3	53.8
	1940（昭15）	11,466	60,462	9,429	3,458	1,028	61	117.1	112.3	79.5	64.3	55.1	58.7
近畿六府県	1908（明41）	135,372	79,483	14,128	5,843	2,011	97	107.0	102.4	106.2	102.2	105.1	103.2
	1912（大１）	129,644	77,778	13,875	5,941	1,870	111	102.5	100.2	104.3	103.9	97.8	118.1
	1917（大６）	126,532	77,604	13,297	5,720	1,913	94	100.0	100.0	100.0	100.0	100.0	100.0
	1922（大11）	126,223	76,525	12,741	5,465	1,848	94	99.8	98.6	95.8	95.5	96.6	100.0
	1927（昭２）	129,121	76,524	11,714	4,969	1,591	81	102.1	98.6	88.1	86.9	83.2	86.2
	1932（昭７）	137,177	77,922	11,274	4,457	1,367	55	108.4	100.4	84.8	77.9	71.5	58.5
	1937（昭12）	138,645	78,815	10,881	3,999	1,216	48	109.6	101.6	81.8	69.9	63.6	51.1
	1940（昭15）	143,215	79,975	10,330	3,671	1,094	45	113.2	103.1	77.7	64.2	57.2	47.9

資料：前掲『日本農業基礎統計』96～97頁。

大正・昭和時代と一括把握したうえで「中農標準化傾向」を指摘し，「東北では小作中農の発展であり，近畿では自小作中農の発展である」とみなし，「三町以上の大農は全体の戸数からみれば全農家中のきわめて小さな部分」とした[16]。またこれより先に栗原百寿は，この時期の東北と近畿の農家戸数の動きから，両地域を「小農標準化傾向の段階序列として統一的に把握」したが，30年代の耕作地主層の増加傾向にはとくに注目していなかった[17]。たしかに大多数の農家が２町未満に相対的に集中するという，いわゆる「中農標準化傾向」は無視できず，基本的傾向はそのとおりである。しかし，このために３町以上層をすべて一括把握したのでは３～５町層の独自の動きがみえなくなる。この点を指摘したのが梶井功であった。梶井は，「東北を３町以上で一括してしまえば５町以上の減少にかくれてしまってあらわれてこない」３～５町層の「富農的発展」を昭和恐慌以後

図2－1　小作地率の推移（全国平均，山形，奈良）

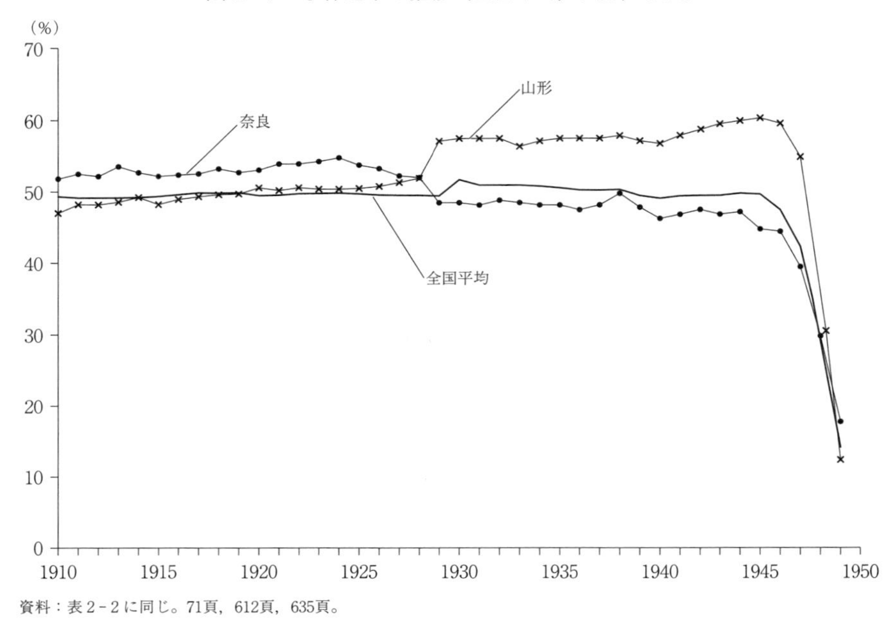

資料：表2－2に同じ。71頁，612頁，635頁。

の動きとして検出した[18]（西日本では2～3町層がこれにあたる）。このように地主制後退期の新たな動きとして議論されてきた「中農標準化傾向」を，ただちにすべて自作中農化や自小作中農化だけに結びつけて理解することには無理がある。もちろん50町以上の大地主や5～50町の中クラスの地主は昭和恐慌期以降には各地域とも減少に向かうが，図2－1に示すように全国平均でみれば小作地率は20，30年代を通してほぼ一定であった。また同図は東北型の代表として山形県，近畿型の代表として奈良県の小作地率の推移も示している。これによれば，東北では30年代に入って小作地はむしろ増加する傾向にあり，近畿では減少傾向にあるとはいえ地主的土地所有の「解体」を指摘できるほどではないことも確認できよう。

これらの事実は大土地所有の後退をただちに地主的土地所有一般の衰退と同一視できないことを示している。つまり，この時期には大土地所有は衰退傾向にあったが，それに代わって中小・零細地主が相当な勢いで増加しつつあった。恐慌期の米価や繭価の暴落による小作農の増加がこれを一層加速した。たしかに大地主の場合にも恐慌期の米価暴落により相当な経済的打撃を受けていたが，彼らの場合はその所有規模から生活上の危機にまで至ることはなかった。それどころか大地主の一部は，小作料収入の減少による土地投資利回り低下が農外部門への有価証券投資を相対的に有利化し，自作農創設維持資金の利用とも相まって，小作人に小作地を買取らせ土地所有を縮小させる者もいた。こうした地主の非農業部門への転進は1920年代からすでに始まっており，岡山県児島郡の600町歩地主・野崎家や新潟県白根郷の東山農事（三菱）などを挙げることができるが[19]，大地主には転進に必要な資金的条件が備わっていたのである。だが，こうした転進はすべての大地主の行動ではなかった。東北の水田単作地帯の大地主については，株式等の有価証券投資行動はきわめて限定的であり，30年代の恐慌期にもそれほど土地所有を縮小させていない。その例として秋田県平鹿郡の500町歩地主・土田家や宮城県遠田郡の100町歩地主・佐々木家などを挙げることができる。新潟県の大地主たちも土地縮小は概して小さかった[20]。そのため農地改革による小作地解放率は西日本よりも東日本でより高くなった。改革前後における小作地率の低下をみると，東北6県では49.0％から8.6％，近畿6府県では42.0％から11.0％であり，小作地率の地帯構成が逆転している[21]。

このように農地改革期までに東北や北陸の一部で大地主が相対的に多く残存することとなり，このことが「改革阻害の攻勢は西日本よりも東日本においてより強大であった」[22]という見解を生み出した。しかし，この東日本における大地主の根強い存在を，そのまま改革阻害の動きと結びつけることには無理がある。大地主は，その不在地主としての性格から，その所有小作地はすべて当然買収の対象となり，居住する自村内の所有小作地も，村民の誰もが所有者を熟知しており買収忌避は困難であった。むしろ農地改革期の地主の動向としては中小・零細地主に注目する必要がある。彼らは恐慌期には最大の経済的打撃を蒙った地主層である。しかし彼らは大地主のように土地所有を縮小し転進するだけの資力に乏しく，自作化または小作人の変更等を目的とする小作地返還を要求せざるをえなかった。かつて東畑精一は昭和恐慌期に土地返還を要求し，自作化に向かう零細小地主を「自作農の予備軍（群）」[23]と活写したが，しかし，それは必ずしも「三

表２－３　地主自作収益と小作地貸付収益の比較

年　次		1922	1923	1924	1925	1926	1927	1928	1929
反当粗収益	(1)	80.26	83.94	102.44	104.39	91.26	81.44	77.78	80.28
反当生産費	(2)	99.60	100.42	104.99	98.41	89.17	79.51	80.59	85.75
生産費中の小作料	(3)	33.57	39.59	45.16	42.65	37.40	31.07	30.92	32.98
地主自作収益		14.23	23.11	42.61	48.63	39.49	33.00	28.11	27.51
小作料収益と地主自作収益との差	(3)－(4)	+19.34	+16.48	+3.45	－5.98	－2.09	+1.93	+2.81	+5.47
		1937	1938	1939	1940	1941	1942	1943	1944
	(1)	82.25	89.35	117.64	111.11	114.08	128.52	154.70	150.35
	(2)	76.77	83.89	106.96	117.74	119.37	131.02	140.99	155.81
	(3)	32.26	34.65	42.57	41.07	41.13	42.18	44.02	44.40
	(1)－(2)＋(3)＝(4)	38.89	40.15	54.85	34.44	35.84	39.68	57.73	38.94
	(3)－(4)	－5.48	－4.50	－11.45	+6.63	+5.29	+2.50	－13.71	+5.16

資料：農林省統計情報部・農林統計研究会編『農林経済累年統計』第４巻，５～６頁。なお原資料は帝国農会「米生産費調査」。

注：１）反当生産費は，反当直接生産費十反当間接生産費であり，副収入は差し引かれていない。

２）1930～1936年は，小作の経営について調査されておらず不明。

３）なお原資料の帝国農会による「米生産費調査」は，「比較的経営上優秀な農家を対象としていたので，それを利用した調査結果は当然のことながら上層経営に偏奇した」とする資料吟味がある。同上『農業経済累年統計』第４巻，１頁。したがって，実際には，この表で示した以上に在村耕作地主の経済的窮迫は大きかったものと推察される。

町歩以下の零細不耕作地主」だけに限定する必要はないと思われる。

ところで，低米価にあえぐなかで小地主や零細地主にとって，小作地を引上げ自作開始・拡大することは小作料に依存し続けることと比較して，どの程度有利であったのか。表２－３によれば，第一次大戦後の戦後恐慌から回復した20年代前半の相対的安定期までは，まだ小作料収益の方が有利であったが，20年代半ばには逆転し，自作の方が有利になっている。20年代末には小作料収益の一定の回復局面があるが，しかしそれはもはや20年代前半のような有利性を欠いている。肝心の昭和恐慌期には小作の生産費調査が実施されておらず推測によるほかないが，米価や繭価が恐慌以前の水準に回復する1937～39年においてさえ[24]，なお小作料収益のほうが不利であることから，30年代前半には地主自作収益が小作料収益よりも大幅に有利であったとみてよいだろう。このように小作料収益の低下が進行した要因としては，小作料滞納や小作争議の頻発による実納小作料率の低下などがあった。また30年代を通して主要米麦作地帯に広く普及した脱穀・籾摺機を中心とする動力機械化の進展は[25]，この時期の地主の自作化を容易にする技術的一条件であった。中小地主の自作化に関する個別事例分析は，大地主の分析に比べて相対的に立ち遅れているが，山梨県東八代郡英村の８町歩地主・関本家の経営はこの代表的事例の一つである[26]。また東北でもかなり自作農的性格が強い地主であるが，山形県南村山郡西郷村の加藤家が30年代に「自作経営の一時的拡大」を図ったことが注目される[27]。こうした趨勢に着目すれば，大土地所有の存続により不在地主型村落もあったとはいえ，全国的には「大地主は例外で，耕作地主が農地改革直前の普遍的な形態であった」[28]という見解は一定の妥当性をもっている。この見解は，在村耕作地主が村内で社会的に有力な地位を占めていたことに注目したものであるが，それは耕作権が脆弱なところでは，改革期に在村小地主の小作地引上げを多発させる一因とみなされてきた[29]。しかし，戦時期から農地改革直前の地主の普遍的形態を耕作地主とみる見解は，社会階級としての有力地主に着目したものではあるが，戦時期農地問題の特質やその全体像を示すものではない。戦時期には有力地主の動向だけでは説明しえない新たな農地問題が生まれていた。戦時期の応召，徴用による労力不足は，自作であった者が耕作不能となり他者に貸し付ける一時的「地主化」も進行した。また戦時期の兼業農家や職工農家の急増は，地主階級とは呼べない零細土地所有者をそれまで以上に増加させた。自小作や小作でも耕作権の一時的移動が行われた。こうした戦時期特有の事態は，農地改革期に農地調整を必要とさせる一因となる。

戦時期における農地問題の性格変化を，農政当局はどのようにみていたか。まず最も強く認識されたのは中小・零細地主の分厚い存在である。1940年の統計から，和田博雄は，508.5万戸の農地所有者のうち92.7％が３町歩未満の所有者であり，74.1％が１町歩未満の所有者であること，さらに不耕作地主が107万戸も存在することを指摘した[30]。そのうえで「日本においては不耕作中小地主が多いのが特徴で，他国にはそんなものはない」[31]と断じている。またこれら中小地主の所有地の小作人は，大地主の小作人と比較して，狭小な小作地を多数借り入れているという経営上の問題にも触れている。さらに戦時期特有の職工農家に関連して，貸付地を所有する兼業農家が大幅に増加していることに着目する。それは，日本の農地問題の深刻さが中小地主，とくに中小不耕作地主の存在にあり，戦時期にその傾向が一層強くなったという認識の表れであった。そして，大地主だけでなく中小地主や零細所有者までもが，自作するよりも貸付けるほうが経済的に有利であるという現物高率小作料が，農業生産力発展や農業経営合理化を阻害していることを強調する。農地改革に際して，「中小不耕作地主と零細な耕作者の存する日本農村に於いては，中小地主のことに手をつけねば意味をなさない」[32]としたのは，そのためである。

農地改革期の農林省の業務統計では，改革直前の総農地約600万町歩に対する50町歩以上大地主が所有する小作地は28万町歩程度であり，その比率は4.7％程度であった[33]。時期により，また統計資料により若干の違いはあるが，これらの数字は1920年代半ばから農地改革直前にかけて大地主所有地の比重がさらに低下したことを示している。しかし前述のように，もともと大土地所有の比重はそれほど大きくはなく，中小・零細地主が戸数でも面積でも農地所有の圧倒的大部分を占め，日本の地主的土地所有は「集中的ト言フヨリ分散的」[34]と説明された。このことは中小・零細地主，自作，自小作，小作といったすべての階層が存在する在村地主型村落が多くの日本農村の姿であったことを示している。また，そうであったからこそ農政当局の政策意図は社会階級としての地主の消滅というよりも，所有規模の大小を問わず現物高率小作料を可能にしていた小作地所有の経済的有利性を消滅させることに向けられた。この考え方は，敗戦後の食糧不足下において食糧増産，農業生産力の増強が経済復興にとって緊急課題となるなかでは社会全般に受け入れられやすい論理をもっていた。第一次改革直前に農政当局は農地の定義を再検討するが，その結果，農地を「耕作ノ目的ニ供スル土地」という主観主義から「耕作ノ目的ニ供セラルル土地」という客観主義へと転換する。個人の意思や恣意性を排除した農地の再定義化が行われ[35]，「土地は耕作者に利用せらるべき国家の財産」[36]という立場が明確にされる。だが，この農地の定義は，実はすでに臨時農地等管理令，臨時農地価格統制令の立案時に登場しており[37]，それを農地改革期に再確認したものであった。農地を個人の恣意から切り離し社会的公共物とみなすことにより，農地改革は特定階層の利益の実現ではなく，国家再建のため日本社会全体の公益を実現する事業と位置づけられたのである。

2　小作争議の展開と帰結

1920，30年代の小作争議に関する研究は個別事例分析を通して近年急速に深められてきた。この時代の争議は大きく2つの時期に分けて考えることができる。もちろん，さらに細かく区分することも可能であるが[38]，ここでは大正・昭和初期の1920年代と昭和恐慌期前後を境とする1930年代以降の2つに区分して研究史を検討する。

近代日本の本格的農民運動は第一次大戦後のいわゆる戦後恐慌期に，それ以前の込米廃止要求争議から小作料減免要求へと性格を変化させて，まず岐阜県に端を発する。その後，争議は小作料の永久3割減という小作側からの攻勢的運動に発展し，東海，近畿を中心に西日本の先進農業地域で激しく展開された。それは小作問題に何らかの政策対応を迫るものであり，時の農商務大臣をして「単ニ地方的農村問題タルニ止ラズ社会ノ重大ナル問題」[39]と言わしめるほどであった。この20年代に西日本を中心に展開された小作争議の原動力については，「農民的商品生産を基本的推進力とし展開されたもの」[40]というのが通説となっている。当該期の農民運動の基礎には，自小作，小作農のうち中上層の小商品生産者としての発展があり，彼らが自小作，小作各層を主導する集団的形態の小作料減免を主要な要求として掲げ地主側と対抗した。したがって争議は広範な階層を含み，争議規模も大きく，組織的な強さを保持しながら経済的利益を強く主張した。実際，当時の争議を指導した日本農民組合は，その機関誌『土地と自由』に西日本各地の小作経営の損益計算表を掲載し，現物小作料の高さを明示することにより，小作料減免要求の正当性を論拠づけた[41]。その背景には，この時期に急増した都市労働者の賃金に比較して小作人の所得が低位であるのは高率小作料に原因があり，それを引き下げることは当然であるという自小作・小作層の積極的な経済意識があった。そして争議は，労働運動，米騒動，デモクラシー運動からも影響を受けながら「時勢ノ推移ニ伴ヒ思想ノ変化」を遂げ，地主・小作「両者ノ関係モ漸次変化シ来タリ従来ノ温情主義的主従関係ハ漸次其ノ影ヲ潜メ」[42]ていった。しかも争議は概して部落（ないし大字）を単位としながら，部落間の一定の連携をもって展開され，争議の発生自体が農村社会における地主（とくに不在地主や寄生地主）の社会的・政治的な地位を相対的に低下させた。これにかわって浮上してくるのが在村の中小地主層と経営的前進を遂げてきた自作・自小作の中上層である。

表2-4　小作争議の地域別発生件数

	1917（大6）	1919（大8）	1921（大10）	1923（大12）	1925（大14）	1927（昭2）	1929（昭4）	1931（昭6）	1933（昭8）	1935（昭10）	1937（昭12）	1939（昭14）	1941（昭16）
北海道	—	—	7	8	7	41	79	151	242	338	346	177	198
東北	—	—	—	17	19	97	397	652	1,006	1,566	1,748	1,152	852
関東	1	14	189	191	182	118	367	446	580	948	777	334	311
北陸	8	6	58	71	122	203	191	322	248	431	290	114	211
東山	24	130	69	65	306	245	244	367	351	716	744	406	406
東海	29	42	398	197	266	195	234	240	176	371	285	166	97
近畿	12	96	766	934	706	656	474	573	480	763	633	289	294
中国	3	20	70	117	214	196	218	220	293	612	402	299	193
四国	7	5	59	124	125	119	100	193	308	374	352	235	312
九州	1	13	64	193	259	182	130	254	316	705	593	406	434
合計	85	326	1,680	1,917	2,206	2,052	2,434	3,419	4,000	6,824	6,170	3,578	3,308

資料：『小作調停年報』,『小作年報』,『農地年報』。

これに対し，30年代の争議はどのように性格変化したのか。表2-4が示すように，争議件数は20年代後半の一時的停滞期を経て30年代に急増し，昭和恐慌期にピークに達する。また争議件数の地域的分布も全国に広がり，とくに最激甚地は東北，関東を中心とする東日本に移っている。この間の小作争議の性格変化について『小作年報』は次のように記している。「最近小作争議ノ深刻化ヲ語ル顕著ナル現象トシテ注目スベキハ地主側ニ於テ自作ノ経営，小作料ノ滞納，所有権移転，小作地ノ譲渡，小作契約ノ期間満了，土地使用目的ノ変更等ヲ理由トシテ小作地引上ヲ要求スルニ対シ，小作人ノ多数ハ小作契約ノ存続ヲ希望シ更ニ小作権又ハ永小作権ノ確認或ハ賠償，作離料ノ支給，有益費ノ償還，肥料代，耕作費，賠償等ヲ主張シテ争議化スルモノ逐年其ノ件数ヲ増加シタルコトナリ」[43]。

ここには地主の小作地返還の目的が網羅的に列挙されているが，秋田県平鹿郡下の小作調停事例の分析によると，土地返還の理由のなかでは契約違反（小作料滞納による小作人の変更を主とする「滞納克服」型）が全期間を通じて約70%を占め最大であった。ところが1932年以降は「地主自作化」型の比重が高まっている[44]。また争議の形態や規模にも変化が現れ，争議の主な原因が在村中小地主や零細地主からの土地返還要求に対する耕作権確保へと変わっていった。争議の規模は当然小さくなり，各争議は孤立分散的傾向を強めた。この傾向は表2-5が示すように，30年代の小作争議の主要舞台となった東北諸県においてとくに際立っていた。このことは耕作農民の組織化にも反映され，全国的にみても小作人

表2-5　小作争議の規模の地域性

		1929（昭4）	1931（昭6）	1933（昭8）	1935（昭10）	1937（昭12）	1939（昭14）	1941（昭16）
宮城	(1)	12.6人	2.4	5.7	7.6	2.3	5.1	2.7
	(2)	8.4町	0.7	3.2	4.3	0.7	2.2	1.6
秋田	(1)	4.2人	6.7	3.1	2.3	2.2	1.7	3.4
	(2)	3.7町	4.5	2.1	1.5	1.2	1.1	1.9
山形	(1)	4.9人	2.4	1.6	1.7	2.2	1.3	1.6
	(2)	1.5町	1.4	0.8	1.0	0.6	0.5	0.6
新潟	(1)	22.7人	21.8	14.0	15.7	13.1	14.6	36.8
	(2)	21.2町	22.6	12.7	9.1	8.9	9.7	36.3
山梨	(1)	20.2人	9.7	12.8	7.3	7.0	9.7	13.1
	(2)	8.4町	5.8	3.7	1.8	2.1	2.9	5.0
長野	(1)	38.0人	23.8	4.0	4.0	1.5	5.0	1.7
	(2)	11.8町	11.2	1.6	0.7	0.6	0.9	17.8
岐阜	(1)	56.3人	43.3	35.5	52.2	42.1	13.3	69.2
	(2)	31.6町	25.2	14.6	31.1	24.8	7.8	40.4
大阪	(1)	50.5人	61.9	48.4	43.3	38.3	40.5	16.0
	(2)	30.7町	35.0	25.1	28.3	26.1	20.9	7.6
兵庫	(1)	35.1人	30.9	24.2	29.6	26.5	12.4	8.6
	(2)	18.0町	14.0	19.2	13.6	11.1	5.2	4.1
奈良	(1)	37.0人	10.5	33.5	38.2	35.6	34.2	24.7
	(2)	18.0町	22.8	19.2	20.2	20.5	22.2	17.9
全国	(1)	33.7人	23.7	12.0	16.6	10.3	7.2	9.8
	(2)	23.3町	17.7	7.6	10.4	6.4	4.6	6.6

資料：表2-4に同じ。
注：(1) は1争議当り平均参加人数を，(2) は1争議当り平均関係土地面積を示す。

組合数は1927年，組合員数も1932年をそれぞれ頂点とし，その後は減少の一途を辿っている[45]。30年代には組織化された争議が，争議件数の飛躍的増加にもかかわらず，しだいに減少していった。なお米価暴落だけでなく繭価暴落により養蚕地帯を中心に畑地での争議件数が増加したことも，この時期の特徴の一つである[46]。

こうした1920，30年代の小作争議の性格変化をめぐる評価は大きく2つに分かれている。一つは，30年代は20年代と比べて土地問題へと質的に発展し，地主制の根幹に一層迫ったものとする積極的評価，いま一つは逆に30年代の争議は20年代と比べて攻勢的性格から受身的・防衛的性格へと変化し組織的運動が衰退に向

表2－6　小作争議の要求事項

地域別	小作側の要求事項の類別件数	1925～29年（大14～昭4年）	1930～34年（昭5～9年）	1935～41年（昭10～16年）（ただし，1938年を除く）
東北6県	小作料関係件数	329　(40.8)	886　(21.4)	1,326　(16.5)
	耕作権関係件数	371　(46.0)	2,693　(65.1)	5,2U　(64.7)
	争議総件数	806 (100.0)	4,138 (100.0)	8,057 (100.0)
東山3県と群馬・埼玉の5県	小作料関係件数	1,245　(77.5)	1,154　(42.8)	1,192　(26.0)
	耕作権関係件数	273　(17.0)	1,198　(44.5)	2,448　(53.3)
	争議総件数	1,606 (100.0)	2,695 (100.0)	4,591 (100.0)
近畿6府県	小作料関係件数	2,604　(83.4)	1,922　(71.5)	1,796　(63.6)
	耕作権関係件数	323　(10.3)	519　(19.3)	669　(23.7)
	争議総件数	3,121 (100.0)	2,689 (100.0)	2,822 (100.0)
全　国	小作料関係件数	7,148　(71.0)	7,676　(40.1)	9,157　(30.7)
	耕作権関係件数	1,93　(19.2)	8,72　(45.6)	14,562　(48.8)
	争議総件数	10,061 (100.0)	19,138 (100.0)	29,843 (100.0)

資料：表2－4に同じ。
注：1）小作料関係とは，一時的および永久的小作料軽減を，耕作権関係とは小作契約継続，小作権・永小作権の確認および賠償を，それぞれ含んでいる。それ以外の小作料値上げ反対や肥料代・耕作費賠償等はすべて除いて算出したので，小作料関係件数と耕作権関係件数との和は，当然，争議総件数とは一致しない。
2）（　）内は争議総件数に対する割合（%）を示す。

かったとする見解である[47]。この問題を検討するには，争議の要求貫徹や妥協の割合とともに，争議に伴う農村社会の変容や農民意識の変化などを含めた争議の結末に着目する必要がある。とりわけ争議を通して自小作，小作農民が何を獲得したのか，また地主層の社会的立場がどのように変化したのかが重要な論点となる。

そこで争議の際の小作側の要求事項を小作料関係と耕作権関係とに大別し府県別にみると，20年代と30年代の時期的差異だけでなく地域差も明瞭に現れていることが確認できる。表2－6は東北6県，近畿6府県と，養蚕型諸県（長野，山梨，岐阜，群馬・埼玉の5県）という3地帯を取り上げ，争議の際の小作側の要求項目を分類したものである。これによると20年代には東北ではまだ争議件数が少なく一般化できないが，しかし，実は26年に早くも耕作権関係が小作料関係を上回り，20年代後半の累計でも同様の結果となっている。その後は30年代を通して耕作権関係が65%前後を占め，東北における土地返還争議の多さが如実に表れている。他方，近畿では20年代から30年代にかけて漸次耕作権関係が増加傾向にある

表2－7　1930年代・小作争議の結末――「妥協」と「要求貫徹」――

	争議総件数 (1)	妥協 (2)	(2)/(1)×100 (%)	要求貫徹 (3)	(3)/(1)×100 (%)	(1) のうち土地返還争議件数 (4)	(4)/(1)×100 (%)
東北6県	12,195	8,138	66.7	1,585	13.0	8,040	65.9
東山3県と群馬・埼玉	7,286	5,463	75.0	17	9.8	3,737	51.3
近畿6府県	5,510	4,024	76.3	410	7.4	1,198	21.7
全　国	48.988	33.175	69.8	5,233	10.7	23,746	48.5

資料：表2－4に同じ。
注：上掲の数値は，いずれも1930～41（昭5～16）年の累計である。ただし，1938（昭13）年は除く。

とはいえ，なお一貫して小作料関係の方が圧倒的に多く，東北との違いが歴然としている。これに対して独自の動きをみせたのは「養蚕型」諸県である。ここでは20年代には小作料関係の方が多く近畿に類似しているが，30年代には耕作権関係の方が上回り東北に類似してくる。この地域で小作争議の性格変化が最も強く現れたことになる。戦前日本農業の基軸を構成した〈米と繭〉の農業地帯において，昭和恐慌期の農業危機が小作争議の性格変化という形で最も鋭く現れたのである。

次に，このような地域差を示した小作争議がどのような結末によって終息していったのかをみておこう。ここでは争議の要求項目の差異が明瞭となる30年代以降から戦時期にかけての争議結末の年次的累計により検討する。表2－7は，先の3地帯だけを取り出し争議結末を「妥協」と「要求貫徹」の2点に絞って集計したものである。これによると第1に，全国的にみて争議結末はその大半が妥協に帰結している。そして，この妥協の割合は近畿が最も高く，次いで養蚕諸県，東北の順となっている。だが，妥協割合の低い東北でさえ，半数以上の争議が妥協に帰結していることも見逃せない。農村社会においては特定階層が一方的に勝利あるいは敗北するという結末は意外に少なく，むしろ双方が同一村民として歩み寄り妥協することが多く，その割合が近畿で高く東北では低かったということを示している。また，それは在村地主型村落の全国的多さとともに，相対的にはその比重が近畿で高く東北で低かったことを反映している。一方，全国でたかだか1割程度にすぎなかった要求貫徹の割合は東北が最も高く，次いで養蚕諸県，近畿の順となっている。これらの諸結果のうちで，とくに要求貫徹の割合だけに注目すれば，昭和恐慌期以降の東北を中心とする東日本の争議は，西日本に比べてかなりの成果を上げたと見ることもできる。しかし事態はそう単純ではない。というのは要求貫徹割合自体が低位であることに加えて，前述のように東日本と西日本とでは要求内容が1930年代においても異なり，要求貫徹割合によってただちに判断するわけにはいかないからである。

表２-７の最右欄は同時期の土地返還争議件数の割合を示しているが，この割合の序列は要求貫徹割合のそれと同じである。だが土地返還争議件数の割合は東北が近畿の３倍強であるのに対し，要求貫徹割合は２倍にも満たない。実数でみれば，この差はもっと広がるであろう。つまり東北では要求貫徹割合が高いことは事実だとしても，それ以上に土地返還争議が多発し，必ずしも耕作権が確立していたとはいえない。むしろ反対に東北を中心とする東日本の土地返還争議の多さは，耕作権の相対的脆弱性を示しているとも読み取れる[48)]。このことは近畿などの西日本に多かった小作料減免争議の結末の内容をみることによってある程度確認することができる。

たとえば「中富農的な大正期農民運動の典型」とされた岡山県興除村の争議は1928年の小作調停によって一応の結末をみたが，その調停内容は「争議の基本的要求であった小作料永久三割減額は全然納れられず」という小作側の敗北であった[49)]。しかし実際には，地主側も生産検査合格米や小作料未納分の完納履行報償米などの名目により，実質的に約１割の減免という譲歩を示している。これは双方にとって妥協である。しかし，より重要なのは，この争議を通して地主の勢力は後退し，小作側の社会的地位が強化されたことである。以後地主は「融和政策に転じ……もちろん農家の耕作権に対しあえて一指もそめようとしなかった」[50)]。この結末が意味するところは，争議が妥協に帰結し，小作側は当初目的としただけの小作料減額は獲得できなかったが，地主的土地所有下での耕作権を確立させたということである。地主側にしてみれば耕作権を認めて妥協する方が，小作料減額要求を全面的に受け入れることよりも容易だったわけである。同様の結末はほかにもいくつか見出すことができる。日農組織が強固であった香川県でも，「小作料は一応平均一割程度まで永久減額され反対に慣行小作権が強化され，しかも地主の村内権力が弱化」した[51)]。また「近畿型」の性格を示した福岡県の争議で

表2－8　戦前期における小作争議の発生割合（上位・下位15県）――1920～1940年――

上位15県				下位15県			
府県別	1920～40年の争議総件数 (1)	1930年の小作・自作兼小作農家戸数 (2)	発生割合 (1)/(2)×100 (%)	府県別	1920～40年の争議総件数 (1)	1930年の小作・自作兼小作農家戸数 (2)	発生割合 (1)/(2)×100 (%)
山梨	3,514	51,658	6.80	長崎	209	65,210	0.32
大阪	3,495	66.212	5.28	大分	284	79.269	0.36
秋田	3,578	73,938	4.48	石川	296	57,839	0.51
山形	3,317	75,198	4,41	静岡	588	114,473	0.51
徳島	1,801	49,828	3.61	岩手	368	65,766	0.56
青森	2,073	59,349	3,49	熊本	604	103,295	0.58
奈良	1,442	42.330	3.41	愛媛	538	84.291	0.64
三重	2.320	75,810	3.06	宮崎	353	53.232	0.66
兵庫	4,046	135,315	2.99	千葉	790	117,526	0.67
福岡	2,939	107.671	2.73	鹿児島	964	136,840	0.69
福島	2,416	89,702	2.69	広島	879	125,464	0.70
栃木	1,979	75,031	2.64	山口	560	78,567	0.71
京都	1,354	52,467	2.58	茨城	1,420	134,604	1.05
北海道	2,975	124,265	2.39	東京	424	39,736	1.07
宮城	1,716	79,738	2.15	福井	483	44,684	1.08

資料：1）小作争議件数は表2－4に同じ。
　　　2）小作および自作兼小作農家戸数は昭和5年『第七次農林省統計表』による。

も，1930年代に土地返還争議が多くなるにつれて妥協の割合が急増し，定期小作契約の文書化や作離料の登記などの耕作権強化が進んだ[52]。さらに個別事例であるが，奈良県生駒郡法隆寺村の寄生地主・辰巳家に対する闘争は，小作料には厳しいが耕作権は容認するという形で終結している[53]。

このようにみてくると，主に西日本に多かった小作料減額闘争は，その結末は一見して妥協であるが，その内実は耕作権の確立を含む場合が多かったと推測される。しかも耕作権の確立に伴って村内の地主（とくに寄生地主）の社会的地位が低下し，在村耕作地主や比較的経営規模の大きい自小作，小作層の社会的地位が上昇している。村によっては，この時期に耕作者の顕著な政治的進出がみられ，旧来の地主主導的な農村社会秩序が変容している。1920，30年代の村政改革や部落協議会などの改革は，争議を通して勢力を伸張させた小作側に対する地主側の妥協の産物であったとみてよいだろう[54]。だが小作争議が激しく展開されたこの時期にも相対的にあまり争議が発生しなかったところもある（表2－8参照）。そのようなところ（九州・中国がその中心）では小作料問題はもとより耕作権問題に対する認識も一般的に稀薄であり，こうした地域こそ農地改革期には小作地引上げの主要舞台となる。この意味で，戦前期の小作争議の経験と伝統は，農地改革期にも独自の意義を帯びて継承されることになる。

第３節　農地委員会の諸側面

１　小作地引上げの諸相

農林省の推定によれば，敗戦から1946年半ばまでに地主の小作地引上げは約25万件，次の１年間で約20万件に達した[55)]。そのうち小作争議となったのは１割弱であり，地主の要求の全部または一部が通ったのは，件数で30～50％であった。この時期の小作地引上げの性格変化は，戦時期と比較した争議１件当り関係面積の零細性によく表れていた。引上げ面積は1940～44年には4.3～15.4反で推移していたが，敗戦後は45年８月15日～46年８月14日には2.9反，46年８月15日～47年５月31日には2.1反であった。これらの概略的な数字は敗戦直後に零細地片をめぐる小作地引上げが多発したこと，しかも，その大部分が争議化しなかったことを示している。復員，徴用解除，軍需産業崩壊による大量失業者の発生，食糧危機等の敗戦後特有の事態は「耕地ヲ獲得セントスル要求」を惹起し，敗戦直後の「10月頃から地主の小作地引上要求が増加しはじめた。其の後公表された農地制度改革案は，著しく地主を刺激した。そして12月から１，２月にかけて地主の小作地取り上げ要求は急激に増加した」。引上げの動機は食糧急迫下の飯米確保にあり，「家族の復員や疎開家族による耕作面積拡大，分家の準備，失業・罹災による生計困難打開のための自作」であった。引上げを要求された小作人については，「情實にヒカサレて愛望的な態度」や「泣き寝入的に地主の要求に屈する」者が多く，地主の要求に対して「明確な意思表示をせず……その結果，表面化しない場合が多かった」とされている。

以上の報告は，小作地引上げの多くが争議化しなかった理由を敗戦後の経済混乱期における地主の引上げ動機と小作人の態度から説明している。しかし，この説明では地主・小作関係の個別性が想定されており，改革期農村における地域的・集団的な地主・小作関係や農地統制管理が見過ごされている。引上げ地主の自作化は周囲の村民の誰にも明白な事実であり，関係当事者間だけで極秘になしうるものではない。小作人の「愛望的な態度」や「泣き寝入」があったとしても，それは農地委員会の設置以前あるいは法令の趣旨が周知されていない改革初期のことではないか。むしろ小作地引上げの多くが争議化しなかった背景には，引上げが農民各層に許容可能なものに絞り込む調整が行われたこと，またある条件のもとで一定限度の引上げを容認する合議が改革現場で成立していたからではないか。これに関して注目されるのは，「農地改革が無血で終わったのは，土地取り上げがかなり行われ，それが安全弁となった」という見方である[56)]。この指摘は，小作地引上げという農地調整が地主の改革受入れを後押しし，円滑な改革を可能にしたということを含意しているが，他面では引き上げられた小作側にも何らかの調整があったことを示唆する。つまり小作地引上げを単独でみるのではなく，諸調整を含む改革事業全体と関連づけて捉えることが必要である。ただし，この点は統計では明らかにしえず個別事例分析の課題となる。以下では，全国および都道府県段階の統計で判明する範囲に課題を限定する。

1946年2月26日『農家人口調査』によれば，改革直前の小作地率は全国平均で約44%であったが，49年3月1日『農地統計調査』（いわゆる『農地センサス』）では約13%となっている。この間に総小作地の約70%（約116万町歩）が自作地化したが，小作地の自作地化には，小作人が小作地を買い受ける場合と，地主が小作地を引上げ自作地化する場合があった。中江淳一の推計によれば[57)]，49年3月1日までに自作地化した約70%の小作地のうち，前者が約65%，後者が約5%であった。小作地引上げは相当な地域差があり，栗原は「東日本ではなく西日本において一般的によりはげしく行われている」[58)]と指摘した。ところが小作地引上げは耕作権と衝突することから，それが可能となるか否かは単に地主の圧力だけでなく，戦前・戦時期を通して形成されてきた耕作権の強弱との関連でも検討されねばならない。この点からすれば，改革前に耕作権が相対的に強く確立していた西日本で小作地引上げが多発したという通説は一見して矛盾しており，いま一度吟味する必要がある。また引上げが多発した西日本でも，その内部の地域差を再検討する必要がある。そこで，はじめに従来，小作地引上げの主役とされてきた耕作地主層の全国各地の動向をみておこう[59)]。

「絶えず小作地取上げの機会を狙って虎視耽々としているのが耕作地主の現状である。経営規模拡張のためというよりも所有地を確保するための考えが強い」(岩手県)

「耕作地主は……小作地の返還を要求し自作地増加を図っている」(福島県)

「耕作地主の大部分の者が各種の条件に恵まれた良田良畑を耕やしており経営上の優位を占めているので農地改革による極端な経営的打撃を受けない……中には小作地を取上げて耕地の拡張を計ろうとする動きもある」(山梨県)

「一町歩以上を自作し保有小作地を所有する地主は村に於ける富農であり地位的経済的に優位を占めている……小作地の引上についてはこれらの者に多い傾向にある」(滋賀県)

「中小耕作地主は経営の拡大を考え保有小作地の引上げを図らんとして最も多く問題を惹起している」(徳島県)

「耕作地主は農地改革当初より問題を惹起して来たのは殆んどこの階層であり，現在でも一町歩の保有地をめぐって常に紛争を起している」(熊本県)

これらの報告をみる限り，農地改革期に耕作地主層が小作地引上げに奔走したことはほぼ間違いないであろう。だが，これらの報告は耕作地主の動向に着目したものではあるが，引上げ地主の総体をみたものではない。確かに，耕作地主層は戦前・戦時期を通してしだいに後退していった寄生地主層にかわって，漸次，村内で社会的地位を高めていった。彼らについて注目すべきは，全国的にみて1町歩以上貸付の耕作地主が改革により激減したのに対し，5反未満貸付の耕作地主数が著しく増加し，全体として耕作地主数は改革前後でほとんど変化していないことである[60]。このことは買収により貸付小作地が縮小したとはいえ，耕作地主層が比較的改革の影響を受けない階層であったことを示している。とくに保有限度が全国平均1町歩であったことから，耕作地主の貸付面積の縮小が小作地引上げによる自作地拡大を可能にし，これが彼らを小作地引上げの主役とみなす見解を生み出す一因になったと思われる。彼らのなかには，復員・引揚げ，失業帰村等による世帯員数の増加のなかで営農開始・拡大したものが相当含まれていた。だが，そうした敗戦後の世帯員数の増加は耕作地主に特有のことではなく，農民各層に共通にみられた。これについては後章の個別事例で確認するが，引上げ地主は耕作地主だけでなく零細耕作の地主（兼業依存の不耕作地主も含む）にまでおよんでいたこと，むしろ零細耕作の地主ほど引上げの動機が強かったことを予め指摘しておきたい。

小作地引上げは合法的なものと非合法的なものに大別できる。前者は改正農調法第9条3項に基づく農地賃貸借解除・解約であるが，旧農調法の改正により1946年2月23日以後は，引上げ要求はすべて農地委員会を通じて知事の許可を得なければ合法的にはできないことになっていた。しかし実際には，その後も引上げは行われた。そのため多くの農地委員会では敗戦時から農委設置までの間に事実上進行していた引上げを事後的に申請させた。改革初期に多くの農地委員会で小作地引上げが審議対象となったのはそのためであった。非合法な引上げについては，それが原因で争議が発生し表面化したものしか資料上確かめることができない。前述のように，表面化しない場合もあったが，問題の性質上，正確な数字がないというのが実情である。言い換えれば，非合法な引上げとは，農地委員会の審議対象にならない隠れた引上げである。このなかには土地執着から買収忌避をめざす違法な引上げや生活困窮から営農開始・拡大のための引上げもあった。これらの多様な種類の小作地引上げを全国的に示す資料はない。そこで以下では，はじめに小作地引上げの第一歩ともいうべき合法的手段による引上げ申請を，次いで争議として表面化した引上げを，そして最後に土地統計に現われた小作地返還総面積（これも必ずしも正確ではない）の地域差の分析を通して小作地引上げ発生の社会的基盤を考察してみたい。

改正農調法第9条3項は地主の小作地引上げ申請だけでなく，労働力不足などによる小作側からの土地返還申請も認めている。もちろん実際には小作側からの申請はわずかである。表2-9は1948～49年の地主側からの申請による引上げ申請とその許可件数および面積を地域別に集計している。申請が認められるには農地委員会の承認と知事の許可が必要であるが，地元の農地委員会が不許可とした場合のほとんどを知事も不許可としている（前掲，表1-3参照）。この意味では，地主としてはまず第1に地元の農地委員会の承認を得る必要があった。表2-9によれば，許可件数は九州・中国・東海で目立って多く，この3地域で総件数の

表2-9　農地賃貸借解除解約統制の実績（1948～49年）

	申請件数 (1)	許可件数 (2)	許可面積 (田畑計) (3) 反	不許可件数 (4)	処理件数 (5)	許可率 (2)/(5)×100%	許可1件当り面積 (3)/(2) 反
北海道	2,503	1,705	14,900	1,068	2,773	61.5	8.74
東北	14,529	9,310	13,490	6,516	15,826	58.8	1.45
関東	13,208	9,414	9,624	8,481	17,895	52.6	1.02
北陸	5,521	4,638	5,317	1,122	5,760	80.5	1.15
東山	9,749	7,484	6,329	2,268	9,752	76.7	0.85
東海	14,373	11,374	8,637	3,200	14,574	78.0	0.76
近畿	7,196	5,743	6,496	1,478	7,221	79.5	1.13
中国	20,280	14,407	15,066	7,696	22,103	65.2	1.05
四国	8,178	5,606	4,663	2,614	8,220	68.2	0.83
九州	32,807	20,738	18,690	19,833	40,571	51.1	0.90
内地	125,841	90,419	88,312	53,208	141,922	62.5	1.00
全国	128,344	88,714	103,212	54,276	144,695	62.5	1.14

資料：農地改革記録委員会編『農地改革顛末概要』農政調査会，1951年，723頁。
注：数字はすべて地主側からの返還申請のみ。なお1947年の数字もあるが，これは小作側からの申請も含んでいるために用いなかった。

51.4%，面積では41.4%に達している。だが許可件数の処理件数に対する割合（許可率）をみると，北陸・東海・東山・近畿が高く，他の地域との差が目立っている。ただし新潟は許可率が低い。許可率は概して日本列島の中央部で高く，南北両端で低くなっている。しかし，この南北両端の地域は許可された地主数が大きく異なっている。また許可率は高いが件数自体が少ない場合もあり，許可される見込みのあるものだけに申請を絞り込んだことが窺われる。このデータには，事前調整があったかどうかなど，事例分析で確認すべき問題が包含されている。それはともかく，許可率が高い中央部では，許可された地主数が多い九州などと同様に，許可1件当りの引上げ面積はきわめて小さいものであった。たとえば長野県では要求した地主の7割以上が1町未満の零細地主であり，「これに比すれば耕地の返還を要求された小作人のほうが経営耕地面積が大きなものが多数を占めた」[61]という実情であった。このように合法的引上げのなかには，社会階級としては地主とは呼べない零細所有者も含まれ，引揚者・復員者・失業者などの生活困窮者の要求が多かった。ここには食糧不足，土地不足下の生活困窮者の引上げをある程度まで容認した農地委員会の柔軟な対応が示されている。それは同一村内の生活困窮者を座視できない農地委員会による農地調整の結果とみることができよう。

表2-10　地主の小作地引上げに起因する争議

	引上件数			引上面積			1件当り要求面積 (3)/(1) (反)	1件当り返還面積 (4)/(2) (反)
	引上要求件数 (1)	返還件数 (2)	返還率 (2)/(1) (%)	引上要求面積 (3)	返還面積 (4)	返還率 (4)/(3) (%)		
北海道	10,357	4,698	45,4	262,039	54,670	21.7	25.30	11.64
東北	19,831	6,489	32,7	50,927	17,032	33.4	2.57	2.62
関東	31,703	17,007	53,6	32,795	13,483	41.4	1.03	0.79
北陸	2,235	1,380	61,7	7,525	2,645	35.1	3.37	1.92
車山	8,629	2,308	26,7	9,240	2,717	29.4	1.08	1.18
東海	7,557	3,532	46,7	11,272	3,068	27.2	1.49	0.87
近畿	8,574	2,043	23,8	15,265	2,916	19.1	1.78	1.43
中国	6,678	3,211	48,1	12,287	4,815	39.2	1.84	1.50
四国	5,545	1,631	29,4	7,225	1,677	23.2	1.30	1.03
九州	22,763	5,618	24,7	38,490	7,648	19.9	1.69	1.36
内地	113,515	43,219	38,1	185,026	56,001	30.3	1.63	1.30
全国	123,872	47,917	38,7	447,065	110,671	24.8	3.61	2.31

資料：農林省農地部『農地改革に関する統計資料　その一』農地改革執務参考，第48号，1949年，38～12頁。
注：1）上掲の数値は，1945年8月15日～1948年6月31日までの累計である。
2）返還件数の中には，「一部返還」も含まれている。
3）返還とは，地主に引上げ小作地が戻ることをいう。

次に，地主の小作地引上げ要求が原因で争議が発生した場合についてみると(表2-10)，引上げ要求件数は関東・東北・北海道など東日本と九州で高いが，実際に引上げを実現した割合をみると，件数，面積とも概して東日本で高く西日本で低い。東北と中国を除けば，東日本よりも西日本で地主の引上げ要求を退けているようにみえる。『農地改革顛末概要』は，この事実をもとに，東日本における地主層の強力な抵抗を指摘しているが[62]，疑問が残る。すでに述べたように，争議化しない引上げの実態を直接示す全国資料はない。そこで小作地引上げ面積の比率を小作地引上げに起因する争議の発生割合と関連づけることにより，この問題に接近してみたい。ただし，小作地引上げ面積については表2-10の数値より「正確である」とされる『農地統計調査』[63]の結果を用いる。

図2-2の縦軸をみてまず判明するのは，不在大地主が改革期まで相対的に多く残存していた東日本では引上げ率が低い諸県が多いということである。実際，東北6県だけに着目すると，福島以外は軒並み全国平均を下回っている。これと対照的なのは九州であり，ここでは7県とも全国平均を上回っている。なお，山口，広島，高知なども引上げ率が高い。しかし，これだけで東日本と西日本との差異を一般化することはできない。というのは同じ西日本のなかでも近畿では著

図2－2　小作地引上げ面積割合と改革期の争議発生割合との関係

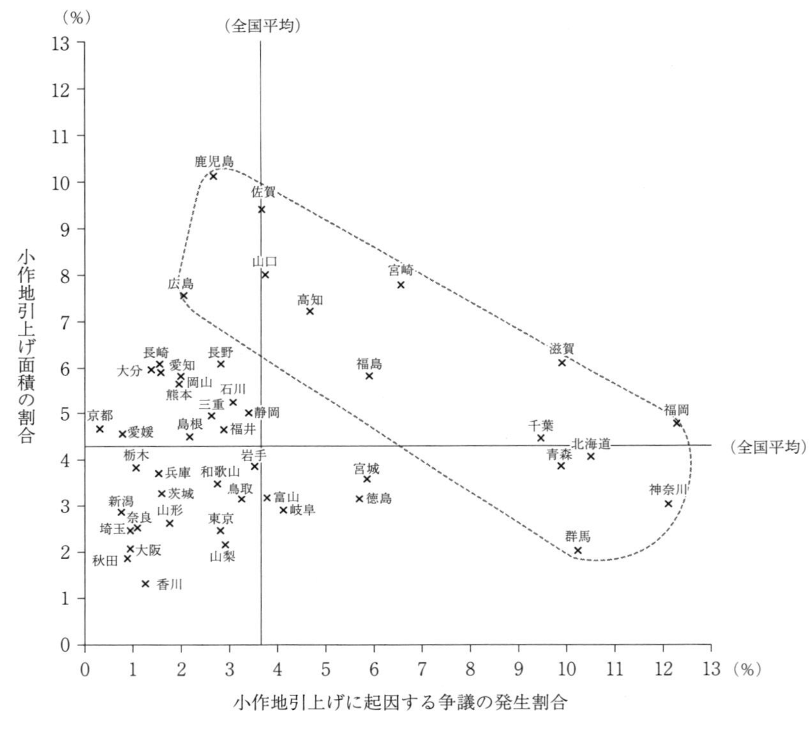

資料：1）土地引上げに起因する争議件数は前掲『農地改革に関する統計資料　その一』38～42頁。
2）自小作，小自作，小作農家数は『第24次農林省統計表』（いわゆる『臨時農業センサス』）の数字を採用した。
3）小作地返還面積は栗原百寿が『農業サンサス』を府県別に集計した結果を用いた。同氏前掲『現代日本農業論』87頁。
4）小作地面積は，農地改革資料編纂委員会『農地改革資料集成』農政調査会，第十一巻，50～51頁。

注：1）小作地引上げに起因する争議の発生割合 $=\frac{\text{1945. 8. 1～1947. 9. 1の小作地引上げ争議件数}}{\text{1947. 9. 1の自小作，小自作，小作農家数}}\times 100$

2）小作地引上げ面積の割合 $=\frac{\text{1949. 1. 1までの小作地返還面積}}{\text{1945.11.23の小作地面積}}\times 100$

3）小作地引上げ面積の割合は，栗原の場合，1945. 8. 1を基準として算出されているが，一部，明らかな計算ミスがある。またここでは1945.11.23の小作地面積を基準としたために同氏の「土地返還率」よりも若干高くなっている。

しく低いところが多く，日農組織が強固であった香川は全国最低となっている。また九州でも各県間に相当な差があり，東山でも長野と山梨とでは著しい差がある。

このように見てくると改革期の小作地引上げは必ずしも従来指摘されてきたよ

うな東日本と西日本との対比という図式では理解しえない点が多い[64]。上述の小作地引上げ率に横軸の争議発生率を関連づけてみても，東日本と西日本との差はとくに顕著に現れない。だが，小作争議を改革期だけに限定せず，戦前以来の争議の経験を加味して考えると，改革期の小作地引上げ率と引上げに起因する争議発生率との間には，相対的にではあるが次のような傾向があることを指摘できるであろう（表2-8も参照)。

第1に，小作地引上げが多かったにもかかわらず小作地引上げに起因する争議発生率が低かった諸県は九州，四国を中心とする西日本の端にほぼ集中している。これに属する県が東日本（長野，石川，静岡など）にいくつかあるが，それらはほとんど中部地方の一部であり，東北や新潟のような不在大地主の多い県は含まれていない。小作地引上げ率が高いにもかかわらず在村地主型村落が多い地域では，争議が発生しにくいという傾向がみられる。こうした地域は，表2-8が示すとおり，実は戦前期にも争議発生率が概して低かった。第2に，西日本のすべてで小作地引上げが多かったわけではない。それどころか西日本，東日本を問わず，戦前期に小作争議が激しく展開されたところでは，改革期にとくに争議が発生せず小作地引上げも少ない。西日本の大阪，兵庫，奈良，徳島など，東日本の秋田，山形，山梨などがこれに該当する。また，農民組合の組織が戦前から強固であった香川，新潟でも改革期の小作地引上げは少ない。こうした府県では，改革期における小作争議こそ少なかったが，戦前以来の小作争議の経験のもとで小作側の勢力が強い農村社会が形成され，小作地引上げが容易ではなかったことが推察される。そうであったとすれば，農民運動の経験のもとでの耕作権の確立または耕作権要求の強さが，改革期の小作地引上げを一定の範囲内に抑制したとみてよいだろう。戦前期小作争議の経験は改革期の耕作権の強さを生み出す農村社会の基盤を歴史的に準備していたのである。第3に，小作地引上げが最も多く行われた鹿児島，佐賀から小作地引上げに起因する争議発生率がきわめて高かった福岡，神奈川にいたる逆相関の地域についてである。これについては滋賀を除けば，すべて関東以北の東日本と九州およびその近隣諸県で占められている。関東以北の東日本では争議発生率が非常に高く，小作地引上げ率は全国平均の水準に落ち着いているが，九州およびその近隣諸県では引上げ率が高いわりには争議発生率が低い。ここで福岡が唯一の例外となっているが，福岡は九州のなかでは戦前期に争議発生率がとくに高く，また改革期にも争議が激しく展開され，そのことが引上げ率を全国平均近くまで押し下げたものと推察される[65]。

改革期小作地引上げに関して概ね以上のような理解が可能であるとすれば，いくつかの例外はあるが，次のような一般的傾向を指摘できるであろう。東日本では改革に対する地主の圧力は一般的に強かったが，小作側の勢力もこれを上回るほど強く，戦前または改革期の争議が小作地引上げをある程度防止しえたところが多い。ここには一面で東日本でも戦前・戦時期の争議を通じて耕作権が徐々に成長しつつあったことが現れている[66]。しかし，この耕作権の成長を過大視することもできない。小作地引上げに起因する争議が多かった東北諸県ではやはり耕作権確立の不十分さと，この争議がその不十分さを克服する意義をもち，改革実施過程に入ってからの急速な改革遂行力の成長のなかで耕作権が確立する場合が多かったと見たほうがよさそうである。ただし，同じ東日本でも中小地主地帯（関東・中部地方の一部）では小作地引上げが頻発した。とりわけ東山から東海へかけての一部では改正農調法第9条3項に基づく合法的小作地引上げの要求実現度が高かったことが注目される。しかし前述のように，そのなかには敗戦直後の経済的混乱のなかで生活困窮者に対する農地委員会の配慮や調整を含むものもあり，一概に地主の圧力とは言えないものも多く含まれていた。

これに対して西日本では，争議経験が強い近畿，その近隣諸県（四国の東部や岐阜など）では，強固な耕作権を背景に小作地引上げは一般的に少なかった。しかし，九州および中国・四国の西部では争議化しない小作地引上げが頻発した。とくに福岡を除く九州と中国の一部では，先にみた合法的引上げの許可率が相対的に低かったことから非合法的引上げの主要舞台であった。ただし全国一の引上げ件数を示した岡山は引上げ申請の許可率が高く，非合法的引上げではないが，小作側からの返還が大きなウェイトを占め，農業経営や地主小作関係を不安定化する特別の条件があったことが指摘されている[67]。さらに絶対数では，合法，非合法を問わず九州，中国および中部地方の一部で引上げが多く，近畿，東北は一般的に少なかったことも確認しておこう[68]。

2　農地委員選挙

農地委員の階層区分指標は，所有面積が耕作面積の２倍を超える者を地主，耕作面積が所有面積の２倍を超える者を小作，それ以外をすべて自作とみなす，という自作地と小作地の相対比率に基づいていた（改正農調法第15条１項）。したがって所有や耕作の規模は問われず，村によっては委員階層に耕作面積の大小に基づく村内の勢力関係が反映されない場合もあった[69)]。たとえば，自作階層のなかには農地を買収される者，逆に売渡を受ける者もいた。また零細所有の地主よりも耕作面積の大きい小作が，発言力が高い場合もあった。農地委員会の性格を考えるには，こうした点にも留意する必要がある。しかし，他面では村民を地主，自作，小作の３階層に区分したことは，自作兼小作や地主兼自作など細かな区分法を採用していた戦前期の農林統計と大きく異なり，きわめてわかりやすいという単純明快さがあった。「農地委員選挙人名簿」の作成において所属階層の確定は不可欠であったが，所属階層の誤りを理由とする異議申立や名簿の修正追加は少数にとどまった[70)]。詳細な階層区分を採用し階層規定を正確にするよりも，むしろ改革現場で煩雑な調査や混乱をきたさない単純明快さが優先されたのであり，このことも日本の農地改革が短期間に円滑に遂行された一因であった。

農地委員選挙の全国的投票実施状況によれば（表２-11），各階層とも無投票で選出された委員が過半数を占めた。地主階層が農地改革に消極的であり，委員選挙にも無関心かつ無投票が多くなるのは当然だが，小作委員でも無投票の方が多くなっている。小作委員を地域別にみると，近畿，東山，北陸（新潟を除く）でとくに無投票が多いのに対し，東北では投票実施委員会のほうが多くなっている。こうした地域差は投票実施委員会だけで集計した投票棄権率にも現れ，東北で最も熱心に農地委員選挙が実施されたことがわかる[71)]。このことは東北において小作農民が委員選挙に最も積極的に取り組んだことを意味する。こうした小作農民の選挙への取組みの地域差については，その有力な要因として戦前期における小作争議の展開と，その帰結の差異があった。図２-３は，戦前期（1930年以後）の争議結末における小作側の要求貫徹度と委員選挙の投票実施割合（小作階層のみ）の関係を示している。これによれば，投票実施割合が高かった東北諸県の中

表2-11　第1回市町村農地委員選挙の投票実施状況

地域別	小作		地主		自作		投票施行委員会の棄権率（全階層）(%)
	役票	無投票	役票	無投票	投票	無投票	
北海道	158 (59.8)	106 (40.2)	81 (69.1)	181 (69.1)	130 (49.4)	133 (50.5)	40.2
東北	934 (64.9)	504 (35.1)	533 (37.1)	905 (62.9)	969 (67.4)	469 (32.6)	22.9
関東	731 (44.1)	927 (55.9)	371 (22.4)	1,286 (77.6)	699 (42.2)	959 (57.8)	30.5
北陸	306 (29.9)	716 (70.1)	171 (16.7)	851 (83.3)	325 (31.7)	700 (68.31	24.0
東山	252 (27.5)	664 (72.5)	149 (16.3)	764 (83.7)	304 (33.1)	615 (66.9)	28.6
東海	325 (38.5)	520 (61.5)	261 (31.0)	581 (69.0)	394 (46.5)	453 (53.5)	33.5
近畿	353 (26.5)	980 (73.5)	199 (15.0)	1,131 (85.0)	392 (29.4)	941 (70.6)	33.0
中国	551 (40.1)	822 (59.9)	337 (24.5)	1,036 (75.5)	693 (50.5)	680 (49.5)	28.5
四国	284 (38.2)	459 (61.8)	136 (18.3)	608 (81.7)	302 (40.6)	442 (59.4)	32.0
九州	608 (44.3)	766 (55.7)	363 (26.5)	1,005 (73.5)	644 (46.9)	728 (53.1)	28.6
全国	4,502 (41.0)	6,464 (59.0)	2,601 (23.4)	8,348 (76.2)	4,852 (44.2)	6.120 (55.8)	30.2

資料：農地改革史料編纂委員会『農地改革資料集成』第十一巻，農政調査会，1980年，66～67頁。
注：1）天災による投票不能や候補者なく投票不能，および代わる選任委員で投票不施行の農地委員会は除外した。
2）（　）内は%。
3）棄権率は各地域内府県の単純平均。

にも，その割合に相当な地域差があるが，この違いを要求貫徹度と関連づけて見ると，東北6県の間で明瞭な逆相関の関係が表れている。先述のように東北では戦前以来，地主の小作地返還要求のなかで耕作権確保の争議が多発したが，その実現は必ずしも十分ではなかった。したがって改革期にも小作農民の根強い土地獲得志向があったと推察される。それゆえ，ここでは戦前期の小作争議で要求貫徹度が低かったところほど農地改革に対する期待度が高く委員選挙にも熱心となり，そのことが投票実施割合を押し上げたものと考えられる。

これに対し近畿・東山では，前述のように争議の結末は相対的に妥協が多く，しかも耕作権の一定の確立がみられた。つまり，一方では在村地主型村落内部において協調主義的関係が形成され，委員選出の際にも「争いごと」としての選挙を回避し話し合いで決めるケースが多く，他方では小作側も耕作権の一応の確立があり改革に対する期待度は東北よりも相対的に低く[72]，無投票を受け入れる社会的基盤があった。このことが近畿，東山における投票実施割合を低めたものと思われるが，それでもなお概して東山諸県の方が投票実施割合が高かった（兵庫は例外）。

それでは，こうした農地委員の無投票選出の中味は何であったか。これに関する従来の見方は，「少数の進歩的な意味のものと，多数の遅れた意味のもの」[73]

図２－３　戦前小作争議の要求貫徹割合と農地委員選挙投票実施割合の関係

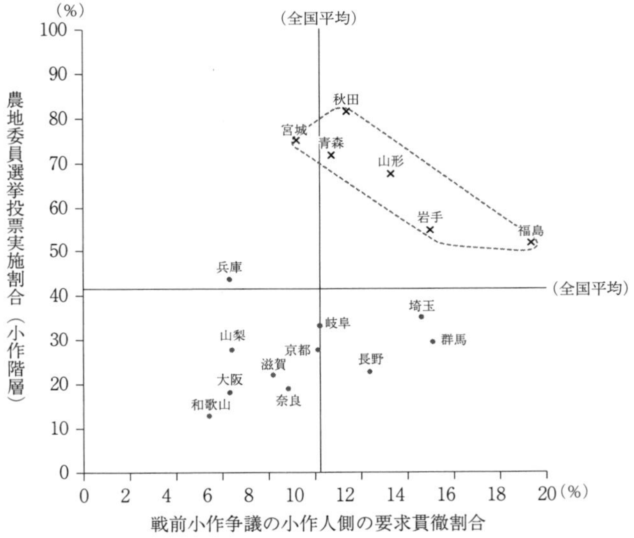

資料：前掲『農地改革史料集成』第六巻，66～68頁。各年の『小作年報』，『農地年報』。

注：1）農地委員選挙投票施行割合 $= \dfrac{\text{第一回選挙の投票施行委員会数}}{\text{市町村農地委員会総数}} \times 100$

2）要求貫徹割合 $= \dfrac{\text{1910〜41年の要求貫徹件数}}{\text{1910〜41年小作争議総件数}} \times 100$（ただし，1938年を除く）

3）取り扱った府県は，東北６県，近畿６府県，東山３県および埼玉，群馬の計17県のみ。

の２つである。前者は農民組合等の積極的活動によって村内の民主化が図られ，選挙民の十分な了解のもとで「無益な競争を省略した」場合である。後者は，村の有力者（地主層）を中心とした話し合いによって，委員立候補者数を制限するという協定を結ぶ場合である。しかし，こうした通説的理解を無条件に受け入れることはできない。前者の農民組合主導の場合も，後者の地主主導の場合も，ともに部落ごとの委員数の配分はありえたからである。農地委員に限らず農民の代表を選ぶのには「村では昔から部落推薦制度という独特の選挙方法がある」[74]からである。そこで無投票委員会に関するいくつかの報告をみておこう。

・「無投票の多い結果となった理由は，階層別代表の意味が理解されないで，農村の生活単位である部落において，例えばこの部落からは小作委員，ある部落からは地主委員というように委員を割当てたため……部落代表のような形になったからである」(岡山県)[75]。

・「農地改革を円満に遂行するという口実のもとに，地主制のボス的勢力を代表するものを推薦し，あるいは小作側委員も無力な人物を推して自己に有利に極力無競争に終らしめようとした。この推薦母体は主として部落常会，農業会を中心とする推進委員会，および全く総意を無視した村当局の指名による委員会であった」(長野県)[76]。

・「無投票と棄権率の高さは一般的には有権者の選挙意識の低調と啓蒙期間の短かかったことにも原因があると見られたが，さらにこの選挙の過程では，よかれ悪しかれ，部落間の立候補者協定が盛んに行われていた」(鹿児島県)[77]。

このように部落割当制ともいうべき農地委員の選出方法は，無投票農地委員会の大多数を占め，各地で行われた。だが，逆に投票実施委員会のすべてが階層代表原理だけを反映していたとは限らない。階層間利害よりも部落間利害の関係が強く働きすぎて協定が成立せず激烈な選挙戦となる場合もあった。たとえば,「たまたま定員を超えるような事態が生じて投票に持ち込まれた場合には部落の代表を落選さすまいとして部落民は奮って投票に赴」(静岡県)[78] くというようにである。この事例では階層関係が農民意識の中では副次的であり，部落間の利害関係のほうがより大きな比重を占めていた。これらを含めると，無投票委員会だけでなく，投票実施委員会のなかにも部落代表制による委員選出が含まれていたことになる。農地委員の部落代表制は資料に現れた以上に濃厚であった[79]。

農地委員が，いわゆる「個」の確立によってではなく，逆に，部落という共同体的関係に媒介されて選出されたことを改めて確認する必要がある。皮肉なことに，こうした傾向は地主的土地所有の後退が早く始まった近畿を中心とする争議先進地域でとくに顕著であった。これについては「西日本における農村社会の近代化ということが必ずしも完璧ではなかった」[80] という指摘がある。しかし，この「農村社会の近代化」の内実は必ずしも明確ではない。無投票による委員選出は，定住性が強く相互に顔なじみの第一次集団としての部落が，むしろ明治以降の行政村の定着過程で，その末端の集団性を維持することを通じて形成してきた代表委員の選出方法であり，改革期に階層対立が相対的に低位であった近畿などの西日本で，むしろこの傾向が顕著に現れたとみることができる。無投票選挙に司令部のNRSは不信をもち実地調査を指揮したが（第1章第4節参照），その結果は「占領軍当局による実態調査によって，農地委員の75～80％は選挙人にとって満足しうる人たちであったこと，選挙が施行されなかった場合の多くは候補者の選定が民主的な手続きに従って行われていたこと，しかし明らかに村落共同体の利益のために無投票になった例も少数ながら見られた」[81]というものであった。

それでは，このように部落の代表者として選出された委員が構成する農地委員会は，その運営にどのような諸結果をもたらしたか。いうまでもなく，そうした場合の農地委員は「階層を意識する前にまず部落を意識する」[82]ことになり，委員会運営もこうした性格を帯びることになる。この点は，従来，もっぱら農地委員会の消極面を示すものとして問題視されてきた。これをいくつかの事例で確認しておこう。

・三重県多賀郡滝川村の事例[83]：「この村では各部落割当て制により無競争で委員会の発足をみたために地主的色彩が特に強く」，農地改革は，「一応順調に進行していると認められたが，これは全くの誤りで表面のみ糊塗したものであった。即ち最も悪質な小作料の闇，農地の闇が行われ小作人はこれを当然のことと考え地主のあくなき搾取が横行した。これらの地主は村農地委員会長を始め村の有力者の殆んどで，これに追随する小作人のために農地改革は形だけに終っている」。

・埼玉県北葛飾郡松伏領村の事例[84]：「農地委員会の妥協的性格が……審議に於ても明に看取できるところである。農地引上に関する審議に診て農地委員会は，之が認否の判断の基準を地主並に小作人の経営規模，家庭状況，労力の構成等に求めているが，両当事者の合意による引上げは之を認めている。この結果，多数の引上げを是認する結果となっている」。なお，当村における地主の引上げ申請は536件であり，うち296件が引上げを認められ自作と認定されたが，認定されたもののうち知事の許可をとる手続きをしたのはわずか78件であった。

・石川県石川郡松任町の事例[85]：この村のばあいも農地委員選挙は無投票で

あり，「これが選考には村長が主体となり，各区長（兼実行組合長），農民組合長（農民組合は『農地委員全員の発起に依って，全耕作者を以つて組織されたものである』という）等の代表が協議の結果，部落内の階層性を考慮して配分し，部落割当を行ったものである」。そのため改革は部落・村での話し合いによって進められたが，「こういう体制のもとでは，取上げるという意識もまた取上げられるという意識もともにうむことなく，地主が耕作地を入手することははなはだ容易だった……。事実『地主がつくるというのなら一人前の百姓なみに耕作を認めようではないか』ということだったのであり，『小作人もすすんで耕地をかえした』のであった」。その結果，当村では5町歩以上の地主16戸のうち改革前に自作をしていた者は3戸にすぎなかったが，改革後には15戸となり，しかもその平均規模は1町5反余であった。

・愛知県碧海郡明治村の事例[86]：この村では不在地主でさえ次のような「離作承諾書」を小作人に認めさせて小作地引上げに成功している。

離作承諾書

明治村大字城ヶ入城字新井一反二〇畝

右の地は現在私が小作しておりますが，小作する際，H様の御子息が分家して此処に家を建て居住される場合は心よく離作すると云う約束で小作をして居ります。

今回以前の約束通り家を建て分家されるとの事，私としては離作することに対し何等の異議はありません。此処に心よく離作を承諾致します。

月　日　小作人S㊞

H農地委員会殿

ところがこの「離作承諾書」はすべて地主H氏の筆跡によるもので，「無学な小作人と学識あり地位ある地主との話し合い」によって作成されたものである。農地委員会会長（日農組合員で当村の指導者）はこの文書偽造を感知して引上げを極力阻止したが，「部落で両者が納得しているという形の場合には手のつけようがなかった」と述べている。というのは当村では事務手続きの繁雑さを避けるために買収・売渡はできるだけ部落内で結着をつけるという方針で臨んでいたからであり，そのため「部落の勢力関係を覆すことは結局出来なかった」という結果になった。

以上の4事例はいずれも部落あるいは部落内の寄合をもとに農地委員会が運営されたことを示している。こうした事例においては，農地委員会の審議の進め方自体が部落内での判断を基準とし，部落で一度決定したことを形式的に委員会で承認するという場合さえあった。愛知県宝飯郡蒲郡町農地委員会の審議の運営方法はいつでも次の通りであった[87]。

二審委員：大体部落の方から意見を述べて審議してはどうか。

議長：二審の意見に賛成。

全員：賛成。

ここで示した諸事例は，いずれも農地委員の部落代表者的性格や部落割当制を改革阻害要因としてネガティブに評価している。実際，そうした記述は各都道府県の『農地改革史』等に散見され，「他部落選出の委員は自分の部落へ手をつけるなという観念」[88]のもとで農地委員会の審議が進められた事例が多数見出される。ここには，部落代表制を「前近代的」あるいは「封建的」なものと等値し，それが地主的利害の温床基盤になるという認識が伏在している。このような見方は，農地委員会の評価として適切であろうか。ここでは次の2点を指摘しておきたい。

第1は，上でみた各地の事例は農地委員会運営が紛糾した町村あるいは改革事業が難航した町村を都道府県当局や関係機関が調査したものであり，事態が表面化したのちに最終的にどのように処理されたのかが明示されていない。半面で，改革事業がスムーズに進行した多くの目立たない事例は取り上げられていない。それら多くの目立たない事例のなかにも農地委員の部落代表制は存在し，委員のそうした性格は改革実行のために必要であったことが見逃されている。この点は，個別農村の詳細な検討を必要とする。

第2は，行政村レベルの事業処理に際して部落や大字から代表委員を出すことは農地委員会に固有の問題ではないということである。部落は幕藩体制下における最小の行政単位としての村落であり，それ自体が長年の慣行として村民の生産・生活に関する諸問題を調整・解決する機能を培ってきた。この部落の機能は近代行政村が定着して以降も消滅することなく，行政村レベルの諸事業の遂行においても下部機構として必要とされた[89]。部落代表制に示される部落と行政村との関係は戦前期の村会，農会，産業組合などの諸団体との関係だけでなく，戦後の村会や農協との関係においても存在してきた[90]。また1970年代以降の産地形成における土地利用管理，農作業管理，品質管理でも有効に機能してきた[91]。従来，農地委員の部落代表制は改革阻害要因として論じられてきたが，むしろ部落補助員や農民組合支部など部落組織がもつ相互監視や相互規制が農地一筆調査や農地移動統制において有効に機能し，農地委員会の改革実務能力を高め，結果的に改革の徹底化に寄与したという観点から再検討されるべきであろう。

3　農地委員会運営の諸問題――委員リコール，訴求買収，異議申立・訴願――

農地委員会運営には，程度の差はあっても階層対立がつきものであった。委員会の運営や意思決定に対する不満は個人的な異論としてだけでなく，階層レベルで地主にも小作にもありえた。とくに農地委員が自分の所属階層の利益を主張しない場合や対立する階層の利益を擁護する場合は，村内の当該階層から委員に対する不満が生まれ委員会運営も紛糾する。こうした事態を予想して改正農調法第15条19項は農地委員を解任請求しうることを認めている。農地委員のリコール件数は表2-12のとおりであるが，表中の全国集計値を階層別にみると，小作委員のリコール件数が最も多く，総件数の約60％を占めている。地主，自作委員は残りの約40％を折半しているとみてよい。小作委員のリコール申立の理由として目立つのは，小作委員が地主側に同調し，小作の階層利益を主張しなかったというものであり，また地主委員については小作側勢力に押されて弱腰の委員を地主層がリコールするという例が多かった[92]。地域別にみると，九州がずば抜けて多く，次いで関東，中国の順となっており，この3地域で全国のリコール総件数の約6割に達する。こうした地域別の傾向をより詳しくみるためにリコール件数および人員を府県別に上位11県だけを抽出すれば（それ以下と大差がある），件数では11県のうち7県までが，人員では8県までが九州およびその近隣諸県（中国・四国の一部）で占められている（表2-13)。リコールが多かった関東も，実は，埼玉と茨城が目立つのみで，この2県を除けば委員リコールは九州・中国地方に集中していたとみてよい。

表2-12　農地委員のリコール件数

地域別	階層別リコール件数				農地委員会数(2)	リコール発生割合（%）(4)/(2)×100	小作代表委員のリコール発生割合（%）(1)/(2)×100
	小作（1）	地主（2）	自作（3）	合計（4）			
北海道	10	4	1	15	264	5.68	3.79
東北	24	6	8	38	1,438	2.64	1.67
関東	82	38	43	163	1,658	9.83	4.95
北陸	23	13	4	40	1,026	3.90	2.24
東山	15	7	8	30	919	3.26	1.63
東海	61	4	4	14	847	1.65	0.71
近畿	85	2	8	28	1,335	2.10	1.35
中国	31	25	15	87	1,377	6.32	3.85
四国	71	11	6	34	743	4.58	2.29
九州	72	41	34	247	1,375	17.96	12.51
全国	420	145	131	696	10,983	6.34	3.82

資料：前掲『農地改革に関する統計資料　その一』21～22頁。
注：農地委員会数の全国集計値は，愛知県の小作階層が1少ない。

表2-13　農地委員のリコール件数および人員

件数			人員		
1	福岡	124	1	福岡	479
2	埼玉	87	2	埼玉	316
3	長崎	60	3	長崎	287
4	大分	37	4	茨城	149
5	茨城	36	5	大分	135
6	高知	24	6	山口	102
7	山口	24	7	広島	87
8	広島	21	8	高知	86
9	岡山	19	9	岡山	78
10	新潟	17	10	新潟	69
10	長野	17	11	熊本	68

資料：表2-12に同じ。

ところで，こうした農地委員のリコール発生の地域差は，若干の例外はあるが，前述した小作地引上げの頻発地域とほぼ重なり合っている。九州およびその近隣諸県では小作地引上げが多かったが，関東でリコールの多かった埼玉・茨城はともに中小地主地帯に位置づけられ，かつ小作地引上げも多かった[93]。だが，これは農地委員のリコールが小作地引上げの頻発地域で多く発生したことを示すものではあっても，逆に小作地引上げの多さが必ずリコールの多さに帰結するということを意味しない。というのは，小作地引上げに起因する争議の発生割合でみたように，必ずしも争議として表面化しない引上げの頻発地域がいくつかあったからである。この点に関しては委員リコールも同様であり，リコールを伴わない引上げ頻発地域もあった。たとえば全国最高の小作地返還率を示した鹿児島，佐賀などはその代表であり，その他の九州諸県とは対照的に委員リコールは件数・人員とも全国的にみて最低の水準であった。小作地引上げとリコールとは必ずしも直接的な対応関係にはなかった。

同じ小作地引上げ頻発地域であってもリコールについては最多と最小という両極をなす県が九州に併存していたのである[94]。

リコール後の再選挙については，同一人物が再び選出される場合が多く，半数以上の委員が再選されている[95]。これは前述の委員の部落代表性ともかかわる問題であり，部落のなかから選出される委員は限られていたことを裏付けている。また第2位のリコール件数を示した埼玉県のように，投票実施割合が低かったために県当局が再選挙を指示したことがリコール件数を増加させたという場合もあった。このように農地委員会の運営を適正化するための手段であった委員のリコール制は一定の成果を上げたところもあったが，ほとんど活用されなかったところもあった。また委員のリコールは，それ自体が委員会運営の紛糾を意味するが，委員リコールを契機に村の改革実行体制が再整備され，かえってその後の改革を徹底化する場合もあった（第7章参照）。

次に，地主の小作地引上げ等に対する対抗手段である遡及買収に関して農地委員会がどのような動きを示したかを見ておこう。遡及買収は，改革により当然買収されるべき農地でありながら買収されていない農地を，小作人の農地委員会への申請（自創法第6条2項），または農地委員会の計画（同5項）によって，1945年11月23日現在の事実関係に遡って買収するというものである。したがって遡及買収は，改革の過程で発生した違法な小作地引上げのほか，農地・非農地，自作地・小作地，在村・不在などに関する各種の不正に対し，これを是正するという重要な意義をもっていた[96]。しかも，これはGHQから強く要請されたものであり[97]，農地改革の完遂は一面で遡及買収の徹底化にあったといっても過言ではない。表2-14は遡及買収の実績を地域別に示すが，件数では九州，中国が，面積では九州，関東，中国（北海道は除く）がとくに多くなっている。こうした地域での遡及買収の多さは，小作地引上げがこの地域で頻発していたことと対応し合うものとみてよいだろう。実際，小作地返還率が全国最高であった鹿児島では，遡及買収の「指導が最も徹底した」[98]と農林省も認めるほどであった。一般に遡及買収は農地委員会が小作側の利益を擁護すべく許可または計画するものであることから，その多さは農地委員会における小作側勢力の強さを反映している。だが他方では，遡及買収の多さは，地主の不正が頻発したことの証明でもある。

表2-14　農地遡及買収の実績

地域別	自別法第6条の2による遡及買収申請件数			自創法第6条の5による遡及買収件数（3）	遡及買収件数 (2)＋(3)＝(4)	遡及買収面積（町） (5)	遡及買収された地主数 (6)	遡及買収面積の総買収面積に対する割合（%）
	総数 (1)	買収した件数（2）	買収割合（%） (2)/(1)×100					
北海道	725	519	71.6	117	636	2,306.6	602	0.70
東北	3,166	2,439	77.0	1,115	3,594	1,271.2	1,794	0.48
関東	6,924	95,669	81.9	4,877	10,546	2,050.5	6,211	0.63
北陸	6,257	5,962	95.3	2,207	8,169	1,506.9	3,933	1.11
東山	5,971	5,563	93.2	2,023	7,586	1,058.8	2,620	1.14
東海	6,857	6,476	94.4	1,270	7,746	1,037.9	3,734	1.12
近畿	9,312	8,901	95.6	1,897	10,798	1,501.8	3,482	1.33
中国	16,596	8,556	51.6	9,664	18,220	1,744.7	5,506	1.53
四国	4,535	3,785	83.5	1,484	5,269	636.1	2,450	0.98
九州	15,020	10,674	71.1	7,557	18,231	3,049.4	10,419	0.98
内地	74,638	58,025	77.7	32,134	90,159	13,857.3	40,149	0.98
全国	75,363	58,544	77.7	32,251	90,795	16,163.9	40,751	0.93

資料：前掲『農地改革資料集成』第十一巻，37頁，51頁および84頁。
注：1）自創法第6条の2とは，小作人側からの遡及買収申請によるもの。
　　2）自創法第6条の5とは，農地委員会の遡及買収計画によるもの。

したがって，遡及買収の多少によってのみで農地委員会の性格を判定することは困難である。そこで，遡及買収面積割合（総買収面積に対する比率）と，先述した小作地引上げ率との関係をみることにより，この点を検討してみよう。

表2-15によれば，いくつかの例外はあるが，小作地引上げが頻発したところほど遡及買収が多いという傾向を指摘できる。もちろん，香川，大阪のように戦前以来農民運動が激しく展開されたところや，富山のように耕作権が強固に確立していたところでは小作地引上げが少ないにもかかわらず，相当な遡及買収が行われた[99)]。他方，高知や宮崎などは小作地引上げが多かったわりには遡及買収が少なく，鹿児島も同様である[100)]。こうした若干の例外はあるが，全体的には，遡及買収の多さは，小作地引上げの多さと対応しているとみてよいであろう。したがって，遡及買収の多さは，地主の違法・脱法行為が頻発したことを示すものと考えられる[101)]。逆に，遡及買収の少なさは，直接に農地委員会での小作側の勢力の弱さを示すものではなく，改めて遡及買収を必要としないほど改革が徹底的に遂行されたものとみたほうがよさそうである。前者の代表が九州およびその近隣諸県，後者の中に戦前期（とくに1930年代）の主要な小作争議発生地帯の諸県（秋田・山形・新潟・山梨など）が含まれていることが，この推測をある程度

表2-15　小作地引上げ面積割合と

遡及買収割合 / 小作地引上げ割合	0～0.5%	0.5～1.0%	1.0～1.5%
1～2%	群馬	秋田	香川
2～3%	山形，新潟，山梨	埼玉，岐阜，奈良	東京，神奈川
3-4%	青森，宮城，栃木，茨城	北海道，兵庫，和歌山，鳥取，徳島	
4～5%	福岡	岩手，静岡	千葉，福井，愛媛，島根
5～6%		福島，愛知，石川，岡山，大分，熊本	
6～7%			
7～8%		高知	
8～9%			宮崎
9～10%			
10～11%			

資料：1）小作地引上げ面積割合は図2-2に同じ。
　　　2）遡及買収面積割合は，表2-14に同じ。なお，これは遡及買収面積の総買収面積に対する比率を示す。

裏付けるであろう。

農地委員会の性格を知るうえで，委員会の計画や決定を農民各層がどの程度受け入れたのか，またどの程度拒否したのかという問題は重要な指標である。とくにその焦点となるのは，農地を買収される地主がどの程度委員会の決定を受け入れたかである。図2-4は農地委員会の計画や決定に対する地主の異議申立件数と農地委員会の裁定結果を不服とする地主の訴願件数の関係を都道府県別に示している[102)]。ここでは被買収地主数に対する異議申立件数の割合（異議率）と訴願事件の割合（訴願率）を単純集計したため，1人で複数の件数，また1件に複数の地主がかかわる場合も含まれるが，この図により，およそ次のような傾向を指摘できるであろう。第1は，全国で農地を買収された地主約237万1,085人（そのうち在村地主が約125万人）のうち異議申立件数は約9万4,000件（4.0%）にすぎなかったことである。この事実は，被買収地主のうち委員会に異論を唱えたものがいかに少なかったかを示している。大部分の地主が，占領下の農地改革を避けがたいものと諦めていたか，優等地の小作地保有やわずかな小作地引上げを容認されることで買収計画を受け入れたか，その意味は多様であるが，農地委員会の決定に服した。日本の農地改革がスムーズに進行した理由の一つはここにあった。第2は，異議申立に対する地元農地委員会の裁定結果を不服とし都道府県農地委員会に訴願した件数約2万5,000件は，異議申立件数の約26%，被買収地主総数の1.1%にとどまったことである。異議申立のうちほぼ4分の3は県段階

遡及買収面積割合との関係

1.5~2.0%	2.0~2.5%	2.5~3.0%	3.0~3.5%	3.5~4.0%	4.0~4.5%	4.5~5.0%
滋賀 長野	大阪 京都，三重 長崎 山口	広島 鹿児島	富山			佐賀

の訴願事件に発展することなく，市町村段階における調整により問題が解決された。この調整・解決に中心的役割を果たした農地委員会の処理能力の高さが裏付けられる。農地委員会は異議申立自体を抑制し，また異議が提出されても，それを村外機関にまで持ち出すことなく村内で調整・解決しえたという二重の意味で円滑な改革に寄与した。

しかし，こうした全国的傾向のなかにも地域差はあった。それは第1に，訴願件数（率）が異議申立件数（率）を上回った府県にみることができる。訴願件数が上回る事態のなかには，1件の異議申立が連名による訴願となる場合が含まれる。いずれにしてもこれらの府県では，異議申立段階を超えて，地元の農地委員会の買収方針や農地調整を共有しない地主層を相対的に多く含み，異議申立が訴願に直結する傾向を示した。なかでも特異なのは大阪である[103)]。ここでは訴願率が10.8%（異議率は7.6%）と，数字上では被買収地主のほぼ1割が訴願に至っている。都市部では農業と商工業との間での土地利用の競合関係もあり，非農業的要因も加わっていた。実際，大阪では戦前期から都市計画法の区画整理地区（商工宅地の市街地）や建物建設の農地転用予定地が，戦時中の一時工事停止後,「終戦後の混乱に乗じ無断で立入使用しているもの」等が含まれていた。そのため訴願事由は対価不満や違憲などもあったが，その約6割は「非農地買収除外地」であり，「これが裁決は頗る困難を極めた」。そのなかには宅地確保連盟など連名による訴願が含まれていた。東京でも訴願率は全国平均の2倍，異議率は10.2%

図2－4　都道府県別異議率・訴願率

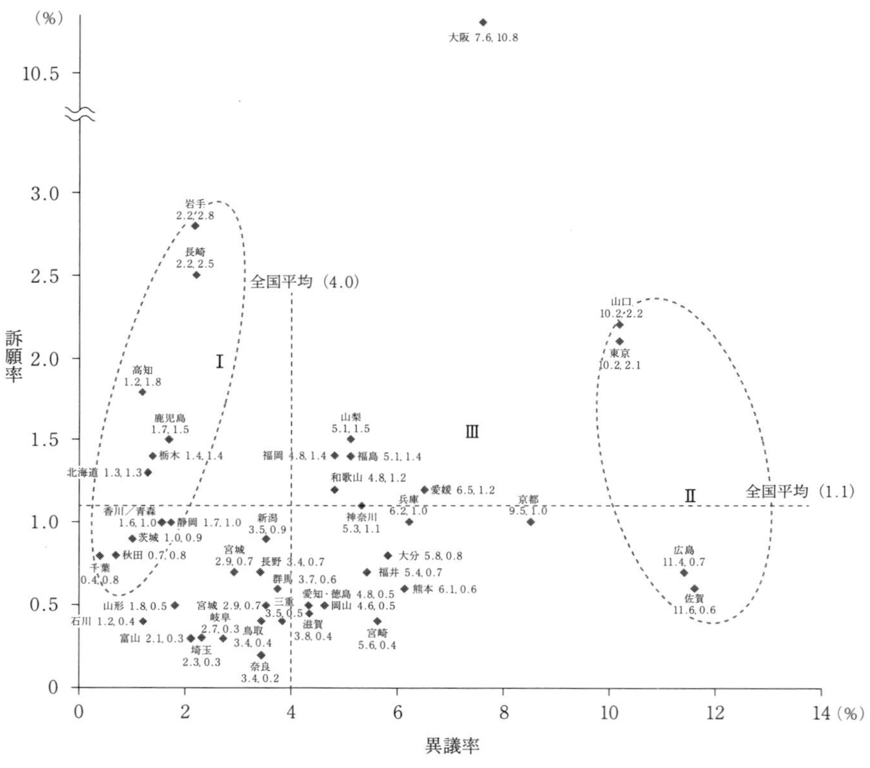

資料：前掲『農地制度資料集成』第十一巻，744～745頁「業務統計」。

と高い。大阪ほどではないが，訴願率が全国平均以上かつ件数で訴願が異議を上回ったのが，岩手，長崎，高知，栃木，北海道の5道県である。大阪を含めてこれら6道府県の異議件数に対する訴願件数の比率は，100％以上（最高の高知147.3％～北海道100.4％）である。また訴願率は全国平均以下でも，訴願件数が異議件数を上回ったのが千葉（同比率216.1％）と秋田（113.0％）である。この2県は全国的に異議率が最も低いグループを構成するという意味で，概ね円滑な進行を示したものの，異議申立が訴願に直結するような少数の問題地主を含む地域であった。またこうした訴願直結傾向を同様の比率でみると，60％以上の鹿児島（91.3％），茨城（86.9％），香川（69.7％），青森（62.9％），静岡（60.4％）

の5県が，これら以下の諸県（最高で石川32.5%）とは隔絶した差がある。大阪という極端な例も含めて，以上の絶対的ないし相対的に訴願優位の地域はタイプⅠとして訴願型（13道府県）とみることができよう。なお大阪のように農業と商工業との土地利用上の対立が改革を困難化させる事例は大都市だけでなく地方中小都市でもあったことは，第9章第3節の個別事例でみるとおりである。

第2は，これら以外の33都県についてである。異議申立が訴願に至らなかった場合を相対的に多く含むこれらの都県は，農地委員会が異議申立てを市町村段階で解決し，訴願事件を一定の水準に絞り込んだことを示している。しかしその程度には地域差があった。まずタイプⅡとして，異議率が10%を超えた東京，広島，山口，佐賀の4都県が挙げられるが，これらはさらに訴願率が高い山口，東京と低い佐賀，広島に区分できる。前者の山口と東京は全国的にみて，異議を最も多く抱え，かつその処理が難航した代表である。これに対し，広島と佐賀は訴願への絞り込みに最も成果を上げた県となっている。しかし，いずれにせよ，農地委員会による問題処理がそこに集中したという意味で，このタイプⅡを異議型（4都県）とみることができる。次のタイプⅢは最も多いグループで，異議申立にいわば順当な絞り込みを示したことで訴願率が低位に収まった29県である。この絞り込みの程度を異議件数に対する訴願件数の比率でみると，最も高い石川32.5%以下，20%台（9県）から10%台（16県）までに大半が入る。別言すれば，農地委員会が異議申立のうち訴願を2～3割以下まで絞り込んだところが全都道府県のちょうど6割強を占めるこれら29県であった。因みに同比率が，Ⅱ異議型では東京・山口が20%前後，広島・佐賀4～6%台となっている。タイプⅢは該して，異議率が高いほど訴願率も高いという意味で異議・訴願相関型とみなすことができる。ただし訴願率において全国平均以上は6県（高いほうから山梨，福岡，福島，愛媛，和歌山，神奈川）に過ぎず，しかも地域的には分散している。相関型といっても訴願に関して地域的集中傾向はみられない。実際，相関型の大半（29県中23県）は訴願率が全国平均以下であった。

地域的集中傾向が明瞭に表れるのは異議申立である。異議率の全国平均を基準にみると，平均以下26道県のうち62%の16道県が東日本であるのに対し，平均以上20都府県では75%，15府県が西日本に集中している。後者では，東京を除く上位10府県のすべてが西日本（上位から佐賀，広島，山口，大阪，京都，愛媛，兵庫，熊本，大分，宮崎）である。この傾向は，先述の大阪は例外として異議率が高いなかで訴願率を最も抑制できたところが西日本に多かったことを示している。異議件数に対する訴願件数が10％台以下となった21県のうち16県までが西日本であり，これら16県すべてが異議率では全国平均以上となっていた。ここでは異議率が高かったなかで，不満地主に対する農地委員会の調整機能がより有効に発揮されたとみられる。妥協割合が高かった1920年代の小作争議の多発地域も多くこのなかに含まれている。一方，低異議率・低訴願率の東日本には1930年代の争議多発地域も多く含まれているほか，改革期まで大地主が相対的に多く残存していた東北諸県や新潟，さらに東日本の中小・零細地主地帯も多く含まれている。象徴的な県を挙げれば，被買収地主数が全国第１位であった新潟，第２位であった長野はそれぞれ典型的な大地主地帯と中小・零細地主地帯と位置づけられるが，この両県がともにここに属している。

異議を申し立てた地主を在，不在に分けると，実数で在村地主が不在地主の約３倍である。不在地主の異議申立数が在村地主のそれを上回ったのはわずか４県であった。不在地主は農地委員会に正面から異論を提出することが相対的に少なかった。それは不在地主をより厳しく処分した農地改革に対する彼ら自身の諦めや抵抗の弱さを示している。

第３は，以上のような全国的な傾向把握は可能であるとしても，都道府県別の地域差の検討には限界があることである。農地改革は市町村単位で実行されたのであり，極端にいえば，県内の大多数の市町村で異議申立や訴願が少なくとも，少数の市町村で多数の異議申立や訴願が発生し，それが県全体の件数を著しく押し上げることは十分ありうる。異議申立や訴願に対する農地委員会の対応の意味内容は，最終的には市町村単位で検証するほかないが，上述の農地委員会の３類型は個別事例分析においても有力な比較基準となるであろう。その場合，地主の個人行動か団体行動であるか，またその地主の属性（在村性の程度，兼業状態，耕作能力，世帯構成など）も検討課題となる。農地委員会の問題解決能力は，村の改革実行体制を共有しない地主の行動との関連でも検証する必要がある。詳しくは第４章，第７章で考察するが，異議申立も訴願もともに件数や人数だけでなく，その争点にまで立ち入った質的分析が要請されることはいうまでもない。

むすび――小括――

本章では，小作地引上げ，農地委員選挙，委員会運営方法，農地委員リコールおよび遡及買収，異議申立と訴願を農地委員会活動の諸側面を示すものとして取り上げ，とくにその都道府県別の地域差に注目して分析を試みた。もとより，これらによってのみで農地委員会の性格の総体が把握できるわけではない。そのほかにもいくつかの側面が考えられるであろうし[104]，繰り返すまでもなく事例分析が補足しなければならない問題も多い。こうした限界があるものの，既述の諸事実のうちにも，農地委員会活動の基本的特徴が示されていた。ここで本章の主要な論点を要約しておこう。

まず，東北および新潟に代表される不在大地主地帯では，戦前以来の耕作権要求を基調とする小作争議の経験のなかで，小作農民には根強い土地獲得指向が改革期まで生き続けていた。農地改革は彼らの要求を実現するものであった。一方，ここでは改革期まで相対的に多くの不在大地主が存在し，改革阻害の圧力も強かったが，それらは主に農地買収価格の不当性や違憲訴訟を中心とし[105]，地元の農地委員会にとっては改革事業の難易度を直接示すものではなかった。また小作地引上げに向かう地主は他の地域よりも少なかったが，しかし，これを過大評価することはできない。これらの諸県でも土地所有全体に占める大地主の比重は大きくなく，中小地主や零細地主が多数存在し，彼らが小作地引上げの主役であることに変わりはない。しかし，ここでは耕作農民の根強い土地指向や，農地委員選挙でみたような改革に取り組む厳しい姿勢などによって，小作地引上げは相対的に低い水準に抑制された。しかし，こうした傾向が東日本一般にあてはまるわけではなく，関東，東山，東海の一部では小作地引上げが多発したところもあった。とくに小作争議の経験に乏しいところほどその傾向が強く，地主の返還要求実現度の高さがこの地域の一つの特徴であった。もっとも，後章の個別事例で確認するように，このなかには復員者，引揚者，失業者など敗戦直後の生活困難な零細地主への配慮や世帯属性および耕作能力を基準とする土地再配分など，農家間の諸事情を考慮した農地委員会の調整も相当多く含まれていた。争議化しない小作地引上げの背景には，敗戦後の社会的混乱のなかで許容可能なものだけに引上げを絞り込むという農地調整も含まれていたのである。

これに対し西日本では，近畿およびその近隣諸県（四国の東部や北陸の一部）と，九州，中国およびその近隣諸県との差違が際立っていた。前者では1920年代以来の小作争議の経験を通して小作農民の耕作権が地主的土地所有下にすでに確立したところが相対的に多かった。ところが後者では，一方では東日本ほど不在大地主が多くなく，他方では戦前以来の小作争議経験の乏しさを背景に耕作権が弱く，小作地引上げが最も多かった。ここは，中部地方（東山・東海）の一部が合法的引上げの要求実現度が高かったことと異なり，非合法的引上げが頻発した地域と位置づけられる。このような小作地引上げにみられる西日本の２つの地域差は，農地委員会の性格や活動の違いにも現れた。すなわち近畿およびその近隣諸県では，農地委員のリコールや遡及買収は一部を除いて少なかったが，九州およびその近隣諸県では，そのどちらも多いという県が多数を占めた。前者では，農地委員選挙の投票実施割合が低く，農地委員会会長に占める小作層出身者の割合も低かった。だが，これは小作争議の経験に支えられた耕作権の確立，耕作者秩序の農村社会を前提とするものであり，必ずしも農地委員会の地主的性格を示すものではなかった。ところが後者では，農地委員のリコールと遡及買収の多さに，小作農民の主体的力量不足が反映されていた。たとえば，佐賀や鹿児島では小作地引上げが多かったにもかかわらず，小作争議や農地委員のリコールがあまり発生していない。この地域の農地委員会活動に関する諸指標は，農地改革遂行過程の難易度を直接示すものとみてよいだろう。

農地委員会の性格把握にとって，委員会の計画や決定を農民各層，とくに地主層がどの程度受け入れたのかという論点を欠くことはできない。農地委員会に対する地主の異議申立や訴願は，全国的にはきわめて少なく大部分の地主は農地委員会の決定を受け入れた。大雑把にいえば，異議申立を行ったのは，被買収地主100人当り約４人であり，訴願におよんだのは約１人であった（訴訟は0.2人）。日本の農地改革がスムーズに実行可能となった理由の一つはここにあった。異議自体が少ないなか，大半の県（相関型）にみられた異議率・訴願率の一定の相関は，農地委員会が地主の不満の多さに応じてそれなりの調整を行った結果を示すものといえよう。なかでも訴願への絞り込みがより強くみられたのは西日本であった。異議申立て率の低さは農地委員会運営をめぐる農村民間の事前調整を通じた合意調達の徹底度を，訴願率の低さは地主層の不満や異論を村内で自治的に処理・解決する機能の高さを示すが，その両面において農地委員会システムはよく機能した。異議申立の少なさの背景には改革を受容した地主層の存在だけでなく，全国および道府県段階のデータでは確認しえない農村内部における改革実行体制の整備過程が介在していた。不在地主を完全に排除し，自村民だけを自村の農地改革に参加させるという改革実行方式は，同一村民間の衝突や対立をできるだけ回避し，予め改革の円滑な進展を確保しようとする体制づくりを可能にさせた。農地委員や部落補助員の選出，農民組合や任意の協議会と農地委員会の連携等は，全農民を改革に参加させ，改革遂行に向けて合意を得るための農民による農村社会の自己組織化であった。この場合，部落（または大字）における諸組織の役割をかつてのようにネガティブに評価するだけでは不十分であり，むしろ改革遂行に向けた実行体制の整備という視点から再検討すべきであろう。この実行体制の整備は，程度差はあったが，改革期に固有の農村社会の地域規範を創り出し，異議申立や訴願の極小化に寄与したと思われるが，この点の解明は個別事例分析の課題となる。

注

1）　農地委員会を分析した個別実証研究の先駆的業績として，農業総合研究所計画部編『農地委員会の成長――農地委員会調査報告書――』（農業総合研究所，1949年）がある。これを通して多くのことを知りえたが，同書は農地改革途上で刊行されたものであり，今日的視点から再考すべき点も少なくない。

2）　この賛辞はマッカーサー自身が帰国後，米国議会で演説した内容の一部である。R. P. ドーア「進駐軍の農地改革構想――歴史の一断面――」『農業総合研究』第14巻第１号，1960年，175頁。

3）　齋藤仁「土地所有構造についての一試論――戦前日本の小作争議と村落――」滝川勉編『東南アジア農村社会構造の変動』第１章，アジア経済研究所，1980年。

4）　牛山敬二『農民層分解の構造　戦前期』御茶の水書房，1975年，369～387頁。

5）　西田美昭「小作争議の展開と自作農創設維持政策」『一橋論叢』第60巻第55号，

1968年，66頁（のちに同『近代日本農民運動史研究』第５章第２節所収，東京大学出版会，1997年）。

6）農地制度資料集成編纂委員会編『農地制度資料集成』第三巻，御茶の水書房，1975年，445～507頁。

7）土地利用組合，耕地管理組合については，奥谷松治『近代日本農政史論』（育生社，1938年），産業組合の土地管理事業については八木芳之助『農地問題の研究（1）』（有斐閣，1939年）を参照。また農林省農務局『小作委員會の概要及其の成績事例』（1929年）も参照。

8）庄司俊作「小作争議と地主制の後退」『土地制度史学』第83号，1974年，37～39頁（のちに同『近代日本農村社会の展開』ミネルヴァ書房，1991年，第２章所収）。

9）庄司俊作『日本農地改革史研究』御茶の水書房，1999年，第１章参照。

10）中村政則は1920年恐慌から昭和恐慌期を「地主制衰退第一期」としている。同『近代日本地主制史研究』東京大学出版会，1979年，183頁。

11）農地改革記録委員会編『農地改革顛末概要』農政調査会，1951年，802頁参照。

12）農業発達史調査会『日本農業発達史　7』中央公論社，1978年，683頁以下。

13）東畑精一『農地をめぐる地主と農民』酣燈社，1947年，59頁。

14）５～50町歩地主を中地主とよぶことについては有元正雄「巨大地主の諸劃期と〈再生産軌道〉」『土地制度史学』第48号，1970年，35頁を参照。もちろん，これには地域差がある。

15）1930年代の３～５町層の増加は，東北以外に関東や北陸の一部でも見られ，東日本の一般的傾向である。加用信文監修『日本農業基礎統計』農林水産業生産性向上会議，1958年，96～97頁。

16）綿谷赳夫「資本主義の発展と農民の階層分化」東畑精一・宇野弘蔵編『日本資本主義と農業』岩波書店，1959年，227頁。

17）栗原百寿『日本農業の基礎構造』中央公論社，1943年，35～38頁。

18）梶井功『農業生産力の展開構造』全国農業会議所，調査研究資料第45号，1961年，58～76頁。

19）野崎家については有元，前掲論文，東山農事（三菱）については牛山，前掲書，74頁，382頁を参照。

20）土田家については岩本純明「東北水田単作地帯における地主経済の展開」『土地制度史学』第69号，1975年，佐々木家については須永重光編『近代日本の地主と農民』御茶の水書房，1966年，468頁を参照。また新潟県の千町歩地主の土地所有の動きについては新潟県農地部農地開拓課編『新潟県農地改革史　改革顛末』新潟県農地改革史刊行会，1963年，771頁以下を参照。

21）前掲『農地改革顛末概要』771頁。

22)　同上，777頁。

23)　東畑精一，前掲『農地をめぐる地主と農民』28～29頁，および同『農村問題の諸相』岩波書店，1940年，152頁。

24)　梅村又二他『長期経済統計9　農林業』東洋経済新報社，1966年，158～159頁の第7表参照。

25)　清水浩『日本における農業機械化の進展』農林水産生産性向上会議，1957年，42～48頁。

26)　永原慶二他『日本地主制の構成と段階』東京大学出版会，1972年，284頁。

27)　大場正巳『農家経営の史的分析』東洋経済新報社，1961年，356～363頁。ただし同家は，その後，当主が死去し零細な寄生地主に転化している。

28)　近藤康男『むらの構造』同『著作集』第9巻，農山漁村文化協会，1975年，463頁。

29)　古島敏雄は「在村小地主の多いことは，土地取上の多い，大きな原因の一つである」と述べている。同『改革途上の日本農業』柏葉書院，1949年，147頁。

30)　和田博雄「農地制度改革雑感」(和田博雄遺稿集刊行会『和田博雄遺稿集』農林統計協会，1981年所収) 81頁。

31)　和田博雄「農地改革講習会における和田農林大臣講話」同上，105頁。

32)　同上。

33)　これらの事実認識は，農林省による1945年11月11日にNRSに対する説明の一部で示された。農地改革資料編纂委員会編『農地改革資料集成』第一巻，農政調査会，1974年，68頁。

34)　同上。

35)　和田博雄「農地調整法の解説」(同上『農地改革資料集成』第一巻) 1003頁。

36)　同上，1014頁。

37)　1940年8月22日の農地等管理令要綱案中，農地の規定（第二）には「耕作ノ目的ニ供セラルルモノ」とある。前掲『農地制度資料集成』第十巻，359頁。

38)　3つの時期区分については菅野正『近代日本における農民支配の史的構造』御茶の水書房，1978年，378頁，また5つの時期区分については農民組合史刊行会編『農民組合運動史』東洋経済新報社，1961年，102頁がある。

39)　これは1920年11月27日の小作制度調査委員会第一回総会での山本達雄農商務大臣の発言の一部である。前掲『農地制度資料集成』第四巻，1968年，175～176頁。

40)　栗原百寿「岡山県農民運動の史的分析」農民運動史研究会『日本農民運動史』東洋経済新報社，1961年，571頁。

41)　法政大学大原社会問題研究所編『土地と自由 (1)』日本社会運動史料・機関誌篇・日本農民組合機関紙，1972年，復刻版，108～111頁，191～192頁，204頁などを参照。

42)　農林省農務局『大正十五年小作調停年報第一次』311頁，なお，農村のこうした主従的温情主義の後退は，第一次大戦後の恐慌期に地主経済が危機に見舞われ，地主が温情をもって小作人に臨むことが困難化したことによっている。この点については当時の農村の状況を直接観察した天野藤男『農村社会問題　地主と小作人』二松堂，1920年，58～63頁を参照。

43)　農林省農務局『昭和六年小作年報』10～11頁，なお『小作年報』，『農地年報』の争議件数については，地方小作官による「争議かくし」のために信憑性が乏しいという指摘がある。坂井好郎『日本地主制史研究序説』御茶の水書房，1978年，339頁。これは重要な指摘であるが，小作争議の全国的傾向を示す資料はこれ以外になく，また全国的傾向を知るうえで大きな支障はなく，以下ではそのまま用いる。

44)　品部義博「小作調停にみる土地返還争議の諸相」『土地制度史学』第84号，1979年，42～43頁。

45)　前掲『農民組合運動史』の付録の18～19頁。

46)　一柳茂次「絹業・主蚕地帯の農民運動」前掲『日本農民運動史』918頁。

47)　西田美昭氏は後者の立場から，この研究史上の見解の対立点を整理している。同「昭和恐慌期における農民運動の特質」東京大学社会科学研究所編『昭和恐慌』東京大学出版会，1978年，319～325頁。

48)　もちろん，これは東日本において全く耕作権が確立しなかったというわけではなく，あくまで相対的にのみいえることである。東日本，とくに東北の水田単作地帯における不在大地主に対する激しい小作争議が耕作権を確立させた事例もあり，徐々に確立してゆく方向にあったとみたほうが適切である。この点については，須永重光編，前掲『近代日本の地主と農民』505～508頁。牛山敬二，前掲『農民層分解の構造　戦前期』166～173頁，品部義博「1930年代小作争議の一特質」『歴史学研究』第438号，1976年，35～36頁などを参照。

49)　栗原百寿，前掲「岡山県農民運動の史的分析」579頁。

50)　同上，580頁。

51)　栗原百寿「香川県農民運動史の構造的研究」前掲『日本農民運動史』788頁。なお香川県のように従前から慣行小作権が存在していた場合にも，争議を経験するなかで一層耕作権が強化され，その結果，小作料と農地価格の低下と小作権価格の上昇がみられたことは注目されてよい。野村岩夫『慣行小作権に関する研究』協調会，1937年，201～202頁参照。

52)　福岡県農地改革史編纂委員会編『福岡県農地改革史　下巻』福岡県農地課，1953年，122～130頁。

53)　暉峻衆三編『地主制と米騒動』農業総合研究所，1958年，293頁。

54)　なおこの時代における村内の社会機構の改革は，いずれも村内の各部落を媒介として，部落内上層の指導者たちによって担われた。前掲『農民組合運動史』292～

305頁。暉峻衆三編，前掲『地主制と米騒動』218頁，および群馬県強戸村の個別事例分析である島袋善弘「大正末一昭和初期における村政改革闘争」『一橋論叢』1971年10・11月号を参照。

55）　敗戦後の小作地引上げに関する農林省の報告は，前掲『農地改革顛末概要』979頁，前掲『農地改革資料集成』第二巻，1194～1197頁，同上，第三巻，545～546頁を参照。また耕作者間の耕作権移動については，同上三巻，464頁を参照。以下の引用は，これらによる。

56）　大和田啓氣『秘史　日本の農地改革――農政担当者の回顧』日本経済新聞社，1981年，269頁。

57）　中江淳一「農地改革の過程と土地移動の諸問題」『農林統計調査』第４巻第７号，1951年，２頁。

58）　栗原百寿『現代日本農業論』中央公論社，1951年，88頁。

59）　以下の在村耕作地主の動向に関する報告は農林省農地課『昭和25年農地年報』107～114頁による。引上げ地主の中心が耕作地主層であったとする代表的見解は，古島敏雄「地主の小作地取上と農地改革の限界」『東洋文化』４号，1951年。のちに古島敏雄・的場徳三・暉峻衆三『農民組合と農地改革』東京大学出版会，1956年に収録。

60）　五十棲藤吾「『農地等開放実績調査』の全国集計報告」山田盛太郎編『変革期における地代範疇』岩波書店，1956年，191～193頁。

61）　長野県農地改革史編纂委員会『長野県農地改革史　後史』1960年，97～98頁。

62）　前掲『農地改革顛末概要』777頁。なお表２-10に示すように，小作地引上げにおける地主への小作地返還率は東北６県が近畿６府県よりも高いが，両者とも全国平均を下回り，この２つの地域を対比しても意味がない。

63）「農地統計調査」(1949年）は未刊行であり，その調査結果の一部は『農林統計速報』に数回にわたって掲載された。ここでは栗原百寿が同調査に基づいて府県別に集計した1949年３月１日までの土地返還面積の数字を用いた。栗原，前掲『現代日本農業論』88頁。

64）『農地センサス』の土地返還面積の場合にも，東北と近畿を比較検討することは，どちらも全国平均以下であり意味がない。この場合，九州・中国および中部地方の一部を除いて考えることはできない。

65）　福岡県，とくに炭鉱地帯における農地改革が，全体として「農民的形態」であったという背景には炭抗労働者組合の改革推進力としての性格があったと考えられる。田川郡方城村の事例を参照。前掲『福岡県農地改革史　下巻』288頁，528頁。

66）　秋田県平鹿郡諸村では昭和10年から小作料関係の争議が，同14年から自作農創設関係の争議が増加している。前掲，品部義博「小作調停にみる土地返還争議の諸相」39頁。

67) 野田公夫「農地改革期小作地引き上げの歴史的性格」『農林業問題研究』第100号, 1990年の注21。

68) 庄司俊作は，九州・中国は敗戦直後に農村部で大幅に人口が増えた県が多く，それがこの地域で小作地引上げが多発した一因とみている。同，前掲『日本農地改革史研究』156頁。また，これに関連して野田公夫は中国，九州は地理的に朝鮮半島や大陸への「進出基地」であり，これが小作地引上げ多発の一因になったとみている。同『日本農業の発展論理』農山漁村文化協会，2012年，180頁。これと同様の問題は，一農村においても農家増加率の高い部落で小作地引上げ発生率が高くなるという形で表れる。本書第7章参照。

69) 階層区分の方法に関連して，改革当時の農村の勢力関係の「問題は所有と経営の様式別差異よりは遙かに重く，規模別差異の上に懸つている」という報告もあった。前掲『農地委員会の成長』153頁。

70) 前掲，農業総合研究所計画部編『農地改革顛末概要』511頁。

71) こうした事実は東北諸県の「農地改革史」による農地委員選挙に対する評価にも明確に現れている。秋田県農地部農地課内秋田県農地改革史編纂委員会『秋田県農地改革史』1953年，378～379頁や岩手県農地改革史編纂委員会『岩手県農地改革史』岩手県自作農協会，1949年，140頁などを参照。

72) 先にみた岡山県興除村の農地改革はこの代表事例である。ここでは改革は「戦前すでに強固に確立していた耕作権を所有権に変えただけであり」，農民組合の指道者も「別に土地が自分のものになったからといって，以前の状態と変らないため大した影響もなかった」と述べている。栗原百寿，前掲「岡山県農民運動の史的分析」前掲『日本農民運動史』586頁。

73) 前掲『農地改革顛末概要』510頁。

74) 前掲『農地改革資料集成』第六巻，206頁。

75) 岡山県農地改革記録編纂委員会『岡山県農地改革誌』1952年，280頁。

76) 信濃毎日新聞社編『長野県に於ける農地改革』1949年，183～184頁。

77) 鹿児島県『鹿児島県農地改革史』1954年，613頁。

78) 静岡県農地部『静岡県農地制度改革誌』静岡県農地部開拓課，1956年，328頁。

79) 古島敏雄は，農地委員のこのような部落代表者的性格を「水と農地改革との現実的交渉面」から捉え，水管理体制の部落性がこうした性格を形づくる「重要な契機」であったとしている。同「水利支配と農業・農村社会関係」大谷省三編『農地改革・農村問題講座』第一巻，河出書房，1954年，200頁。

80) 栗原百寿，前掲『現代日本農業論』110頁。

81) W. I. ラデジンスキー（ワリンスキー編）『農業改革　貧困への挑戦』齋藤仁・磯部俊彦・高橋満監訳，日本経済評論社，1984年，175頁。

82)　前掲『農地改革資料集成』第六巻，209頁。
83)　同上，408頁。
84)　農地委員会埼玉県協議会・埼玉県農業復興会議共編『農地改革は如何に行はれたか――埼玉県農地改革の実態――』農地委員会埼玉県協議会，1949年，184頁。
85)　内閣総理大臣官房臨時農地等被買収問題調査室『農地改革によって生じた農村の社会経済的変化と現状――類型農村の階層別農家の農政学的農村社会学的な実態分析（第一部）――』1964年，92頁。
86)　愛知県農地史編纂委員会編『愛知県農地史　後篇』愛知県農地開拓課，1954年，465～466頁。
87)　同上，316頁。
88)　これは奈良県添上郡東山村農地委員会の審議方法である。前掲『農地改革資料集成』第六巻，412頁。
89)　大鎌邦雄『行政村の執行体制と集落』日本経済評論社，1994年，第6章参照。
90)　福武直編『農村社会と農民意識』東京大学出版会，1972年，234頁。
91)　工藤義輝・福田勇助「東北山間における花卉産地展開と組織革新」『農業経営研究』第38巻第2号，2000年。
92)　農地委員のリコールは1947年2月に集中しており，これは1947～48年6月の間に起こったリコール総件数の53.4％に達する。前掲『農地改革資料集成』第十一巻，791頁。このことは委員選挙が1946年12月末であったことから考えて，農地委員会の設置直後にリコールが多く発生したことを意味する。リコールが多かった埼玉県では，委員選挙の直後に約半数の無投票町村に対してリコール制の実施を県が指示したほどである。前掲『農地改革は如何に行はれたか――埼玉県農地改革の実態――』287頁。
93)　前掲『農地改革顛末概要』は茨城を「東北型」に含めているが，これは再考を要する。ここは新潟などと対比すれば明瞭な中小地主地帯であり，改革期に発生した争議はその94％が小作地引上げに起因するものであった。茨城県史編さん現代史部会『茨城県史料　農地改革編』1977年，11頁，151～155頁を参照。こうした引上げの多さがリコール件数の多さをもたらしたものと思われるが，そのほか改革を指導する立場にある県農地委員会が解散命令を受けたことも無視できない。
94)　農地委員のリコールに関して，このような両極端がともに九州にあったということは，前掲『鹿児島県農地改革史』（704～705頁）が強調している。
95)　前掲『農地改革資料集成』第六巻，66～73頁，第十一巻，31頁，同，789～790頁など。
96)　既成事実化した小作地引上げは，小作人から遡及申請が提出されないかぎり農地委員会でも承認されてしまう恐れがあった。ところが農地委員会の再調査によりこれを遡及買収した事例もあった。大田遼一郎「天草における農地改革」『農業総合研

究』第３巻第３号，1949年，176頁。

97）　大和田啓氣，前掲『秘史　日本の農地改革――農政担当者の回顧』222頁。

98）　前掲『農地改革顛末概要』208頁。なお遡及買収の実績を面積でみると，その上位府県は富山，鹿児島，佐賀，長野，千葉，広島，大阪，山口の順である。前掲『農地改革資料集成』第十一巻，34頁。

99）　耕作権が強固に確立していた富山県砺波平野では地主の小作地引上げは少なかったが，耕作権の所有者（＝小作権者）と耕作者とが別人であることから，この両者のどちらに農地を売渡すべきかが問題になった。この場合，一度，小作権者に売渡した農地を耕作者からの異議申立により売渡地を分割取得させるケースが多かった。加藤一郎・永原慶二・上原信博『富山県砺波地方における慣行小作権の構成と農地改革――富山県東砺波郡東野尻村調査報告――』農政調査会，1952年，81～83頁。

100）　鹿児島県の遡及買収は市郡別・町村別に著しい差があり，全く行われなかった町村もあった。前掲『鹿児島県農地改革史』130頁。こうした市郡別の遡及買収実績の顕著な差は広島県でもみられた。広島県農地部農地課『広島県農地改革誌』1952年，259～260頁。

101）　県知事の権限代行により遡及買収が増加する事例もあった。前掲『鹿児島県農地改革史』730頁。

102）　以下の実態ならびに統計は，前掲『農地改革資料集成』第十一巻，38頁，40頁「農地等開放実績調査」，744～745頁「業務統計」による。

103）　以下，大阪については大阪府農地部農地課編『大阪府農地改革史』1952年，484～506頁。なお大阪は訴訟事件も全国最多であった。

104）　農地委員会の性格を表す有力な指標と考えられてきた会長の階層別割合はあまりにも機械的であり，ここでは取り上げない。例えば地域別にみると，小作会長割合が最も低く地主会長割合が最も高いのは近畿であり，東北はほぼ全国平均に近い。前掲『農地改革資料集成』第十一巻，788頁。筆者も地主会長でありながら農民組合主導で改革が遂行された事例を確認している（第５，７章）。

105）　近藤康男『日本農業の経済分析』前掲，同『著作集』第９巻，87頁および前掲『農地改革顛末概要』774～776頁を参照。

第3章　戦時期農地委員会と改革期農地委員会
——長野県下高井郡延徳村の事例より——

はじめに——問題背景と課題——

戦時末期までにほぼ全国市町村に設置されていた農地委員会の活動実績は相当な地域差があるとはいえ，その活動は地主抑制的な戦時農地政策が農村内部にどの程度まで浸透していたのかを示すとともに，当該市町村における農地改革のあり方をも規定する有力な要因となりうる。本章では，この戦時期農地委員会の活動を取り上げ，これとの対比で改革期農地委員会の性格と機能を考察する。この課題は，耕作農民や地主層など農民各層が，戦時農地政策の諸事業にどのように対応したのか，また戦後の農地改革をどのように受け止めたのかを明らかにすることを含意している。また，それは戦時農地政策と農地改革との間の連続性あるいは非連続性が個別農村においてどのような形で現れるのかを明らかにすることにも通じる。この分析にあたっては，国家（政府）の農地政策と農村の実態を直接対置するだけでは不十分であり，両者の間にあって市町村を直接監督する県当局の行政指導を視野に入れる必要がある。農地調整法が規定する戦時期農地委員会の制度上の不備とは別に，県当局の行政指導には「資本主義の帝国主義段階に特有の……行政権の強化」[1)]がみられたからである。確かに戦時期農地委員会は，地主的性格が強く積極的活動に乏しいが，県当局の行政指導は必ずしもそれを許しておらず，むしろ「事実上の強制力を有する」[2)]ことすらあった。戦時期農地委員会の地主的な構成や性格を，ただちに農地委員会の行政的な無機能性と等値することはできない。

県行政の指導は，農地改革期には戦時期とは正反対の形で現れた。遅々として改革が進まない一部の不良委員会に対する強権的な介入を除けば，行政指導の重点は，農民の自発性を喚起し，自主的な改革遂行を促進することに向けられた。そこには「農地改革は役人の行うべきことではなく，農民自ら濟ふべき仕事」[3]という行政方針があった。もちろん委員会の活動に法的規制がなかったわけではないが，改革法令には「政府には面倒なことは総て農地委員会に任せてやろうという……気構え」[4]があり，農地委員や専任書記らの行動は改革過程に大きな影響力をもつことになった。それゆえ改革に直接関与した彼らの行動のうちに，改革期農村社会の断面が鋭く映し出されることになる。しかし他方では，農政当局は農地委員会に改革法令の厳格な執行を求めていた。改革期に国や都道府県から市町村に頒布された法令普及の資料や通達の多さは，厳格な法令執行を政府自身がめざしたことの表れであり，それ自体が新たな行政手法の導入を意味した。農地改革の実行が「日本の行政技術に新生面を開いた」[5]といわれるのはこのためである。したがって改革に直接かかわった農地委員や書記らは，国家事業を自ら担うという特殊な行政過程に関与することになる。彼らがこの経験をもとに改革後どのような役割を果たすのかが注目されるとともに，この側面から改革期農地委員会の機能が再検討されねばならない。また，それは戦時期農地委員会との差異も映し出すことになる。

第１節　戦時期農地委員会の活動と性格

1　対象地の概要と農地委員会の設置経緯

戦前期長野県の農村には多数の養蚕農民が存在していた。しかし，ここで取り上げる延徳村は善光寺平最北端の通称「延徳田んぼ」と呼ばれる平坦部に位置し，相対的に水田稲作の比重が高く（表３-１），水田における地主的土地所有も戦時末期まで後退はみられず，小作地率の低下も緩慢であった。一方，畑地では昭和初期に小作地率が急減し（表３-２），地主的土地所有の後退が進んだ。農業生産の動向をみると，繭価が暴落する昭和恐慌以降に養蚕業の衰退が始まり，産業組合[6]も参画した桑園整理事業の影響を受け，主穀の増大のほか果樹・蔬菜・忽布（ホップ）など畑地において一定の商業的農業が展開した。

表３－１　延徳村土地利用の推移

（単位：反，％）

年次	水　田	畑　地					合計
		普通畑	桑畑	果樹園	その他	計	
1929	1,743（49.1）	399（9.6）	998（28.1）	20（0.6）	448（12.6）	1,806（50.9）	3,549（100.0）
36	1,687（49.1）	335（9.7）	882（25.7）	41（1.2）	493（14.3）	1,751（50.9）	3,438（100.0）
40	2,217（51.9）	792（18.5）	849（19.9）	135（3.2）	277（6.5）	2,053（48.1）	4,270（100.0）
46	2,090（57.9）	670（18.6）	398（11.0）	256（7.1）	196（12.9）	1,520（47.1）	3,610（100.0）
50	2,039（55.5）	610（9.4）	347（9.4）	357（9.7）	323（8.9）	1,637（44.5）	3,676（100.0）

資料：『役場事務報告』，『統計台帳』より作成。
注：戦時下の普通畑の増加は大麦・小麦・豆類・イモ類・蔬菜による。その他の中には杞柳や忽付なども含まれている。なお，1940年は属地統計の数値である。

表３－２　小作地率の推移

年次	田	畑	計
1922	49.7	45.4	47.6
23	49.7	45.4	47.6
28	52.5	31.7	42.1
29	52.5	31.7	42.1
30	54.2	33.5	44.0
32	54.0	33.8	44.0
33	57.2	38.4	47.9
36	50.3	37.2	44.1
37	49.2	39.1	44.3
38	50.3	39.4	44.6
39	49.8	34.5	43.5
40	50.2	35.4	44.2
41	50.7	35.7	45.1
45	—	—	42.1
47	—	—	39.4
49	11.4	8.3	10.2
50	10.1	6.5	8.8

資料：1941年までは『役場事務報告』，『農会関係書類綴』，戦後は『農地等開放実績調査』，『臨時農業センサス』，『農地統計調査』。
注：—は不明を表す。

本村の地主的土地所有の規模は概して零細で，せいぜい14～15町程度が上限である。戦時末期（1943年）の３町歩以上土地所有者18人をみると，いずれも在村地主であり，５～６町を境に，それより上層で寄生地主，下層で耕作地主が多い。この点に注意して土地所有階層の推移をみると（表３－３），昭和恐慌以降，５町以上層と５反未満層が減少する一方で，５反～５町層が増加し，寄生地主の減少と耕作地主の増加が窺われる。また経営規模階層の推移をみると（表３－４），戦時期にかけて５反～１町の中農層が著増している。さらに自小作別構成では（表３－５），恐慌期には小作が急増するが，戦時期には小作の減少，自小作の増加に転じている。つまり上述の中農層の形成は自小作層の経営前進の過程でもあり，前述の水田小作地率の一定性を考えれば主に畑地での商業的農業の担い手の成長過程でもあった。しかし彼らのこうした経営前進も土地所有階層の５反～１町層の増加という既述の事態のなかにあり，地主的土地所有と対抗するものではなかった。彼らの経営前進は「土地所有者資格を得ることに向けられ」，既存の「秩序の中で成り上がろうとする」[7]性格をもち，地主制秩序の

表３－３　耕地所有階層の推移

年次	５反未満	５反～１町	１～３町	３～５町	５～10町	10～15町	計
1928	145	75	62	13	6	4	305
29	145	75	62	13	6	4	305
30	140	73	65	13	6	5	302
31	140	73	65	13	6	5	302
32	140	73	65	13	6	5	302
36	143	75	68	13	6	5	310
39	114	109	84	18	4	3	332
40	115	107	83	18	4	3	330
41	112	109	84	18	4	3	330

資料：表３－２に同じ。

表３－４　経営規模階層の推移

年次	５反未満	５反～10反	10～20反	20～30反	30反以上	計
1928	124	155	107	17	12	415
29	124	155	107	17	12	415
30	123	156	108	17	12	416
32	123	156	108	17	12	416
36	144	160	108	16	10	438
39	134	241	56	10	—	441
40	130	238	36	9	—	413
41	137	231	38	8	—	414
47	151	206	132	1	—	490
49	153	216	124	1	—	494

資料：表３－２に同じ。

変革を指向するものではなかった。しかし他方では寄生地主の後退のなかで耕作地主と自小作中農層が増加し，農村社会が所有者秩序から耕作者秩序へとしだいに転換しつつあったことも事実である。この点は本村の戦時期農地委員会の性格や活動をみる際にも十分留意しなければならない。

こうしたなか1938年12月，県経済部から農地調整法の立法主旨と農地委員会の設置に関する通牒がある[8)]。同通牒は，大正中期以降の小作争議の発生と昭和恐慌による農家経済の破綻は「階級主義的思想ノ流行」を招いたが，それは「自由主義的土地制度ノ弊害」であり，「全体主義，統制主義」による農村対策の必要から農調法が制定されたと記している。同時に農調法は「事変ニ依ル農村ノ強化策」でもあり「協力一致体制ノ強化・農業生産力ノ拡充」のために「農村ノ経済

表3－5　自小作別農家数の推移

年次	自作	自小作	小作	計
1920	88	269	39	396
25	106	267	40	413
32	128	107	175	410
36	146	165	130	441
37	146	182	110	438
39	146	182	110	438
41	126	186	115	427
47	136	207	141	484
49	307	160	27	494

資料：1925年までは下高井郡役所『掉尾の郡政』，以後は表3－2に同じ。

更生ヲ図ル上ニ必要ナ農地諸関係ノ調整」を図るものとされている。また肝心の農地委員会については「農地調整ヲ担当スル機関，小作調停行政機関」と位置づけ，「農地調整法ト農地委員会ハ車ノ両輪」とその重要性を強調している。農地委員会の活動については「相当個人ノ自由ヲ束縛セントスル」こともあるが，その場合の「要件トシテ経済更生ヲ条件」とし，後者が満たされれば前者は容認されるとの立場を示している。この通牒には全体として県当局の強圧的性格が色濃くにじみ出ている。

ところで農地委員会の設置は農調法第15条1項では「置クコトヲ得」とされ，必置の機関ではなかった。ところが，県経済部の通牒では「特別ノ事情ナキ限リ各市町村ニ農地委員会ヲ設置シ……経済更生ノ徹底ヲ期シ度キ方針ニ有之」とあり，事実上，市町村の側に設置するか否かを選択する余地がほとんどない内容となっている。これは「市町村が自発的に設置するのを本旨」[9]とした農調法とは明らかに異なっている。ここには立法主旨と行政指導との乖離が看取されるが，おそらく，こうした強力な行政手法は長野県以外でも行われたと思われる。農地委員会の全国市町村における急速な設置状況（第1章第2節）の背景には，こうした県当局の強力な行政指導が介在していたのである。

県経済部は以上の通牒と同時に「農地委員適任者調書」の提出を求めている。これに対して本村は翌39年1月に「調書」（表3－6）を提出し，ただちに農委設置の運びとなっている。官選とされた戦時期農委の委員選出は，県当局の要求に応じて市町村による「調書」の提出，次いで県当局の認定という経過を経て「官選」されたことがわかる。同表によれば，第1に委員適任者12人のうち地主は3人（寄生地主2，耕作地主1）で意外に少なく，自作6人，自小作3人という構成で，純粋な小作は含まれていない。第2は会長，会長代理には2人の寄生地主（SとG）が就任し，1町以上所有者が9人を占め，農委全体の「土地所有者（地主）的構成」[10]が明瞭である。第3は会長に就任する村長のほか農会，産業組合，

表3-6　戦時下農地委員会の委員内申書

氏名	年齢	職業	階層	所有面積	耕作面積	学　歴	現在の公職	履歴の大略	性格の特徴
				町	反				
○S	44	農業	地主	7.50	2.5	飯山中学校卒	村長，産組理事	村議，産組専務理事	—
○G	39	〃	〃	10.50	3.5	〃	助役，軍人分会長	郡農会議員，小学校教員	—
○C	59	〃	〃	3.20	9.0	小学校卒	村議，産組長	助役，村長	—
○Z	62	〃	自作	2.19	7.1	〃	ナシ	農業	温厚
X	56	〃	〃	1.52	15.2	〃	村議，農会総代	〃	謹厳
○D	61	〃	〃	1.10	11.0	〃	産組専務理事	〃	謹直
J	58	〃	〃	1.73	17.3	〃	ナシ	〃	中庸
○E	62	〃	〃	1.10	11.0	小縣蚕業別科卒	村議，農会総代	〃	〃
○U	45	〃	〃	2.28	22.8	小学校卒	区長	〃	〃
F	59	〃	自小作	0.89	11.5	〃	区長	〃	〃
○I	51	〃	〃	0.41	8.4	〃	ナシ	〃	〃
○V	62	〃	〃	0.63	8.0	〃	ナシ	〃	〃

資料：『延徳村農地委員会関係綴込』のうち『農地委員適任者調書』。
注：1）○印は委員に決定したものを示す。
　　2）会長はS氏，会長代理はG氏になる。

表3-7　戦時下農委の階層構成の推移

	1939.1～41.4	1941.4～43.6	1943.6～46.2
地主	3	3	4
自作	4	8	4
自小作	2	1	1
小作	—	—	2
臨時	—	—	2
計	9	12	13

資料：『延徳村農地委員会関係綴込』。
注：戦時下農委が最終的解散となるのは1946年2月であり，この2カ月前に臨時委員は解任となっている。

助役，村議など村内の主要な機関や団体の代表者が漏れなく含まれている。第4は彼らの経営規模は自作で7反以上，自小作で8反以上，零細農は含まれず，地主層以外は自作・自小作の中農層以上で占められている。こうした農委の構成は前述した村内の階層構成にほぼ照応している。同様のことは適任者だけでなく任命された委員にもあてはまる。この性格は戦局が進展していくなかでも存続し，委員改選に際して新たな選出基準が示されたのちの戦時末期に小作2人が委員に就任するとはいえ，他方では地主層も増加し，駐在警察官が加わるなど（表3-7），村内諸階層の糾合化の動きのなかで農委運営における土地所有者（地主）の優位性が存続する。

この農地委員会の階層的性格は，村内の諸団体，たとえば産業組合の役員構成でもみられた。本村では産業組合運動，とくに産青連を中心に産業組合拡充運動が強力に展開された。組合発足当初（1929年）の役員は元・前・現の村長，助役，

表３－８　戦時下農地委員会の主な活動内容

活動項目	概　　要
農地交換分合	1940年以降毎年実施（一部戦後まで）
農調法第９条第３項関係	1940年８件，1941年７件，1942年３件
小作地減収調査	1940年以降毎年実施
小作料適正化	1943年度以降平均10％程度低下
小作関係の斡旋・争議の防止	1940年１件のみ
自作農創設維持事業	1944年以降実施
相隣農用地利用関係の斡旋	1946年３件，47年３件
農調法第５条関係	1947年１件のみ

資料：『延徳村農地委員会関係綴込』。
注：県からの依頼による調査報告や農委補助金申請などは除いた。

収入役，村議，区長など村の有力者（概して寄生地主層）が名を連ねていた。しかし30年代半ばからは所有３～４町程度，耕作１町以上という耕作地主層が役員に加わり，さらに解散直前（1943年）には初めて自作層が専務理事に就任したほか自小作層も理事に就いている。そして産業組合解散後の農業会では自小作層が初めて組合長となるが，寄生地主層や耕作地主層も役員に踏みとどまり，諸階層が糾合する構成となっている。ただし寄生地主や耕作地主も地主であることよりも産業組合拡充運動の推進的リーダーという資質が役員就任の大きな要素となっていた。こうした産業組合，農業会の活動経験は，農地改革期の本村の農民運動や農民団体の動向にも無視できない影響をおよぼすことになる（後述）。

2　戦時期農地委員会の活動

延徳村における戦時期農委の活動は，以下の３期に区分できる。予め活動の全容を表３－８に掲げたが，以下では事実関係が比較的明瞭に判明する農地交換分合，小作料適正化，自作農創設維持の３事業に焦点を絞って検討する。

(1) 第１期（1939年２月～40年11月）

この時期は農委設置直後であり，農地に関する戦時臨時勅令が出される以前でもあることから目立った活動はなく，一方的に県当局から農委活動の主旨説明などの通牒があるのみである。農村の統制実態からみた戦時体制の画期は必ずしも一般的画期としての1938年と一致せず[11]，農地統制の面でもこれと同様のことが指摘できる。ただ，この時期の農地委員会の性格を知るうえで興味深いのが，地主の小作地返還要求に起因する１件の紛議と，それへの対応である。この件は同時期の８件の返還要求（応召関係６，転業関係２）により田畑合計１町５反弱が返還対象となったうちで，小作人の同意を得られず紛議となった１件である。農地委員会は委員会全体としてこれに取り組むことはせず，紛議発生の部落の委員２人に事態の収拾に当たらせている。この紛議は関係者が地主・小作各１人という小規模であったこともあり，耕作面積を折半することで事態は解決し，大きな紛議に至ることはなかった。この解決策には，地主小作関係の調整における委員の部落責任制が見て取れる。言い換えれば，行政村単位に設置された農地委員会には，部落自体がもつ問題解決機能に依拠しつつ地主・小作関係を調整していこうとする意向があった。また設置当初から実施している小作料決定の基礎となる小作地減収調査も，地主小作関係を調整する農地委員会の毎年の活動であった。このことは設置当初から農地委員会が収量検見を通じて小作料水準の決定に関与していたことを示している。

(2) 第２期（1940年11月～42年12月）

この時期は，戦局の進展とともにしだいに強圧化する県当局の行政指導に促迫されて，農地委員会の活動が活発化してくる。

ａ．農地交換分合

日中戦争の長期化に伴う農村労働力不足は食糧増産上の深刻な問題となり，交換分合の推進が奨励され，本村は1940年11月，県より「交換分合事業指定町村」に指定された。「事業計画書」によれば，交換の規模は自作地間で20町（田９町，畑11町），小作地間で19町（田８町，畑11町）であった。事業の推進方法は「延徳村ヲ各部落ニ大別シ各部落ノ農地委員ヲ推進分子トシテ……交換分合委員会ヲ各部落ニ結成シ其ノ委員会ヲ鞭撻シテ徹底的ニ指導セシム」とあり，部落が同事業の推進基盤となった。だが39町もの交換を一挙に行うことは困難であり，同事業は戦時中を通して継続され，一部は戦後にまでおよんでいる。事業実績の累計をみると（表３-９），45年９月までに当初計画の80％近くが進捗し，その間に延

表3-9　農地交換分合の事業実績

県への報告（年月日）	小作地間の交換				自作地間の交換				総計（自・小作地）（反）	関係人数			総計（人）
	件数	田（反）	畑（反）	計（反）	件数	田（反）	畑（反）	計（反）		自作地（人）	小作地		
											地主（人）	小作人（人）	
1941.3.20まで	19	65.6	33.0	98.6	6	12.0	9.0	21.0	119.6	12	25	38	75
1942.3.20まで	15	44.0	22.2	66.2	3	10.0	9.0	19.0	85.2	6	23	30	59
1943.3.20まで	8	42.3	35.8	78.1	2	3.1	1.6	4.7	82.8	4	15	17	36
1944.5.20まで	12	3.0	1.3	3.3	1	0.6	0.1	0.7	4.0	2	24		26
1945.9.15まで	16	6.9	9.5	16.4	4	2.5	—	2.5	18.9	8	22		30
累　計	70	161.8	101.8	263.6	16	28.2	19.7	47.9	310.5	32	194		226

資料：『農地委員会決算報告・事業成績書』および『小作地交換調書』（いずれも『農地委員会関係綴込』より）。
注：1）関係人員は同一年度では重複する者はないが異なる年度では存在する。
　　2）県への報告は翌年になされることから，実際の交換は報告の前年のものが大半を占めている。

べ226人がこの事業に関係している。しかし，この実績には自作地間と小作地間とで著しい差があるほか，田畑間でも相当な差がある。これらの差が何に起因するのかは資料的に確定できないが，概して，もともと自作地よりも小作地のほうが耕作上不利な立地条件にあったこと，食糧増産が米を中心に取り組まれたことなどが考えられる。しかし，80％近い進捗率を示した本村の交換分合の背景には次の2つの問題があった。

第1は「戦時期の交換分合は地主の利害よりも，むしろ自小作上層の階級的利益を反映した」[12]という問題である。これは東北の水稲単作地帯に関する指摘であるが，水稲・養蚕地域の本村では次のような事情があった。すなわち「事業成績書」は，交換分合は労働力不足対策として役立っただけでなく，「苹果，忽布等消毒作物ノ集合ニ依リ桑園ニ及ボス悪影響ガ消散ス」と，商業的農業の技術上のメリットを報告している。苹果，忽布等は昭和恐慌期の繭価暴落以降の桑園整理を通じて本村に導入された新作物であり，交換分合によるこれら消毒作物の集団化は桑園におよぼす悪影響を低下させるものであった。また前述のように自小作中上層の経営前進を可能にする商業的農業が展開しつつあった。こうした事情が主に畑地の小作地間の交換分合をより推進する要因となった。第2に，田畑間の差違については，とくに小作田の多さが問題となる。前述のように水田の地主的土地所有は戦時末期まで存続していたが，小作田の交換による経営合理化は地主の利害に反しないどころか，むしろ有利ですらある。それは既存の地主・小作関係の変更を伴わない戦時期固有の生産力追求の途であり，本村の戦時期農委の地主的性格に沿うものでもある。この点は，農委が3者間の合意を必要とする厄介な自作地と小作地の交換を避け，所有者と耕作者の摩擦を回避していることにも照応している。本村の農地交換分合は国策としての食糧増産の要請下で県当局からの指定で始まったが，これを受けた村側では，一方で地主の利害を確保しつつ生産力拡充を図り，他方では経営前進を遂げてきた自小作中農層の経営合理化指向とも合致するという村内事情に媒介されて一定の成果を上げえたのである。

b．小作料適正化事業

小作料統制令は食糧等物価低位安定化，農地価格・農業経営安定のために小作料を1939年9月18日の水準に固定する目的で，国家総動員法第19条に基づき1939年12月に臨時勅令として公布・施行された。その運用方針は「市町村農地委員会ノ積極的活動ヲ促シ小作料統制令第四条ノ事業トシテ実施シ……飽ク迄合意セザル地主ニ対シテハ小作料統制令第六条ヲ発動スル方針ヲ採レルヲ一般トス」というものであった[13)]。本村の事例は資料から判断する限り，地方長官の発動の形跡は見られず，第4条の範囲内で行われた。しかしそれは以下でみるように，地主と小作人との自主的な合意ではなく，県当局の農地委員会に対する強力な行政介入によるものであった。

1941年11月，延徳村農委は県からの指示により「水田小作料等ニ関スル調査」を実施している。これは翌42年11月に決定をみる小作料適正化のための予備調査である。県の通牒は「銃後農村ニ課セラレタル食糧増産ノ使命ヲ完遂セシムル為小作料ニ付イテモ適切ナル統制ヲ加フルノ要ハ論ヲ待タザル処」という強い論調であった。しかし，小作料の引下げは直接的に地主利害と衝突することから，当然難航が予想される。実際，同通牒後も延徳村農委は何らの活動も報告もしていない。そのため42年8月には県係官の派遣を受けている。県の方針は，係官の「適切ナル指導ノ下ニ改定小作料ヲ決定」させることにあった。しかし，いぜんとして決定がなされないまま，その後3カ月間におよぶ数度の協議会や部落別懇談会にもつれこんでいる。そして漸く11月になって，「農会・産業組合等ト連絡ヲ取リ……県係官ノ派遣指導ノ下ニ農地委員会，実行組合長慎重審議ノ上……農地委

表3-10　小作料適正化事業の実績

	小作地面積	改正前小作料総額(1)	改正後小作料総額(2)	減少率	反当				一毛作田の小作料率	
				$\frac{(1)-(2)}{(1)}\times 100$	等級	(1)	(2)	$\frac{(1)-(2)}{(1)}\times 100$	改正前	改正後
	反	石	石	%		石	石	%	%	%
					上	1.350	1.200	11.1	55.6	49.4
田	1,282	1,551.220	1,384.528	10.7	中	1.200	1.080	10.0	55.6	50.0
					下	1.080	0.950	12.0	57.6	50.3
					平均	1.210	1.080	10.7	56.1	49.9
	反	円	円	%		円	円	%		
					上			8.9	—	—
畑	609	22,124.000	20,115.27	9.8	中	45.00	41.00	7.8	—	—
					下			11.1	—	—
					平均			9.1	—	—

資料：『延徳村農地委員会関係綴込』のうち『事業成績書』。
注：『一毛作田の小作料率』は前年度の反収，上田2.43石，普通田2.16石，下田1.89石で算出した。畑地は不明。

員会ニ於テ決定」の運びとなっている。

改訂後の小作料をみると（表3-10），水田で約1割程度減少しているが，畑地では減少率がやや低い。これは「田小作料ニ重点ヲ置クコト」という県通牒の趣旨に沿うものでもある。この通牒は，水田小作地所有の経済的メリットを低減させることで地主的土地所有の後退を促進する意図があったが，本村では前述のように水田における地主的土地所有の後退は緩慢であった。また田畑とも，等級の低い劣等地が最も多く引き下げられ，優等小作地と劣等小作地との間の地代格差が拡大している。この地代格差の拡大は，劣等地を耕作する小作側の地代負担を軽減する一方で，優等地所有の地主側の地代収入の減少幅を縮小させる。この二面的性格は，先述した戦時期延徳村の所有者秩序と耕作者秩序の併存状況を反映するが，しかし，それは特定の所有者や耕作者を対象としたものではない。本村の小作料適正化は村内のすべての小作地（約190町歩）を対象としていた。すなわち同事業は1943年度から実施され，延べ関係者は所有者（貸主）348人，耕作者（借主）635人という規模で村の一大事業として取り組まれた。この関係者の合計数は本村の農家数を遥かに上回っている。それは同一農民が複数の交換に関与したことだけでなく，一方で小作地を貸し付け，他方で借り入れている者が別人物として集計された結果でもあり，それ自体，賃貸権と賃借権が村民間で相互に錯綜する賃貸借関係を映し出している。この場合の地主（貸主）とは，村を代表する少数の寄生地主や耕作地主だけでなく，所有地の一部が貸借関係にある多数の自作，自小作，さらに地主階級とは呼べない零細所有者のすべてを含んでいる。こうした多様な所有者の小作地が漏れなく小作料適正化の対象となったことは，戦時末期の本村が，小作料をめぐる地主・小作関係を個別的にではなく地域的・集団的に統制・管理する体制に移行していったことを示している。

ところで，この事業は農地委員会だけでは決定できず，農会，産業組合，農事実行組合など村と部落を通じた諸団体との緊密な協議と県側の強力な行政介入との結合の産物という性格が強い。1943年末以降，県経済部からの通牒はそれまでの農委会長宛てから村長，農業会長，農委会長宛ての３名連記へと変化している。この３名は同一人物であり，この変化は戦時末期の県の農地行政が農村諸団体の統合を通じて成果を上げようとするなかで，農地委員会が諸団体の統合化のなかに組み込まれていったことを示している。しかし，地主利害と衝突する小作料引下げをめぐる数度におよぶ協議会（資料上判明するだけでも６回）では，地主側と小作側との意見対立も当然あったであろう。農地改革期に農民組合長となるOも区長としてこの協議会に出席している。だが，こうした村内諸階層間の対立も県係官の２度にわたる来村・臨席のもとでは全会一致の同意を余儀なくされた。もちろん改訂後の小作料がいぜんとして高率であることは否定できないが，地主側の譲歩が行政権力の介入と村内諸団体の合議により強いられたことも事実であり，結果的には全村民が「時局ニ鑑ミル」ことに落着している[14]。

(3) 第３期（1942年12月～敗戦まで）

c．戦時末期の自作農創設維持事業

1943年からの自創事業第三次施設は自作農創設と適正規模農家育成の結合を柱とし，そのため当該小作地の小作人以外の者の土地取得が可能となり，「初期の自創事業と比べ大きな理念の転換が生じた」[15] といわれる。しかし，それは「理念」にとどまり，実際には農地の売却を地主の任意に委ね，法的強制力をもたない自由創定主義である点で第一次・二次施設と同様であった。したがって「基本的には従来の自作農創設の主義と異ならなかった」[16] というのが一般的評価であった。しかし長野県では，戦時末期の県当局による農委の行政指導において，これとは異なる自創事業のあり方が看取できる。これまで比較的等閑視されてきた「自作農創設維持資金割当ノ件」に代表される政府の行政通牒の県段階における運用がそれである。この通牒はすでに1938年に大蔵省預金部資金局長および農林省経済更生部長より地方長官宛てに出されていたもので，これには「資金ノ割当ヲ受ケタル道府県ハ割当額ノ範囲内ニ於テ事業実施計画ヲ内定シ……預金部資金局支局ト協議整ヒタルモノニ付……事業実施計画ヲ決定」[17] するとあった。しかし，第二次施設の段階では，この通牒への積極的対応はみられず，本村でも何らの実績も上がっていない。

だが府県行政の役割を拡充させた第三次施設においては，県段階での運用が自創事業の新たな段階を画した。これについて長野県では県経済部が一方的に資金を郡別に割振り，さらにこれを市町村別に割当て，その結果を農地委員会に通知するという方法をとっている。すなわち，1943年12月の県通牒は「地主ノ理解アル協力ヲ求ムルト共ニ協力機関ト緊密ナル連絡ノ下ニ所期ノ目的ヲ達成セシメラレ度シ」として，本村には1万4,356円の自創資金が割当てられた。これに対し，延徳村農委ははじめ何らの動きも示さなかった。しかし県側の要請は執拗であり，翌44年1～2月には続けて通牒があり，口調も「自作農拡充計画並実行方法未ダ貴村ヨリ報告無……急速ニ計画樹立ノ上本月十四日迄ニ提出相成度」と厳しかった。ようやく動き出した農委は，3反余の自創計画を提出するが，県側は「本年度割当額ノ達成ヲ期セラレ度」と不満の意を再通牒で伝え，これ以後の自創事業（表3-11）においても強圧的通牒が続く。そのなかには，次年度は12月までの進捗率が50.9%（割当額1万7,777円，実績9,039円）と目標未達成であることを明記したうえで「割当額消化ノ為一段ノ御配意煩度」と，なかば強制的に自創資金割当額の満額消化を義務づけた内容のものもあった。これは村農委の事業というよりも，むしろ県行政主導による自創資金消化政策とみたほうが適切であり，農地委員会は，事実上，県の下部行政機関と位置づけられている。もちろん本村の実績は必ずしも優良ではなく，農地委員会は県当局と衝突せざるをえなかったが，この衝突は「皇国農村建設」の大義名分の前では県側に有利に働く。とはいえ先の低い進捗率が示すように，交換分合や小作地減収調査と比べて，この事業では農地委員会の地主的性格が最も強く現れた。

表3-11　戦時末期の自創資金貸付状況

	売却地主（人）	買受小作人（人）	貸付金額（円）	面　積		
				田（反）	畑（反）	計（反）
1944. 2～6.末まで	2	1	6,730	—	3.127	3.727
1944. 7～12.末まで	8	8	9,822	20.213	4.013	24.226
1945. 1～8.14まで	4	4	5,200	9.517	2.602	12.119
1945. 8.15～11.22まで	3	3	1,400	7.913	—	7.913
累　計	17	16	22,152	37.713	10.412	48.125

資料：『延徳村農地委員会関係綴込』のうち『事業成績書』。
注：1）維持はなくすべて創設である。
　　2）地主の自作化はなく，すべて地主と小作人は別人である。

もとより戦時日本資本主義の財政構造に制約された自創資金の不十分さは，戦時インフレの進行とも相まって，自創事業の規模の限界を画し，その実績は戦後の農地改革とは比較にならない。しかし，そうした限界内ではあるが県当局の強圧的行政が部分的にであれ自由創定主義を事実上突き崩しつつあったことは過小評価されてはならない。この意味で，戦時農地政策の一局面として自創資金割当制度を農地改革前史のなかに正当に位置づける必要がある。第1章第2節でみたように，自創事業（第三次施設）は第一次，第二次施設とは異なり，急拡大をみせたが，その背景には，戦時末期に一層強圧化した県行政に促迫された戦時期農地委員会の活動が介在していたのである。

第2節　敗戦直後の状況と農民組織の動向

敗戦から農地改革実施に至るまでの県行政についての首尾一貫した把握は困難である。敗戦による法的価値体系の動揺のもとで県は行政能力を喪失し，その通牒も戦時中の法制度に依拠したままの有効性が疑われるものが断片的に散見されるにとどまる。資料的には1945年8月15日以降も県の農地行政に変化はなく，それが同年12月まで続く。この点を自創事業についてみると，8月15日付通牒は戦時末期と同様に自創資金を割当て，同様の通牒が10月にもある。客観的には，県の通牒は地主の土地売却を促進している。本村農委は戦時末期のいわば延長線上で自創事業に取り組み，敗戦から11月22日までに3件（約8反）を処理している。

また，これ以降も46年2月までに8件の駆け込み申請を受理し，県へ提出している。ここでは県当局と村農委の関係が変化し，村農委のほうがむしろ盛んに自創計画を県に提出するという，立場の逆転が起こっている。

県の通牒に変化が現れるのは45年12月以降であり，それを示すのが「農地委員臨時委員解任ノ件」と「小作地引上傾向ノ抑制ニ関スル件」である。ただし農地改革については「目下議会ニ於テ審議中ニテ細目ハ未確定」とあり，県当局も第一次改革法案の成り行きを静観するのみであった。翌46年2月になって，はじめて農林省から第一次改革法の主旨が県に伝達され，さらに同年7月22日付で農林省農政局長から長野県知事あてに通牒がある。これによると，農地改革は「相当過去に遡って買収することになる」から「無益な浪費」や「無益の混乱」のないよう,「小作地引上げや農地分散などを防止するよう努められ度い」とある。合わせて,「自作農創設は根本的に改めることとなるから，現行の自作農創設事業は中止すること」が通牒され，同様の通牒が本村にもあり，46年2月に戦時期農委は事実上の業務停止に追い込まれている（制度上は46年7月）。しかし，その前年の11月には第一次改革案は閣議決定を経て新聞報道されており，この間の県通牒がどの程度まで有効性をもちえたかは疑問である。

こうしたなか延徳村では早くも1945年の秋から村内各層の活発な動きが始まっている。先手を打ったのは地主層であった。戦時中に農委会長，農業会長，産青連理事長をつとめ敗戦直後も村長であったSは，産青連の後輩で同じ部落の柴本芳明に農村建設連盟（以下，農建連と略記）結成の旗振り役を依頼した。柴本は下高井農学校産業組合科卒業後に組合製糸高井社に入るが，同社の不正経理を批判したことで退社し，その後産組郡部会に入り郡下3カ村で赤字経営の産組再建に従事しつつ産青連運動を担った。39年には内蒙古に渡り食糧関係公司に勤務し，敗戦直後の10月に帰村している。その際，彼は約8反の土地返還を受け（11月23日以前で違法ではない）営農を開始した。これについて彼は後に「早期引揚は全くの幸運」と述べている[18]。このような経歴と実務的手腕をもつ柴本に農建連の中核となることを求めたSの意図は明瞭である。ここで取り上げる農建連は，改革期の長野県下特有の農民委員会，土地管理組合に対抗する地主的・保守的団体である[19]。事実，Sは県農業会の奨めで村に農建連を組織する意向を柴本に伝えている。

しかし，県段階の団体の性格がそのまま村段階の当該団体の性格と一致するとは限らない。各村の社会的・経済的条件により，また運動を担うリーダーの個人的資質により，当該団体の性格や機能に一定の偏差が生じることは珍しくない。延徳村農建連結成は45年12月末で，郡下でトップを切っただけでなく，県農建連の結成より3カ月も早かった。この早期結成の背景には，柴本の手際のよさだけでなく，戦時中に盛り上がった産青連運動の影響で，一般壮年層や青年団の満期退会者が翼壮解散後に，それに代わる結集体を望んでいたという事情があり，村内の25～40歳の青壮年層167人が確たる意識もなく全員加入した。その主要な活動内容は，①農業会の民主化，②食糧2割増産，③農地改革の促進，④農家簿記の普及，⑤産児調整であった。当初，農建連は農業会の主唱で全村組織として発足したが，柴本に代表される比較的若い世代の産青連経験者が組織の中枢を占めるにおよんで，組織の性格が変化していく。これについては次の一般的指摘が示唆的である。すなわち，産青連運動は「地主的勢力の指導の下に展開された中農層の運動であり……進歩的役割は認められないが……青年運動であったという面に於いては農村の封建性に対して闘う一面を持っていた」[20)]。実際，柴本はのちに県農委会長・県知事となる林虎雄に農建連結成大会で農民運動の講演を依頼したほか，自らも各部落で農地改革法の主旨説明に歩き回っている。少なくとも彼は客観的には，地主層の意向に反して農地改革の世論を喚起する活動を推進していった。この活動の過程で地主層は離反し農建連は47人の弱小組織になっていく。ただし，柴本は委員長として農建連に残留する。

一方，農地改革必至の情勢下で改めて全村組織が必要となっていた。1946年3月に柴本はOとともに延徳村農民組合を結成する。Oは戦時期でも村議や区長を経験した小作中農層で，改革期には小作農の代表格として村内民主化運動の先鋒に立ち，村民らの圧倒的支持を集め農民組合の組合長となった。その直後の46年4月には，Oは農業会会長，柴本は同専務理事に就任し，役員人事面で農業会は刷新される。この2人の連携はその後さらに強化され，翌47年4月の戦後初の村長選挙に立候補したOの参謀役に柴本がなり，地主穏健派の対立候補を押えて，初めて小作出身の村長を生み出す。ここに農業会も村政も完全に農民組合勢力が

表３-12　農民組合役員の階層性（1946年３月結成）

所有＼経営	３反未満	３～５反	５～７反	７～10反	10～15反	15～20反	計
３反未満	1	1		2	1		5
３～５反				1	2		3
５～７反				3	2		5
７～10反				1	1		2
10～15反					1	1	2
15～20反					1		1
計	1	1		7	8	1	18

資料：『農民組合役員名簿』，『個人別審議調』。
　注：農民組合の組合長，副組合長，理事，郡執行委員の計21人のうち資料上判明する18人のみ。

席圏し，この勢力のもとで農地改革が実行されていくことになる。だが注意を要するのは，農民組合幹部の多くは先の縮小した農建連の幹部も兼ねていたことである。もちろんＳら寄生地主層は組合幹部ではなく（表３-12），再編農建連は地主主導型から中農層主導型に転換し，農民組合に合流する。しかし農民組合は，一部地主層も含む組織であり，旧農建連時代の保守的性格を完全には払拭しえなかった。このように農民組合（再編農建連）は，一方では戦前・戦時期以来の農業会の体質を継承し，他方では農地改革に直面して組織を刷新するという両面を兼ね備えていた。また，それは本村の農民団体の戦前期からの連続面と非連続面の併存状態を示している。

第３節　改革期農地委員会の構成と性格

改革期農地委員会の記録『業務日誌』は1946年11月初旬から始まっているが，冒頭，「農民組合・農建連・農業会が一致協力して」農地改革を推進する旨を記している。これは農地委員選挙の約２カ月前に，すでに村内諸団体の連携により改革実行体制が一定程度整備されていたことを示す。農地委員の当初の立候補者は小作６人，自作３人，地主４人であったが，小作のうちＯが中立委員となり，自作委員候補者１人も各団体の調整により辞退し，小作と自作の委員は無投票となり，地主委員だけが投票で選出された。選出された農地委員の構成には次のような特徴がある（表３-13）。まず第１は階層を問わず，委員全員が農民組合員で

表3-13　改革期農地委員会の構成（第一回）

（単位：町）

氏名	年齢	階層	改正前		改正後		部落名
			所有	耕作	所有	耕作	
O	51	中立	0.4	0.9	0.9	0.9	大熊
T	46	小作	0.3	0.5	0.5	0.5	桜沢
M	54	〃	—	0.4	0.4	0.4	大熊
Y	59	〃	0.1	0.4	0.3	0.4	北大熊
R	64	〃	—	0.4	0.5	0.7	新保
N	49	〃	—	1.4	1.4	1.4	新保
L	47	地主	3.3	0.8	1.5	1.0	大熊
Q	56	〃	3.7	1.1	1.8	1.2	小沼
B	43	〃	2.0	0.8	1.5	0.8	新保
P	41	自作	1.3	1.0	1.3	1.0	桜沢
W	37	〃	1.2	1.2	1.2	1.2	篠ノ井
A	45	専任書記	?	?	?	?	大熊
H	43	〃	0.9	0.9	0.9	0.9	桜沢
K	33	〃	—	—	0.8	0.8	大熊

資料：延徳村『農地等開放実績調査』と聞き取り調査。
注：第二回農地委員会では階層のズレが生じるため本稿では取り扱わない。

あり，会長・会長代理には小作委員が就任した。第2は委員のうち8人までが7反以上耕作者で，委員の中農的性格が強い。第3は地主委員がいずれも8反以上耕作する耕作地主で，村を代表する戦前期の寄生地主は含まれていない。第4は戦時期農委経験者は皆無であり，人材が刷新されている。第5は，委員は各部落から最低1名以上選出され(戸数の多い部落は複数)，この配分割合は戦時期農委とほぼ同じであり（表3-14），委員の部落代表制が継承されている。また3人の専任書記のうち1人は柴本であるが，他の2人はともに戦前からの村役場書記であり行政事務経験者が抜擢されている。農民組合，農建連，農業会だけでなく村役場との協力のもとで農地改革の実行体制が整備された。他の2人の書記が専ら改革事務に専念したのに対し，柴本の書記在任期間はわずか4カ月にすぎず，彼は書記というよりも，むしろ再編農建連を包摂した本村農民組合のリーダー的存在として農地改革に関与した。

延徳村農地委員会は当初から農民組合（再編農建連）の主導下で円滑に運営された。これを一層助長したのは，県が改革事業の早期推進に向け他町村の参考に資することを目的に各郡1～2町村を基準に設定した「農地買収特別指導村」に本村が指定されたことである。この指定は，本村の農地改革が県農地部の影響下で進行することを軌道づけ，買収事業をめぐる混乱は一度も生じることなく，改革事業はきわめてスムーズに進捗した。とくに水田小作料の金納化については，一般に45年産米の小作料支払いは完了済みのため，実施は46年産米からというと

表3-14　大字別・部落別農地委員の構成

（単位：人）

大字	部落	戦時下		改革期
		1938年	1941年	1947年
三ツ和	大熊	3	3	3
〃	北大熊	1	2	1
〃	小沼	1	1	1
新保	新保	3	3	3
新保	桜沢	2	2	2
篠ノ井	篠ノ井	2	2	1
計		12	14	11

資料：『農地委員会関係綴込』，『農地等開放実績調査』と聞き取り調査。

注：戦時下農委の三回目（1943年）は臨時委員を含むため除いた。また，戦時下農委については委員内申者を表示している。

表3-15　小作地取上げ要求（農調法第9条第3項）の審議結果

年月日	許可	不許可	保留	計
1947.3.10	21	1	8	30
3.19	9	2	2	13
3.29	12	1	—	13
4.12	6	1	4	11
5.27	8	5	1	14
9.13	1	—	—	1
1948.1.24	2	—	1	3
2.13	2	—	—	2
3.15	17	1	1	19
3.19	7	—	1	8
4.28	—	2	—	2
6.7	2	—	1	3
11.17	—	—	1	1
12.17	—	1	—	1
1949.2.20	2	2	—	4
3.15	2	1	—	3
5.24	3	—	—	3
計	94	17	20	131

資料：延徳村農地委員会『議事録』。

注：1）許可の中には条件付許可も含む。

2）第1回農地委員会のものだけを集計した。

ころが多かったが，本村では45年産米から全村金納化に踏み切り，県下でも注目された[21]。また売渡しの際にも買受人別「個人別審議調書」を作成し，兼業所得を考慮した改革後の自作化率の均等化に努力した（ただし，その関連資料は残存していない。この点は第8章で分析する）。

しかし問題がなかったわけではない。それが現れたのは地主の小作地引上げ要求の承認率である（表3-15）。保留件数の多さに慎重な審議の跡が窺われるものの，承認率（保留を除く）は，全国的にみても相当高い県平均承認率[22]をさらに上回っている。表示しなかったが，この要求の大半は戦時中の応召に伴う一時貸付，復員による労力増加，引揚者の帰農によるものであった。見方を変えれば，この承認率の高さは，正当な事由があり承認見込みのある引上げ要求に議題を絞り込む事前調整があったことを示唆する。だが，このなかには戦前の最大地主Gの自作地拡大要求（約4反）を農委会長のOが独断で応じたという例も含まれ，小作地引上げに関して農委が地主側と妥協する場面もあった。この妥協は，Gが農地改革に協力的姿勢をとったこと，またそれが地主層の協力を取り付け，村の農地改革を円滑に進めるうえで効果的であることを踏まえて行われたものであった（柴本談）。このことは農民組合幹部や農地委員らが自分の裁量で融通を図る余地があり，それを行使したという意味で彼らの行政官僚的一面を示している。

もともと延徳村農民組合は農地改革遂行の目的で結成され，その運動は政治的には協同党（当地方では農民協同党と自称した）を支持したが，政治的穏健の立場をとり，専ら農地委員会の改革実務の枠内で改革の順調な進展に寄与した。また階層対立も少なく，その円滑な運営は改革をめぐる広汎な大衆運動を必要としなかった。しかも農地委員会の中心人物が農民組合・再編農建連，農業会など主要団体の幹部でもあることは，彼らが一般村民からやや乖離した改革請負人として行政実務を担当する小官僚と化す傾向を生んだ[23)]。この傾向は農地改革の進行がスムーズであればあるほどかえって強化され，農地委員の部落代表者的性格もその傾向を一層助長した。というのも，小作地引上げ要求の審議でも一部村民から出された異議申立てに対して農地委員会は各部落の委員の調整により何らの問題もなく乗り切っている。事実，『議事録』には「地元委員より……との説明あり，全員これに賛成」という記載が随所に見られる。改革期に創出されたこうした指導層の性格と役割は，改革後の農民組織や農業団体などの組織構造と指導体系にも引き継がれていく。

第4節　農委経験者らの改革後の経歴と役割

ここでは農地改革の遂行に直接かかわった農地委員や専任書記らの改革後の主な経歴を指標にとり，彼らが戦後農村社会で果たしてきた役割を考察し，あわせて戦時期農委経験者との対比を試みる。表3-16によれば，改革期農委の経験者たちは1人を除く全員が何らかの公職や役職に就任している。このうちO以外は戦前期の村内公職経験者が皆無で，彼らの経歴には改革前後で明瞭な断絶性がある。この変化は戦前期に教育を受ける機会に乏しく，行政経験の少なかった小作委員らにとってとくに顕著である。しかし，小作委員だけでなく地主委員から

表3-16　改革期農地委員会の委員・専任書記経験者の改革以後の主な経歴

氏名	階層	主な経歴（役職・公職）
O	中立	食糧調整委員，第二回農地委員会会長，村議，村長，農業委員会長，市議
T	小作	村議
M	〃	村議
Y	〃	
R	〃	第二回農地委員会会長代理，村議
N	〃	村議
L	地主	村農協理事，農業委員
Q	〃	村議
B	〃	第二回農地委員，村議
P	自作	村議，村農協組合長
W	〃	農業会理事，村議，市農協理事
A	専任書記	村役場書記，収入役
H	〃	村役場書記，市役所勤務（土木課長，保険課長など）
K	〃	郡農建連会長，村農協理事，県販連・購連・農工利連・共済連・信連・経済連・畜産連・厚生連・教指連の常任・代表幹事，県農民団体会議長，県農民連盟委員長，全国農民連盟副委員長

資料：『村会議決書』，『議事録』などの役場資料と聞き取り調査の結果による。

も役職就任者が出ていることも見落とせない。小作地引上げをめぐって農地委員会で小作側と対立し委員会を欠席し続けた地主委員は，村の公職に復帰できないという後述する日野村の事例（第4章第1節参照）とは対照的である。本村では階層間の利害対立に起因する委員会運営の紛糾は一度もなく，地主委員も改革遂行の一翼を担った形になっている。こうした事情が地主委員からも改革後の公職者を創出する有力な一因になった。いずれにせよ農地改革における「土地譲渡のやり方を通じてごく短期間に相当数の有能な新指導者が……生み出された」[24] ことは確かであろう。

ところでこれらの新指導者らが就任した役職をみると，村議に代表される政治型，村役場や市役所勤務の行政型，農協や農業委員会などの幹部・役員という農業団体型の3類型に整理することができる。もちろん2類型を兼ねる者もあり，単純な類型化はできないが，一定の傾向を読み取ることができる。まず最も多いのが村議・市議・村長などの政治型で，委員経験者11人中9人がこれに該当する。

一部の者を除けば改革前には政治的に全く素人であった彼らが，改革期農委における さまざまな政治的かけひきを通じて新たな能力を開発し，それを改革後に引き継いだのである。おそらく彼らにとって，農委の「委員をつとめた経験がその後の村政の重要な仕事につくための資格を養うことになった」[25]といってよいだろう。次に行政型をみると，これは専任書記のAとHに集中している。前述のように，この両者は戦前から村役場の書記であり，改革期にはその事務能力を請われて専任書記になり，農委の円滑な運営に寄与した。しかし，このことは逆に改革事務が「万事書記任せになって……ビューロ・クラシーの変形に堕する危険性」[26]を伴う。結果的にはAとHが改革事務を「独占」し，他の委員らが改革過程で行政事務能力を涵養する機会を逸した形になっている。この意味で，この両者が農地委員会で改革事務を中心的に担ったことが，改革後も地域行政を末端で担う地方小官僚の地位を築く礎石になったと思われる。

次に，本村の農地改革の中心人物であったOと柴本についてみておこう。この2人が他の委員や書記らに比べて著しく多くの役職に就任していることは一目瞭然である。改革期の中心人物であった者ほど改革後の役職も多くなるという事実を指摘できる。Oは戦前にも村議や区長を経験していたが，それはあくまで村政の一角を占めたにすぎない。ところが改革期には農村民主化運動の頂点に立ち，農委会長，農民組合委員長として農地改革を推進する過程で村内最高指導者の地位を固めていった。その後も彼は二度目の村長・市議に就任するほど本村を代表する政治的中心人物になっていく。一方，農委専任書記の在任期間が短く農民組合＝再編農建連の幹部として農地改革にかかわった柴本は，改革当時から農業会や農協の理事に就任していた。改革後の彼はこの経歴を生かし，農協幹部の途を歩んでいる。もちろん彼以外にも農協役員になった者はいるが，柴本の場合それがとくに際立っている。彼は改革直後の村農協理事を皮切りに，郡農業会理事，県信連，販連，購連，教指連，経済連など郡・県段階の農協組織の常任・代表監事を務めたほか，県農民連盟委員長から全農連副委員長にまで上昇している。改革後の彼は営農現場から離れて郡・県段階以上の農協役員に「専業化」していった。もちろん村農協理事は続けていたが，村議など政治的公職には就任せず市町村段階の農協役員とは区別される。たしかに柴本は戦前にも産組経営に従事しつつ産青連運動を担い，また大陸での行政経験もあった。この意味でもともと「在村性」が比較的希薄で，その一方で村外での実務経験が豊富な組織人であった。だが，これは一面で改革期の村内での彼の行動を制約するしがらみが相対的に弱く，フリーハンドをもって運動を推進するうえに有利に作用し，他面では改革後に県段階の農業団体役員に上昇するうえで有力な要素になった。

以上のような改革期農委経験者らに対して戦時期農委経験者らはどうであったか。この点は彼らが概して高齢（1938年で平均55歳）であり，改革後は隠退した者が多く，十分な比較は困難であるが，38年当時最も若かったGについては戦後も村と市の農協組合長に就き，指導者としての連続面がある。かつてR. P. ドーアは戦前の地主が改革後も指導者になる条件として，彼らのもつ①行政経験，②教育程度の高さ，③山林などの資力，④村民の忠誠心や敬順，⑤村外での社会的交渉の幅の広さを挙げたが[27]，Gは一応それらのすべてに該当している。彼は戦前期には村内で最大地主（最大時14.5町，山林30町）として村の主な公職を一通り経験し，村外でも郡農会議員などで社会的交渉の場に立ち，また一時は延徳小学校の教員も務めた村のインテリである。農地改革に対しては農民組合幹部らに自分の教え子もいたことから反改革的言動は一切とっておらず，小作地引上げでは農委（とくにO会長）から優遇さえ受けていた。この意味では先のドーアの条件に「反改革的動きをしないこと」を付け加えるべきであろう。また「村のインテリが公職にえらばれる場合は……もっぱら管理能力や渉外能力を期待される」[28]といわれるが，Gのこの能力は戦後の農協合併に際していかんなく発揮された。1954年に村民に乞われて延徳村農協組合長に就任した彼は「赤字寸前というところだった」（G談）農協を再建するために自ら貸付金の回収に奔走し，健全経営に建て直して中野市農協への合併にこぎつけている[29]。こうしたGの行動は，彼が旧地主の名望家ということではなく，むしろ管理能力と折衝能力を期待される人物として農協組合長に推されたことを示している。つまり彼は地主時代に身につけた能力を旧地主としてでなく，戦後の新たな時代に対応することを通じて発揮したのであり，これによって改革後の指導層の一角に入り込むことができたのである。

戦後農村指導層のこうした形成過程をみると，戦時期農委と改革期農委の差異は明瞭である。前者からは１人の指導者（その指導的資質は旧地主の伝統的栄誉とは異質）もでなかったのに対し，後者からは多数の役職就任者がでたことがこれを端的に表している。この差異は，前者が県行政の指導下で「皇国農村」建設のため限られた範囲で消極的に自創事業に取り組んだのに対し，後者は農民運動の熱気の中で多数の自作農を創設したという対照性に求めることができる。ここには自作農創設規模の量的な違いだけでなく，前者の守旧性に対して，後者が積極的に農村における「社会底辺の利益化」[30]を実現したという質的違いがある。またこのことが改革期農委経験者らを，農民利益を実現する新指導層へと押し上げていく農村民の価値基盤となった。ここに一般農民層が受け止めた農地改革の歴史的意味の一端が表れている。

しかし，彼らが改革後に指導者として活躍してきた場が農協，農業委員会，役場，議会など農業経営や農村生活と密接な関係をもつ団体や機関であることを思えば，彼らの果たしたもう一つの役割にも注目する必要がある。この点を農協について見よう。周知のごとく農協はたんに農民の経済的共同組織であるにとどまらず，陳情や補助金獲得などをめざす農政活動の主体という性格をもっている。しかし，他面では農協は政府の農業政策を農村に浸透させていく「下請け機関的な作用」を果たし，農政当局も「農業団体を通じての農村なり農業者の直接的把握を図ってきた」[31]ことを認めている。また農協の農政活動は「営農要求としてしばしば非政治化する要素をもっている」[32]と言われるが，これは農民利益代表機関たる農協が要求実現という目的のためには政治的立場を問わないことを含意している。実際，政策の安定的受け皿を形成する機能を果たしたことは否定できず，むしろ「政治的にも……農協は農村支配のパイプとして……決定的な役割を果たすようになった」[33]。こうした傾向は，実は農協だけのことではなく町村役場や農業委員会にもあてはまり，「町村権力は産業行政の補助機構として，また農委（農業委員会――引用者）……はその選挙母体として」[34]の役割を果たしてきた。このようにみると，これらの団体や機関の有力な幹部となった改革期農委経験者らは，政府と農民の接点に立ち，一面で農民利益を代弁し，他面で国家の農業政策を部落の末端にまで浸透させていく媒介的役割の担い手となったと言えよう。彼らの部落代表者的性格は，この意味で有用であった。したがって，こうした農村指導層を多数輩出した改革期農委は，改革過程で果たした「変革」的役割とは逆に，改革後の農村社会では，政治的・経済的政策を受けとめていく「体制的」指導者を創出する機能を果たしたとみることができよう。

むすび――小括――

延徳村における戦時期と農地改革期の２つの農地委員会の対比的分析を通じて明らかになった諸点を整理し，本章のまとめとしたい。

第１は，戦時期と改革期とでは農委と県行政当局との関係が大きく異なっていたことである。土地所有者的性格の強い戦時期農委は小作料適正化事業や自創事業に消極的であったが，県当局は強力な行政介入により農委を動かそうとし，戦時末期には一定の成果を上げた。ただし戦時期農委も交換分合や小作地減収調査などの生産力・技術的合理化や地主小作関係の調整では，県の行政指導を待つことなく自発的に活動した。交換分合は地主利益と抵触せず，しかも自小作中農層の利益とも合致したからである。また小作地返還に伴う争議では，当該部落の農地委員による調停が問題解決に寄与したほか，争議発生の未然防止の努力も小作地減収調査として行われた。つまり戦時期農委は地主小作関係の調整・解決や生産力拡充には積極的に取り組んだが，土地所有者の私権を制約する事業については県当局の強力な介入を受けざるをえなかった。これに対し，改革期農委に対しては，県の強権的指導はほとんどみられなかった。本村が県の「農地買収特別指導村」に指定されたことは事実だが，これは県当局の行政介入とは言いがたい。改革事業は農建連の縮小と農民組合の結成という農民団体の自主的再編と農業会・村政の協力のもとで，いわば村の諸機関・団体が糾合する改革実行体制のもとで遂行された。改革期農委は戦前・戦時期の小作中農層の代表人物を会長とし，終始，小作側主導で運営され，改革事業はさしたる混乱もなく遂行された[35]。それは農民団体の再編を通じて形成された村の改革実行体制の枠組みのなかで改革期農委が機能したことの結果であった。

第２は，農委と村内諸機関・団体や農村民との関係についてである。戦時期農委は小作料適正化事業が端的に示すように農会，産業組合，農事実行組合などと密接な関係をもちつつ意思決定を図った。これはもともと戦時期農委が村内主要機関・団体の役職者の集合体であるという属性を反映していた。この傾向は改革期農委が農業会，村役場，農民組合と連携しつつ改革実行体制を整備していったことと現象的には類似している。また農地委員の部落代表者的性格にも連続性があった。しかし改革期農委の諸機関・団体との連携は，それらの指導者の交替や組織刷新を伴っていたのであり，従来の組織秩序をそのまま継承したわけではなかった。また両者の大きな相違点は，戦時期農委が村内諸機関・団体から独立した強力な権限をもたず，諸機関・団体の合議により事業を進めたのに対し，改革期農委は強力な権限に裏打ちされて制度上は単独行動が可能になったことである。その端的な現れが村長・農民組合長であり農委会長でもあったOによるGに対する小作地引上げの承認であった。この行動は村内最大地主を改革に協力させることと引き換えに行われたもので，結果的には地主層の抵抗を抑えることによりスムーズな改革を可能にした。これらの農地委員の行動は斡旋という手法に基づく戦時期農委とは異なり，広汎かつ強力な権限を付与された改革期農委だからこそ可能であった。

第3は，改革期農委経験者らの改革後の新指導層への上昇についてである。改革期農委の運営において階層対立がほとんどなかったことは，小作委員だけでなく地主委員の側から，次いで一部の旧地主層からも改革後の有力な指導者を生み出すことになった。しかし，改革後の指導層の形成については次の点を指摘しなければならない。従来の農地改革研究は，改革を受けとめる農村民の側から改革による変化の意味内容を追究する視点が希薄であった。これは農民層が改革をどのように受けとめたのかという問題に直接かかわっている。農地改革は戦前期農地問題の終結点に位置している。戦時期農委が県行政の強圧的介入を必要としたとはいえ，小作料適正化や自創事業に取り組んだことは，農地改革への連続面を形成するものであった。しかし，改革期農委は戦時期とは対照的に農民運動の昂揚のなかで自主的に自作農創設に取り組み，その成果も戦時期とは比較にならないほど大きかった。改革事業を直接担った委員や書記らが改革後も耕作農民の利益を満たしていく有力な指導層になるのもこのためである。戦時期農委とは対照的に，改革期農委は農地を解放し農民利益を実現したものとして村民の意識のなかに，その存在が刻み込まれていた[36)]。ここにも両委員会の違いをみることができよう。

注

1）　齋藤仁「戦前日本の土地政策――小作調停制度を中心として――」同編『アジア土地制度論序説』アジア経済研究所，1976年，３頁。

2）　沢村康「事変下の小作問題と対策」『帝国農会報』1938年５月，170～174頁。

3）　大和田啓氣『農地改革の解説』改訂増補，農民社，1947年，101頁。

4）　我妻栄・加藤一郎『農地法の解説』日本評論社，1947年，300頁。

5）　L. I. ヒューズ，『日本の農地改革』農林省農地課訳，農政調査会，1950年，102頁。

6）　戦前・戦時期の延徳村の産業組合については，福田勇助「昭和恐慌・戦時体制期における農村産業組合の経営構造」『筑波大学農林社会経済研究』第10号，1992年，を参照。

7）　高橋伊一郎・白川清編『農地改革と地主制』御茶の水書房，1955年，132頁。

8）　以下の論述は『延徳村農地委員会関係綴込』（中野市立図書館所蔵の村役場資料）によるが，そのつど資料名を記すことはしない。

9）　小倉武一『土地立法の史的考察』農業総合研究刊行会，1951年，658頁。

10）　暉峻衆三『日本農業問題の展開　下』東京大学出版会，1984年，336頁。

11）　田崎宣義「戦時下小作農家の地主小作関係」『一橋論叢』第80巻，第３号，1978年，48頁参照。

12）　管野正・田原音和・細谷昂『東北農民の思想と行動』御茶の水書房，1984年，47頁。

13）　農地制度資料集成編纂委員会編『農地制度資料集成』第十巻，御茶の水書房，1972年，233頁。

14）　小作料統制令第４条の件数が全国的にピークになるのは1943年前後であるがその実績は道府県別に大きな差があり，それはここで見たような道府県の強権的指導の有無によるものであった（坂根嘉弘「農地問題と農地政策」野田公夫編『戦時体制期』戦後日本の食料・農業・農村，第１巻，農林統計協会，2003年，136～141頁。また長野県はこの事業が盛んに取り組まれた県の一つであり，とくに北海道，鳥取県に次いで畑地での実績が多かった。坂根嘉弘「小作料統制令の歴史的意義」『社会経済史学』第69巻第１号，2003年，５～８頁。ただし長野県下でも本村のように水田稲作の比重の高い村では水田小作料の適正化が事業の中心であったと思われる。

15）　吉田克己「農地改革法の立法過程」東京大学社会科学研究所編『戦後改革６　農地改革』東京大学出版会，1975年，144頁。

16）　農地改革記録委員会編『農地改革顛末概要』，農政調査会，1951年，99頁。

17）　前掲『農地制度資料集成』補巻二，49頁。

18) 以下の論述は筆者の聞き取りのほか，柴本氏執筆の『寄せ書き自伝』(1974年）に負うところが大きい。

19) 西田美昭編『昭和恐慌下の農村社会運動』御茶の水書房，1978年，688頁。

20) 新井義雄『農民組合と農業協同組合』農業協同組合研究会，1947年，102頁。

21) 長野県編『長野県政史』第三巻，1973年，127頁。「農地買収特別指導村」は，「一郡２カ村程度を目標として実施の容易な村を選定し，その村については集中指導を加へて年度内に買収売渡を完了させること。尚この村に於ける事業実施の経過は詳細に記録しておいて指導の参考にすること」という農林省の通達「事務処理要領」に基づいていた。前掲『農地改革資料集成』第四巻，1968年，729頁。

22) 長野県農地改革史編纂委員会編『長野県農地改革史　後史』1960年，95頁。

23) 古島敏雄・的場徳造・暉峻衆三『農民組合と農地改革』東京大学出版会，1956年，17頁，105頁参照。なお庄司俊作氏は農民組合幹部や農地委員・書記らの「改革請負」説について農地委員会をネガティブに評価するものとして批判している。同『日本農地改革史研究』御茶の水書房，1999年，第２章，94頁。筆者は改革の「請負」と農地委員会の改革実行機関としての評価は別問題であり，事実として進行した農地委員らの改革「請負」傾向は否定しえない。これは改革当初からではなく，改革がある程度進捗し委員会運営が軌道に乗った時期以降に生じた。それは農地委員・書記や組合幹部だけの問題ではなく改革を農地委員会に任せてしまう一般村民の問題でもあり，委員会の傍聴者数の減少に端的に現れる（本書，表７-６参照)。

24) W. I. ラデジンスキー（ワリンスキー編)『農業改革　貧困への挑戦』齋藤仁・磯部俊彦・高橋満監訳，日本経済評論社，1984年，177～179頁参照。

25) R. P. ドーア『日本の農地改革』(並木正吉・高木裕子・蓮見音彦共訳）岩波書店，1965年，271頁。

26) 愛甲勝矢「農地委員会論」日本農村調査会『農業問題』第４号，1948年，67頁。

27) R. P. ドーア，前掲『日本の農地改革』272～273頁参照。

28) 石田雄「農地改革と農村における政治指導の変化」東京大学社会科学研究所編『戦後改革６　農地改革』東京大学出版会，1975年，234頁。

29) 中野市農業協同組合『中野市農協二十年の歩み』1984年，61頁，83頁参照。

30) 升味準之輔「政治過程の変貌」岡義武編『現代日本の政治過程』岩波書店，1958年，347頁。

31) 農林漁業基本問題調査会『農業の基本問題と基本対策』解説版，1960年，51頁。

32) 石田雄「農政をめぐる利益諸集団の機能」加藤一郎・阪本楠彦編『日本農政の展開過程』東京大学出版会，1967年，400頁。

33) 阿利莫二「戦後地方自治の展開と農政」同上，243頁。

34) 美土路達雄・平井正文「農村経済における農協の地位と役割」『日本農業年報』中

央公論社，1958年，159頁。

35)　本村の農委運営は1948年11月に駅建設敷地問題で短期間紛糾するが（本書，第９章第１節），これは買収・売渡が峠を越えたのちのことであり，農地改革にはほとんど影響を与えていない。

36)　戦時期農委と1949年８月以降の第２回農委の委員を経験した旧地主Ｇは，筆者に「戦時中には農地委員会はなかった」と語った。おそらく戦時期農委が強力な権限をもたず独立性のある機関ではなかったこと，第一回の改革期農委が強力な権限で農地改革を遂行したことから戦時期農委の記憶が消失したものと思われる。筆者が戦時期農委に関する資料のコピーを見せたところ驚いていた。このことは，農民の記憶の世界では，農地委員会とは第二次改革を遂行した農地委員会だけであることを示唆する。

第4章　農地委員会の権限と農村社会
——長野県下高井郡日野村の事例より——

はじめに——問題背景と課題——

農地改革の実行に際して農地委員会に付与された権限については，その権限の自律性や自主判断範囲をめぐっていくつかの異なる見解が併存している。それら諸見解の特徴や問題点はすでに検討したが[1)]，そこには農地改革は上からの権力行使により断行されたという見方と，その権力行使が農民らの下からの自主的活動を必要としたという見方をいかに整合的に把握するかという課題が伏在している。本章では，主として異議申立，訴願を中心に農地委員会の権限行使の諸相を検討するが，そこには国家機関でありながら「村の機関」という性格をもっていた農地委員会の特質が浮かび上がってくる。

農地委員会の権限行使については，農地委員と農民層との関係をめぐってもう一つ検討すべき課題がある。それは改革当初にはみられなかったが，改革実行過程を通じて農地委員，書記らと一般農民層との間に生じた関係の変化である。これについては，「農地委員会は選挙による最も民主的な国家機関である。この運用によって農民は随分政治的に鍛えられるであろう。しかしその役割があまり大きくその権限があまりに広いのでうっかりすると官僚的になる危険がある」[2)]という大和田啓氣の指摘が示唆的である。この指摘は改革実行過程を通じた農地委員や書記らの官僚化の問題を，農地委員会の役割の大きさや権限の広さと結び付けて捉えているところに特徴がある。詳しくは後述するが，農地委員会の権限を検討するには，農地買収・売渡を中心とする事業内容（対象）だけを切り取って考察するだけでは不十分であり，主体的条件となる権限行使のあり方を改革実施方針や改革実行過程と関連づけて具体的に検証する必要がある。本章では日野村

図4－1　主要農作物の作付面積の推移（1922～27年）

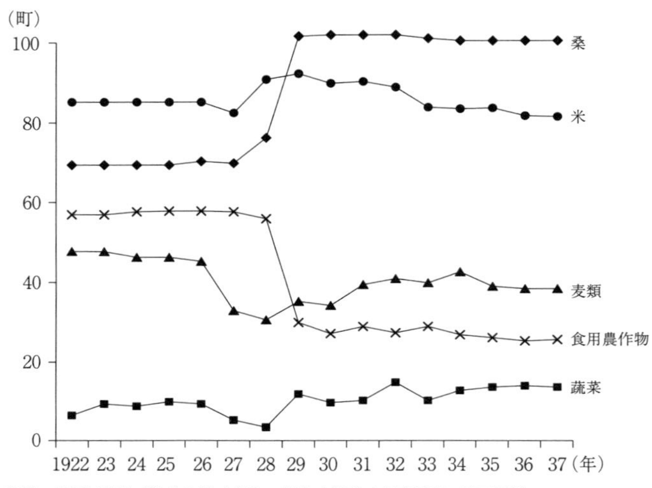

資料：日野村役場『統計台帳（産業の部）』中野市立図書館蔵，以下同様。
注：麦類は裏作麦も含む。食用農産物は主に大豆，小豆，ヒエ，イモ類など。
蔬菜は主にキュウリ，ナス，カボチャ，エンドウ，ネギ，漬菜など。

を事例に，この問題の検証を試みることにしたい。

第1節　日野村における農地改革の概要と農地委員会の活動

1　戦前期の概要

戦前期の日野村は1929年時点で農地の約5割が桑畑，約4割が水田で，農家総数385のうち約8割が何らかの程度で養蚕業を営むという典型的な養蚕地帯の村であった。水田の狭小な山間部を抱える本村ではせいぜい10町前後の中小地主の形成をみたにすぎない。養蚕業は大正期にすでに稲作につぐ地位にあったが，著しく拡大した1927～29年に養蚕農家1戸当り桑畑が2.3反から4.5反へと倍増している（図4－1）。こうして皮肉にも，昭和恐慌直前に多数の主業養蚕農家が生まれた。恐慌期の繭価暴落が本村の農民層におよぼした経済的打撃は後述するが，これを機に村内諸階層の構成も変化していく。

表４－１　日野村の小作地率の推移

（単位：％）

	田	畑	田畑計
1923	52.3	50.8	51.4
24	51.4	50.8	51.0
25	51.6	50.8	51.1
26	51.6	50.8	51.1
27	47.6	30.3	36.9
34	47.6	33.3	38.7
44	44.2	27.7	34.4

資料：1944年は『産業統計関係書類』。その他はすべて『統計台帳（産業の部）』。

表４－２　農地所有面積別農家数の推移

	５反未満	５反～１町	１～３町	３～５町	５～10町	10～20町	計
1923	199	70	50	8	6	2	335
24	212	58	64	6	3	1	344
25	215	55	65	6	3	1	345
26	215	55	65	6	3	1	345
34	210	63	68	5	4	—	350
36	242	67	69	5	4	—	387

資料：1936年は『土地賃貸価格関係書類』，その他はすべて『統計台帳（産業の部）』。
注：10町以上については聞き取り調査の結果により10～20町とした。

本村の小作地率は1920年代前半までは50％台を維持し（表４－１），地主的土地所有は一定の安定状態にあった。『長野県統計書』によれば下高井郡の小作地率のピークは1924年で，大正末期に地主的土地所有の転換期を迎えるが，本村でも1920年代後半に30％台に低下し，昭和恐慌期の若干の上昇を経て34～44年にはさらに低下している。小作地率の低下は畑地で顕著に進み，地主的土地所有の後退も畑地で進んだ。この傾向は土地所有階層の変化にも現れ（表４－２），30年にかけて10町以上地主が消滅する一方で，３町以下の各層で増加がみられる。また表示はしなかったが，経営規模別戸数でも１～２町層が1927年の30から36年の42，38年の53と着実に増加し，中農層の形成が確認できる。自小作別構成では（表４－３），大正末期の安定状態から一転して20年代後半の農家数の増加のなかで，小作の半減が注目される。前述のとおり，この時期には桑畑の著しい拡大と小作

表4－3　自小作別農家数の推移

	自作	自作兼小作	小作	計
1923	110（31.3）	200（56.8）	42（11.9）	352
24	110（31.3）	200（56.8）	42（11.9）	352
25	110（31.3）	200（56.8）	42（11.9）	352
26	110（31.3）	200（56.8）	42（11.9）	352
28	92（24.8）	263（70.9）	16（4.3）	371
29	92（24.5）	263（69.9）	21（5.6）	376
30	92（24.5）	263（69.9）	21（5.6）	376
32	129（37.1）	104（29.9）	115（33.3）	348
33	129（37.1）	104（29.9）	115（33.3）	348
34	117（33.6）	116（33.3）	115（33.3）	348
35	120（31.6）	142（37.4）	118（31.1）	380
36	117（30.3）	162（41.5）	111（28.5）	390
37	117（30.1）	161（41.1）	111（28.5）	389
39	117（30.1）	175（45.0）	97（24.9）	389
46	144（37.8）	162（42.6）	75（19.7）	381

資料：1923～26年は『統計台帳（産業の部）』，1928～39年は『日野村村勢一覧』，1946年は「農家人口調査集計結果表」。
注：（　）内は構成比（％）を示すが，合計値は四捨五入したため，必ずしも100％にならない。

表4－4　自作農創設維持資金の貸付状況

	借入者	貸付	創設維持地の面積			
	人数（人）	元金（円）	田（反）	畑（反）	その他（坪）	計（反）
1937	23	19,200	36.5	4.0	—	40.5
38	8	7,100	7.1	14.4	0.09	21.5
39	11	10,250	6.3	22.2	—	28.5
42	1	3,500	6.0	1.7	—	7.7
計	43	40,050	55.9	42.3	0.09	98.2

資料：『自作農創設維持資金貸付台帳』。
注：借入者数43人のうち同一人物はいない。

地率の低下が進み，養蚕経営の拡大を通じて小作の自小作化が進んだことが窺われる。だが同じ時期に自作も減少しており，小作地率の低下は自作の増加には帰結していない。先の中農層の形成も，自小作を中心とする主業養蚕農家の経営拡大によるものであった3)。

昭和農業恐慌はこうした趨勢を一変させ，自小作は激減し，小作の著増と自作の若干の増加をもたらした。恐慌下の農家１戸当り生産額は1929年の503円から30年の239円，32年の274円，34年の324円，養蚕農家１戸当り産繭額も，同じ年次に378円，130円，116円，90円と推移している。当時の一資料は恐慌下の本村の惨状を次のように記している。「昭和五年以来打続ク深刻ナル不況ハ農村経済界ヲシテ未曾有ノ苦境ニ堕シ，殊ニ本村ノ如キ養蚕業ヲ主トセル農家ノ収入減ハ全ク想像ノ外ニシテ，加フルニ過去永年ニワタル負債ノ重圧は実ニ悲惨ナルモノナリ，……斯ノ如キ状態ナレハ小作料ノ如キモ如何ニ相対的ニ割引ヲナシツヽアリト雖モ到底満足ニ小作料ヲ納入セントスル事ナス不能ルカ目今ノ状況ニアリ」4)。小作料滞納は，長野県下でも本村のような主業養蚕農村で一層強く現れた5)。この小作料滞納が地主にとっては著しい小作料収入の減少となり，地主的土地所有後退の一因となった。

一般に小作料収入の減少に耐ええない地主は，小作地を返還させ自作するか，

表４－５　村内上層22戸の所有面積の変化

（単位：反）

1946年＼1936年	15～20	20～25	25～30	30～35	35～40	40～45	45～50	50～55	55～60	60～65	65～70	70～75	75～80	80～85	計
計		11	2	3	2	1			2					1	22
60～65															
55～60									1						1
50～55									1						1
45～50															
40～45						1									1
35～40					2										2
30～35				3											3
25～30		1	1												2
20～25		7													7
15～20		3	1											1	5

資料：1936年は『土地賃貸価格関係綴』，1946年は『勧業関係綴込』。
注：本表は1936年６月に２町以上の耕地を所有していた者の所有階層の変化を示す。

新小作人へ貸し付けるか，あるいは小作地売却のいずれかの道を選ばざるをえない。小作地返還が1930年代の小作争議の主因をなしたことは周知の事実だが，本村ではそうした動きはなく，一部の地主による小作地売却が進んだ。これによる地主的土地所有の後退は恐慌前から始まっていたが，これを一層促進したのが，恐慌回復期頃から利用され始めた自作農創設維持資金である。表４－４が示すとおり，本村では1937～42年に約9.8町の農地が自創資金の貸付対象となり，43人が借り受けている。この時期の自創事業第二次施設は第一次施設とは異なり小作争議対策を目的としただけでなく，自作農を農村の「中堅人物」たらしめる銃後対策としても取り組まれた。本村では実績において1937～39年の小作の14人減少と自小作の14人増加が確認できるが，自作は一定のままであった。自創事業は自作地の増加には寄与したが，自作農創設ではなく，実態としては自小作農の増加にわずかに寄与したにすぎなかった[6]。しかも自作農は昭和恐慌期に比して自創事業開始以降，むしろ減少しており，自作農維持にも効果がなかった。自創事業は結局のところ，昭和初期以来の趨勢であった自小作農を中心とする中農層の形成の線に沿うものであった。

一方，地主的土地所有の動向をみると，戦時期から農地改革直前にかけて村内

表４－６　村内上層地主４戸の農地所有の変化

（単位：反）

家名（部落名）	面積	1924年	1934年	1936年	1946年	1950年
Ｍ家（R）	所有	70	83	83.0	19.3	10.9
	耕作	5	5	？	3.2	7.1
Ｓ寺（N）	所有	59	59	59.9	59.1	4.5
	耕作	20	8	？	5.3	4.5
Ｈ家（Y）	所有	61	72	56.0	53.1	21.0
	耕作	21	20	？	16.4	16.7
Ｏ家（Y）	所有	61	47	45.0	44.5	16.0
	耕作	21	5	？	13.1	7.4

資料：1924，34年は『農商関係書綴』，1936年は『土地賃貸価格関係書類』，1946年は『勧業関係綴込』，1950年は「世界農業センサス基本調査審査表」。

上層地主22人のうち６人が何らかの程度で土地所有を縮小している（表４－５）。このうちとくに大幅に縮小したのは１人だけで，これが更科部落のＭ家である。Ｍ家は大正期には10町以上，昭和初期にも７～８町所有の村内最大地主であり，村長，郡農会議員，県議などを歴任してきた村内屈指の名望家であった。同家は土地所有の縮小とともに自作地もしだいに縮小し，改革直前には村内で寄生的性格が最も強い地主となっている（表４－６）。同家が改革期までに手放した土地は８町以上と見込まれるが，とくに1937年以降は自創事業により約6.3町を売却し，本村の自創資金の大半を利用した。ただし同家は他村に約150町の山林を所有しており，農地改革期に流布した山林解放の噂を聞くと，そのすべてを売却し，当時，経済復興の基幹産業の一つであった炭鉱会社の株式を取得している。これに対しＨ家（改革直前の所有4.5町）は，本村の平均耕作面積（6.0反）を大きく上回る1.6町の自作地を耕作し，一面で上層自作の性格をもつ耕作地主であった[7]。Ｈ家は昭和恐慌期から戦時期を通じて土地所有をほとんど縮小することなく農地改革を迎えている。本村の地主的土地所有の縮小は主に寄生地主によるものだったのであり，こうした戦時期の寄生地主後退は，村内諸階層をも変化させ，自小作中農層[8]や耕作地主らの経営実力者層が中心的位置を占めるに至る。これに伴って農村社会の構成も所有階層秩序から経営階層秩序へとしだいに転換していった。

２　農地改革の実績と特徴

本村の農地改革の実績をまず改革前後の自小作地の変化についてみると（表４－７），戦時期の地主的土地所有の後退により，改革直前において小作地率は田

表4－7　農地改革による農地構成の変化

（単位：町，％）

		田	畑	計
改革前（1946.2.26現在）	自作地	56.76（58.3）	93.42（70.6）	150.18（65.4）
	小作地	40.67（41.7）	38.91（29.4）	79.58（34.6）
	計	97.42（100.0）	132.33（100.0）	229.75（100.0）
改革後（1950.8.1現在）	自作地	82.46（87.6）	121.38（92.0）	203.84（90.2）
	小作地	11.67（12.4）	10.52（8.0）	22.18（9.8）
	計	94.13（100.0）	131.89（100.0）	226.02（100.0）

資料：1946年は「農家人口調査集計結果表」，1950年は『農地等開放実績調査』。
注：改革前の田畑別自小作地別構成が，『農地等開放実績調査』では不明である。

表4－8　農地改革による自小作別経営階層別農家数の変化

		3反未満	3～5反	5～10反	10～15反	15～20反	計
改革前（1946.2.26現在）	貸付地1町以上の農家	1	2	10	6	—	19
	自作農	22	25	51	25	2	125
	自小作農	12	20	30	10	—	72
	小自作農	16	23	47	4	—	90
	小作農	29	25	20	1	—	75
	計	80	95	158	46	2	381
改革後（1950.8.1現在）	自作農	35	44	102	55	6	242
	自小作農	16	24	48	10	—	93
	小自作農	10	12	8	—	—	30
	小作農	7	7	1	—	—	15
	計	68	87	159	65	6	385

資料：1946年は「農家人口調査集計結果表」，1950年は「世界農業センサス基本調査結果表」。

畑とも全国・県平均以下となっている。表示していないが，不在地主所有地は総農地のわずか6.3％にとどまり，大部分の農地が在村地主所有地であった。これに対して農地委員会は51.1町の田畑を買収し，総農地の23％，総小作地の77％が解放された。改革後の残存小作地率は全国・県平均以下の9.8％である。自小作別変化については（表4－8），小作・小自作が減少し，自作・自小作が増加したのは農地改革の当然の帰結であるが，経営規模別には5反未満層が減少し，5反～1町層はほぼ一定，1町以上層が増加している。本村の改革が1～1.5町の中農上層を最も多く増加させたことがわかる。

農地改革による土地所有の変化を，被買収地主のうちS寺とH家について見ておこう（前掲，表４－６）。最大面積を買収されたのは新野部落Ｓ寺の5.5町であった。同寺の改革前の所有地は約5.9町であったから，そのほとんどが買収されたことになる。このＳ寺を含め寺・神社全体で買収総面積の23.1％におよぶ10町以上が買収された。これは。社寺に保有小作地を残すか否かについては，改革当初，農林省は「農民の意思に任せる」としていたが，のちにこれを修正し「自作地・小作地の別なく原則として政府はこれを買収する」[9]ことに方針転換する。長野県下では「2,000町歩におよぶ神社・寺院の門徒ら」がこれに反対したが[10]，本村では神社有地は全部，寺には最低限度の自作地を残し，他はすべて買収された。次に，個人地主のなかで最大面積を買収されたＨ家は，上述のように戦前から耕作地主の性格をもち，土地所有をほとんど縮小させることなく農地改革を迎えた。このため3.2町余を買収されたが，改革後も2.1町を所有し，1.7町を耕作する上層農の位置を保持した。ほかにも耕作地主は多数いた。本村では小作地引上げ件数も異議申立件数も少なく（後述），最終的には徹底的に農地改革が遂行されたが，その背景には農地委員会を支援した農民組合の活動があった。しかし，そこに至るには，実は農地委員会を舞台とする地主側と小作側との熾烈な主導権争いがあった。

3　日野村農地委員会の活動と性格

(1)　農地委員の構成と性格

1946年12月末の農地委員選挙に際して，投票が実施されたのは自作委員だけであり，地主・小作委員８人は話し合いにより無投票で選出された。本村の農地委員の特徴をまず小作委員についてみると（表４－９），村の平均経営規模を大きく下回るのは１人だけであり，ほとんどが相対的に経営規模の大きい中農中上層である。また３人が戦前期に村議を経験している。このうち耕作面積が狭小なＳは農業所得こそ少ないが，家族員の農外就業により世帯総所得が10万円以上あった（1949年度）。彼は改革期に本村一円で結成された農民組合の副委員長でもあり，のちに農委会長に就任するＫとともに農委において小作側勢力を代表する人物となる。

地主委員は寄生地主２人，耕作地主１人であるが，そのうちで戦前の村を代表

表4-9　第1回農地委員会の構成（1946.12.20～1949.8.18）

（単位：反）

氏名	階層	部落	年齢	改革前		改革後		主な経歴（先代の経歴も含む）
				所有	耕作	所有	耕作	
K*	小作	間山	60	0.42	7.11	5.62	7.11	村議，村農会役員，村農業会理事
S*	小作	間山	57	0.81	3.82	2.33	3.82	村議，養蚕実行組合長，養豚組合長
P*	小作	新野	62	3.11	8.51	5.22	8.51	審議，農家組合長
L	小作	新野	52	4.03	8.12	7.13	8.12	
D	小作	更科	52	0.12	5.14	1.91	5.41	
T	地主	間山	58	34.13	14.21	21.01	14.21	村議，消防団長，産業組合監事
I	地主	間山	35	20.41	7.12	10.50	7.12	村議
M	地主	更科	36	19.51	3.11	8.13	7.02	村議，郡農会議員，県議，産業組合長，郡会議員
F*	自作	更科	37	11.91	11.91	11.91	11.91	村議，村長，青年団長，「青年会報」編集発行人
V	自作	間山	50	4.22	6.42	5.62	6.42	村議，壮年団長，産業組合書記
G	地主	高遠	43	15.41	13.32	13.32	10.01	村役場職員（収入役，助役）
U*	専任書記	新野	35	13.11	9.31	13.11	9.31	村議
W*	同推薦者	新野	52	?	7.60	?	7.60	村議，翼賛壮年団長，製莚組合長，組合製糸役員

資料：『農地等開放実績調査』および聞き取り調査。

注：1）会長は当初Mであったが，1947年6月にKへと替わった。

2）Iは1947年3月に委員を辞任し，その直後Gが無投票で選ばれた。

3）＊印は改革期に日野村農民組合に加入していた。

4）年齢は委員就任時の年齢を示す。

する地主はMだけである。Mが戦前期に村内最大地主であったことは前述のとおりだが，とくに農地改革との関連でいえば，先代が自創資金を利用し，戦時期に小作地を「解放」してきたことが，一部の村民から評価を受け，このことがMの初代農委会長就任（互選）の一因となった。だが，Mの地主としての地位は改革期にはもはや高くはなかった。しかも，改革直前には前述のH家などM家以上の土地を所有する地主も存在していたが，そうした地主は委員に選出されていない。改革前に多数いた耕作地主からはわずか1人の委員しか選出されていない。自作委員2人はともに戦前から青年団長や壮年団長を経験するなど村内でも中堅以上の地位にあった者であり，村議や村長などの要職を通じて村政と深くかかわり一定の発言力を持っていた。とくにFは昭和恐慌下において「日野青年会報」の編集・発行にかかわった青年団活動の中心人物であり，改革期には農民組合員として農地委員会のなかで「最も過激な人」（MおよびG談）であった。

この農地委員会の構成については，次の諸点を指摘しておきたい。第1に地主側の劣勢である。とくに自作委員1人を含む4人が農民組合員であり，委員会に対する農民組合の強い影響力がある（後述）。ただし改革当初は，地主委員はＭを中心に強い発言力をもっていた。第２は農地委員の構成が中農層以上に偏っていることである。改革直前の1946年には３反未満耕作者が農家総数の21％，５反未満層では46％を占めていたが，農地委員10人（後任のＧは除く）のうち８人までが５～15反層であった。改革の利益を最も多く享受したのが中農上層であることは先にみたが，本村の農地改革を主導した主要階層も中農層であった。第３は農地委員の部落代表者的性格である。買収が実質的に進展する1947年７月夏以降の大字（ないし部落）別の委員数をみると，間山４人（農家数169），新野２人（同96），更科３人（同94），高遠１人（同23）という配置である。もちろん比率上の厳密さはないが，これにより委員会運営上の実質的機能を果たすことになる。

(2) 農地委員会の性格と運営

前述のように，本村の農地改革は最初から順調に進んだわけではない。「人の財産に手をつけた」（Ｍ談）農地改革はやはり相当な困難を伴っていた。とくに改革初期の委員会運営は多難をきわめた。農地委員会の性格は，運営上，一般的には①小作側勢力主導のもとで自発的に改革を徹底した型，②協調主義的な地主・小作関係のもとで円満妥協的に法律の枠内で終始した型，③地主的圧力のもとで改革が難航した型の３類型が考えられる[11)]。本村の場合は，改革初期における③から①ないし②へと性格が変化していくことに特徴がある。以下この様子を具体的に見ていこう。

買収進捗率は改革初期にはきわめて低調で，第１回買収期日（1947年３月31日）まで農委会議自体が一度も開かれず，第１期買収は実績なし，第２期買収（47年７月２日）の進捗率も５％にとどまっている。ところが第３期買収（47年10月２日）は54％と急激に高くなっている。この変化を象徴するのが，47年６月の地主委員Ｍから小作委員Ｋへの会長交替である。農地改革実施の前提となる農地一筆調査は長野県令に基づき47年２月11日から行われたが，正式の農委会議が開催されたのは約２カ月後の４月７日であった。この間に申し合わせどおり所有者や耕作者らによる各部落の委員宅への戸別訪問がさかんに行われ，これをもとに部落ごとに協議会が開かれた。第１回農委会議は午前９時から午後10時まで村役場で延々と続いた。これも含めて第1～3回までのM会長時代の議案はすべて小作地引上げに関するものであった。買収計画樹立に先立ち，戦時中の一時的貸借の整理を先行させたという意味もあったが，不在地主所有地も含めて買収に関する議案が皆無であったことは，この時期の農地委員会が買収計画樹立に消極的であったことを示す。『農地委員会議事録綴』によれば，改正農調法第9条3項にかかわる小作地引上げ申請は累計で49件であったが，その6割が承認されている（詳しくは第2節）。つまり，この時期の日野村農委は「まず土地を取上げて，しかる後に解放を」[12] という地主側の意向に沿って運営されていたのである。

しかし，こうした露骨な地主圧力は，かえって小作・自作委員らを改革徹底化の方向に向かわせた。後述のように，農民組合はこの時期に農地改革の啓蒙運動を村一円で展開し，改革推進派の農地委員を全面的に支援するようになっている。こうした情勢を背景に農民組合系の委員を中心に委員会運営の主導権が転換する。その結果が第4回農地委員会におけるMからKへの会長交替であった。この交替により，それまでの小作地引上げの承認はすべて見直され，最終的に県知事の許可申請に至ったのは11件に減少している。これ以降，小作側主導のもとで買収計画が樹立され改革は急速に進捗するが，Mは辞任こそしないが以後一度も委員会に出席することはなかった。また地主委員Ⅰは辞任した。理由は資料上は「家事都合による」とあるが，委員経験者の1人は「自分の思いどおりにならないから辞めた」と証言している。Ⅰも含めて地主側には一様に「売り地は自由に選べる」という考えがあり（池田書記談），これが小作側との対立点となった。Ⅰは M 会長時代に申請・承認された小作地引上げを会長交替後に否決され，これを機に委員を辞任した。Ⅰに代わって地主委員になったのは高遠部落のGである。Gは戦前以来16年間村役場で収入役・助役を務めてきた中堅以上層で村内事情にも精通していた。しかしGは所有地1.5町余のうち約1.3町を自作し（表4-9），法律上は自作農に属する階層であった。つまり，自作が地主委員を代行したのである。しかしこのGの委員就任により全部落から委員が出揃うことになった。委員経験者らによれば，一筆ごとの土地貸借については「他の部落のことはよくわからない」（F談）という事情があり，改革実務を遂行するうえで委員の部落代表性は必須であった。会長と地主委員の交替以前には委員構成も改革実行体制も不安定かつ不十分だったのである。この委員交替は，一面で改革の初期段階における地主の最後の抵抗，他面では戦前期以来前進してきた自小作中農層がその到達点として農地委員会の中心勢力を占めるに至ったことを意味している。そして，この主導権の転換（実行体制の転換）の背景には以下でみる農民組合の活動があった。

(3) 農民組合と専任書記

日野村農民組合は遅くとも1946年6月には結成されていた。組織範囲は日野村一円であり，結成時には農家総数の約80％に当る303戸（地主8，自作151，小作144）が加入していた。組合委員長には昭和恐慌期に農家副業の旗振り役として経済更生運動を中心的に担ったWが就任し[13]，副委員長には農地委員のSが就任している。Sも含めて4人の農地委員のほか，村議4人も組合員であった。組合に所属政党はなかったが，日農系に属し，一時は下高井郡農民組合連合会にも加入していた。組合の主な活動は，①農業経営に関する農地の基本的調査・研究，②組合員の生産および消費に関する調査・研究，③農地改革に対する啓蒙運動の3点であった。政治活動は一切行っていない[14]。日野村農民組合は地主・小作間の対抗意識から生まれたというよりも，むしろ全体的には協調主義的で穏健な性格であった。組合員には地主も含まれ，活動内容の①，②は全農民層の共通問題であった。しかし，当面の目標である農地改革については，農地委員会の小作側委員を支援することで大きな役割を果たす。委員会運営を小作側に有利に進めることについては，農民組合が専任書記・池田定康（表4-10のU）を獲得していたことが大きな意味をもった。農民組合の結成を主唱したWは改革により若干の土地を買い受けた自小作農であるが，彼は大正末期以来しだいに勢力を拡大してきた自小作中農層の代表格であった。その養蚕経営規模は村内最大クラス（1937年の掃立卵量284g）であり，彼自身，組合製糸（高井製糸場）の役員を兼ね，昭和恐慌期には製莚組合を組織し農家副業の振興を図るなど村民の信望を集め，戦時期には翼賛壮年団長も務めた。そのため戦後は公職追放に会ったが，彼は農民組合運動を主導し農村民主化の旗手となり，改革当時，村役場で「最も顔がきく大物」（F談）であった。このWが農民組合と農地委員会との連携を一層深めるために同じ新野部落の池田定康に専任書記就任を強く促した。池田は戦時中には一時他町村の勤労事務所に勤務していたが，敗戦後は帰村し「静かに農業をやるつもりだった」という。Wの要請は執拗で，池田宅を何度も訪れ書記就任を説得した。農民組合が農地委員会運営の要である専任書記を選任し，委員会の中枢に送り込んだのである。こうした動きは本村だけでなく全国各地でみられた。改革当時の日農は「専任書記は組合で持て」[15]と訴え，またこれを戦術として農地委員会の主導権獲得をめざした。

しかし多くの例に漏れず，本村でも農地改革の進展は農民運動衰退の始まりであった。当時の農民運動が改革遂行を目的とし，また改革の結果が農民の小土地所有者化をもたらす以上，それは当然の成り行きであった。しかし運動衰退の一因は運動の進め方にもあった。本来，批判勢力であった農民組合が委員会運営の主導権を獲得するために委員や書記らを委員会に送り込んだことは，「主要役員が農地委員会の構成に吸収され……農地改革に対する組合活動は農地委員会の運営を中心として推進され」[16]るという事態を招く。組合運動が農民層内部ではなく官製機構としての農地委員会の枠内に解消されるようになる。農地委員・書記らが，農地委員会のなかで国家政策である「改革事業を請負ってゆく傾向」が生まれ，彼らの「小官僚化」が進む[17]。こうした事態について，全国各地の委員経験者の手になる報告書は，改革過程において一般農民層が「農地の仕事は農地委員会がやるのだ」という意識が広がったことを指摘している[18]。本村でも，農地改革のための組合運動がもっぱら改革の啓蒙運動と農委の小作側支援に終始し，大衆運動に向かうことはなかった。48年春には税金闘争が一定の昂揚をみせたが，税務所長の辞職により終息し，以後，組織的活動は消失する。農地委員会は改革期に多数生まれた農民組合に主要な活動の場を提供することにより，農民運動を体制内化させていく機能を果たしたのである。

4　改革後における農地委員経験者らの性格と機能

農地改革遂行に直接かかわった農地委員や専任書記らは，その後の農村社会でどのような役割を果たすことになったか。改革後の彼らの主な経歴をみると（表4-10），多くは改革完了後も農協，農業委員会，役場，議会などの有力幹部とな

表4-10　農地委員経験者のその後の主な経歴

氏名	戦後の主要な経歴
K	農業調査委員，食糧調整委員，農協組合長，村議
S	農民組合副委員長，農業委員会会長，農協組合長，養蚕組合長，村議
P	村議
L	
D	
T	村議，農協理事
I	
M	
F	村議，壮年団長，土地改良区理事，遺族会会長
V	村議，壮年団長
G	市役所勤務（教育長等），農業委員，土地改良区理事，市議
U	青年団長，村議，農協理事，市議，中野市農協組合長
W	農民組合委員長，農協組合長，村議

資料：聞き取り調査。
注：1）改選後の第2回農地委員は含まれていない。
2）Uは専任書記，WはUを書記にした人物である。
3）部落や大字の諸組織役員は除外した。

っているが，役職数には相当な個人差がある。一方，何らの役職にも就かなかった者には，改革時にすでに高齢であったという事情が考えられるが，全員がそうであるとはいえない。これに該当するのが地主委員のMとIである。まずMの場合，36歳で農委の初代会長に互選されたが，彼はもっぱら地主利益を追求し，買収計画の審議が始まる第4回以降の会議には，委員こそ辞任しないが一度も出席せず農委と反目し続けた。同様に農委と対立し辞任したIも当時35歳であった。この二人に共通するのは，村の公的機関である農地委員会の代表委員に選出されながら地主的利害に固執し，他の農地委員と対立しつつ自ら委員としての立場を放棄したことである。この時以来，彼らは村の公職に一度も就くことはなかった。改革期のあからさまな反改革行動は，戦後農村における指導者的資質に継承されるはずもなかった[19]。

この二人と対照的であったのがIに代わって地主委員になったGである。戦前から村役場に勤務していたGの行政的事務能力は，農地改革遂行にとっても大きな力となったが，それは戦後の指導者的資質として要請される「事務担当能力に必要な職歴……をそなえた『組織人』」[20]となる要因として引き継がれた。Gが中農上層自作農という経営的内実を背景に改革に協力的立場をとったことも大きく作用した。またそもそも彼の委員就任は，部落レベルでは地域代表委員として，村レベルでは農地委員の欠員補充委員として，部落と行政村の両方の要請に応えるものであった。これら諸事情はGが部落や村のためによく働く人という印象を与えるのに十分であり，彼が農業委員，土地改良区理事，市議など戦後農村の指導的地位に就くうえでの礎石となった。改革後のMおよびIとGの対照性は，彼らの農地委員会への対応いかんが，改革後の彼らが引き続き指導的地位に踏みとどまるか否かの分岐点をなしていたことを示している。ただし，もう一人の地主委員Tは戦前から営農指向の強い耕作地主であり，戦後も富農化をめざす方向を一層強めている。Tは村議，農協理事に就くが，役職数が少なく，委員に就任したのが58歳という事情があった。

小作委員については，KとSが目立って多くの役職に就いている。前者が農委会長，後者が農民組合副委員長として，ともに農地委員会における小作側の代表人物であった。彼らは戦後の本村で中心的にリーダーシップを発揮することになる。彼らにとって，農地委員会で小作委員を務めた経験は「公的な事柄に関する一つの訓練」であり，「この訓練によって……自分が村で演じているような指導的役割を準備することができた」[21]典型的なケースであった。両者とも戦後農業と深いかかわりのある農協組合長を歴任している。

農地委員ではなかったが農民組合委員長Wと専任書記の池田についてもみておく必要がある。まずWの場合，戦前期からの指導的地位に戦後も一貫して連続性がある。池田の場合は改革前後の経歴の変化が際立っている。一般に専任書記には「進歩的思想と難解な法律の理解力及び精密な数字に基づく科学性が切に要求されていた」[22]が，そのため委員と比べて若年層が抜擢された例が多く（全国平均34歳），彼も就任当時35歳であった。若い時期の専任書記の経験は，彼に将来に通じる豊かな行政的，政治的手腕を体得させた。またWと池田に共通するのは，広域的な農協組織のなかの実務家でありながら，村内で相当高い政治的地位を築いたことである。Wは公職追放中に本村初代農協組合長[23]，追放解除後には村長，池田は村議，市議を経て旧9町村合併後の中野市農協組合長に就任した。

このように農地委員や書記は改革後も引き続き地方行政，政治，農政などの面で指導的役割を果たしてきた。もちろん全員がそうとはいえないが，少なくとも農地改革を積極的に推進した中心人物ほどその傾向が強く現われている。かつて占領軍総司令部で農地改革の指揮に当ったW. I. ラデジンスキーは「農地委員会運営の副産物として生じたものに農村成人教育の普及と新農村指導者の出現がある」[24] と述べたが，このことはここでみたように小作側委員や書記らに一層よくあてはまる。彼らは地主委員に比して教育を受ける機会に乏しかった。それだけに農委での地主側とのやりとり，複雑な改革法令の理解，強力かつ広範な権限行使が，その政治力と行政的実務能力の涵養の面で大きな訓練機会となった。また彼らが「農地改革を通じて農民の利益を積極的に主張したこと」が「農民のためによく働いてくれる」[25] という信頼感と期待感を村民に与え，そのことが，彼らが改革後の新指導者に上昇していく有力な基盤となった。

しかし前章で指摘したように，彼らが戦後に指導性を発揮してきた場面が農協，農業委員会，村役場など農政に深くかかわる団体・機関であったことは，戦後農村における農政浸透との関連で再検討すべき別の問題も孕むことになった。これらの戦後団体・機関が農民利益を要求する農政活動の主要な圧力団体であることは周知の事実だが，他方では「政策主体に従属し，その下請機関的な作用をしている」[26] ことは，政策当局ですら認めてきた。したがって，こうした組織の指導者である彼らは，主観的にはどうであれ，客観的には政府と農民の接点に位置し，一面で農民利益を要求し，他面で政府の政策を農村内部に浸透させていく媒介的役割を果たすことになる。また農協などの団体が一般に中農層を指導者とした「請負い農政」の主体となり，これらの指導者層が「組織人的性格」をもち，「部落推薦的基盤」に立っていたことはこれまでにもたびたび指摘されてきた[27]。この意味で，農地委員の中農的性格，改革請負者的性格および部落代表者的性格は戦後の農村指導層の形成にとって有用な要素であった。農地委員会は改革期に果たした改革実行機能とは別に，結果的には，その後の農村に農業政策を浸透させていく有力な受け皿を創り出す機能も果たした。それは農地委員会の運営が，戦後農村に定着する農村指導体系と農民利益要求の関係構造の歴史的起点であったことを裏付けている。大部分の農民が農地委員会の決定を支持したことは，この関係構造を磐石なものとした。もっとも農地委員会の決定に異議を唱える例外的

表４-11　改正農調法第９条第３項による許可申請の審議結果別件数

	第１回 （1947．４．７）	第２回 （1947．４．23）	第３回 （1947．５．６）	第４回 （1947.11.14）	計
許可	8	11［3］	5	3	27［3］
不許可	1	2	—	—	3
保留	10	6［4］	2	1	1［4］
計	19	19［7］	7	4	49［7］

資料：日野村農地委員会『農地委員会議事録綴』，『議事関係綴』。
注：１）回数は農地委員会の開催番号，（　）内は開催年月日を示す。
２）［　］内は審議件数を示す。

人物もいた。これについては第３節でみることにしたい。

第２節　小作地引上げ審議における自律的権限

前述のように，日野村農委は1947年４月７日の第１回会議から５月６日の第３回会議で改正農調法第９条３項にかかわる小作地引上げ申請を集中審議した（ただし同年11月に追加的な審議が１件ある)。この審議に先立ち，申し合せどおり地主や小作人が各部落の農地委員宅を戸別訪問したほか，部落ごとに協議会が開催された。これは敗戦以降すでに進行していた小作地引上げの適否を農地委員会で正式に審議するための事前協議であった。この協議の結果，小作地引上げは，①小作側の同意のもとで地主側が申請するもの，②引上げに同意した小作側が申請するものがあった。しかし，なかには③協議が不調となり小作側の同意なしに地主側が一方的に申請する場合もあった。ただし，②のなかにも地主側の意向が強く反映されるものも含まれていた。

この事前協議を経て，農地委員会に提出された引上げ申請件数は累計で49件であった（表４-11)。このうち第１回会議で保留となった10件のうち７件は第２回会議で再審議され，３件は承認（許可)，他の４件は再び保留となっている。この保留分はその後さらに審議対象とはならず，他の第２回以降の保留分と同様に申請取下げとなっている。結局，申請件数42（７件は再審議の決定のみを件数として数えた）のうち，承認は24件，却下３件，保留15件となり，承認率は約６割（累計審議件数に対しては55％）となった。

表4-12　改正農調法第9条第3項の賃貸借人別審議結果件数

	許可	不許可	保留	計
賃貸人	7	3	7	17
賃借人	16	—	3	19
不明	4	—	2	6
計	27	3	12	42

資料：表4-11に同じ。
注：保留のうち再審で許可または不許可となった者は，再審結果のみ集計に入れた。

1947年に全国で市町村農委により処理された申請件数12万7,060件のうち承認（許可）はその8割を上回る10万5,816件であった（表1-3参照）。全国的に集計された許可件数が保留をいかに処理した結果であるのか，また後述する知事の処理を受ける前に市町村段階で何らかの調整がなされる可能性など単純に全国データとの比較はできないが，本村の承認率が相当低いものであったことは間違いない。この承認率の低さは小作側の同意のない引上げ申請が相当高い割合で含まれ，その引上げ申請を却下した日野村農委の厳格な調整姿勢を示している。この点をより詳しくみていこう。

まず申請者について注目されるのは，賃借人（小作人）の人数が賃貸人（地主）よりも多いという事実である（表4-12)。本来，小作地引上げは戦時中の応召，疾病等による労力不足などに起因する一時的貸付を整理するもので，地主側からの申請によるものが多い。たとえば1948年についてみると，全国的には地主による申請（10万1,648件）が小作による申請（4,339件）を大きく上回っている[28)]。単純比較はできないが，少なくとも本村では小作側による申請が相対的に多いという特徴がある。さらに審議結果をみると，承認率が小作の場合に高いのが全国的傾向であり，地主側からの申請の場合73%に対し，小作側からの申請の場合は93%であった。したがって本村のように小作側からの申請が多いなら，承認率は一層高くなるはずであるが，事実はこれに反している。そこで承認率を地主側申請と小作側申請に分けてみると，地主側が41%，小作側が80%，と約2倍の開きがある。保留・取下げは地主側からの申請のほうに圧倒的に多く，これが本村の承認率の低さの要因となっている。このことは地主側の引上げ申請に対する審議がより厳しく，それが小作の同意を得ていないものを多く含んでいたことを示している。

第1回会議で保留となった10件は，4件が地主側から6件が小作側からの申請であった（表4-13，No. 10～19)。このうち小作側からの申請は再審議で3件が

表4-13　改正農調法第9条第3項による許可申請に関する第1回農地委員会会議の審議結果一覧

	申請人	審議結果	決定事由	再審結果
1	賃貸人	許可	応召のための一時貸付なること	—
2	〃	〃	自作を相当と認められるから	—
3	〃	〃	入営による一時貸付なること	—
4	賃借人	〃	賃貸人入営……自作を相当と認められるから	—
5	〃	〃	申請者は老齢のため耕作に堪えず	—
6	〃	〃	返還の理由は老齢のため耕作地を縮小する	—
7	〃	〃	契約期限満了……自発的返還	—
8	〃	〃	賃借人の自作を相当と認め	—
9	賃貸人	不許可	自作を不相当と認められるにつき	—
10	〃	保留	再調査の必要があるから	保留
11	〃	〃	再調査の必要があるから	保留
12	〃	〃	再調査の必要があるから	保留
13	〃	〃	法人関係（寺社）……未定につき	取下げ
14	賃借人	〃	再調査の必要があるから	許可
15	〃	〃	賃貸人……不在地主や否や確定しないから	取下げ
16	〃	〃	賃貸人応召……調査し遺憾なきを期するため	許可
17	〃	〃	申請人・賃貸人ともに延徳村在住	取下げ
18	〃	〃	賃貸人は不在地主につき更に研究を要す	取下げ
19	〃	〃	再調査の必要があるから	許可

資料：表4-11に同じ。

承認されたが，地主側については4件すべてが再び保留となり，その後取り下げられている。つまり地主の保留分は1件も承認されなかったことになる。それ以降の会議における地主申請分の承認状況（再審分は除く）は，第2回で4件のうち承認2件，却下1件，保留1件，第3回で2件すべて保留（このとき小作側申請分5件はすべて承認），そして第7回では3件のうち2件が承認，1件が保留となった。申請件数の推移からみて，引上げ申請は4月中に行われた第1，2回が山場で，その後急速に減少している。申請理由が判明する第1回と第7回の審議をみると，法律の誤解（例えば表4-13の No. 13，以下同様）や強引な引上げ要求（No. 9）など，本来，改正農調法第9条3項に該当しない者までもが申請していた可能性が高い。また不在地主や不耕作地主など正当な資格のない単なる土地執着など，初めから承認見込みのない申請も含まれていた。しかも，こうした申請のなかには，表向き小作側からの申請の形式をとったケースも含まれていた（No. 15，18）。申請人が小作人であっても，それが必ずしも小作人自身の本意であったとは限らないのである。「賃貸人応召」（No. 4，16）など，当然地主が申請すべきところを実際は小作人が申請した可能性が高い。だがこうした事例を含む第1，2回を経て第3回以降は，却下や保留の減少とともに申請件数自体が急減している。これは引上げ申請の法律的規定が村民の間に周知徹底され，委員会によって承認される見込みが高いものだけが厳選されていったことの現れとみてよいだろう。第7回会議に提出され承認となった地主による申請2件については，引上げに際して小作人から「合意書」が出されていることや引上げ後の小作人の「経済状態も良好」であることが会議で確認されている。却下ないし保留の減少は，地主からの一方的な引上げ申請の減少に依るところが大きい。そしてこうした結果の背後に，事実関係の厳密な調査と厳正な審議を重ねていった農地委員会の活動があった。

農地委員会の審議決定の根拠となったのは，『農地委員会議事録綴』にたびたび記載されている「再調査」や「実情調査」である。この調査は審議対象者・事項が所属または関係する部落から選出された農地委員を中心に行われた。会議では，当該部落の委員や部落補助員の調査に基づく委員の発言が重視された。『議事録綴』では，小作地引上げをめぐり「実情を知っている関係部落選出委員が承認に賛成するなら議長において左様に取り計られたい」という一委員の発言を受けて「全会一致をもって可決」するという審議の進め方がたびたびみられる。委員は，前述のように各部落から選出されていた。小作地引上げの処理に際しても，部落代表制に依拠した委員会運営が効力を発揮した。しかし，この運営方法は部落の内情に根差す個人的恣意的利害を引き出す要因ともなりうる。前述した小作側からの申請件数の多さ，またそれを承認する背景にも，申請段階以前に地主・小作間で行われた個別的協議が成立すれば，これを同一部落人として容認するという委員の存在があった。確かに小作地引上げ申請に対する日野村農委の裁定は，大きなトラブルや異論を惹起することなく，村内の農民各層に基本的に受け入れられた。しかし承認決定のなかには表向き小作側の申請でありながら，決定理由が明確でないものも含まれていた。「契約期限満了したるにつき自発的に返還するものであるから可決」（No. 7）や「本申請者は老齢のため耕作に耐えずとの理由につき可決」（No. 5）などがそれである。事実関係は判明しないが，「自発的に返還する」あるいは「耕作に耐えず」という理由だけで小作人が引上げに同意するとは考えにくい。結果的に，農地委員会という村レベルでも地主利害の確保を考慮した「宥和」や「譲歩」を導出する調整が行われたことが窺われる[29)]。この場合，農地委員会の階層的性格が改めて問題となるであろう。

前述のように，日野村では，遅くとも46年6月頃には農民組合が結成されていた。その活動は概して穏健であり地主・小作間の対立も表面化していないが，農地委員のうち4人（小作委員3人，自作委員1人）が農民組合員であった。しかし組合が農地委員会運営の主導権を掌握するまでには至らず，委員会設置当初は会長も戦前期に村内で最大地主であった地主委員Mが就任していた（以下，池田書記からの聞き取りによる）。だが，買収計画樹立に着手せず，小作地引上げだけを審議するという状態が続くなかで事態は急変する。農民組合が勢力を拡大させるとともに，買収計画に関する審議が開始される第4回会議（6月22日）からは，農民組合副委員長が農地委員会会長に就任することになる。この会議では，地主委員2人が欠席し，『議事録綴』の署名委員もはじめて地主，自作，小作の各階層委員から1人ずつ選出され，委員の階層代表制の意義が形式的にも明確化されている。これ以降，初代会長の地主委員Mは一度も委員会に出席することなく，委員会は9人で運営され，勢力関係も逆転している。日野村農委は設置されてから約半年後に，委員会運営の主導権を地主階層から小作階層（および農民組合）へと転換させる画期を迎えた。そして，この時期がちょうど小作地引上げ審議の山場を越えた直後であったことは，この審議が地主優位のものとはいえ，水面下では階層拮抗状態が醸成されつつあったことを示す。

農地委員会が承認した小作地引き上げ申請は，制度的には県知事の許可を経て最終的に許可されることになる。ところが，日野村では農地委員会が承認したすべてが県知事に申請されていない。地方事務所が郡段階で集計した「小作地取上一覧表　下高井郡（昭和22.10.31現在）」によれば，日野村農委が県知事に許可申請したのは10件にすぎず，その10件すべてが知事によっても許可されている。この10件は集計日から判断して，第7回（47年11月7日）の4件を除くと，すでに第3回の5月6日までに承認・却下された27件とは件数に大差がある。日野村農委は，却下3件を除いた承認24件のうちから何らかの基準で取捨選択し，結局

10件だけを県に申請したことになる（ただし，この集計日の後にも１件あり合計11件となる)。他の17件は県に提出されなかったのである。

ここで日野村農委が承認した24件のうち，どの10件が県に提出されたのかは不明である。『議事録綴』によれば，承認された地主も概して零細な所有者であり，そのなかに戦前来の村を代表する地主は含まれていない。こうした実状からみて，戦時中の一時的貸借の整理だけでなく，敗戦直後の失業帰農者等の諸般の事情を考慮した妥当性のある引上げだけに限定したことが県への申請件数をさらに減少させたものと思われる。ここには第４回会議以降，買収事業に取り組む過程で土地不足に直面した日野村農委が，それまで承認してきた引上げを大幅に見直すという経緯があった。村段階の24件と県段階の10件の違いは，日野村農委の性格変化と改革実行体制の転換の産物であった。だが，この審議結果の見直しは，改革法令の適用基準を，農民組合主導の農地委員会が自らの判断で変更したものである。日野村の場合，それはのちに異議申立や訴願でみるように，買収面積を少しでも増加させようとする農地委員会の判断によるものであった。小作地引上げに対する村独自の対応には，そこに至る過程で各村の農地委員会の独自の調整活動が介在し，この調整を可能にしたのが農地委員会に付与されていた判断の幅や権限の広さであった。それは村の改革実行体制いかんによっては，県への引上げ申請件数を変更させうるものであった。

第３節　異議申立，訴願と農地委員会の自律的権限

1　買収計画に対する異議申立

すでにみたように，日野村農委は第４回会議から買収計画樹立に着手した。若干の例外はあるが，買収計画は基本的に不在地主，在村法人地主，在村個人地主の順で進められた。これらの買収計画に対して５人の地主より６件の異議申立が提出された（小作側からの異議はない)。これらの異議はすべて個人的行動によるものであった。異議申立は，自創法第７条１項により農地委員会の計画や決定に不服があるものに認められた権利であるが，それが棄却ないし却下された者は

図４－２　異議申立・訴願申請の経路

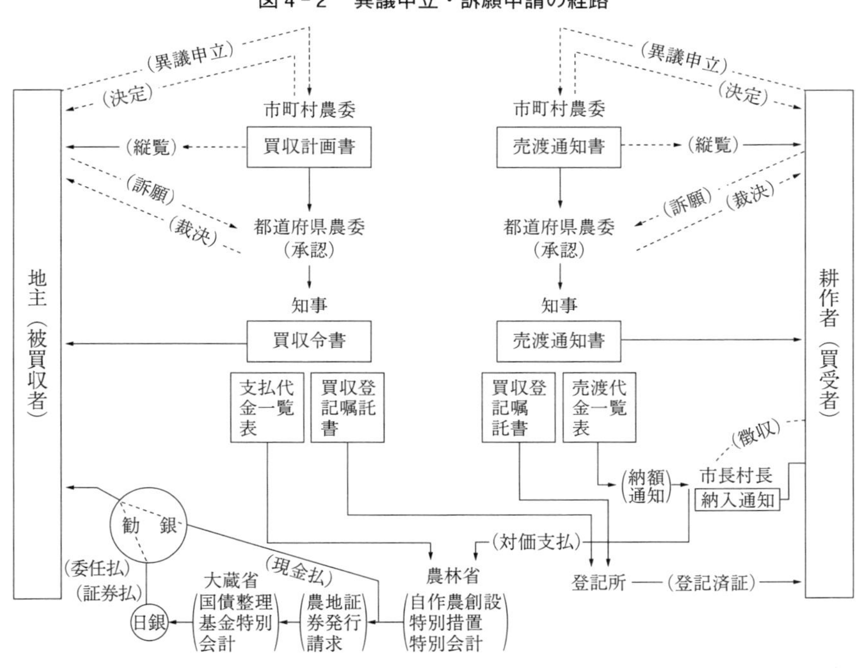

資料：『農地改革顛末概要』182頁。

所定の手続きにより，さらに県農委に訴願することができた（図４－２）。異議申立は47年10月から11月にかけて提出されたが，これに対して日野村農委は同年12月14日の第８回会議で集中審議した。表４-14は，それらの基本的な主張内容，関連法令，農委の審議結果を示すが，以下それぞれの内容を具体的にみていこう[30]。

［事例１］　地主の在・不在認定問題

本件は，日野村農委が県令に従って1947年２月11日から実施した農地一筆調査に基づきＹを不在地主とみなし，同年11月14日に買収計画を樹立したことに対し，Ｙから提出された異議申立に始まる。Ｙはこの異議申立の審議に臨席し自説を主張するが，その内容は次の３点にあった。①在・不在の決定時期を買収計画樹立時とすべきである。②本人は買収計画樹立時も，遡及買収期日である45年11月23

表4-14　異議申立一覧

申立人	異議の要点	主な関係法令	関係地目・面積	農委の決定
Y	在・不在の認定時期	自創法第6条第5項，同附則第2項，同第3条第1項第1，2号	田畑2町1反10歩	棄却
N	不在地主の認定 遡及買収の不当性 農地・非農地の認定	自創法第8条，同第4条第2項，同第4条第2項，同第5条第1項第6号，同第15条第1項，同第1条，同施行令第43条	畑1反3畝17歩 宅地35坪	棄却
B	未墾地買収	自創法第6条	山林5反5畝	棄却
B，C	又小作地の買収	自創法第6条	田1反6畝	却下
E	遺族による相続要求	自創法第6条	田3反8畝1歩 畑4畝3歩	棄却
F	自作地・小作地の認定	自創法第6条	田4畝5歩	棄却

資料：日野村農地委員会『農地委員会議事録綴』，『自作農創設特別措置法による異議申立訴願関係書綴』。

日にも在村していた。③農地一筆調査時をもって在・不在を決定したことは「申立人の場合に限り不当である」から買収計画から除外すべきである。またYは別添資料として，45年9月10日から翌年1月20日までの間，および47年3月31日から現在（同年12月）に至るまで日野村に居住していたことを示す居住証明書，ならびに申立の対象農地が田畑計5筆，6反9畝23歩であることを示す文書も提出した。Yの所有面積は，2町9反8畝24歩，そのうち貸付け小作地は2町1反10歩であるが，不在地主となればすべての小作地を失うことになる。一方，在村地主となれば小作地保有限度7反が確保できる。異議申立の対象とした6反9畝23歩は，ほぼこの7反に相当する。Yの異議は，この保有小作地の確保をめざすものであった。これに対し，全所有小作地の買収計画を樹立した日野村農委はYの申立を棄却するが，その理由は次の3点にあった。①農地一筆調査時をもって在・不在を決定したことは不当ではない。②Yは農地一筆調査時には不在であり，45年11月23日当時は「復員直後でたまたま在村していた」だけで，さらに47年3月31日以降の在村も長野市の農林省出先機関転勤のためで農林省官吏の身分に変わりなく，在村就農しているとは認められない。なお家族が在村・耕作していることは，Yを在村地主とみなす理由にはならない。③他への影響もあるから，買収計画樹立時をもって在・不在を決定することでYを特別扱いすることはできない。

Yの主張と農委の棄却理由との対立点は，在・不在の決定時期にあった。農委は農地一筆調査時を，Ｙは買収計画樹立時を主張した。農委がその他の買収計画と同様に本件を取り扱ったことを不服とし，Ｙは復員・転勤などの個人的事情を優先させた。戦時中の不在，遡及買収期日の在村，農地一筆調査時の不在，買収計画樹立時の在村という在・不在の継起的・反復的変化が事態を混乱させた。とくに46年１月20日から47年３月末までの１年２カ月余に不在であったこと，その不在中に農地一筆調査が行われたこと，買収事業が本格化する直前に帰村したことが，この混乱に一層拍車をかけた。ただし，この段階では，Ｙの主張②にある遡及買収期日を在・不在の決定期日とするか否かはまだ争点とはなっていない。しかし農委の不在認定に対して，Ｙが在村を主張すれば，遡及買収期日はいずれ争点化するはずである。こうしてＹが農委の棄却を不服とし県農委に訴えることにより，この異議申立は，その後約１年間におよぶ訴願事件に発展する。

［事例２］　地主の不在事由および遡及買収の正当性をめぐる問題

本件は，長期間，島根県海士郡海士村（隠岐地方の離島）の村医であったＮが，改革開始後まもなく帰村し，それまで貸し付けていた小作地の買収計画に対して異議申立を行ったものである。問題の発端は，47年７月に帰村したＮが買収計画樹立（同年11月10日）以前に当該小作地を農委への申請なしに引き上げたとして，関係小作人３人が自創法施行令付則第43条により畑５筆１反３畝17歩および同法第15条により宅地２筆95坪について遡及買収を申請したことにある。「政府において買収されたい」という関係小作人らのこの申請を農委は「相当と認め」，当該農地および宅地を遡及買収の対象とした。この時点での農委の認識は，Ｎが45年11月23日当時は不在であったことは「誰もが認めるところ」であり，賃借人の遡及買収申請は「当然であり，宅地の買収も……申請の資格がある」というものであった。これに対してＮは遡及買収から除外するよう主張した。その理由は，買収対象地が「先祖伝来の屋敷地」であり「本人帰郷の折は理由の如何に係らず地主に土地返還するといふ契約を基として小作を締結せる」土地という点にあった。これに対して農委は，不在という事実を前提に，不在の土地所有者が買収除外者として認められるための要件（自創法第４条第２項の特別事由により不在所有者を在村所有者とみなす規定および同法第５条第１項第６号の買収しない農地の規定）を示すと同時に，Ｎの場合はこの要件を満たさないとして棄却するが，Ｎはこれを不服とし訴願となる。

本件にはもう一つの争点があった。Ｎは遡及買収を申請した小作人らに虚偽の申告があると主張した。しかし，これについても農委は虚偽の「事実を認める証拠はない」として棄却した。農委への申請を伴わない小作地引上げ，それに対する小作人の遡及買収申請により，Ｎと小作人らの間はすでに係争状態にあった。したがって，買収計画樹立は，農委のこの係争に対する介入を意味した。しかも，当該小作地は地目転換地を含む小地片であり，事実確認作業が始まると，その過程が農委に多大な労力を要求することになる。

［事例３］　不在山林地主の未墾地買収問題

本件は，日野村農委が村内更科部落の山林の一部について未墾地買収計画（約２町歩，対象者９人）を決定したことに対し，その所有者の１人Ｂ（中野町在住）が起こした異議申立である。この買収計画は，改革法令で定められた小規模面積の未墾地買収に該当し，県農委は現地を実地踏査の結果この山林を開墾「適地」と認め，県の審査会でも認可を受けていた。もともと未墾地は，農地改革が農地を対象としたことから，当初は一般的な解放の対象とはならなかった。しかし敗戦後の食糧増産や復員者・引揚者・失業者の帰農対策として緊急開拓事業が必要とされ，未墾地買収は改革事業の一環として積極的に推進されることになった。自創法第30条は「政府は自作農を創設するため必要があるときは……農地以外の土地で農地の開発に供しようとするもの……を買収することができる」という規定を設け，またそのなかで必要の有無を判断する権限を市町村農委に与えた。だが，当該地は「都道府県農地委員会が命令の定めるところにより定める未墾地」（同法31条）でなくてはならず，実施主体は都道府県であった。したがって，この買収計画に異論がある者は，一般の農地とは異なり都道府県農委に異議申立を行い，その裁決に不服がある場合は県知事に訴願することとされた（同法第32条第５項による第７条の準用）[31]。ただし小面積（都府県10町未満，北海道40町未満）の未墾地買収では，先の第30，31条の規定にかかわらず「市町村農地委員会の定める未墾地買収計画により……買収することができ」，県農委へは届出・認可を受ければよいとされた。異議申立についても市町村農委に対して行い（同法第38条），手続き上は一般の農地買収の場合と同様の取り扱いとなっていた。

本件の対象となったＢの山林面積は５反４畝である。この山林の開墾をＢは47年12月19日に日野村農委に申請した。その後開墾されないまますでに１年２カ月を経ていたが，買収計画期日を迎えたＨは，「耕作面積僅少により増反」を要求し，開墾は「近日中に実施いたすべく運んでいる」と主張した。農委はこの件の審議当初からＨの開墾計画に疑念をもっていた。会議では「自家開墾による増反計画は稼働人数少なきため実施は困難」という意見が出され，農委は「明らかに買収忌避のための計画」と判断した。結局「これを買収計画より除外すれば総合開墾計画樹立上支障をきたすから買収して開墾を至当と認める」こととなり，自創法第７条（同法第30，38条準用）により棄却した。未墾地買収は非農地が対象であっただけに，かえって農委の自主的権限が強く現れる事業であり，またそれだけに地主側の強い抵抗も当然予想された。しかしそれをも押して農委が権限を行使しようとしたのは，山林開墾・買収により村の土地不足の打開を図ろうとする意図があった。当時の経済状況のもとでは，それはまた村自体の要求でもあった[32)]。

［事例４］　又小作地の買収問題

間山の田１反６畝について，その所有者である中野町在住のＢと日野村同部落在住の小作人Ｃの２人より連名で提出された異議申立が本件である。Ｂは［事例３］と同一人物の不在地主である。日野村農委は当該小作地を不在地主所有地として買収計画を樹立したが，これに対しＣがＢから借り受けた小作地は別の耕作者に転貸され，契約上の小作人はＣであるとの理由で異議申立が出された。しかし書面にはＣ側からの主張に関する記載はなく，専らＢ側の立場についての説明が記されている。記述内容をみる限り，異議申立書はＢが個人的要求に基づいて作成し，ＣはＢに依頼され単に連名に協力したものであった。Ｂは「又小作は今回農地委員会の説明により初めて耳にしたものにして，……地主は何等関係せず。なお昭和十六年，貸付け当時より地主の承諾なくして又貸しは絶対不可の契約あり」と述べ，地主との契約を無視し又小作していたとの理由で異議を提出した。

この異議申立の主役は契約上の小作人Cではなく地主のBであるが，彼は不在地主であることから当然買収の対象となり，又小作があろうとなかろうと農地買収を免れることはできない。Cの又貸しについても，現実の耕作者に農地を売り渡すことが農地改革法の主旨であり，Cは売渡対象者としても問題にならない。この申立に対して日野村農委は，又小作問題に立ち入ることなく，異議申立人の手続き上の不備を突くことにより，この申立を斥けている。すなわち異議申立書が買収計画の縦覧期間（47年11月5～14日）に遅れて到着したことを取り上げ，「本件異議は本件買収計画縦覧時期経過後である11月26日に到着しているから自作農創設特別措置法第7条第1項に違反する。よって本件については本来の審査，すなわち申立人の主張する事由の内容にわたって審議すべきものではない」というのが全会一致の決定であった。農委は申立内容に立ち入ることはせず，事実関係の審議も行わないまま，あえて法令を機械的に適用した。つまり，この申立は内容を審議する必要性もないという判断から，法令を盾に門前払いされ，決定は「棄却」ではなく「却下」となった。当然通用しない申立と，法令理解に熟達しつつあった農委との間にはすでに距離が生じていた。又小作や当然買収の理解にしろ，異議申立期限（縦覧期間）の理解にしろ，本件の解決はこの距離のなかに位置づけることができる。

［事例5］　移民先で死去した者の農地に対する親族による相続要求の処理問題

間山のEは戦時中に，自分の所有農地（田畑3筆，4反2畝4歩）を貸し付け，下高井郡民の手によって開拓された「高社郷」に入植したが，戦時末期に現地で一家全員が死去した。周知のように，長野県は満州移民による入植者数が全国で最多であったが[33)]，帰郷した元満州移民者に対する農地委員会の対応は比較的寛容な態度で臨んだところが多い。しかし，本件は一家全員が移民先ですでに死亡していたため，農委は当該農地を不在地主所有小作地とみなし買収計画に組み入れた。本件は，これに対して，遺産管理人を名乗るEの親族の一人（職業は大工）が，買収計画から除外するよう異議を申し立てたものである。

その主張は，Eが「農地を小作に出し日野村より高社郷に先遣隊として入植せしも……不幸にして一家全員が死亡し，その遺産をさる3月親族会議により遺産管理人の次男（昭和７年５月３日生まれ）を相続人と決定（ただ今手続き中にて飯山裁判所より20日に決定通文あるはず），それにより一家の御霊を永久に守らんとするもの」という内容であった。これに対して農委は，「在村地主と不在地主の決定の時期は，本年２月11日の農地一筆調査時」であり，その時期に遺産管理人は未決定であり「不在地主と認定」という判断を下し，この申立を棄却した。この判断は，前述した事例１のＹの場合と同様に，在・不在の決定時期を農地一筆調査時に置くことを前提としているが，申立内容というよりも，在・不在の決定時期には遺産管理人が決定していなかったという，期限の機械的適用により，申立手続きの不備を理由に棄却するものである。事例１でも在・不在認定時期は争点をなしていたが，これが訴願に至ると，この決定時期自体の正当性が問われることとなる（後述)。しかし異議申立審議の段階では，この正当性は問題とされず（事例１のＹは別として)，またその後も村内では問題となることもなかった。それどころか本件では，農地一筆調査時の不在が棄却の根拠とされた。しかし，これには必ずしも十分な法令上の裏付けがあったわけではない。農地一筆調査時の重要性が村民に受容された限りにおいて，この根拠が正当性をもちえたにすぎない。日野村農委の決定は，異議申立が村内処理事項である限りにおいて有効性をもちえたのである。

しかし棄却決定の真意が，単に期限の問題だけにあったとは考えられない。親族関係が土地所有・相続関係に重なる局面の多い農村社会において，世帯を異にする遺族の農地を相続することを１件でも認めれば，買収計画，ひいては村の農地改革計画全体の変更が必要となる。また一方，『議事録綴』からは，家族員数が多く狭小な小作人の借家を広くする目的や応召帰還者の分家の目的で農地の宅地化を部分的に認めたケースが数多く確認できる。つまり日野村に居住し農業に従事していた者およびその復員者・引揚者に対しては，農委は柔軟に対応した。しかし，本件では職業が大工であり，遺族一家の「御霊を永久に守る」という名目で自分の息子に相続させることは，この機に乗じた非農家による土地取得を意味した。農地委員会は親族間の相続関係という厄介な問題に深入りすることを回避し，村全体の買収計画の樹立方針に基づき在・不在の一律的な基準をあえて適用することで，この申立を斥けた。この相続申請が農地一筆調査以前になされていたとしても，おそらく農委は別の理由を持ち出し，当該小作地を買収計画に組み入れたであろう。ここには非農家の要求を斥け，実際の耕作者の利益を優先させるためにＥを不在地主と認定することで，より多くの買収，売渡面積を確保しようとした農委の姿勢が現れている。

［事例６］　不在零細地主の仮装自作問題

本件は，新野の畑４畝５歩を所有する上高井郡須坂町居住のＦが，本農地を自作していたという理由で買収計画に異議を申し立てたものである。だが，申立書の主旨は「昭和二十年より本人が自作しているから……自創法第６条によって買収されるべきではない」というにとどまり，主張の根拠は明示していない。この申立の理由では，自作開始が45年のいつからであるのかも不正確であるうえ，Ｆが本農地を自作することは，その住所から判断してほとんど不可能に近い。本件は，不在地主が土地所有へのあからさまな執着をあらわにした事例であった。この異議申立を受けて，日野村農委は現地調査をしたうえで，「仮装自作地である」と判断し，Ｆの異議申立を棄却している。

本件は日野村における６件の異議申立のなかで，地主の不正が明確に現れていたという意味で最も単純明快な性質をもっていた。耕作実態の現況を重視する農委にとって，容易に解決しうるものであり，少なくとも法令の解釈や適用に悩まされることはなかった。単純な土地所有への執着に基づく異議申立は，在・不在を問わず，当時の多くの地主（零細所有者も含む）が共通にもっていた改革そのものへの不満の現れである。しかし，その不満は法令上の正当な根拠をもちえず，異議申立をしようにもできないものが多かった。またこれを行った場合でも，必然的に申立書の中に関係法令の記載が著しく少なくならざるをえない。Ｆの場合にも，これがあてはまる。ただし，買収計画に不満があっても，異議申立という形で不満を表明しない地主も多くいた。その意味で異議申立ば，農委に対する不満の「氷山の一角」であった[34]。

2　訴願への農地委員会の対応

ここでは上でみてきた異議申立のうち県農地委員会への訴願に発展した事例１

～3をもとに，日野村農委の判断に基づく権限行使を，県農委（および県農地部）の判断や権限との関連で考察する。村段階における異議申立の内容は県段階に至っても基本的に変化することはないが，異議申立人の主張の内容は訴願におよぶなかで一層明確化し，県農委での審議を通して論点が深まっていくことは以下でみるとおりである。

表4-15　Yの異議申立・訴願に関する行動

年　次	主体	行　　動
1947. 1 .10	村農委	農地買収計画樹立
	Y	村農委へ異議申立書提出
11.21	村農委	異議申立決定・棄却（第8回農地委員会）
12.14	Y	県農委に訴願
12.22	村農委	県農委への訴願に対する弁明書提出
1948. 1 .31	村農委	県農委への訴願に対する調書提出
5 .27	県農委	実情調査のため地方事務所職員と来村
8 .19	県農委	裁決，日野村農委決定取消し
8 .10	村農委	農地買収計画樹立
9 .29	Y	村農委へ異議申立書提出
10.19	村農委	異議申立決定・棄却
10.30	Y	県農委に訴願
10.30	村農委	県農委への訴願に対する弁明書・調書提出
11.29	県農委	裁決，日野村農委決定取消し

資料：表4-14に同じ。

[事例1]　在・不在認定をめぐる県農委と村農委の対立

異議申立を棄却されたYは，県農委に訴願するが（表4-15），その主張は①本人は，買収計画樹立時および遡及買収時のいずれも日野村に居住し，②家族（母，弟夫婦，妹，妻）は就農してきたということにあった。これを先の異議申立と比較すると，第1に在・不在の決定時期に関する村内一般の買収計画からの除外願いは取り下げられ，第2に，これに代わって自己の在村と家族の就農を強調することに重点が移っている。この訴願に対し，農委は次のように弁明した。①訴願人は農林省の現職中，44年9月24日応召し，45年9月25日の復員後，同年11月23日は「休養のためたまたま在村していた」が，翌46年1月20日に東京に移り，47年3月31日に再び帰村し，買収計画樹立時には在村していたが，それは通勤可能な長野市の農林省出先機関に転勤となったためで，官吏の身分に変わりはない。②在・不在の決定時期を農地一筆調査時としたことは不当ではない。③訴願人の家族が従来から就農していることは，訴願人を在村地主とする理由にはならない。

この両者の主張を受けて，県農委は県農地部とも連絡をとり，2度にわたって来村し，関係者に対する聞き取り調査や関連資料の確認作業を行った。こうして48年8月19日，Yおよび農地委員，書記らの列席のもとに長野市役所で開催された訴願委員会において，県農委は次のような見解を示した。「昭和二二年二月十一日は農地調査規則に基づく基礎調査期日であって，この他に何らの意義をもたないのであるから日野村農地委員会が訴願人の該期日に於ける不在を理由として本件農地買収計画を樹立したことは間違いである。……本件農地買収計画樹立現在，訴願人が日野村に住所があることは日野村農地委員会の認めるところである。さらに昭和二十年十一月二三日現在，訴願人が在村していた事実を否定しておらないから，いわゆる在村地主であって本件農地は自作農特別措置法第三条第一項第一号には該当せず」。こうして裁決は「日野村農地委員会の決定はこれを取消」され，県農委はYの主張を認めた。しかし，県農委は在・不在の決定期日については明言しなかった。それどころか，この争点（期日問題）を回避し，問題をもっぱら在・不在の認定論に集約させた。しかも県農委は遡及買収期日をもち出すことで，日野村農委が「在村……を否定しておらない」とした。後からみれば，この段階で論点の中心は，すでに遡及買収期日の在・不在問題へと誘導されていた。

一方，日野村農委はいぜんとして在・不在の決定時期を農地一筆調査時に置く主張を堅持した。調査に基づく現況主義の立場を貫けば貫くほど，農地一筆調査の結果を重視せざるをえなかった。しかも，この調査期日は農地調査規則に基づき長野県が県令として定めたものであった。本件においては，本来遡及買収問題でないにもかかわらず，Yが遡及買収期日に「たまたま在村」していたため，在村を主張するにはこの期日を持ち出すことが有利であった。遡及買収期日，農地一筆調査時，買収計画樹立時の間で在・不在が変化するという事態は，自創法の想定外の問題である。とくに遡及買収期日に在村し，その後に東京（農林省）で復職し，さらに通勤可能な県出先機関に転勤するという在・不在の転変は，日野村農委が，農地改革に関する情報をいち早く入手し，不在地主であることを免れようとしたYの計画的行動だと受け止めるに十分である。こうしたなかで県農委は，農地一筆調査期日を基礎調査日という以上の「何らの意味をもたない」とした。しかしこの説明が，現況調査を重視する農地調査規則（および県令）と齟齬することは言うまでもない。本件は日野村農委が農民組合連合会に訴えることで，日農長野県連や日農下高井郡連でも問題となるが，結局は，日野村農委が独力で取り組まねばならなかった。

裁決を受けた日野村農委はただちに対策を協議し，「われわれ農地委員が傍聴し，その審理状況を見るに，あまりにも一方的な裁決であり背後の力がこれを支配している」[35]と認識したのち，今後の方針を遡及買収期日における不在の主張へと転換する。すなわちＹの在・不在について，「中心となる点は昭和二〇年一一月二三日当時に於ける住所が東京都にあったのか日野村にあったのか」とし，農委は当該期日のＹの不在を理由とする新たな買収計画樹立に着手する。それは県農委が，当該期日におけるＹの「生活の本拠」を明確にしていないことを盾に取った戦術であった。しかし，これに対しても，当然のごとくＹから異議申立が提出され，日野村農委はこれも棄却した。こうして本件は再び県農委で審理されることになった。Ｙの主張はこれまでと基本的に変わらないが，訴願書には今回の買収計画が「県農地委員会の裁決に従わざる不法処分」であると付記されている。日野村農委にとって，論争の相手はもはやＹではなく県農委（および県農地部長）であった。

しかし，県農委の２度目の裁決の内容は変わることはなかった。すなわち裁決書によれば，当時，訴願人が東京都に所在し農林省に勤務していたことをもって，「その生活の本拠が日野村になかったと解していると思われるが，当時，訴願人は復員後，退職の意志をもって辞表を提出し日野村に居住していた」から，「住所，即ち生活の本拠なるものが，個人が其の地をもって生活の根拠となす意志と，その意志の実現との二点から判断されなければならないと解される限り，昭和二〇年一一月二三日現在における訴願人の住所は日野村にあった」。こうして県農委は「訴願人の要求を理由あり」と認め，Ｙを再び在村地主と認定した。県農委はＹの農林省「復職」の真相に触れることなく，「辞表」と「意志の実現」を根拠に，Ｙの「在村」を支持した。在村を「在村就農」とみなした日野村農委には，在村性が希薄でかつ農業以外の職業で生計維持可能な者を不在地主とする認識があった。食糧危機，農村人口急増のもとで耕作者にできるだけ多くの農地を配分する方針で改革事業を実行しようとすれば，この立場はむしろ当然であった。一方，県農委は形式上の時間的・空間的な「在村」を認めたうえで「生活の本拠」を決定する論議に終始し，「個人の意志」まで持ち出した。しかし，もともと改革法令は在村概念について「就農」はもとより農業以外の生計を支える職業の有無は問題としておらず，「たまたま在村していた」ことも在村地主の概念に該当する余地を残していた。

こうした法律の曖昧さを補完すべく農林省は在・不在の基準となる住所について，地方長官あてにたびたび通達を出した。このうち本件に深くかかわるものは47年１月６日付の農政局長通達である。そこには「教員，官公吏等で任地の関係で不在となった者が在村地主とされないことは云うまでもない」とある。むろん，官公吏であっても任地が近く在村通勤が可能であった者は運良く在村地主となりえた。在・不在の認定が問題になる場合は，平時でも個人の具体的な日常行動の範域が問われる。これに敗戦直後に特有の復員，引揚げ，戦災者の帰郷，疎開先への滞留，失業者の帰村などの事情が重なれば，事態は一層複雑となる。農林省当局は，さらに住所に関して特別の通達を出していた[36)]。それによると，住所は「生活の本拠であって，ただ唯一個に限る」こと，「本人の住所意思の如何に拘わらず当該農地所在市町村に常時居住し」ていることが明記された。したがって「家族を郷里に置き一週一，二回帰郷する如きは現に居住する者とはなし得ぬし，又一時戦災，疎開，住宅難等によって帰村して居りたるが如きは生活の本拠を郷里に有する者とは云えない」とし，また住所決定の判断に際しては，「当該農地所在市町村に常時居住し，その生活関係が其の場所を中心として構成されている場合のみ農地所在地に住所あり」とされた。このように住所決定は法令の一律的適用では処理しえない場合があり，在・不在の認定は市町村農委はもとより県農委にとっても判断の幅が意外に広い問題であった。

在・不在の認定時期をめぐって村段階で始まった本件は，県段階で在・不在自体の認定への争点移動を経て，結局，遡及買収規定の適用で落着した。この結果をみる限り，県農委が遡及買収規定を農地改革法の理念に照らし合わせて運用したとはいいがたい。遡及買収は，本来，地主の違法行為を是正し買収徹底化を推進する目的で規定されたものである。しかし本件では逆にＹを在村地主とすることにより，買収面積を縮小させる方向で運用された。県農委による在村認定と日野村農委による不在認定という対照性を浮き彫りにした本件は，法令の規定と農村社会の現場感覚がクロスする局面で生起した紛争と位置づけることができる。しかし，それは日野村農委の事件解決能力の欠如や県—村を通じた農地委員会システムの限界というよりも，むしろ改革法令が敗戦直後における多様な社会生活の全領域にまでおよびえないという限界から生じたものであった。日野村農委が「在村」を「在村就農」と認識したことが敗訴の一因であったが，しかし，これを法解釈の誤りとするだけでは本件の理解としては不十分である。本件以外のすべての買収では在村（＝在村就農）という認識は，村民に受け入れられやすい論理であり，むしろこの論理のもとで改革はスムーズに進行した。改革期における諸個人の全生活領域を規定しえないという改革法令の限界面において農村内部での生活論理の優先が，県—村の農地委員会システムにおける意見の不一致という形で表面化したところに，本訴願事件の特質があった。

［事例２］　特別事情による在・不在認定をめぐる村農委と県農委の連繫

島根県の赴任先から帰郷した医師Ｎによる訴願の内容は次の６点にわたっている（表４-16）。①45年11月23日に不在というのは島根県の村医として村との契約に基づき奉職中のためで，当時，人手不足から道義的に帰郷不可能という特別の事情がある。②老齢で且つ医師の数も多いため医師開業が困難であるから本件土地を自作せねば生活ができない。③帰村の際は何にても返還する契約で賃貸したもので特殊の事情がある。④柿の木その他の立木は賃貸していないから買収すべきではない。⑤用水路，道路，護岸地，稲荷神社跡地，石垣跡は小作地ではない。⑥小作人が無断で土地の使用目的を変更し使用しているのは不当である。これらを先の異議申立と対比すると，概ね２つにくくられていた内容が分割・変形し項目分化している。すなわち異議申立において，小作地引上げを正当化しようとする主張が①および②へと変形されるとともに従前からの主張は③に項目化され，遡及買収にかかわる小作人の虚偽申告および関連事項が④，⑤，⑥に項目分化している。

まず①と②は，素朴な所有地奪回要求に発した異議申立が，農地委員会の本件への自創法第４条第２項（不在所有者を在村所有者とみなす規定）および同法第

表4-16　Nの異議申立・訴願に関する主な行動

年　次	主　体	行　　動
1947.10.2	関係小作人	村農委に遡及買収を申請
10.25	〃	〃
11.10	村農委	農地買収計画樹立
11.22	N	村農委へ異議申立書提出
12.14	村農委	異議申立決定・棄却（第8回農地委員会）
12.20	N	県農委に訴願
12.23	村農委	県農委へ訴願に対する弁明書提出
1948.1.13	村農委	県農委へ訴願に対する調書提出
3.13	県農地課	調査のため来村
5.6	県農委	村農委に関係書類提出を要求
6.16	県農委	裁決・棄却
7.	N	県農地裁判所に行政訴訟（昭和22年行第31号農地買収計画異議裁決に対する不服事件として受理）を提訴（被告：県農委）
9.8	県農委	村農委に訴訟事件調査協力を要請
1949.2.9	〃	〃
6.24	〃	和解成立
10.31	〃	裁決，6月16日裁決の取消し

資料：表4-14に同じ。

5条第1項第6号（買収しない農地の規定）の適用によって棄却されたことで，この法令適用への直接の反論としてNが準備したものである。Nは不在認定に対して，訴願段階では不在事由の正当性をもって応酬しようとした。自創法第4条第2項は，当該農地の所有者が「特別の事由」（第2条第3項）で不在となった場合，「当該区域内に住所を有する者」とみなす規定を設けているが，Nは「帰郷できなかった……特別の事情」を持ち出すことにより在村扱いをうけようとした。しかし同条項は，家族が在村しなければ適用対象とはならず，本件では家族全員で赴任していたからこの適用は不可能であった[37]。県農委も，「特別の事由」の各項目（自創法施行令第1条）に照らし合わせ，「在村地主と見なす特別事由にはならない」と断定した。また同法第5条第1項第6号についても，自作農を対象とした条項であり，Nへの適用は不可能であるが[38]，Nは「自作せねば生活ができない」という直近の自作要求，および帰村後返還契約がある「特殊の事情」をもって，同条項の適用を受ける事由（同施行令第7条）としようとした。県農委は，これらの事由も「買収計画から除外する理由とはならない」とした。結局，Nは自己についても，また所有地についても，訴願委員会において農委の主張を覆すことはできなかった。

日野村農委と県農委は，本件にかかわる事実認識・判断および改革法令の解釈・適用において結論を同じくした。この限りで，この問題の解決は，制度的にはともかく，事実上の解決は村段階ですでについていた。自創法第４条第２項および同法第５条１項６号に基づく特別の事由は「市町村農地委員会が……認めて都道府県農地委員会の承認を受けたもの」でなければならない。この条項にかかわる異議申立の場合は，一般的に，申立人にとっての第１の関門は市町村農委の判断にあった。村段階でまず農委に全面的な権限が与えられていたからである。この農委の判断には幅があり，前述の施行令第１条，７条にある「その他の事由」の運用は基本的に市町村農委の判断に任されていた。離島の医師を長年続け老年になって帰郷したＮは，小作地を「返還するという契約」を信じ，しかも「先祖伝来の屋敷地」であれば自己の生活基盤とするのは当然だと思っていた。実際，Ｎ（62歳）がもう少し年齢が高く農地改革以前に離島の医師を早く離職し帰村していれば，その通りになったであろう。しかし，農地改革に遭遇したＮの立場は一転した。訴願に対する日野村農委の弁明書には「七月に帰郷し在村しているのは在村地主として取扱を受けたいため」で，小作契約についても「文書契約がなく口頭契約のため証拠となるべき書類はない」と断じた。またＮを「医業によって生活を営んできたものであって農業をもって生活を維持してきたものではない」とみなした。Ｙの場合と同様に，生活基盤として農業を捉える立場が貫かれている。在・不在あるいは所有地買収の妥当性については，基本的にはまず事実に対する認識と判断が問題となるが，そこには判断主体の考え方が深くかかわっている。Ｎの訴願において，県農委は法令に即して不在地主としての遡及買収の妥当性を結論づけたが，この結論は日野村農委の判断の妥当性を訴願段階で改めて立証したものであった。

こうした判断主体の立場や考え方ではなく，訴願が事実関係の真偽性におよぶ場合，農委の活動はその審議性の解明に重点を置かざるをえない。Ｎの小作地関係の訴願内容④⑤⑥は，日野村農委に煩雑な調査活動を要求した。まず④については，農委の弁明書に「屋敷周辺の柿の木その他の立木は……買収計画よりも除外」したことが県農委の調査によっても確認され，「訴願人の主張は成り立たない」とされた。また同じ弁明書で⑤を用水路・道路・護岸地と神社跡・石垣跡に区分して，前者を「農地の畦畔であって小作人は過去40年来草刈りその他の手入れをなしてきたるものであるから……小作契約に含まれている」と認定している。稲荷神社跡地については，「この場所は数年前までは稲荷神社があったが現在は農地であって小作人が耕作している……新野神社，道路より畦畔（石垣跡），これも契約より除外してあるというが，小作人は四十年来使用しており十二，三年前ここに雛舎および薪小屋を建築してある事実を聴しても買収計画より除外すべきではない」と反論した。農委はあくまで小作人が現在，耕作している事実に基づき，水路・道路・護岸地を「農地の畦畔」，神社跡地を「農地」，石垣跡を「農業建物利用地」と認め買収計画に組入れた。

こうした認定は関係小作人からの聞き取りのほか，実地調査による現況の確認作業，過去数十年間の事実関係の洗い出しといった手間のかかる作業の結果であった。⑥については，「農地委員全員にて実地調査せる結果・虚偽の申請でもなければ小作地面積にも相違はない。小作人は申し立てた面積につき四十年来小作料を支払っているのであるから，これを根拠として買収計画に入れた」と弁明するとともに，使用目的変更については，「訴願人が不在中であったから管理人の承諾を得て建築したとのことであるから信義に反する行為があったと認定することはできない」とした。こうして農委は，関係小作人の遡及買収申請の正当性を大正初期の事実関係にまで遡って明らかにせねばならなかった。この綿密な調査は，農地委員会に与えられた強力な権限の裏側にある責務を浮き彫りにしている。この責務は特定階層の耕作農民の利益を確保しようとするものではなく，規模の大小を問わず耕作実態を重視する農委の立場を示すものであった。遡及買収を申請した関係小作人が，それぞれ１町歩を越える自作上層，４反余を耕作する自小作層，２反余耕作の零細小自作層であったことが，これを裏付けている（表4-17参照）。

ところで県農委はＮの訴願および日野村農委の弁明を受けて，自らはもとより県農地部農地課の係官を派遣し現地調査を実施している。調査後も，ただちに訴願委員会を開くのではなく，訴願を厳正に審査する必要から２度にわたり事実関係を確認する問い合わせや資料請求を行っている。日野村農委は，そのつど，

表4-17　関係小作人の土地所有・耕作状況

	N. F	N. S	T. D
戸主年齢 世帯員数 就農者数	68歳 7人 4人	37歳 6人 3人	38歳 6人 2人
所有農地	田4反5畝27歩 畑7反2畝6歩	畑2反2畝1歩	畑　5畝14歩
小　計	11反8畝3歩	2反2畝1歩	5畝14歩
耕作農地	田4反5畝27歩 畑8反3畝12歩	畑4反　11歩	畑2反2畝8歩
小　計	12反9畝9歩	4反　11歩	2反2畝8歩
N. K所有小作地	畑　4畝21歩 宅地　35坪	畑　5畝10歩 宅地　60坪	畑　3畝16歩

資料：日野村農地委員会『自作農創設特別措置法による異議申立訴願訴訟関係書類』。

土地面積や建物の測量などの補充調査を行い精度の高い事実関係を報告したほか，当該農地の細部にわたる実測図まで作成した。こうしたやりとりのなかで県農地課が日野村農委（会長および専任書記）宛に送付した葉書には，「なお当日，お話し申し上げましたようにN氏によくお話申し上げて，できるものなら取り下げ願いたいものです。宜しくお取り計らい願います」との一文もある。訴願委員会開催以前にすでに県農委および県農地課はNの訴願が認めがたいものと判断し，訴願取下げを日野村農委に依頼していた。こうしたやりとりから，県―村の系統組織としての農地委員会システムが，県農委主導性のもとで問題解決に向けて作動していたとはいえ，県段階の調査の客観的徹底化が孕む事務的繁雑さを回避するためにも訴願事件の解決能力は，やはり村農委に期待されていたのである。

しかし，事は期待される方向には進まず，取下げのないまま県農委による訴願委員会を迎えた。採決は一部の修正点を除き，概ね日野村農委が提出した弁明書を支持する内容であり，村農委が買収対象とした面積の96％を県農委も認めた。ところが，本件は県農委の裁決にもかかわらず決着しなかった。Nが県農委の裁決を不服とし長野地方裁判所に提訴した（48年7月）。村で始まった異議申立は，県農委の訴願委員会を経て，原告をN，被告を長野県農委とする行政訴訟事件にまで発展した。この訴訟は，その後約1年間にわたり延べ9回におよぶ公判が開廷された。結局，この事件は関係者への聞き取り調査のため来村した担当判事が調停案を提示し，これを関係者が受け入れることで漸く和解となった（49年6月

24日)。訴訟事件は農地委員会論の課題外であるが，その和解内容は県農委の裁決とほぼ同一であり，日野村農委の当初の判断を支持するものであった。

［事例３］　不在地主の未墾地買収計画をめぐる訴願への対応

未墾地買収への抵抗は，山林地主を中心に全国に広くみられ，その異議申立が訴願や訴訟にまで進む割合は既耕地の場合よりも高かった39)。本件も訴願におよぶ事例であるが，訴訟にまで発展することなく県農委の裁決により決着をみている。訴願においてＢは，異議申立と同様の主旨を繰り返すが，その内容はやや具体的になっている。すなわち①「耕作面積僅少のため開墾，増反したい」(現在の耕作面積は田畑計３反４畝）という主旨に加えて，②開墾申請後１年以上が経過した事情について「家人の病気等のため遅れているが今年の春より実施する予定でいる」とし，また③現在，新制中学３年の長男（16歳）も来たる３月卒業後，経営参加を予定していること，④当該山林は家から15町ほどの距離で，徒歩で20分くらいなので経営上至難ではない，という４点が主張されている。これに加えて，他の貸付け地（７反）がすべて引上げ困難であること，家族構成が夫婦と子供１人であることが付記されている。これに対し，日野村農委は①から④のすべての論点にわたって弁明しているが，とくに開墾未着手という事実を重視し，「家人の病気の有無にかかわらず自家労力の不足から，この開墾実施は困難であり不相当である」と述べている。また長男が卒業しても，「地理的関係よりみて開墾による営農計画は困難」と断じている。

双方の主張を受けた県農委は，49年５月24日の訴願委員会で裁決を下している。その内容には「増反希望については県入植実施方針に基づき健全なる自作農を創設する為に真に開墾して農業に精進する意志強固な者であることはもちろん稼働労働力の有無が絶対条件となる」と開墾の条件を明確にしたうえで，「訴願人の家族構成状況よりみて……その資格極めて薄弱で増反者として許可を得る見込みなき者」という判断が示されている。県農委としても，当該山林は日野村農委による未墾地買収計画の「適地」と自らが認めていたという経緯から，間接的にではあるが本件にすでに関与している立場にあった。本件は，審議される事実関係の自明性によって，事実上，村段階で決着のつく一種の単純性をもっていた。この単純性とは，日野村農委が見抜いていたようにＢの買収忌避であった。本件が，異議申立の棄却決定から訴願委員会の棄却裁決を受けるまでに要した期間は３カ月である。事例１，２とは異なり，本件では訴願段階で県農委や県農地課の係官が調査のために来村することもなく，日野村農委の弁明書をそのまま追認している。一般に訴願といわれるもののなかには，こうした訴願人の主張の不合理性が明らかな事例も含まれていたであろう。訴願は，それがいかなる理由であるにせよ，市町村農委の決定に不服がある者に与えられた権利であったから，棄却の可能性が高くとも訴願におよぶ者も当然いた。しかも，そうした場合でも農委はそのつど対応を要求された。農委の仕事には，そのために発生する単に厄介としかいえないものもあった。改革法令の解釈や運用に苦心する複雑な問題だけでなく，理不尽な小課題にも農委は取り組まざるをえなかったのである。

むすび――小括――

本章の主要な課題は，農地委員会の権限行使における自律性を，小作地引上げの処理，買収計画に対する異議申立，県農地委員会への訴願を中心に検討することであった。小作地引上げについては，より詳しい分析を試みる第７章で要約することとして，ここでは日野村における異議申立と訴願に限定して論点を整理しておきたい。

第１は，異議申立申請の処理を通じてみた農地委員会の法令適用における判断根拠と問題処理・解決能力についてである。６件の異議申立のうち，事例４，５，６は日野村農委の判断と権限行使が問題解決に直結したケースであった。そのなかには，事例４，５のように申立人の手続き上の不備を突き，あえて機械的に門前払いする方法がみられた。そこでは村内に居住し農業に従事することにより生計を維持してきた者の利益を優先させる農地委員会の方針が，その問題処理方法に妥当性を与えていた。異議申立人は農地委員会の決定に不服があれば訴願することができたが，又小作を理由とする買収忌避（事例４），所有者の死去に伴う相続希望（事例５），仮装自作（事例６）は，農地委員会の法令の習熟と法令適用の適切性，異議申立人自ら不正行為をある程度自覚していたこととも相まって，訴願にまで至ることはなかった。またこれらの異議申立は関連法令が著しく少なく（前掲表4-14），問題の性質が比較的単純であるという共通性があった。こうした異議申立に対しては，農委は問題解決能力を大いに発揮した。膨大な数の農地買収のうち異議申立がわずか6件であったこと，不在地主や法人地主を含めて被買収地主数108人のうち異議申立人がわずか5人（4.6%）であったことは，本村の農地改革がいかに順調に進行したかを物語っている。しかし，他方では異議申立の半数が訴願に発展したことは，農委の事件解決能力の限界性を示すものでもある。だが，それらの3件の訴願人は，官吏，医師，村外の山林所有者であり，いずれも在村性が希薄で農村社会の規範や秩序からはみ出した存在という共通性がある。むしろ，こうした人物からの異議申立であったことが，農委の事件解決能力の限界面を照らし出すことになった。言い換えれば，農委の事件解決能力は，同一農村民の合意調達と改革実行体制の共有を前提として発揮されたのである。

第2は，訴願をめぐる県農委と村農委との関係についてである。事例1と事例2を比較すると，この両者の関係は対照的違いをみせていた。前者では，県農委と村農委との判断が異なり，最後まで対立が続くが，後者では，両者は問題解決に向けて相互に緊密な連絡体制を構築し，いわば系統組織としての農地委員会システムがよく機能していた。事例2では，訴願委員会開催前に県農委が日野村農委に対して訴願人が訴願を取り下げるための協力を依頼していたが，この事実は，村農委の自主的な解決能力を県農委が認め期待していたことを示す。ただし，この事例は県農委と日野村農委の判断の同一性にもかかわらず事態の解決には至らず，訴訟事件にまで発展した。しかし裁判所の判事が提示した調停案は，結果的には，概ね県―村農委の判断を立証することとなった。これらに対して事例3は，地主の理不尽な主張に対応せざるをえない農委の一面を示している。その不当な主張の自明性により日野村農委の調査や弁明を，その判断根拠も含めて，県農委はほぼそのまま受け入れ裁決している。ところが県―村農委の系統的一貫性はいつも不変的であったわけではなく，訴願人の個人的職業や社会的立場，訴願の内容によって変化しうる場合もあった。とくに事例1では，県農委が時間的・空間的な「在村」を裁決したのに対し，日野村農委は「生活の本拠」を村内に長期居住しかつ農業従事による生計維持という実態を重視した。この差異は，在村概念における法令の一律的・形式的な適用をめざす県農委の判断と，法令の実態的根拠を農業生産の深みから捉えていた日野村農委の判断との争点を形成した。最終的な結果は，県農委の判断が優先され日野村農委の権限行使は「背後の力」という壁に遭遇するが，それは半面で社会変動期における「生活の本拠」を十分に規定しえなかった改革法令自体の限界を示すものでもあった。

第3は，以上の事例1から6の異議申立および訴願を通して，農地委員会の法運用の基底にあった基本的認識として，改革期における人口過剰下の土地不足問題を指摘しなければならない。農地改革法は土地不足問題に触れることはなく，既存の農地面積を前提とし，その所有権構造の変革をめざすものであった。開墾事業など農地拡大の国家政策がなかったわけではないが，改革法令の論理体系のなかに土地不足問題とその解決策が組み込まれていたわけではない。したがって農地委員会は，この土地不足を所与の現実として改革事業に取り組まねばならなかった。農地委員会が改革実行過程で生起した諸問題を処理するうえで，この土地不足問題は相当大きな判断根拠になっていた。官吏，医師，大工らによる異議申立がすべて斥けられたことは，日野村農委が非農業的職業に従事することで生計維持可能な者への改革に伴う利益供与を一切認めなかったことを意味する。このことは農地委員会が耕作者の階層的利益だけでなく非農業的利益を排除し，農業的利益を優先させるという形で農民利益を実現しようとしていたことを示している。事例3でみた未墾地買収による農地拡大の企図も，この線上に位置づけることができる。「これを買収計画より除外すれば総合開墾計画樹立上支障をきたす」という立場は，農地拡大という村の利益確保要求が異議申立や訴願事件に対する一つの有力な判断根拠になっていたことを示している。国家事業である農地改革が，末端農村では「村の事業」として取り組まれたのもこのためであった。この意味で，農地委員会は「村の機関」という内実をもつことにより国家機関たりえたのである。

注

1）　本章第1章第5節を参照。

2）　大和田啓氣「農地改革は進行しているか――村の若い友達に送る手紙――」（『農業朝日』1947年8月（大和田啓氣遺稿・追悼録刊行委員会編『農政に生涯を捧げて』

所収）1987年，75頁。

3） 大正期以降の「中農標準化」の過程では自作中農よりも自小作中農のほうが「生産力の進歩面を代表し」，とくに養蚕型諸県では「自小作型」の中農化が進展するという指摘は本村にもあてはまる。綿谷赳夫「資本主義の発展と農民の階層分化」東畑精一・宇野弘蔵編『日本資本主義と農業』岩波書店，1959年，241頁，森武麿「戦時期農村の構造変化」岩波講座『日本歴史　近代7』1976年，323～328頁参照。

4） 日野村役場『昭和十一年　土地賃貸価格関係書類』。

5） 長野県内務部農商課『長野県の不況実情』1932年，「六，小作二関スル調査」4頁。

6）これは全国的傾向であり，自創事業によって「5，6反歩程度の自作兼小作農に進みたるもの最も多きが如し」とされている。農林省農務局「昭和11年度自作農創設維持事業成績」農地制度資料集成編纂委員会編『農地制度資料集成』補巻二，御茶の水書房，1973年，535頁。

7） 耕作地主は一面で寄生地主に他面では中農上層の性格に相通ずるものを持っているが（高橋伊一郎・白川清編『農地改革と地主制』御茶の水書房，1955年，310頁），本村では後者の性格のほうが強い。

8） 中農層の基準は自小作別・地帯別により相当な差がある（栗原百寿『日本農業の発展構造』日本評論社，1949年，109頁）。とくに養蚕地帯では耕作面積だけを基準とするのでは不十分であり，養蚕経営規模を勘案した基準設定が必要である（前掲，高橋・白川編『農地改革と地主制』29頁および西田美昭編『昭和恐慌下の農村社会運動』御茶の水書房，1978年，368頁参照）。その際，戦時期では作付統制により養蚕業は縮小するが繭価は概して堅調であり，養蚕地帯では水田地帯よりも農業所得が2～3割高い（中央農業会『適正規模調査報告』1943年）ことが無視できない。以上の諸点および本村の平均耕作面積6.0反を考慮して，本村では5～10反層を中農下層，10～15反層を中農上層とみなして考察する。

9） 農地改革資料編纂委員会編『農地改革資料集成』第四巻，農政調査会，1976年，616頁，826～827頁。

10） 信濃毎日新聞社編『長野県に於ける農地改革』1949年，219頁。

11） この3類型については本書第1章第5節を参照。

12） 古島敏雄『改革途上の日本農業』柏葉書院，1949年，83頁。

13） 日野村における経済更生運動の実態は資料的に明らかにしえないが，Wがこれに深くかかわっていたことは聞き取り調査以外に村役場資料の断片的記録からも判明する。Wが恐慌期の経済更生運動，戦時期の翼賛壮年団活動，さらに戦後改革期の農民組合で指導的地位を占めたことは，この期間を通じて自小作中農層の動向が農村社会の推転過程を主導していったことを示している。

14)　日野村役場『昭和二十二年　庶務関係綴』。

15)　新潟県農地部農地開拓課編『新潟県農地改革史　改革顛末』新潟県農地改革史刊行会，1963年，28頁参照。農民組合は書記だけでなく農地委員や会長も掌握しようとした。この点の指摘は各県の『農地改革史』等に数多くみられるが，たとえば新潟県では第1回農地委員の34％を，また農委会長の約2割を日農派組合員が占めた。同上，114頁。

16)　岩手県農地改革史編纂委員会『岩手県農地改革史』岩手県自作農協会，1954年，269頁。

17)　古島敏雄・的場徳造・暉峻衆三『農民組合と農地改革』東京大学出版会，1956年，105頁参照。

18)　農地委員会全国協議会『農村に於ける土地改革――農地改革現地報告――』1948年，405頁。

19)　旧地主のもつ伝統的栄誉だけでは戦後指導者として不十分であり，その伝統を「資本化」し団体役員となって農民への利益還流の手腕と政治能力を備えることが戦後の「新型名望家」には必要とされた。升味準之輔「政治過程の変貌」岡義武編『現代日本の政治過程』岩波書店，1958年，324頁。

20)　石田雄「農業協同組合の組織論的考察」齋藤仁編『農業協同組合論』(昭和後期農業問題論集20所収) 農山漁村文化協会，1983年，181頁。

21)　L. I. ヒューズ『日本の土地制度と農地改革に対する批判』小宮晶平訳，農政調査会，1957年，176頁。

22)　前掲『農地改革資料集成』第六巻，1970年，715頁。

23)　公職追放者については「戦時中の村の第一流の人物が公職追放にあって農協……へ多く入り込んだことは，この時代の農村の一つの特色であった」という指摘が本村にもあてはまる。近藤康男「権力の人的再編成」前掲『現代日本の政治過程』272頁。この指摘は「地主制下の秩序の再編」という文脈によるものであるが，本村のように小作側勢力の中心人物が公職追放に会う場合も同様の事態がみられた。こうした場合は，「設立期の農協は……運動体的性格が強く意識され」ることになる。満川元親『戦後農業団体発展史』明文書房，1972年，475頁。

24)　W. I. ラデジンスキー「日本の農地改革」『世界各国における土地制度と若干の農業問題』(その一)，農政調査会，1952年，44頁。

25)　農民教育協会『農村公職者に関する総合調査――農業委員会選挙を契機として――』1952年，67頁。

26)　農林漁業基本問題調査会事務局『農業の基本問題と基本対策』(解説版) 1960年，48頁。

27)　これらの点については，近藤康男『続・貧しさからの解放』同著作集第5巻，農山漁村文化協会，1974年，583頁。農政ジャーナリストの会編『現代の農協組織』1965年，104頁。石田雄，前掲「農業協同組合の組織論的考察」82頁などを参照。

28) 前掲『農地改革資料集成』第十一巻，890～891頁。

29) 小作地引上げの容認は，地主に最小限度の「満足」を与えることにより，結果的に，農地改革の「成功」に寄与したという一面をもっていた。これについては「日本の農地改革を無血革命たらしめたものは地主の土地取り上げ容認である」（農地改革記録委員会編『農地改革顛末概要』農政調査会，1951年，399頁）という指摘がある。

30) 以下の論述は，日野村農地委員会『自昭和二十二年一年至昭和二十四年八月　農地委員会議事録綴』，同『自作農創設維持法による異議申立訴願訴訟関係書類』によるが，そのつど資料名は掲げない。

31) 農地買収の規定の未墾地買収への準用などについての法令の理解については，前掲『農地改革資料集成』第四巻，377頁参照。

32) 当時「村自体に開発の要求」があったことは，古島敏雄『改革途上の日本農業』柏葉書院，1949年，90頁参照。この点は農地委員会の意思決定において相当大きな比重を占めていた。

33) 森武麿「戦時期農村の構造変化」岩波講座『日本歴史　近代７』1976年，339頁の表16参照。

34) 初代会長であったＭは，委員会に欠席するようになってからのちに委員会に抵抗していない。もし抵抗すれば「占領軍に連行されるかもしれない」と語った。この事実は，占領軍が農地改革に果たした役割は地主層の心底に与えた影響にもあったことを示唆する。

35) 前述のように，問題のある県には，第二次改革当時に農林省農政課長から秘書課長になった東畑四郎が直接面接して骨のある人材を農地部長に送り込んだ。長野県農地部長のＴもその一人であった。池田書記によれば，ここで「背後の力」とは県農地部長Ｔの存在である。Ｔが改革期に長野県農地部長に赴任する前の農林省勤務時代，Ｙはその部下であった。Ｔは改革当時，県農地部長として相当多忙であったはずであり訴願委員会に毎回出席していたわけではないが，本件の訴願委員会には２度とも臨席し，Ｙと密接な連絡をとっていた可能性が高い。これについて池田書記は「こんなことでは農地改革はできない」と当時の心境を語った。

36) 「自作農創設特別措置法及び農地調整法における住所の観念について」前掲『農地改革資料集成』第四巻，647頁。以下はこの通達による。

37) 世帯単位による農地面積の算定に関する法令の理解については，同上，第四巻，356頁を参照。

38) 買収しない農地に関する法令の理解については，同上，第四巻，357頁参照。

39）　前掲『農地改革顛末概要』1135頁以下参照。

第5章　戦後農民組合の形成と展開
——長野県下高井郡平野村の事例より——

はじめに——問題背景と課題——

本章は，農地改革期および改革後における農民組合運動の性格を個別農村の事例に基づき考察する。その際，農地改革期に生まれた農民組合がどのような運動を展開したのかだけでなく，改革後にどのような曲折を経て組織的活動を継続するのかを，戦後の農業改良とそれを推進した主体的条件に注目して分析を進める。改革期の運動経験の何が改革後の組織的活動を準備したのか，改革後に農業改良を中心的に担う自作農はどのような経済的性格をもっていたのか，また彼らが農業改良や村づくりにおいて農業団体や行政機関とどのような関係を形成したのかなどが主要な論点となる。この背景には，農民組織の基軸が〈農民組合から農協へ〉とシフトする過程で，運動形態が〈農民運動から農政活動へ〉と推転していったという事情がある。これについては運動後退論としてでなく，新たな運動主体の形成論という視点から再検討する必要がある。

本章で取り上げる平野村は，中小零細地主が堆積する長野県にあって突出した大地主・山田家（所有145.7町，関係小作人600人，1924年）の居村であり[1]，同村の改革期農民組合運動は，災害補正申請に端を発した警察の食糧押収事件に対する抗議闘争事例として当時注目された[2]。以下の分析対象は主として戦後改革期の農民組合およびそれを継承した自主的組織の運動に置かれるが，農地委員会の「議事録」等の基礎資料を発見できなかったため農地改革や農地委員会については十分解明しえていないことを予め断っておきたい。

第1節　改革期農民組合運動の諸側面

敗戦直後に簇生した下高井郡の農民組織は日農系の農民組合（以下，農組と略記する場合もある）と産業組合・農業会の系譜をひく農村建設連盟（同様に農建連と略記）とに大別される。両者は基本的に対立関係にあったが（とくに郡レベルの実態は第6章），町村によっては相互に連携・共存するなど複雑な動きをみせた。郡下を代表する農民組合運動の拠点となった平野村では，農民組合が農業会をも巻き込む形で村内を席圏し，戦後改革過程を一貫して主導した。この平野村農民組合の運動過程を概観すると（表5－1），次の3つの時期に区分することができる。さらに第Ⅱ期については47年後半の村内活動の停滞化を境にさらに小区分することができる。

〔第Ⅰ期　発足期〕1946年3月～12月

〔第Ⅱ期　高揚期〕1947年1月～48年5月

〔第Ⅲ期　後退期〕1948年6月～50年

ただし活動内容としては，全期を通じて食糧供出や肥料獲得など全農民層の共通利益を追求する〈農民利益〉問題と，農地改革に代表される階級・階層間の利害にかかわる〈階級〉問題の二系列に区分することができる。もちろん両者の複合的性格をもつ問題もある。これらの問題は，村内活動で完結する場合と村外，とくに郡・県レベルの機関との交渉を不可欠とする場合があった。以下，各期の特徴を具体的にみていこう[3]。

〔第Ⅰ期　発足期〕

平野村では敗戦直後の1945年9月に早くも「翼賛議員の退陣」を求める世論が高まり，村政民主化への胎動が始まったが[4]，農民組合結成準備は46年3月頃から村役場を中心に行政主導で進められた。村長，助役，収入役のほか農業会会長，区長，農事実行組合長らが組合幹部を構成した。組合員は「本村居住ノ農民ヲ以テ組織」され，結成目的は「村内自作小作両者一体トナリ……農民福利増進ニ付テ独自ノ立場ニ於テ善処スル」ことに置かれ[5]，具体的取り組みとして供米問題，

表5-1　平野村農民組合の活動の概略（1946年5月～50年7月）

年　月　日	主な活動内容
1946. 5. 3	農民組合設立委員協議会（村長が挨拶，助役が組合規約を朗読・説明）
5.10	農民組合結成会議（村役場・村会・農家実行組合等の代表者30名出席，組合規約の承認）
5.19	協議会，下高井郡農民組合連合へ加入決定
5.28	肥料工場視察，組合長・農業会長は新潟・福井の信越化学へ，副組合長は東京の日産化学へ
6.27～8.14	第1～3次肥料工場労務協力隊派遣（新潟県直江津・福井県武生へ）
10. 4	第1回総会開催，白米代替供出・空俵返還について決議，記念講演会（美濃部亮吉氏）
12.10	役員会，農地委員選挙に関する協議：農民組合幹部を農地委員に推薦することを確認
1947. 2. 4	新旧役員会議，新執行部選出（組合長に春原正雄，副組合長に竹内友治郎・阿部是朋治）
2.12	組合組織強化対策草案を作成，総務部，産業部，情報部，青年部を新設
2.16	役員会，村長選挙対策（組合推薦者候補）および農地委員会運営を協議
3.20	下高井農民組合連合会に青年部設置（平野村農組の提案による）
3.30	第2回総会開催，県知事選で林虎雄の推薦を決定，講演会開催（青木恵一郎氏）
4.17	福井県信越化学武生工場へ労務協力隊50名派遣
4.30	村会議員選挙で農組青年部推薦候補2名当選（青年部が立会演説会を要求・実現）
5.17	役員会，越冬野菜と肥料の交換，農組と農組代表村議との連携問題を協議
7.25	支部長会議，農業協同組合講座聴講，教育委員の選出を協議
8.19	全体会議，①塩尻村農業会技師講演会，②協同組合対策，③全農対策（日農の線で邁進す）
8.23	郡農連に平野村農組組合長就任，平野・中野・延徳・日野・高丘5町村による農協法研究会
9. 4	信越化学武生工場次長来村，最高幹部会：第10次協力隊20名，第11次協力隊増員を協議
1948. 2.12	支部長会議，今後の運動方針確認，①供出・生産確保闘争，②農地改革の徹底，③農業再生産のための税金闘争，④農業協同組合に対する鞭撻援助，⑤村産業の振興
2.16	評議員会，税金闘争の方針協議，農組副組合長交替（農協組合長就任のため←県通牒）
3.15	第3回総会開催，税金闘争に関する決議採決，講演会開催（大内兵衛氏）
4.18	評議会，税金闘争の経過説明（納税民主化同盟結成について）
5.25～31	各地視察，篠ノ井村農協・塩尻村土地管理委員会・穂高村農協・綿内村農協・滋野村農協等（水田二毛作・農村電化・農民運動・農地改革・新しい村づくり・玉葱栽培・農産加工等）
6. 6	評議員会，視察班状況報告会開催，悪税反対闘争処理対策
6.25	支部長・青年部合同会議「税金闘争，肥料問題も一応解決しつつあり，今後の対策を協議」
7. 6	堆肥舎落成祝賀会ならびに懇談会
12.12	組合費納入方依頼について（組合長より岩船支部に催促）
1949. 3. 4	吉田北・南・上手3支部の支部長名不明，組合長より「至急連絡されたし」の通知出す
5.23	組合幹部による運営対策会議，組合下部組織の強化対策
6.12	最近の活動報告を通知（昭和23年産米供出問題に関する声明）
11.30	東江部2支部長「農民組合脱退願」提出
1950. 6.13	自動耕耘機による麦田の試験実地についての説明会実施
7.13	農民大学開催（平野義太郎氏）

資料：『昭和二十一年　農民組合書類』，『自昭和二十一年　事業日誌』より主な活動を抽出作成。

土地問題，農民文化問題の3点を掲げた。結成時の組合員数は地主37，自作149，小作230で全階層を含むが，地主的土地所有の強固な大字江部の2部落で全戸加入を実現しているのに対し，他の3部落では加入率がやや低い（表5-2）。しかし全体的にみて，組織は階層を問わず90%以上加入の網羅主義であり，村役場，農業会，農事実行組合など村内の全機関・団体が糾合する全戸加入型に近い。しかも準備から発足までわずか1カ月余という迅速さで，この背景には戦時期以来

表5-2　結成期農民組合の加入状況（1946年5月）

部落名	組合員数 (a) (人)	農家数 (b) (戸)	加入率 (a/b) (%)
東江部	96	96	100.0
西江部	61	61	100.0
片塩	75	80	93.8
岩船	58	61	95.1
吉田	124	153	81.0
計	414	451	91.8

資料：『自昭和二十一年　農民組合書類』。

の旧組織がそのまま農民組合組織に移植されたという事情があった。組合支部（10支部）は食糧供出の末端組織であった実行組合単位に設置され，戦時中の部落常会もその末端組織の範囲とほぼ重なっていた。こうした戦時期以来の「村ぐるみ」，「部落丸抱え」の組織構造が組合内部に存続したため，多くの農民たちが旧秩序意識の変革を伴うことなく，また抵抗もなく組合員になることができた。組合に対する地主側の組織的動きも一切なかった。この点は同じく農民組合が強固であった村でも，地主団体との対立を惹起した桜井村（第7章参照）とは大きく異なっていた。

結成直後の農民組合が最初に取り組んだのは化学肥料工場（信越化学）への労働力派遣による肥料獲得運動であった。この活動は肥料不足が続く2年間続行されたが，開始直後の1946年6～8月の第1次～第3次派遣だけでも延べ62人（1人15日）が福井工場へ行き，2,480kgの石灰窒素を得ている（表5-3）。この量については戦時期（1940年度）の村全体の水稲作用石灰窒素量が2,300kgであったことと比べても[6]，本村の水稲生産に占める比重の大きさが理解できよう。肥料の受け取り業務は農業会（のちに農協）が担当し，農民組合と農業会との密接な連携が図られた。

この活動には，農民組合長が，肥料会社社主で下高井郡を有力な地盤とする保守系代議士Z氏が主催する政治団体の支部長であったことが背景にあり，いわば組合幹部による村民への利益還流的な政治的性格を強くもっていた。実際，多くの村民は好意的に受け止め，農民組合が村に定着するうえでこの活動が大きな礎石となった。また，この活動は農民組合側が要請して始まった活動であったが，のちには肥料工場側が派遣労働力増員を依頼するという事態へと発展し，農民組合と肥料資本との緊密な関係が形成された。これらは筆者が調査した範囲では，周辺町村にはみられない平野村独自の活動であった。

1946年10月に開催された第1回総会（設立総会）は，この時期の農民組合の政

表5-3　肥料工場への労働力派遣と肥料入手状況（1946年6～8月）

部落名	第1次（6.27～7.12）		第2次（7.7～7.22）		第3次（7.29～8.13）		第1～3次合計	
	人数（人）	石灰窒素（kg）	人数（人）	石灰窒素（kg）	人数（人）	石灰窒素（kg）	人数（人）	石灰窒素（kg）
東江部	3	120	7	280	2	80	12	480
西江部	3	120	13	520	4	160	20	800
片塩	3	120	6	240	2	80	11	440
岩船	1	40	3	120	3	120	7	280
吉田	3	120	4	160	5	200	12	480
計	13	520	33	1,320	16	640	62	2,480

資料：表5-2に同じ。

治的性格をよく示している。総会では，供出割当の適正化，米の代替物として芋・麦・カボチャの代替供出量増加，供出後の空俵返還が決議され，主として食糧供出を中心とする〈農民利益〉問題が取り上げられた。結成準備過程で掲げた運動目標のうち，土地問題については不在地主所有地の一括買収計画樹立の必要性を唱えているが，この段階ではまだ在村地主所有地は不問に付され，村内の〈階級〉問題への取り組みも先送りされている。全村型網羅主義という組織化原則もこうした当面の運動目標設定と符合するものであった。総会には記念講演のため来村した美濃部亮吉のほかに大地主の山田荘左衛門，来賓として上述の代議士Ｚが列席した。それは保守と革新，資本と地主の代表者が列席するなかでの設立総会であった。諸勢力混淆の観があるが，そこには農民組合の政治的多面性が現れている。また，それは当時の流動的な社会的，政治的情勢を反映するものであった。

〔第Ⅱ期　高揚期〕

この時期，農民組合運動は農地改革，各種選挙等を通じて最も高揚する。1946年12月末の農地委員選挙を契機に農民組合は〈階級〉問題への取り組みを開始し，翌47年初頭から組合は一挙に急進化する。47年2月には組織強化策として総務部，産業部，情報部のほか青年部（文化部を兼務）が新設され，執行部の人事刷新も図られる。これを機に地主・自作階層は組合幹部から一掃され，自小作・小作階

表5-4　農民組合幹部の階層構成の変化

	階層	経営規模別階層（反）				
		3～5	5～10	10～15	15～20	計
1946年1月～47年2月	自作地主			1		1
	自作			1		1
	自小作			3	1	4
	小自作			3		3
	小作	1	1	2		4
	計	1	1	10	1	13
1947年2月～48年5月	自小作			1		1
	小自作	1	1	3	1	6
	小作	1	2	3		6
	計	2	3	7	1	13

資料：『農民組合役員名簿』，『農地委員選挙人名簿登載申告書』。
注：1）組合長1名，副組合長2名，理事（支部長）10名の農地改革前（1946年2月）の階層を示す。
2）自小作別階層区分の基準は以下のとおり。
「自作地主」自作地×0.1≦貸付地＜自作地
「自作」経営面積×0.9≦自作地，貸付地＜自作地×0.1
「自小作」経営面積×0.5≦自作地＜経営面積×0.9
「小自作」経営面積×0.1≦自作地＜経営面積×0.5

層中心の執行部が誕生し，農地改革実行に向けた陣容が整備される（表5-4）。農地改革は新執行部の組合長，副組合長が農地委員に就任することにより小作側主導で遂行された。農民組合は地主階層の農地委員で「村きってのインテリ」（東京帝大経済学部卒）の大地主・山田家当主を選任し，彼を農地委員会会長に据えることで改革に協力的立場をとらせるという戦術をとった。この戦術は功を奏し，会長が夜になると1升瓶を持って中小地主宅を個別訪問し説得に当るという場面を創り出した。筆者の聞き取りに対して山田家当主は「やはり口惜しかった」と語ったが，ある自作階層委員は山田家が率先して農地改革に協力的姿勢を示したため「他の地主さんはすべてこれにならった」と証言している。もちろん小規模な小作地引上げがなかったわけではないが，その多くは応召帰還者や引揚者による営農開始や営農規模拡大によるものに限定され，引上げ側の地主より小作人のほうが大きい経営面積であるという事例が多かった[7)]。こうして平野村は山田家の約90町歩の農地解放（個人地主としては県内最大）を含む円滑な改革により，県下でも農地改革の代表的な成功事例として注目された[8)]。

農民組合が急進化する起爆剤となったのは，新たに設置された青年部の活動である。青年部は自らを「組合ノ前衛機関」と位置づけ「我々ノ利益ノタメ政治的経済的ニモ敢然ト参加闘争スル」という方針を掲げた[9)]。1947年4月は日曜日毎に選挙が実施されるという「政治の季節」を迎えるが，これに対する青年部の活動は新鮮な発想と機敏な行動で村民を驚かせた。青年部は村長選挙に際して，商工業者（村民の1割未満）推薦の候補者（土地所有1町の商人）に対抗し，農民組合が推した候補者（大地主・山田家の差配人で「番頭」と呼ばれた農業会会長）の応援演説の先頭に立って各部落を回り，選挙戦を勝利に導いている。農民組合は，農地委員会会長だけでなく村長選挙でも大地主の「権威」を利用した。また村会選挙では，村当局に村政始まって以来という立会演説会の開催を要求・実現し，20歳台の青年村議2人を村会に送り込んでいる（うち1人は後述の東江部支部代表)。

青年部は食糧増産をめざす堆肥舎建設運動を通して〈農民利益〉問題に取り組むことも忘れなかった。この活動は，親組合による肥料工場への労働力派遣に呼応した活動であり，青年部が独自に県（地方事務所）と交渉し，堆肥舎建設に必要な資材配給の指定を受けることをめざした。当時，都市部の戦災地復興に優先されていた木材，釘，屋根瓦などの建設資材の購入許可を農家が得ることは厳しく制限されていたが，青年部の執拗な要求は地方事務所長の許可を取り付けることに成功し，これによって村内の希望農家90戸が堆肥舎を獲得した。これらの活動は，青年部に集団的運動の有効性を認識させるうえで大きな経験となり，組合運動衰退後の新たな農民組織形成の要因となっていく。なお青木恵一郎，大内兵衛，平野義太郎らを招いた各種講演会や農民大学の開催を担当したのも文化部兼務の青年部の活動によるものであった。

〔第Ⅲ期　衰退期〕

この時期は，農民組合組織が動揺から解体へと向かうなかで，孤立した組合幹部が組織強化対策に腐心する一方で，東江部支部の青年部だけが分出・存続し，彼らが新たな運動主体に転じていく時期である。

農民組合運動の沈滞傾向は第2期後半からその兆しが現れていたが，それが一層明確となるのが48年6月の支部長・青年部の合同会議以降であった。この会議では「税金闘争，肥料問題も一応解決しつつあり」との認識が示され[10)]，以後，村内での組織的活動が急速に停滞していく。「村ぐるみ」,「部落丸抱え」型の組合組織の解体は，支部（部落）単位での組合費滞納と組織の動揺となって現れた。

同年12月に初めて組合費の催促状が岩舟支部に出され，翌49年３月には吉田部落３支部の支部長名の連絡が途絶えている。この頃になると農民組合と村行政との乖離も進み，組合は一部幹部だけの孤立した存在となっている。49年６月には前述した警察による食糧押収事件が西江部で発生し，組合幹部は日農長野県連と合同して県当局に抗議を申し入れ運動の成果を上げる。しかし，この活動は組合下部組織の再建に結びつくことはなかった。こうしたなかで同年11月に東江部２支部から提出された「脱退願」が組合組織の解体を決定づけた。組合幹部は，野鼠一斉駆除や農民大学開催などにより下部組織の引き留め対策に腐心するが，事態は変化することなく事実上の組織解体状況が出現した。

農民組合の組織解体のなかで，唯一，存続したのは東江部支部の農民組合青年部であった。彼らは青年部発足時には他支部の青年部と同様の活動をしていたが，組合組織動揺のなかで脱退した親組合や他支部の青年部とも一線を画した独自路線を歩み始め，高揚期農民組合運動の一側面である〈農民利益〉追求型の運動を継承する新たな組織集団を形成した（東江部の青年層全員が加入したわけではない）。だが彼らの独自的活動は，組織解体後に突如現れたわけではなく，それ以前の組合運動のなかにも萌芽的に存在していた。48年５月の県内各地（農協が中心）への視察団派遣と報告会開催はその現れであった（表５-１参照）。視察の目的は，農地改革，農村民主化，農民運動，新しい村づくり運動など〈階級〉問題を含む社会的テーマと，農村電化状況，農業機械化，水田二毛作，玉葱採種，煙草栽培，薬草栽培，農産加工など農業技術改善を中心とする〈農民利益〉問題に関するテーマの２系列からなっている。後者の中には，東江部農組青年部が，その後長い時間をかけて実現していく問題がすでに含まれていた。このことは48年半ばの時点で青年部のなかに農地改革後の地域農業改革や村づくりを主な目標とする新しい集団が形成され始めていたことを意味する。その集団は青年部活動の急進性を担った他部落の青年部員とも一線を画していた。他部落（とくに大字吉田の３部落）では青年部員の一部が村議選挙や税金闘争などで政治的に急進化し，郡段階でも平野村は下高井郡農民組合連合会のなかで最も急進的であることで注目された。しかし，東江部の青年部員は農地改革後の地域農業の改善という地味ではあるが，息の長い運動を展開していくことになる。

表5－5　農業・農家構成の概要（1946年2月）

部落名	水田率（%）	小作率（%）	水田裏作		経営規模階層（%）		土地所有階層（3町以上層）			
			面積（反）	比率（%）	5反～1町	1～2町	3～5	5～10	10～20	10～100
東江部	62.2	64.6	48.4	9.3	50.0	38.2	2			1
西江部	50.3	67.7	66.8	31.9	30.4	32.1				
片塩	49.9	54.5	134.0	49.7	35.2	32.2	2	1		
岩船	44.4	43.0	100.6	47.2	37.3	31.0	1		1	
吉田	37.9	40.2	212.5	48.7	25.4	31.1	7	2		
	48.2	52.3	562.3	34.1	34.3	33.6	12	3	1	1

資料：『食調関係綴』，『農地調整法関係綴』，『農地委員選挙人名簿登載申告書』。

表5－6　東江部農民組合青年部の構成（1946年2月）

	3～5反	5～10反	10～15反	15～20反	計
自小作		2	5	1	8
小自作			6	1	7
小作	1	2	4	1	8
計	1	4	15	3	23

資料：『農地委員選挙人名簿登載申告書』。
注：1）自小作別階層区分の基準は表5－4に同じ。
　　2）面積は経営規模階層を示す。

それでは，なぜ東江部農組青年部だけが農民組合解体後にも存続しえたのか。もちろん彼らの主体的な持続的意思があったことはいうまでもないが，それは後でみることとして，ここではその客観的基礎条件を検討しておこう。表5－5は農地改革直前の部落別の農業構造および農民階層構成を示すが，大字江部の2部落は他の部落と比較して水田稲作の占める比重が高く，農地改革前の強固な地主的土地所有を反映して小作地率が著しく高い。しかも東江部の水田は度重なる千曲川の逆流による排水条件の劣悪な重粘土質の湿田・半湿田が多い裏作不能な一毛作田であり，他方では経営規模5反～1町，1～2町の中農中上層の比率が村内で最高となっている（村の平均経営規模は48年で7.6反）。つまり平野村の農地改革は，東江部において改革の成果が最も強く現れる一方，解放農地の生産条件の劣悪さを最も強く受け止める自作農を多数生み出していたのである。東江部青年部員の構成をみると，農地改革前の自小作・小自作・小作の中農層に集中し，改革前からの自作中農層は1人もいない（表5－6）。このことは彼らが農地改革により創出された自作農であり，改革後の農業生産力形成を主体的に推進する典型的な戦後自作農としての性格を強くもっていたことを意味する[11]。ここに東江部農組青年部が改革後の新たな運動主体に転化していく客観的基礎条件が存在していた。

第2節　東江部農民組合青年部の運動展開

農村における戦後改革に青年層が果たした役割は大きく，青年層の活動を通して農村指導層の世代交替が一挙に進んだ事例も少なくない[12)]。しかし彼らが改革完了後も運動組織の担い手であり続けるには，改革後に新たな性格の運動主体へと生まれ変わることが要求される。以下の東江部農組青年部の活動は，その一例とみることができる。

東江部青年部は47年後半からの村内活動の沈滞化，それに続く全村型組織の農民組合解体のなかで独自の活動を開始する。それは一面で農民組合運動の経験を継承しつつ，他面では農地改革後の農業生産力推進と村づくりを追求する青年層の一部落内における運動再開を意味した。農地改革が峠を越すこの時期，村民の問題関心は急速に〈階級〉問題から離れ，農業技術改善や生活改善の方向に向かっている。49年頃から各部落で発足する青年会，婦人会，４Ｈクラブはさまざまな生活改善の活動を開始し[13)]，50年に農業技術改善をめざして結成された平野村農業経営審議会の役員には村長，助役の村役場幹部，農協役員，各種実行組合長のほか，元農民組合長までもが名を連ねている[14)]。東江部農組青年部の活動も，一面でこうした村民意識の基調変化に符節するものであった。しかし農民組合運動を継承した彼らの活動には，他の組織集団とは性質を異にする独自性があった。このことを農村電化，農業機械化，土地改良の３点についてみていこう（これら以外に生活改善や機関誌発行などの活動もあった）。

1　農村電化推進運動（1948～49年）

農村電化の直接的目的は，動力脱穀機導入による足踏み脱穀労働の軽減と，脱穀後も付着している稲籾を完全に脱粒させる作業（当地方ではボッツァラという）の非能率性を解消することにあった。青年部のこの発想は，ボッツァラ作業を当然のことと思い込んできた村民たちにとって大きな驚きであった。しかし各農家への電力供給のためには電力会社（中部配電）への動力線配線の要請と，県から配線用キャップコードの配給割当認可を受けることが必要であるため，人々は反対こそしなかったが，敗戦直後の資材不足下でその実現を信じる者は誰一人いなかった。青年部は村役場を通じて地方事務所へ申請書を提出し，電化の必要性を説く一方，中部配電にも直接工事を要請し，実現に向けて行動を開始した。関係機関だけでなく関係会社の個人の自宅まで40回以上も足を運び，夏の暑い日に40km 以上離れた長野市の県資材調整事務所から200m のキャップコード４本をリヤカーで運ぶ労苦も厭わなかった。こうして48年秋に動力脱穀機の音が農家の庭先で響きわたると部落中が歓喜に沸き立った。だが電力利用の脱穀機導入は脱穀作業を圃場から農家の庭先に移し，刈り取った稲束を自宅まで運搬する不便さをかえって浮き彫りにした。狭く曲がりくねった畦道を重い稲束を背負って農道まで搬出し，さらにリヤカーで自宅まで運ぶ重労働からは解放されなかった。農業経営合理化をめざす青年部員らの意識のなかには，農村電化達成の時点ですでに区画整理，乾田化による米麦二毛作，農道整備をめざす土地改良事業への構想が芽生えていた。

2　農業機械化への取り組み（1948～51年）

青年部が部落内外で確固たる位置を占める最大の契機となったのが，この農業機械化推進（自動耕耘機の導入）の活動である。前述のように，東江部の水田は深耕不能な重粘土質（耕深６～７cm）の湿田・半湿田が混在し，稲収穫後の秋期耕作は労働期間が極端に制限される単作地帯で，裏作率も10％未満という低位水準にとどまっていた。しかも永年にわたる地主的土地所有のもとで，人々はこの生産条件を宿命と受け取り，浅耕こそ最良の耕作方法だと信じてきた。青年部が取り組んだ機械化推進運動は，この不文律に対する挑戦を意味した。彼らの第１の目的は水稲単作の解消・米麦二毛作の実現にあり。第２は労働軽減を実現したうえでの深耕による裏作麦の収量増大にあった。

青年部は，村・県の行政機関，県農業試験場，農業改良普及所，機械製造業者などに積極的に働きかけ機械化への道を模索した。部落内の長老たちは彼らの活動にこぞって反対したが，彼らの強い熱意は村長を動かした。彼らは，村の補助金のほか，村長のはからいで国の農村振興事業として補助金の交付も受け，さら

表5－7　農業機械化試験の成績（1951年，裏作麦）

	反当労働時間（時間）(a)	反当収量（升）(b)	労働生産性（b/a）
標準人力区	76.4	248.3	3.24
畜力慣行区	74.2	219.9	2.90
耕耘機区	46.1	314.3	6.62

資料：『単作地帯麦二毛作機械化予備試験成績』。

に県農業試験場の協力を得て，機械化の有利性を論証する科学的データを得る試作試験（土壌調査，水稲機械化実験，裏作麦機械化実験，自動耕耘機の試作など）を開始した。試作試験は耕起・畝立作業から収穫・脱穀作業の全行程にわたり労働時間と収量を正確に計測する方法で3年間続行された。試験成績は，労働生産性，土地生産性ともに耕耘機耕が従来の人力耕や畜力耕を大きく上回り，裏作麦では慣行畜力耕の62％の労働時間で43％の増収，人力耕に比して60％の労働時間で36％の増収という成果を示した（表5－7）。秋期の耕耘機整地作業の労働節約と労働苦痛度の軽減とスピードアップによる一毛作田の大幅な解消，深耕・堆肥増設による麦作の収量水準の上昇，さらに「期待していなかった表作の水稲収量まで上がる」[15]という結果は，青年部以外の人々からも大きな関心を引き出した。この試験データの公開を契機に当地方の水田では耕耘機耕が急速に普及していった。この過程で青年部主導により設立された東江部機械化組合がさらにこれを加速したことも見逃せない。

3　土地改良への取り組み（1948～67年）

農村電化と農業機械化は，以前にもまして水田の排水・土地区画整理，農道整備の必要性を青年部員らに認識させた。度重なる千曲川の逆流に見舞われるこの地域での米麦二毛作の完全実施は排水・乾田化の土地改良なしには実現不可能であり，青年部員らの次の目標はこの一点に絞られた。しかし，これを実現するには県や国への要求活動だけでなく同一水系の他部落・他町村との交渉など，これまでとは比較にならない広範で地域的広がりをもった息の長い活動が要求された。

周知のように，戦後の土地改良は雪寒法を嚆矢とする特定地域補助の議員立法を契機に，ドッジ不況下の農村救済を目的とする農業保護政策として開始された（ドッジのパラドックス）。それは食糧増産を大義名分とする公共事業の補助金政策として展開され（いわゆる広川農政），農地改革により創出された戦後自作農を政権与党が政権基盤強化策として再編する政策装置であった。だが，土地改良事業は地元の申請という「立候補主義」を貫いていたため[16]，この事業が実施されるには，政策展開に呼応し稲作生産力向上を追求する戦後自作農の広範な地域活動が不可欠であった。東江部農組青年部の活動も，こうした戦後農政の基調に即応する歴史的性格をもっていた。

青年部は48年の夏に部落の役員・農事実行組合に初めて土地改良の必要性を申入れた。「農地改革も一段落して皆が自作農となった現在，田は自分のものだ。生活のより安定と向上を願うには土地改良によって生産の増加を図ることが絶対必要な要件」[17] というのが彼らの一致した認識で，〈農地改革から農業改革へ〉の必要性を訴えた。だが部落内には借金してまで土地改良することに反対論が強く，これに対して青年部は「国の積雪寒冷地対策による耕地整理事業で補助金ももらえること，長期低利子の融資も受けられる」[18] と主張した。部落内での交渉と並行して，彼らは村当局や県地方事務所にも土地改良の重要性を訴え，行政の力で推進できるよう粘り強く要求した。その結果，52年の夏，村長は青年部の主張を聞き入れ，農業振興計画の一環として東江部の水田を対象に雪寒事業対策の土地改良区設定に同意し，県地方事務所や周辺町村と打ち合わせのうえ測量を開始した。青年部の運動が村・県の行政当局を突き動かしたのである。57年には関係町村・県との協議のうえ360 ha の中野平土地改良区が発足し（青年部員も理事に就任），受け入れ体勢の整った地域から土地改良工事が着手された。この過程で部落内の湿田所有者を中心に強力な反対論が出たが，青年部員は関係機関を通しての働きかけと同時に，農業委員に自ら立候補し当選，反対者の個別訪問を繰り返し，条件不利な土地を自分の所有地と交換または買い取るという取りまとめ作業を続け，67年の工事完成にこぎつけている。この場合，青年部員が中高年齢層の役職ともいうべき農業委員に就任しえたことは，彼らの活動が農村電化や機械化実験などを通してすでに部落内外に多くの支持を得ていたことを示している。

4　運動の性格と論理

如上の東江部青年部の活動は，一部落から始まった運動が地域全体の農業改革へと拡大していったことを示している。敗戦直後から始まった青年部の農村電化・農業機械化・土地改良という一連の水田生産力追求の運動は，こうして20年間の歳月をかけてようやく達成された。彼らの活動を見つめてきた当時の農業改良委員の１人は青年部の活動について次のような記録を残している。「当村には現在四つ農事研究団体があってそれぞれ違った特徴を持っている。その中，東江部農組青年部を除いた他のグループは何れも農業技術を中心とした研究組織であり，経営問題は第二義的に取り扱っている。ところが東江部農組青年部は直接農地の交換，土地利用の高度化，水田栽培の機械化，農村電化，農村建設等の研究段階を過ぎた，いわば政策に結び付いた実施の段階に突っ込んでいる。……彼等の今までに行った活動状況について一，二の例をあげれば，農村電化の問題で四十数回足を運び，土地改良の問題で十数回地方事務所へ足を運んでいる。……言うまでもなく，この研究組織は何等の政党色をも持たない。彼らの意図する処は，只ひたすらに農業労働を如何に軽減し経営方式を近代化し明朗な農村を建設するかにある」[19)]。

農業団体や行政機関に積極的にかかわることは青年部活動にとって不可欠であった。彼らは政治的中立性を堅持しつつ，各種の農業団体や行政機関と粘り強く交渉し，ときには彼ら自身が団体や機関の役員や委員に就任し，さまざまな政策を要求，実現した。表５-８は東江部青年部を代表するリーダーの１人（山田勝久）の主な経歴を示すが，そこには〈農民運動から農政活動へ〉という運動転換の軌跡が刻み込まれている。山田自身は農協青年部役員として米価闘争や乳価闘争などの農政活動を積極的に担い，農民連盟（旧農村建設連盟）との連携を強化するなかで地域の農政通として政治的にも活動の幅を広げていく。しかし，その場合の彼の農協役員，地方議員，農業委員，土地改良区役員の活動の基底には絶えず農組青年部員としての自覚があった。この行動は，東江部農組青年部が，彼らの代表を各機関や農業団体の委員や役員に送り込むという意識に支えられていた。山田ほどではないが，他の青年部員のなかにも彼と同様の経歴を有する者が複数存在している。

彼らのこうした運動スタイルの原点となったのは，戦後改革期の村会選挙で青年部の代表議員を村会へ送り込んだ経験や堆肥舎建設運動であった。青年部は東江部の公民館で自主的な研究会をもち続け農業改革のプランを構想，研究し，こ

表5-8　東江部農民組合青年部リーダーのひとり（山田勝久）の主な経歴

	主要な経歴（活動）
1941	下高井農学校卒業（卒業後，海軍水路部，陸軍航空教育隊へ）
45	召集解除，帰村し農業に従事（自家は1町3反2畝経営の自小作農）
47	平野村農民組合青年部員として村長・村会選挙，堆肥舎建設運動などを推進
48	下高井郡農民組合連合会青年部執行委員。農組青年部東江部支部員として農村電化，水田の土地改良を提唱。部落の役員と談合開始
48～51	重粘土質水田耕作の機械化を企画。村役場・県農業改良課を経由して県農業試験場に依頼・協力を得て，実験田で耕耘機試験を積み重ね成功
51	東江部農組青年部執行委員長 村当局に「延徳たんぼ」の土地改良推進を要請，村は測量開始計画を樹立 この頃から県農民連盟の運動に参画し，中沢茂一らとともに農政活動を開始
53	平野村農協青年部設立，同部副委員長に就任，農政連運動推進
55	関係町村の村議・農業委員・区長らと協議し，耕地整理事業促進連盟を設立
57	中野平土地改良区設立準備委員，平野村農協青年部委員長，平野村農協共撰場販売部長 この頃，度々上京し，米価・乳価引上げ，肥料価格引下げなど農協農政活動を推進
60	中高農協青年部協議会委員長，県農協青年部協議会中央委員
63～66	中野市農業委員会委員（土地改良へ向けて部落内の取りまとめを推進）
66～71	中野市農協総代，中野平土地改良区理事
66～77	中野市議会議員
68～77	中野市農業共済損害評価会委員
71～75	中野市農協理事
72～74	中野市議会副議長
77～80	中野市八ヶ郷土地改良区理事
77～84	中野市長（2期），中野平土地改良区理事長等
81～84	長野県農業共済組合連合会理事，北信地区農業共済協議会監事等
83～84	中高農業改良普及事業協議会会長，中野市新農業推進協議会会長等

資料：『土のうた――山田勝久のあしあと』（1988年）および聞き取り調査等により作成。

れを各種の団体や機関に政策要求することにより自らの課題を実現していった。それはたんなる陳情や請願活動とは異なり，政策形成・実現する能動的運動であった。もちろん彼らは戦後の農政基調となる補助金散布の保護政策にも積極的に対応したが，しかし，それは政治に一面化せず地域農業改革をめざす戦後自作農の農業生産力追求運動であった。こうした運動展開を可能にしたのは，農民組合運動の経験と遺産を継承した組織の実践性[20]，特定の団体や機関に依存することのない組織の自主性を自覚的に堅持し続けたことにあった。

むすび——小括——

以上みてきた東江部農組青年部の活動の特徴を整理すると次の諸点に要約することができよう。①結成当初の農民組合以来培ってきた自主組織を保持し，②政治的中立性の立場を堅持し，③戦後農政の基調となる補助金政策を積極的に利用しながら〈農民利益〉を農業団体や行政機関を有力な媒体として実現した。さらに④農業技術の部分的改良にとどまらない地域農業全体の構造改革に結びつく農業改革プランの学習・研究活動を継続したうえで，⑤自ら構想した政策を要求し結実させようとする持続的運動を保持した。そこには農地改革が創出した自作農的土地所有を生産条件の改良を通して自ら実質化しようとするポジティブな思想と行動が表れていた。それは現在，転換期を迎えた日本農業・農村の活性化を担ってゆく農民組織形成のあり方にも共通する基本問題を提起している。

しかし東江部農組青年部の活動は1970年頃を境に急速に衰退していく。これについては，もう一つの別の評価を必要とする。周知のように70年前後は米の生産調整開始，自主流通米制度の発足，農地法の大改正など自作農体制を支えてきた戦後農政の基本的枠組みが大幅に転換し「自作農体制の終焉」が議論され始める時期である。75年からの農地流動化施策がそれを一層加速した。青年部員の活動の主な内容が水田の土地改良，稲作収量の向上，米麦二毛作を中心としていたことは，彼らの活動の目標がしだいに消失していったことを意味する。言い換えれば，彼らの活動は戦後改革期から60年代後半までの農政基調であり，かつ官民一体で取り組まれた米の増産，水田生産力増進という運動を末端農村で推進するという役割を果たし，その歴史的枠組みのもとで有効性を持ちえたのである。

注

1） 農林省農務局「五十町歩以上ノ大地主」（大正13年）農業発達史調査会編『日本農業発達史　7』所収，中央公論社，1951年，746頁。なお山田家の分析については横山憲長『地主経営と地域経済』御茶の水書房，2011年，も参照。

2） 青木恵一郎『日本農民運動史』第五巻，日本評論社，1960年，323頁。

3） 本章は戦後改革後も存続する東江部農組青年部の活動に分析の焦点を置いている

ため農民組合運動の全過程を詳述する余裕はなく，要点を摘記するにとどめる。

4）　山田勝久のあしあと編集委員会『土のうた――山田勝久のあしあと――』1988年。

5）「農民組合結成報告ノ件」平野村農民組合『自昭和二十一年　農民組合書類』。

6）　平野村農会『昭和十五年度　農会関係綴』。

7）　平野村役場『自昭和二十一年　農地調整法関係綴』。

8）　長野県『長野県政史』第三巻，1973年，132頁。聞き取り調査によれば大地主・山田家は他町村の一部小作地の売却により所有小作地を縮小させ1946年2月には126町1反余となっている（前掲『自昭和二十一年　農地調整法関係綴』）。また農地委員経験者からの聞き取りによれば，同家の買収面積は村内約67町であったから，他町村の農地委員会が不在地主として買収した面積が約23町程度，財産税物納が約36町程度であったと推定される。

9）「青年部結成ニ当リ協定セル事項」前掲『自昭和二十一年　農民組合書類』。

10）　平野村農民組合『自昭和二十一年　事業日誌』。

11）　この点については農地改革前からの自作中農層よりも小作・自小作中農層のほうが改革後の自作農としての経営上昇力が強いという綿谷赳夫の指摘を参照。同「農地改革後，農業生産力担当者となる階層の問題」農地改革記録委員会編『農地改革顛末概要』農政調査会，1951年，972頁。

12）　この点については多くの報告がある。新山新太郎『敗戦そのとき村は――続・農民私史――』農山漁村文化協会，1981年，池上昭『青年が村を変る――玉川村の自己形成史――』農山漁村文化協会，1986年，中野清美『回想わが村の農地解放』朝日新聞社，1989年，廉内敬司『東北農山村の戦後改革』岩波書店，1991年，など。

13）　平野村農業改良事務所『昭和二十五，六，七年度　農研機関誌関係綴』。

14）　平野村役場『昭和二十四年　農業経営審議会関係書類』。

15）　1951年12月15日，東江部公会堂での座談会記録『機械化へのあしあと』1952年。

16）　堀口健治「土地改良事業」暉峻衆三編『日本資本主義と農業保護政策』御茶の水書房，1990年，224頁。

17）　前掲『土のうた――山田勝久のあしあと』55頁。

18）　同前。

19）　平野地区農業改良事務所『昭和二十五年度　諸報告綴』。

20）　東江部農民組合青年部については，「強いて農民組合という名を呼ばないでもいい」（笠原千鶴「農協経営の基本矛盾」『日本農業年報』中央公論社，1958年，139頁）という評価があてはまる面もあるが，農民組合運動の経験とその継承が，青年部を持続的な運動組織たらしめた要因であったことは特記されてよいだろう。一般に，農協組織活性化のために自主的農民組織の活動を重視する見解は多い。その一例として武内哲夫・太田原高明『明日の農協』農山漁村文化協会，1985年，254頁がある。

第6章　戦後改革期における郡段階の農民組合
――長野県下高井郡農民組合連合会の組織と活動――

はじめに――問題背景と課題――

戦後改革期の農民運動に関する研究は，日本農民組合（以下，日農と略記）本部の綱領や方針に関する分析と，町村段階の事例分析に大別することができる。ところが全国段階と町村段階の中間に位置する県・郡段階の研究は資料の制約もあり必ずしも十分進んでいない。もっとも，県段階の農民組合連合会（以下，県連と略記）については，各県の『農地改革史』等のなかにもいくつかの記録が散見される。これに対して個別町村に最も近接する郡段階の農民組合の実態は，ほとんど解明されていない。本章は，戦後改革期における農民組合運動の構造と機能を下高井郡の地方組織である郡農民組合連合会（以下，郡農連と略記）の活動に即して明らかにすることを課題としている。

郡農連の活動は，一方では系統組織による上からの方針に対応しているが，他方では郡段階の地域社会に固有の下からの農民要求の発現でもある。したがって，その活動には，必ずしも系統組織の方針とは一致しない独自性が存在していた。かつて栗原百寿は「農民闘争の多様性にもとづいて，農民組織は必ずしも固定した恒常的系統組織であることを要しない」[1)]と述べたが，それは農業経営の地域的分化に対応した農民要求の多様性と運動の地域的独自性を示唆している。また郡農連の運動については，階級・階層間の利益にかかわる〈階級〉問題と，全農民層の共通利益にかかわる〈農民利益〉問題に区別することができる。前者の典型は農地改革であり，その活動場面は町村内部である。これに対し税金問題は後者の代表であり[2)]，これは食糧供出問題にもあてはまる。これら二系列の問題群は必ずしも明確に区別できない場合もある。しかし，この二系列の問題群は個別町村内で地域完結する運動と町村横断的な運動，農地改革や農協設立など戦後改革そのものに関する運動と改革後の運動の差異を理解するうえでも有効な視点となる[3)]。

第1節　対象地域の概要と郡農連の発足

1　下高井郡の農業・農家構成の概要

下高井郡は高井富士と呼ばれる高社山の南側と北側とで自然的・経済的条件を異にし，それぞれ岳南，岳北と呼ばれている。この区分は当地方の慣行的な呼称として存続してきたもので，前者が中野市と山之内町，後者が山之内町を除く郡部となっている。岳南は，その大部分が水田地帯（通称，延徳田んぼ）と丘陵傾斜地の畑地からなり，内陸性の気候区に属している。これに対し，岳北および山之内町の一部は志賀高原から秋山郷に至る奥信濃一体の広大な山間部を擁し，冬季はわが国有数の豪雪地帯と化す日本海式気候区に属している（鈴木牧之『北越雪譜』の世界）。さらに岳南は平坦部の町村と山之内地方（夜間瀬村，平穏村，穂波村）とに区分される。山之内地方は夜間瀬川上流の狭小な耕地で農業を営むという点で岳北の山間部と共通性がある。この点は，岳南のなかでも山沿いで林業への依存度が高い北部の倭村，科野村や丘陵地を含む村々（日野村など）にもあてはまる。一方，岳北は木島平（木島村が中心で上木島村，穂高村が一部属す）だけが水田地帯で，これ以外はすべて山間部に位置する。このように岳南・岳北も，その内部では異なる農業構造を示し一律に論じることはできない[4)]。以下，こうした点に留意しつつ岳南・岳北という区分によって農業・農家構成の概要をみていく（表6－1）。

農業生産では，稲作・普通畑作・養蚕のいずれにおいても収量で岳南が岳北を上回っている。稲作で岳北で岳南に匹敵する収量水準を示すのは木島平の村（木島村，上木島村）だけで，ここは戦前期に北信地方最大の地主・山田家（平野村，145.7町所有，1924年）の飛び地の所有小作地があった。水田率をみると岳南よりも岳北のほうが高いが，これは山間部の狭少な農地の多くが水田化されたため

表6－1　下高井郡農業・農家構成の概要

地域	町村	水田率（%）	小作地率（%）	水稲反収（石）	甘藷反収（貫）	養蚕農家率（%）	平均収繭量（貫）	反当収繭量（1940年・石）	平均経営面積（反）	1～2町経営階層（%）	小作農家率（%）	山林面積（町）
岳南12町村	中野町	52.7	42.9	2.469	353	36.8	20.0	20.0	5.9	21.5	32.7	129
	延徳村	61.4	39.4	2.424	338	42.0	20.2	23.6	7.6	26.3	29.0	331
	平野村	50.8	52.3	2.414	333	55.2	16.3	23.0	8.1	33.0	30.6	58
	高丘村	35.7	28.3	2.420	331	64.1	19.8	19.2	8.6	58.6	12.2	133
	日野村	41.3	31.7	2.449	323	52.1	19.0	16.6	6.1	35.0	23.2	661
	平岡村	29.7	29.8	2.371	338	47.0	25.2	20.0	8.6	35.5	21.4	7
	長丘村	39.3	22.0	2.359	333	53.4	16.0	16.8	9.1	38.5	10.9	249
	科野村	36.6	27.6	2.405	343	28.9	17.0	16.1	9.9	32.8	20.5	480
	倭村	39.7	32.5	2.344	323	51.5	17.8	12.7	7.0	22.4	26.3	370
	穂波村	48.8	22.6	2.300	317	33.7	16.8	21.3	8.9	23.8	18.3	2,139
	平穏村	62.7	27.3	2.275	302	17.2	16.7	17.6	6.5	20.7	19.3	10,945
	夜間瀬村	50.8	22.5	2.096	272	19.7	14.8	19.0	7.4	27.6	16.9	4,472
小計（平均）		45.8	31.5	2.361	326	40.0	18.6	18.7	7.7	28.5	22.1	19,974
岳北8村	木島村	59.6	34.4	2.445	349	29.3	8.5	16.3	9.9	44.1	19.2	156
	上木島村	68.9	39.2	2.395	277	12.2	12.5	12.7	8.9	35.4	19.0	660
	往郷村	72.6	40.5	2.355	282	40.8	11.4	16.4	7.0	27.2	19.2	1,325
	穂高村	62.8	36.1	2.280	292	22.9	11.3	8.4	8.9	38.4	17.4	442
	瑞穂村	55.6	28.9	2.290	272	33.0	11.9	9.9	8.8	23.7	15.8	1,278
	豊郷村	66.0	18.5	2.160	266	4.0	9.7	5.5	5.4	11.9	10.6	842
	市川村	75.2	23.6	2.000	252	0.6	6.0	10.6	7.2	19.2	10.1	603
	堺村	72.0	20.2	1.878	242	16.5	9.9	10.9	6.0	11.2	8.4	7,310
小計（平均）		65.0	31.2	2.225	280	22.4	10.6	11.9	7.8	25.9	15.1	12,616
群総計（平均）		53.0	31.4	2.303	313	33.3	16.5	17.3	7.8	27.5	19.4	32,590

資料：『昭和二十三年　長野県統計書』，『長野県市』近代資料編，別巻「統計」。
注：1）1947年8月1日「臨時農家センサス」の数値。
2）平均収繭量は養蚕農家1戸当り，反当収繭量は桑園1反当りの数値。
3）山林面積は材木生産目的の1949年1月の数値。

であり，広大な水田が存在しているわけではない。一方，養蚕業では1戸当り掃立卵量・収繭量のいずれも岳南が岳北を上回っている。しかも戦時期のデータではあるが，単位桑園当り収繭量にも同様の傾向がある。ここには稲作生産力の高いところほど養蚕業の生産力が高く，養蚕業への依存度も高いという特徴が表れている。それは稲作生産力の低さを養蚕業が補完するのではなく，その逆でもない。多様な経営形態をとりながら，それぞれが最大限の生産力と収益性を追求するという長野県農業の集約的営農形態の特徴を表現している5)。

農家構成では岳南が岳北より，商工業が発達し，就業機会に恵まれ兼業農家率が高く，しかも水田を中心に地主的土地所有の展開を反映し，小作農家率も高い。しかし農家1戸当り経営面積は，豊郷村や堺村を除けば岳北と岳南でとくに大きな違いはない。岳北の収量水準の相対的低位性が，そのまま岳北の農業所得の低位性に結びつき，同様のことは山之内地方にもあてはまる。ただし岳北や山之内では林業，木炭製造，温泉等サービス業が所得低位性を補完している。さらに当地方で中農上層を構成する経営規模１～２町層の比率をみると，岳北では木島平以外は概して低く，岳南でも商業地の中野町や丘陵地の科野村，倭村などでも低い。両地域を通して一定の広さの水田を擁する平坦部で中農上層が分厚く形成されているが，それらの地域は農民組合が結成される町村とほぼ重なっている。

2　発足期郡農連の組織と性格

下高井郡農連は，日農県連結成の動きに触発されて，郡下町村で設立された農民団体を郡段階で統一しようとする機運のなかで発足した[6)]。この時期，当地方には下高井自由懇話会，労働組合協議会，下高井民主連盟など各種の革新的民主団体が続々誕生し，戦後の「自由と解放」の時代が到来したが，その底流には農村社会に澎湃として沸き上がった民主化を求める人々の熱気があった[7)]。

郡下町村における農民組合結成の動きは，1946年４月の草間（高丘村），中野町を皮切りに，同年５月の平野村，６月の夜間瀬村，穂高村と続いている。正確な時期は不明だが，ほぼ同じ頃に日野村，延徳村，長丘村でも結成された。これらの農民組合はいずれも政治的色彩がなく，政党指導によらない自主的な組合で，供米割当て適正化，生産資材確保を主な目的としていた[8)]。46年末の郡下20町村の郡農連への加入状況は表６-２に示すが，町村によっては組合員数を概数で報告した形跡があるが，岳南町村の加入率が岳北のそれを大きく上回っている。ただし岳北でも木島村，穂高村，往郷村では加入率が高く，これらの村は水田稲作中心の村または戦前来の指導者が存在するという共通性がある。また岳南でも比較的北部に位置し山岳地帯に隣接する科野村や倭村では加入率が低い。

郡農連に結集した各町村の農民組合幹部には，戦前期の農民運動（全農全国会議派）から強い影響を受けた「筋金入り」の活動家と戦後民主化の潮流のなかで自由・民主思想に触れ新たに戦列に加わった青年層がいた[9)]。前者は，昭和初期の各町村の青年団運動の担い手たちが町村の枠を越えて結成した「新興青年同盟」という左翼団体の系譜をひく人々であった[10)]。だが1928年の「３.15事件」後，

表6-2　発足当初の郡農連への加入状況

岳南12町村				岳北8村			
町村	組合員数(a)	農家数(b)	(a)/(b)(%)	村	組合員数(a)	農家数(b)	(a)/(b)(%)
中野町	420	701	59.9	木島村	458	546	83.9
延徳村	378	486	77.7	上木島村	—	370	—
平野村	434	451	96.2	往郷村	400	539	74.2
高丘村	350	390	89.7	穂高村	200	310	64.5
日野村	300	380	78.9	瑞穂村	—	713	—
平岡村	540	608	88.8	豊郷村	—	379	—
長丘村	400	468	85.4	市川村	—	317	—
科野村	200	432	46.3	堺村	104	618	16.8
倭村	200	437	45.8				
穂波村	350	558	62.7				
平穏村	—	425	—				
夜間瀬村	800	872	91.7				
計（平均）	4,372	6,208	70.4	計（平均）	1,102	3,792	30.6

資料：下高井郡連『昭和二十二年　雑件綴』,『昭和二十二年　長野県統計書』。
注：組合員数は1947年10月12日，農家数は47年8月1日の数値。

多数の脱会者をみるなかで新興青年同盟は活動を停止していく。一部の活動家は，その後も全農全会派の地区委員会をつくり全農下高井支部報『貧農情報』を発行し活動を続けた。彼らは戦前期の反体制運動の経験をもち戦後改革期には農民組合運動の先導的役割を果たした。これに対し比較的若い世代のなかには戦後民主化運動の胎動のなかで革新思想に目覚め，町村農民組合の指導部，郡農連青年部に加入する者が生まれた。これら革新的民主団体に加入することは当時，郡下の知的青年層にとって一種のブームであった。こうして戦前来の活動家と戦後世代の革新的青年層が一体化し郡農連の指導部を構成した。

ところで発足当初の郡農連への加入団体には，当然，名目上は農民組合以外の農民団体は含まれていない。郡段階の農民団体として農民組合に匹敵する勢力をもっていたのは，戦前・戦時期以来の産業組合・農業会の系譜をひく農村建設連盟（以下，農建連と略記）であった[11]。下高井郡の農建連は県の農建連の結成よりも早く，46年12月の延徳村を皮切りに，木島，中野，長丘，豊郷，瑞穂，往郷，穂高，平穏，堺など13町村におよんでいる。若干の例外はあるが，農民組合がカバーしえなかった岳北の山岳部が組織化されている。ただし農建連の拠点は平場農村の延徳村であり，ここは隣接する平野村が郡を代表する農民組合の拠点であったことと対照的である。それ以外の村では農民組合は未結成または郡農連に未加入という状態であった。このように，農建連は根強く存在し，その勢力は郡農連内部にもおよんでいた。むしろ郡農連の初代執行委員長が延徳村長であったことや郡農連事務所が郡農業会の建物内にあったことから[12]，発足当初の郡農連は日農系農民組合と農建連が勢力を分け合う状態にあった。

農建連の指導層は戦前・戦時期を通して産業組合運動（とくに産青連の運動）に挺身した経営実務型の指導層であった。戦前期の長野県は産業組合運動が強力に展開されたが，下高井郡では1930年に下高井農学校に産業組合科（大里忠一郎が主任）が設置され，当地方の産組運動の拠点となった。同校はその後多くの産組関係者を生み出し，30年には卒業生・職員による組織「協友会」が結成され産青連運動の起爆剤となった。次いで35年には一般農民層も含む下高井郡産青連が結成され，昭和恐慌期から戦時期にかけて各町村の産組運動や経済更生運動を指導した。その代表的人物の１人が敗戦後の下高井郡で農建連のリーダーとなる柴本嘉明（延徳村）である[13]。柴本は下高井農学校産組科卒業後，1931年の組合製糸所を皮切りに39年の中国大陸移住に至るまで，昭和恐慌下で市川村・夜間瀬村・仁礼村など郡内外町村の産業組合で更生主事や郡部会主事補として産組経営に従事した。彼は不振組合の更生を手がけるなかで産組経営の実務家になるが，後年，農学校当時の社会科学的思考をもっていた自分について，「一日一日を真剣に産組経営に取り組んでいるといつの間にかマルクス主義的観念は忘れられてしまって経営主義に徹していく自分の心境の変化に気づく」[14]と記している。彼と同様の経歴をもつ若手産組職員を下高井農学校は多数生み出し，彼らが戦時期から戦後改革期の農業会の指導層を構成した。

敗戦直後，農業会系指導者はいち早く農建連に結集した。前述のように45年12月の延徳村をはじめとして，翌46年３月末には下高井郡農建連の結成大会が開かれている。この急速な組織化には，農業会の組織がフル動員された。この間の事情について柴本は「何れも農業会で事務的な面倒を見てくれたし……大して苦労もなく組織づくりが進んだ」[15]と証言している。農建連は機関誌『耕作者情報』を発行し組織化を図り，政治的には協同党を結成して農民組合や左翼政党と対峙したが，当地方では「農民協同党」と自唱し，相対的に革新的性格が強かった。なかでも延徳村，往郷村では戦後初の村長選挙において無所属候補が多いなかで協同党の村長を生み出すほど農建連の勢力が強かった[16]。

このように郡農連執行部には，日農系農民組合と農業会系農建連との対抗が持ち込まれた。この両者の翼競り合いは政治的には社会党・共産党と農民協同党との対抗として現出し，組織内部に指導体系上の矛盾を抱え込んでいた。ただし，発足直後にはまだ穏健な中立的立場の指導者も多く，各町村で結成されたさまざまな農民団体の郡段階での結集体という性格が強かった。郡農連の規約では「日本農民組合長野県連合会ニ加盟スル」（規約第13条）となっていたが[17]，加入町村のすべてが必ずしも郡農連を日農県連の下部組織と自覚していたわけではない[18]。むしろ，発足当初は農民組合と農建連が一体となって指導部を構成し，中立的町村の指導層の支持を得ることで組織拡大を図っていった。

第２節　発足・拡大期の活動

1　食糧供出問題への取り組み

発足直後の郡農連が最初に取り組んだのは食糧供出問題である。これは町村段階の農民組合が供出問題を最優先課題としたことに応えるもので，供出割当ての適正化や肥料等の生産資材確保など農業再生産の保障要求に運動目標が置かれた。1945年産米の町村別供出割当において供出率は岳南・岳北で大きな違いはなく，両地域を通じて水田地帯で高く山間部で低くなっている（表６－３）。岳南の延徳田んぼや岳北の木島平で高く，堺，市川，豊郷，科野，日野村などが低い。ただし45年秋に水害に見舞われた延徳村は例外的に低い。

ところで45年産米供出時には，まだ郡農連は発足していない。だが食糧危機と供出をめぐる強権発動は敗戦直後から始まり，供出問題への農民の対応は，個々の町村が県当局（地方事務所）と直接交渉する形で進められていた。一例をあげよう[19]。1946年２月20日現在，郡下の供出進捗率は60％足らずであり，当局は強権発動の方針を固めた[20]。具体的には岳南は３月末日，岳北は４月20日までに供

表6－3　町村別供米割当て（1945年産米）

岳南12町村				岳北８村			
町村	割当量（a）（石）	生産量（b）（石）	(a)/(b)（%）	村	割当量（a）（石）	生産量（b）（石）	(a)/(b)（%）
中野町	1,857	3,468	53.5	木島村	2,787	4,856	57.4
延徳村	1,216	2,905	41.9	上木島村	1,983	3,397	58.4
平野村	1,389	2,630	52.8	往郷村	2,609	4,824	54.1
高丘村	1,275	2,450	52.0	穂高村	1,241	2,308	53.8
日野村	506	1,597	31.7	瑞穂村	1,956	4,830	40.5
平岡村	1,046	2,524	41.4	豊郷村	500	1,916	26.1
長丘村	1,168	2,462	47.4	市川村	685	1,912	35.8
科野村	309	1,381	22.4	堺村	803	2,925	27.5
倭村	597	1,334	44.8	岳南12町村計	13,036	31,049	42.0
穂波村	1,395	3,512	39.7				
平穏村	951	2,764	34.4	岳北８村計	12,564	26,968	46.6
夜間瀬村	1,327	4,022	33.0	下高井郡総計	25,600	58,017	44.1

資料：平野村役場『昭和二十年　食調関係書類』。

出完遂の誓約書を農家に認めさせ100％の完遂を期した。これに対し木島村の農民たちは大挙して地方事務所に押しかけ，①供出米は自主供出にする，②重量制を容量制に改める，③昨年の水害で収穫皆無の雑穀に充分考慮するといった３項目の実現を要求した。この要求に対し地方事務所は「善処するよう努力する」と回答したが，他方では経済課長が「悪質な農家，或は消費者でも隠匿している者については断固強権を発動して必ず100％の成績をあげる」という声明を発表した。実際，供出成績は徐々に好転し，２月20日の60％から４月20日には78％，５月20日には98％へと進捗し５月末には完納となっている。

以上の供出完遂には，地方事務所と町村の交渉が介在していた。しかもこれは，初めは町村単位の個別交渉であった。それが繰り返されるなかで地方事務所との交渉を統一化し郡下町村間の不均衡を是正する割当適正化を求める機運が高まっていった。翌46年産米からは郡農連執行委員会で供出割当に関する対応策が協議されることになる。そのなかで各町村から次のような供出完遂見通しの報告が出された[21)]。

「部落割当ハ大体出来タ。実行組合デ収穫ヲ見テ役場デ決メタ」（平野村）。

「実行組合ガ割当中……アル部落デ割当困難……田畑ノ総合割当ヲヤッタ」

（高丘村）。

「各部落ノ割当ハヤッタガ，供出完遂ハ難シイ」（長丘村）。

「約一万俵……ラ果タシテ賄イ切レルカドウカ疑問ダ。完遂スレバ来年度ノ再生産ニ支障ヲキタス。郡全体トシテ非常ニ難シイトミルガ如何」（木島村）。

「昨年ヨリ一割カ二割減収ノタメ供出ハ一割五分モ多イ。県カラノ割当デハ完遂ニ非常ニ見込ガ薄イ」（科野村）。

「供出スレバ保有ニ食イ込ム。早出来ハ五九％供出シタガソレカラガ面倒。完遂ハ到底望メナイ。大豆モ供出スレバ家ノ味噌豆モナイ」（延徳村）。

報告は相対的に供出率の高い水田地帯の村からのものが多く，供出完遂可能な村と不可能な村，可能な部落と不可能な部落が併存している。この報告を受けて執行委員会では「反対運動ヲ起コセ」，「主食ノ代替供出ヲ主張セヨ」，「コノ際郡農連ハ大イニ実力ヲ発揮ス可キ」などの意見が続出し，執行部は「郡トシテ完遂ハ見込ミナシ」との結論に達している[22]。そこで地方事務所に対し供出割当て米の代替供出，食糧調整委員選任の郡農連への諮問要望について交渉を開始した。この交渉は，実は日農県連（日農食糧調整委員会）の次のような方針に基づいていた（47年産米の場合）。すなわち，「この割当量は本県の実情に対比し荷重であり，且つ政府の割当方法は非民主的なので極めて不満とするところなり。しかし現下内外の食糧事情緊迫の折柄，農民は忍び難きを忍び供出し働く消費者大衆と食をわかちあひ，平和的民主日本再建に寄与する事とし，玆に政府割当量を承認する事となれり」[23]。

日農県連の方針は割当の容認である。もちろん引替えに農家保有米の確保，農機具，肥料など生産資材の確保，強権発動反対，供出後の空俵返還，供出方法の民主化などさまざまな条件を要求してはいるが，それは基本的に供出計画への協力にほかならなかった。この方針に対して下高井郡農連の対応は次のようであった。「郡農連では現下の食糧事情に鑑み，この際いたずらに割当の荷重を嘆ずることなく如何にしたら完遂できるかにつき慎重討議の結果まず関係当局へ甘藷，馬鈴薯代替供出その他数項目の陳情をしたが更に公聴会，郡民大会を……開き割当の実状を聞き又農民の声を反映せしめ，以て供出の完遂を期することになった」[24]。

このように郡農連は47年産米では供出完遂協力へと方針転換した。ただし，郡農連には46年産米から取り組んできた代替供出をさらに増加させようとする意図があった。この戦術は次年度も継続され，48年には関係当局に次の４項目を要望している[25]。①米の災害について収穫の実態に即し供出を補正減額する，②麦の供出換算率は従前通りとする，③農家還元配給期日停止は昨年の通りに延長する，④芋類麦類代替供出は全面的に認めてもらう。郡農連の方針は，米の代替供出量の増加を条件に供出完遂を期すことにあった。麦類や芋類の供出量を増加することで，価格有利性の高い米の供出量を少しでも減らそうとしたのである。供出をめぐる運動は，基本的に日農県連の方針（むしろ日農本部の方針）に沿うものであったが[26]，その枠内での代替供出に運動の重点を置いた。敗戦直後の食糧危機下で闇値が高騰していた米の確保は上層・下層を問わず全農民に共通する〈農民利益〉であり，ここに郡単位の地方事務所を交渉相手とする郡農連に独自の活動領域があった。郡農連は系統組織としての農民組合の一つではあったが，末端町村に最も近接する地方連合組織であり，耕作農民の直接的要求を実現する運動を積極的に推進することにより，支部町村の支持と合意を調達していった。

2　農地改革への対応

農地改革の実行に郡農連が果たした役割はそれほど大きいとはいえない。もちろん郡農連はさまざまな方法で農地改革の宣伝・啓蒙運動に努め改革の徹底化を訴えた。具体的には，①農民組合の代表を農地委員に推薦する，②小作関係の正確な実態調査をする，③小作人大会や農民大会を開催し農地委員会の傍聴をすることの３点を掲げ，これを各町村に指示した[27]。しかし，これらはいずれも各町村の農民組合幹部に対する指示であり，その実現は各町村の農地委員会や農民組合の活動にかかっていた[28]。以下，改革実施過程で郡農連が果たした役割と限界を４カ村の事例に即して検討する（表６-４参照）。

まず郡農連のうち日農系農民組合の拠点となった平野村では，46年５月にほぼ全村を網羅した比較的穏健な農民組合が誕生する（農家数451のうち414戸が加入）[29]。しかし，同年末の農地委員選挙前後から農民組合の急進化・左傾化が進み，

表6－4　農地改革実績の概要

（単位：反，％，人）

	1945年11月23日現在			買収・所管換面積	解放率		被買収地主数	買受小作人数	1950年8月1日現在	
	総農地	小作地	小作地率		対農地	対小作地			小作地	小作地率
平野村	2,306	1,989	77.6	1,956	84.8	109.3	157	574	256	6.8
延徳村	3,511	1,264	36.0	1,265	36.0	100.1	120	404	315	8.8
平岡村	3,009	669	22.2	963	32.0	143.9	362	411	467	9.8
日野村	2,262	676	29.9	521	23.0	77.1	108	228	222	9.8

資料：各村の『農地等開放実績調査』。

組合組織や幹部構成の刷新が図られる。こうしたなかで組合幹部自らが農地委員に就任し，翌47年初頭から組合主導のもとで改革事業が始動する。この村では長野県下の個人地主としては最大の農地面積を解放する大地主（山田家）が農地委員会会長に就任するが，これは農民組合の計画によるものであり，農委会長となる山田家の改革への「協力」を取りつけることで，中小地主の改革阻害の動きを封じ込めることに狙いがあった。改正農調法第9条3項にかかわる小作地引上げを45件承認したものの，それらは応召農家の帰村や引揚者に限定され，その許可率は県平均とほぼ同じ水準にとどまった[30]。なお平野村農民組合（同青年部も含む）は郡農連執行委員会に複数の役員を送り込み郡農連の主導的役割を果たすが，村内では農民組合勢力の席圏のもとで徹底した改革が実施された。

次に，平野村に隣接する延徳村では[31]，郡下トップを切って25～40歳の青年・壮年層を軸に全村網羅的な農建連が結成され，郡下の農建連の拠点となる。だが農地改革直前に農建連は全村的組織の農民組合と名称を変更する（再編農建連）。しかし実際には「農建連が企画団体となり，農民組合が実戦団体として表裏一体的活動を展開し」[32]，いわば農建連が農民組合という看板を掲げて農地改革を推進した。ここでは農民組合と農建連が一体となって（幹部は農建連が主導）戦後改革の推進主体となり，郡農連に対しても延徳村農民組合の名で加入している。農地改革はきわめて円滑に進展し，改革阻害の動きはほとんどなかった。小作地引上げはあったが，平野村と比較してとくに多いわけではなく，県平均と同程度の許可率であった。平野村と延徳村では農民組合と農建連という違いはあるが，いずれも強固な農民組織を背景に改革が円滑に進行している。それも郡農連の指導を必要とせず，村民の手により村内で自律的に農地改革が遂行されたという共通性がある。

郡下の農地改革で最も困難をきわめたのは，県知事から解散命令を受けた平岡村の事例である[33]。同村農地委員会では，小作地引上げを契機に地主側の強圧により自作委員が地主側に荷担し，これに反対する小作側委員と正面から対立する事態が生まれ，農地委員選挙の有権者1,017人のうち607人の調印を得て47年４月に自作委員のリコール請求が出された。このリコール請求の組織的基盤となったのは，農民組合だけでなく下高井担当の日農県連常任委員Ｓの指導により結成された平岡村土地管理組合であった。土地管理組合は農民組合青年部との連携を深め，しだいに急進化する。だが村長は事態の円満解決をめざしてリコール請求を公にせず，この間に自作側懇談会による切り崩し工作が図られ，同年５月８日には405人の調印が取り消しとなり，定数を欠いたリコール請求は不成立となる。その後農地委員会においても地主・自作側と小作側とが同数で対立し会長の互選も不可能となる。この過程で土地管理組合，農民組合，これに反対する地主層や自作側懇談会の声明や文書が相次ぎ発表され，村民間の感情的対立が極限に達するなかで，村の行政運営や部落の自治的運営までが支障をきたすことになる。事態を重視した県当局は平岡村に対し全村協議会の開催を指示したが，自主的解決の道は開けず，ついに同年７月６日に県知事による解散命令が出された。これに伴い同月22日に選挙が実施されたが，改選後の農地委員のなかにも地主側の中心人物が再選され，新任の自作委員も小作側と対立するなど農地委員会の運営はいぜんとして紛糾し会長互選も不可能であった。このため県当局が中立委員を選任し会長に任命するという直接介入を行った。同村の改革直前の小作地率は30%，改革により解放した所有農地別の在村地主は３～５町が２人，それ以外の80人はすべて３町未満という零細・小地主であり[34]，このことが零細地片をめぐる地主・小作間の厳しい対立を生み出した。しかし一連の緊迫した事件が続発する異常事態のなかで，一方で地主側に譲歩を強制し，他方では急進派を排除するという村秩序の回復を求める世論が除々に醸成されていく。平岡村の農地改革は，このような村秩序の回復志向と県当局の行政介入により実施されることになる。こうしたなかで47年末には土地管理組合も農民組合も崩壊の危機に見舞われる。47年10月に平岡村農民組合は郡農連を脱退するが，その「脱退届」は「このような事態を招いたひとつの原因は日農の指導によるものとの結論になった。……本村の場合に於いては結果からみて日農の指導は良いものではなかった」[35]と記している。この事例は在村小地主や零細所有者が堆積する村の農地改革の困難性とともに，村外の郡農連指導者（日農県連の担当者）が村内の実情に即した有効な指導を果たしえなかったことを示している。

郡農連の農地改革への取り組みの限界を示すもうひとつの例は，日野村で発生した農地委員会の在・不在認定をめぐり，農林省勤務の官吏Yが訴願におよんだ一件である[36]。Yの勤務先が農地改革の内部情報を入手しやすい農林省であったことが事態を一層複雑にした。県訴願委員会の席にはYの農林省勤務時代の上司であった当時の長野県農地部長Tが必ず出席し，この事件に対し県が回答を保留し続けたからである。これに対して郡農連は日野村農地委員会と連絡をとりつつ調査団を日野村に派遣し，実態調査に乗り出し，その結果を訴願委員会に提出した。訴願委員会に出席した郡農連幹部は，「訴願は二十日以内に裁決さるべき前提になっているものを半年以上も未決定」であり，「県農地部官僚の言動などよりして，地主の在・不在が問題ではなく，むしろ私情によって農地改革を曲げんとする意図が十分に看守できる」[37]と批判し日農県連にも報告している。しかし，この問題は，最終的には県訴願委員会がYを在村地主と認定し，日野村農地委員会の判断を退けることで結着をみた。それは日野村農地委員会だけでなく，同村農地委員会を支援した郡農連の敗北でもあった。

以上4カ村のうち，平野村，延徳村の事例は村民が自律的に改革を遂行しうる場合は，郡農連の指導を必要としないこと，平岡村や日野村は，改革過程の諸問題は村単位の農地委員会や農民組合が解決するほかないことを示している。農地改革の実行は農民の改革への参加と運動を必要としたが，それはあくまで当該村民の参加と運動であり，村外のいかなる組織や団体も有効な対抗措置をとれなかった。このことは農地改革をめぐる運動が，個別農村の地域完結的運動に収斂する特質をもっていたことを示す。それは農地改革自体が市町村単位に地域完結性をもっていたことに照応している。

表6－5　下高井郡農連執行部の構成変化

（単位：人）

	46年５月～47年８月		47年８月～48年５月		48年５月～７月		48年７月～消滅	
	農民組合	建設連盟	農民組合	建設連盟	農民組合	建設連盟	農民組合	建設連盟
執行委員長		1	1		1		1	
同副委員長	1		1			1	2	
書記長	1		1			1	1	
書記局	1		2					
常任委員	2	3	2	1	?	?	4	1

資料：下高井農連『雑件綴』，『郡農連メモ』。
注：１）常任委員は時期により人数が異なり，48年５～７月は書記局不在。
　　２）48年５～７月は事実上，建設連盟側が委員長を代行していた。

第３節　後退期郡農連の組織と活動

１　組織の動揺と解体

郡農連の性格変化は47年前半から始まっている。その契機となったのは1946年12月末の農地委員選挙であり，これを機に各町村の農民組合は急進化する。これを受けて郡農連内部でも日農系農民組合がしだいに勢力を拡大し，農建連との対立が表面化する。この対立は農民組合幹部による農建連幹部の排除となって表れ，執行委員長は延徳村長から平野村農民組合長に代わり，副委員長や書記長など執行部の大半を日農系の幹部が占めることになる。農建連では，唯一，常任委員（財務部長）に柴本嘉明がとどまったのみである（表6－5）。

郡農連のこうした性格変化の過程には，日農系幹部による強引な勢力拡大活動が伴っていた。町村によってはこれに対する反発が生まれ，郡農連を脱退する支部もあった[38]。47年５月の往郷村の「組合費は過重にしてその負担にたえず」から始まり，同年９月には「中野町ハシバラク休ミタイ」との報告があり，日野村からも「日本農民組合を脱退する」という申入れがあった。さらに翌10月には前述のように平岡村からも「一時日農郡連への加盟を停止する」という報告が届いた。ただし脱退した町村でも全員が辞めたわけではない[39]。またこれ以外にも同年８月には延徳村や木島村の責任者（村長）から個人的な辞表提出が続いた。こ

表６－６　下高井郡農民組合連合への加入状況の推移

岳南12町村				岳北８村			
町村	47.10.12	47.12.25	48.７.15	村	47.10.12	47.12.25	48.７.15
中野町	420			木島村	458	436	400
延徳村	378	372	378	上木島村			
平野村	434	426	430	往郷村	400		
高丘村	350	248	350	穂高村	200	200	200
日野村	300		200	瑞穂村			
平岡村	540		200	豊郷村			
長丘村	400	226	150	市川村			
科野村	200	174	200	堺村	104		104
倭村	200		200	岳南12町村計	4,372	2,232	2,938
穂波村	350	306	350	岳北８村計	1,162	636	704
平穏村							
夜間瀬村	800	480	480	下高井郡総計	5,534	2,868	3,642

資料：表６－５に同じ。

のように郡農連は日農組織へと純化したが，この代償として下部組織の縮小・弱体化が進行した。表６－６の組合員数の減少が，これを裏付けている。

脱退町村の続出は，郡農連の活動を支える財政基盤にも深刻な影響を与えた。47年度についてみると，活動費の90％以上を支部町村からの平均割（１町村当り1,000円）と組合員割（１人当り10円）に依存しているが，４町村の脱退・休止のため，当初予算よりも43％近い減収となっている（表６－７）。執行委員会では，町村支部への対策として脱退町村に対する復帰の働きかけと同時に，政治的色彩のない郡農業復興会議結成案を提出するなど支部強化対策に腐心している[40]。しかし，事態が変わることはなかった。これに追い打ちをかけたのが日農県連の指示による47年後半からの「かくし田摘発闘争」である。一般に，この運動が効果を上げるのは税金闘争や供米闘争における不当な供出割当により「一方的に独占されるという特別の場合」といわれる[41]。しかし，農地一筆調査をもとに農地改革が進捗しつつあったこの時期に「かくし田」を摘発することはいかにも唐突であり，農民組合の活動にも混乱を招く要因となる。「隠し田摘発」闘争は日農系郡農連幹部にとっても「とても無理な話」（延徳村の小林憲談）であった[42]。

その後，税金闘争により郡農連主導の運動は一時的に息を吹き返すが（後述），組織の拡大には至っていない。それどころか郡農連内部でのヘゲモニー争いはま

表6－7　下高井郡農連決算報告（1947年度）

（単位：円，％）

収入			支出		
科　目	金額	構成比	科　目	金額	構成比
町村平均割	3,000	13.1	諸給与	4,450	19.9
組合員割	18,382	80.1	通信費	674	3.0
雑収入	505	2.2	消耗品費	1,096	4.9
繰越金	724	3.2	諸委員会費	2,423	10.8
借受金	327	1.4	諸旅費	1,195	5.4
			調査費	800	3.6
			県連負担金	9,050	40.5
			その他	2,662	11.9
計	22,938	100.0	計	22,350	100.0

資料：下高井郡農連『雑件綴』。
注：1）収入の町村平均割，組合員割は当初予算よりもそれぞれ3,000円，14,618円減少となっている。これは中野町，日野村，平岡村，往郷村の脱退によるものである。
2）支出の諸委員会費とは，常任執行委員会費，執行委員会費，専門委員会費の合計。
3）支出の「その他」のなかには大会費，宣伝費，青年部費予備費などが含まれている。

すます激化していった。48年度の役員選出をめぐる混乱と日農県連の郡農連役員人事への介入は町村支部の動揺を招いた。48年の春から初夏にかけて農建連は巻き返しを図り執行委員長を掌握し，郡農連は再び日農系と農建連との勢力拮抗状態となるが，これは永くは続かなかった。日農県連の下高井担当常任委員は，農建連勢力の排除を目的に新執行部の解体を迫り，２カ月後には再び農民組合（日農統一派）中心の執行部が生まれている（前掲，表6－5）。郡農連内部での日農県連の影響力が強化していくこの過程は，同時に郡下町村に対する郡農連の指導力低下の過程でもあった。この間，日農本部が長野県連に対して解散命令を出し，日農長野県連では主体性派の執行委員長が逆に統一派から除名処分を受けるという全国的にも有名な分裂があるが，下高井郡農連はこの影響を受けることなく統一派の路線を一貫して歩んだ。むしろ下高井郡農連にとっては日農内部の対立よりも農建連との対立の方が遥かに大きな問題であった。日農系はこの対立に勝利し執行部を掌握するが，中立派町村の離脱とも相まって，48年後半には組織の内部崩壊に至っている[43)]。

2　税金闘争の高揚と帰結

農地改革が軌道に乗り始める47年半ばから郡農連の活動は停滞状態に陥る。こうしたなかで48年３～５月の反税運動は，当地方における戦後最大の地域闘争に発展する。税金問題は組織の再建をめざす郡農連にとって格好の闘争場面となった[44)]。

事の起こりは48年３月15日に中野税務署が管内（下高井，上高井，下水内の３郡）の全農家に対し大幅に増額した「昭和二十二年度乙種事業所得税更正決定通知書」を送付したことにある[45]。その税額は前年度と比較して平均約３倍に水増しされ，町村単位でみると小さな村でも500万〜600万円，中野町では3,000万円にも上り，しかも２週間後の３月31日までの完納が義務づけられていた。これに対し郡農連はただちに臨戦体制に入り，翌16日には早くも税務署長の出席を求め公聴会を開催した。しかし当日は署長が欠席したため大会は納税民主化郡民大会に切り替えられ，その場で下高井郡納税民主化同盟が結成された[46]。この手際のよさは，事前の準備が相当早くから行われていたことを示唆する。税金問題については日農県連や左翼政党の指導もあったが，郡下では郡農連の指導下で「更正決定のくる前に納税民主化同盟を結成しており，更正決定を受け取った翌日16日に直ちに郡納税民主化同盟に加入した」[47] という村もあった。この大会直後に，郡農連は欠席した税務署長あてに次の６項目からなる大会決議文を手渡し，要求を迫っている。①更正決定を出した数字的基礎の公開，②再生産を阻害する更正決定の即時撤回，③追徴税加算税の徴収反対，④税の延納・分納の容認，⑤甲種勤労所得税＝大衆課税の撤廃，⑥団体交渉の容認。税務署側はこの要求を一切無視したため，当日は満足すべき回答は得られなかった。その後，納税民主化同盟は郡下町村で続々と結成され，18日には納税民主化同盟の町村間協議会も結成され，さらに下高井，上高井，下水内の管内３郡におよぶ高水三郡納税民主化同盟へと組織拡大が図られた。この組織力を背景に納税民主化同盟は税務署長との直接交渉を開始した。２度にわたる交渉の経過は次のようであった。

〔第１回交渉　３月19日〕

同盟：自給肥料その他不確実な調査等についてもぜひ認めて貰いたい。両方の資料を出し合って歩み寄りをつけたらどうか。

署長：然し，表面に現れない収入があるだろう。

同盟：だが主たる収入をさておいて従たる収入を見るのは間違っている。

署長：調査はしたつもりである。

同盟：協力委員については不満である。

署長：協力委員は再選を考慮する。

同盟：１日80人しか受け付けないが，これでは期間中2,400人しか接触出来ぬが如何。

署長：それ以上多数来る場合は期日を延期する。

同盟：確定申告のとき出した額と今度の請求のときに出した額が違う場合は虚偽の申告とみなすのではないか。

署長：悪質と思われる者以外はそうはしない。現在の生活では少なくとも一人千円の生活費がいるのにもかかわらず皆さんの申告額が非常に少ないのはおかしい。

同盟：百姓の生活と月給取りの生活は違うから貴方の意見は違う。税務署は税務協力員の意見を一向に考慮していないではないか。

署長：そんなことはない。……（後略）……

〔第２回交渉　３月25日〕

同盟：今迄のことを総合して結論を出したい。まず第一に税の算定基準を示せ。

署長：それは言えない。上司の命令だ。

同盟：では，一体基準があるのかないのか，その点を判然とされたい。

署長：（無言）

同盟：返答がないならば無いものと認めてもよいか。基準額（＝算定の基礎）が示されないとすれば無い事になる。では自主申告を認めるべきだ。そうされたい。

署長：（無言）

同盟：総収入と必要経費の内訳を示してはどうか。

署長：個人個人に示してあるはずだ。

同盟：それは全然そんな事はない。嘘を言うな。自主申告を認めるか，さもなければ算定基準の内容を示すか。

署長：（無言）

同盟：では結局，更正決定を返上するより仕方がない。でなければ納得がゆかぬから。でたらめな計算で当てられたものと認められるから納められない。……（後略）……

交渉の基本問題は，税務署側が農家の所得を供出以外の闇売りを想定して高く見込んで課税したことにある。同盟側（郡農連）には闇所得の実態を明らかにする意図はなく，税務署側も闇所得の正確な実態を掴めるはずもなかった。そうしたなか課税額が全農民の反発を受けたのは，税務署が実態以上に闇所得を高く見積もったためであろう。こうして，度重なる交渉も妥結することなく，事態は3月29日に，ついに高水三郡納税民主化同盟大会に突入する[48]。

当日は下高井郡下の町村はもとより，上高井，下水内郡からもムシロ旗や赤旗を持った農民らが多数集結した。村によっては午前8時に部落ごとに半鐘を打ち鳴らし，大衆動員を図ったところもある。会場となった中野小学校講堂は「立錐の余地もない超満員」となり，入りきれない群衆が校庭やその周辺を埋め尽くした。このただならぬ気配に各村々から中野町へ通じる道路の要所には不祥事に備え警察官が配置され，県軍政部のジープも駆けつけ，中野町内は騒然たる空気に包まれた。この大会では，これまでの税務署との交渉経過が報告されたのち，次の8項目が大会決議されている。①農業再生産を阻害する不当課税基準の是正，②税の延分納の容認，③団体交渉の容認，④算定基準の公開，⑤審査請求中の延滞利子・追徴税の徴収および差押え中止，⑥大衆課税・勤労所得税の撤廃，⑦税金は金持ちから，⑧供米報奨金に対する課税撤廃。

大会ではこの決議とならんで，税務署長および地元選出の保守系代議士Z氏に対する辞職勧告も採択された。これはZ氏が当時の片山内閣のもとでこの税制の策定に参画したことに対する抗議であり，勧告書は「かかる税制の立案に大蔵政務次官として参与せられたる貴下を代議士として不適当」と断じている[49]。大会は午後になってデモ行進に移り，何重もの人垣が税務署の周囲を包囲した。日農県連幹部も駆けつけ[50]，大会は重税に苦しんでいた商店主や全逓組合員らも支援するなど地域一体となった運動に発展した。群衆の見守るなかで，まず同盟幹部が税務署内に押し入り再度交渉したが，幹部だけの交渉は午後3時すぎに打ち切られ，その後は署長を大衆の前に引きずり出しての団体交渉となった。この団交に対して署長は「上司の命令」一点張りで通したが，同盟側はこの交渉で課税基準所得の一部公開を引き出している（表6-8）。公開事例がどの村のものか，

表6－8　中野税務署が公開した農民課税基準所得の一例（水田1反当り）

（単位：円）

	例1		例2	
反当収量	2石4斗	4,080	2石1斗	3,570
ワラ	120貫	720	105貫	630
収入計（A）		4,800		4,200
公租公課		65		65
種子代		18		18
肥料代		438		362
人夫代	男1人，女2人	270		—
小農具代		250		69
大農具代	償却費	109		109
畜力費	牛馬	321	}	150
その他		150		
支出計（B）		1,621		1,094
（A）－（B）		3,179		3,106
所得率（％）		66.2		74.0

資料：下高井郡納税民主化同盟『記録及文書綴』。
注：肥料代は配合肥，ヤミ肥，自給肥の合計として示された。

またどれだけ信憑性があるかは不明だが，農民らにとっては法外な基準所得であることだけは確かであった。群衆の怒りは最高潮に達し，「デタラメ極まる不当課税だ」という罵声や怒号が飛び交うなかで，この団交は日暮れまで続行された。

以上，当地方の税金闘争の経過をみてきたが，この運動は意外な展開を辿って終息に向かっている。当地方では税務署が徴税を強行し，これに反対した数名の農民を警察が税法違反で検挙するという事件が発生している。反税闘争自体は5月中旬まで続けられるが，運動の後半は検挙反対という守勢にまわり，当該年度の税額引き下げには直接の効果はなかった（翌年度からの引き下げには効果があった）。一方，税金問題は，その後県議会でもたびたび取り上げられ全県的問題となる。保守系代議士ですら「私も諸君の先頭に立って減額のために闘う」51) と発言するなど，税額引下げは県政問題となる。具体的には，代議士や副知事を先頭とする陳情団が上京し，大蔵省との折衝が開始され，地域における大衆運動は姿を消していく。郡農連はこうした事態に対して有効な対抗論理を形成しえず，税金問題に対する独自の活動領域が狭められていった。こうして戦後最大の高揚をみせた税金闘争の終結は，皮肉にもその後の農民運動の形態を中央政府との交渉へと転換させていく転機となった。その内実は地元選出の政治家や農業団体を介した陳情・請願活動であり，戦後長く続く〈農民利益〉追求型の農政運動へと継承されていくことになる。

表６－９　農業会解散総会・農協設立総会の日程

農業会解散総会		農協設立総会	
年月日	町村名	年月日	町村名
1948. 1 .11	穂波村，上木島村	1948. 3 .15	平野村
1 .20	長丘村，堺村	3 .19	高丘村
1 .21	穂高村	3 .29	長丘村
1 .22	木島村	4 . 3	夜間瀬村
1 .23	平岡村	4 . 5	平穏村
1 .24	中野町，日野村，倭村	4 .10	堺村
1 .25	延徳村，科野村	4 .13	延徳村，穂波村
1 .26	平野村，市川村	4 .20	科野村
1 .27	平穏村，往郷村	4 .23	穂高村
1 .28	高丘村	4 .25	往郷村
	（４村不明）	4 .27	上木島村，瑞穂村
		5 . 6	市川村
		5 . 8	平岡村，日野村
		5 .10	中野町
			（３村不明）

資料：下高井郡『昭和二十二年　農協組関係綴』，中野市農業協同組合『中野市農協二十年のあゆみ』。

3　農業協同組合の設立推進運動

戦後日本の農業協同組合は1947年11月制定の農業協同組合法により出発する。同法施行後，48年前半は全国各地で農業会解散・農協設立ラッシュのピークを迎える。下高井郡でも48年１月に農業会解散，３～５月に農協設立の運びとなっている（表６－９）。

長野県における農協設立推進運動を担ったのは，さまざまな農民団体が糾合して結成された県農業復興会議である。下高井郡の設立過程をみると，郡農業復興会議に指導された農業協同組合下高井郡設立推進委員会が実質的な設立主体となった。同委員会の委員構成は次のようである（同委員会規約第３条）[52]。①町村農業協同組合発起人会各２人，②下高井郡農村建設連盟２人，③下高井郡開拓組合２人，④農業会技師連盟２人，⑤農業会従業員組合下高井郡内各支部３人，⑥県農業会従業員組合下高井連合会２人。これらメンバーのなかには名目上，郡農連の代表者は入っていない。実際には，町村発起人会代表のなかに郡農連執行委員２人の名があるが，農民組合の名はない[53]。最多の人数を占めた農業会従業員組合について，日農県連は「長野県農業会従組は全国的に見れば最も保守的従組の一つ」[54] とみていた。また設立推進委員会の委員長には下高井郡農建連委員長の柴本嘉明が就任し，その周辺を農業会系の人物が固めていた。つまり郡農連を追われた農建連指導者はいち早く農協設立推進委員会に結集し，その主導権を掌握していた。一方，日農系の指導層は最初から農協設立運動に出遅れていた[55]。下高井郡の場合，反税闘争のピークが48年３～５月で，農業会解散から農協設立が同年１～５月であった。この間髪を入れない時期の重複は，結果的には農民組合の運動を税金問題に集中させ農協設立問題に関心を寄せる時間的余裕を農民組合から奪ったという意味で，実によく仕組まれていたという面がある。皮肉にも，左翼政党の税金闘争の指導強化がこれを一層助長した。

しかし，ここで見逃せないのは，農協設立推進委員会のなかに農民組合の名がない理由として，農協設立をめぐる日農県連と県当局との対立があったことである。周知のように，総司令部の意向により農林省は各都道府県知事あてに「行政庁官公吏若くは農業会役員が農業協同組合の設立運動に関係しないよう」通達していた[56]。これを受けて長野県経済部は47年12月27日付で農業会関係者など関係機関に通告し，日農県連に対しても次のように通達した。「本県に於ては……その旨各地方事務所長及び農業会長宛に通諜したが，今回その筋よりの指示もあり蚕糸業会，馬匹組合，農民組合等においても農業会の場合と同様役員がその立場から農業協同組合設立運動に関係しないようせられたく右通牒する」[57]。

農林省通達が農業会関係者と官公吏の農協設立への関与を禁止したのに対し，県当局はこの両者以外に農民組合・蚕糸業会・馬匹組合の指導者をも禁止した。蚕糸業会は商工資本，馬匹組合は馬小作制度が念頭に置かれていたが，農民組合まで禁止したことは農林省通達とは相違している。この通達に関しては，県当局が農協設立にあたり「農民組合運動を抑えるため……農業会系が進出するような施策をとった」という証言がある[58]。日農県連はこれに強く反発し公開質問書を提出した[59]。その主張は，①農民組合以外に農協設立推進に関与しうる自主的な農民団体はありえない。②農民組合の役員が「農民の立場」において農協役員に就任することは正当である。③農業会指導者が農林省通達に反して農協設立に関与している。これに対する48年１月19日の県側の回答は次のようであった。「農民が自主的に組織した農民組合の如きが新しい農業協同組合を農民的なものとして設立すべく其の啓蒙宣伝設立推進を行ふことは少しも差し支えない……唯，農民組合又はその役員がそのままの形で新しい農業協同組合に移行するが如き惧れの在る場合を防止する為に通牒したのであって農民組合の役員又は組合員が農民としての立場に於て新しい農業協同組合の発起人なり役員に選ばれ就任することはこれまた差し支えないのである」[60]。

このやりとりから第1に指摘できることは，県当局としても日農県連の主張を否定することができず，日農を農民の自主的団体として認めざるをえなかったことである。第2は「農民組合又はその役員がそのままの形で新しい農業協同組合に移行する」ことと，農民組合役員や組合員が「農民としての立場に於て」新しい農業協同組合の発起人や役員に就任することが，実質的にどれだけの違いがあるのかが不明なことである。実際，この両者を識別することは困難であり，県側の主張ははじめから無理があった。結局，「農民としての立場に於て」という条件づきで農民組合員が農協設立に関与してもよい，という見解を県側が示すことによりこの問題は一応の決着をみる[61]。日農県連は県内各支部に「勝利」を通知し，これを受けて48年1月21日には下高井郡農連も郡下町村に対し「農民組合の設立推進運動はどしどしやって差し支えない」と通知している[62]。

以上のように日農県連の抗議は成果を上げた。しかし，ここで見落とせないのは，県当局が「農民の立場」において農民の自主的団体の農協への参入を認めることで，本来禁止されていた農業会関係者の農協への参入が可能になったことである。農建連という自主的団体を組織していた農業会指導者にとっても「農民の立場」において設立推進運動に関与することが可能になったからである。農民組合は正面から農協への進出を勝ち取ったが，農業会指導者は農建連という自主的団体の名で農民組合の運動成果を享受しえた。全県的にみても，創立直後の農協役員の構成は農業会系が農民組合系の1.7倍以上を占めた[63]。

しかし農民組合が農協設立に主導性を発揮しえなかった理由を，県当局の制限措置だけに帰すことはできない。むしろ，農民組合自身の農協問題への取り組みの不十分さを指摘しなければならない。これについては日農県連も「主体的な政策が不十分であり，掛声ばかりで実行がともなわなかった……農業協同組合に関する調査研究をすすめ，その経営上の政治的，経済的，技術的，事務的知識を学び実際問題に習熟しなければならない」[64]と反省している。ここには2つの問題点がある。一つは農協設立に対する熱意と主体的努力の不足であり，もう一つは農協運営の主導権を得るにも経営実務能力の点で農業会系指導者に遅れをとっていたことである。下高井郡農連の農協設立への取り組みをみると，地区別の農業協同組合講座を開催し，町村の農民組合もこれを聴講している（平野村）[65]。また岳南5町村（平野・延徳・中野・日野・高丘）で農業協同組合法研究会を組織し農協対策を講じている（47年8月）[66]。しかし，これらはいずれも農建連との協催であり（講師は農業会系の人物），農協対策の出遅れは取り戻せなかった。それどころか日農系農民組合が郡農連の中枢を奪取したのちも，郡農連内部では農協問題について「事務的には農業会に任せるが管理は農組で掌握する」[67]という実情にあった。むしろ経営実務能力に乏しい農民組合指導者は農協設立推進過程を後目に意識的に税金闘争に勢力を傾注していった形跡すら見受けられる。「農協民主化といっても実務的な点でいきづまる」[68]という一般的特徴が下高井郡農連にもあてはまる。この意味で農協設立問題は，戦後改革期の農民団体全体の構成を転換させていく大きな転機となった。

こうして占領期後半の運動の担い手は大きく転換し，農民組織化の軸芯は農民組合から農協へと転位していった。それは敗戦直後の激動期にアド・ホックな自発的集団の噴出を農民組合が組織化しえたのとは対照的に，戦後農政展開の政策装置の中核を担っていく農協が〈農民利益〉要求を中心に改革後の自作農の組織化に成功したことを意味する。戦後改革期後半に体制が安定的秩序を回復し始めるこの時期には，体制を構成する諸勢力も安定した秩序と利益を担って組織化される方向に向かうが，これに伴って農民と国家（政府）の関係も農協組織を媒介とする関係へと系列化されていった。

むすび――小括――

本章では，郡段階の農民組合連合会を事例として戦後改革期の農民運動の構造と機能を検討してきた。その主要な論点を整理し本章のまとめとしたい。

第1は，戦後改革期の農民組合運動が〈階級〉問題だけでなく〈農民利益〉問題にも積極的に取り組んだことが農民組合以外の勢力との連携を可能にしたという点である。とくに発足直後の食糧供出問題，これと表裏一体の関係にあった闇米確保については，農民組合（日農系）と農建連（農業会系）とのあいだに一定の連携が図られ，それぞれがもつ組織基盤をもとに郡農連の組織的拡大が進展した。ただしこの段階では，両者はそれぞれ単独では全郡を組織しえず相補的関係にあり，それゆえ半面で相異なる性格の指導層を組織内部に抱え込んでいた。ここには戦後民主化の波にのって誕生した農民組合だけでなく，戦前・戦時期の産業組合運動や農業会の経験が，戦後改革期の農民組織形成にも一定の役割を果たしたことが示されている。

第2は，郡農連組織の解体問題についてである。戦後改革の中心的位置を占めた農地改革の実行は，支部町村の農民組合の〈階級〉問題への取り組みを開始させ，組織の急進化が進む。しかし実際には，農地改革は町村単位で地域完結的に遂行され，農地改革に郡農連が果たした役割はそれほど大きくはなかった。むしろ，これを契機に郡農連内部では日農系農民組合と農建連の対立が表面化した。この過程を通じた郡農連の日農系への強引な再編が支部町村の脱退を招き，48年後半には事実上の組織解体に陥っている。一般に，日農内部の統一派と主体性派への分裂・抗争が農民運動衰退の一因とされるが[69]，下高井郡農連にとっては，むしろ農民組合と農建連との対立・分裂こそが組織解体の基本的要因であった。郡農連の活動は組織の結成から解体までわずか2年半という短期間であり，それはほぼ占領期前半の時期と重なっている。そこには日農県連の上からの指令と支部町村の下からの諸要求に応えうる郡農連独自の活動領域が存在していた。しかし同時に，戦後改革の進展とともに体制の秩序が回復・安定しはじめる占領期後半には独自の活動領域を喪失せざるをえない必然性も合わせ持っていた。

第3は，郡農連組織分裂後の運動における担い手の分化の問題にかかわっている。下高井郡の場合，一面で農民組合と農建連とが対抗しつつも，他面ではそれぞれが活動領域を分有することで占領期後半の運動過程が遂行されていった。農地改革が大幅に進捗しつつあった時期の代表的運動である税金闘争と農協設立運動が，このことを端的に示している。前者が主として日農系農民組合，後者が農建連により担われ，ここに農民組織の役割分担の構造が浮かび上がってくる。そのどちらも農民層全般にかかわる利益要求に大きく寄与し，このかぎりで〈農民利益〉代表の機能を果たそうとした。しかし税金闘争が一時的な大衆運動の高揚に終始し，その後は請願・陳情を基調とする運動に取って替わられるのに対し，農建連は当初から一貫して陳情・請願型の〈農民利益〉追求の立場（いわゆる農政運動）を堅持していた。この２つの運動の担い手の対照性は，戦後改革後の自作農体制の農村社会への定着過程との関連で次のように位置づけることができよう。すなわち農地改革期に噴出した〈階級〉問題は，改革後の創設自作農の関心が経済的保障要求に向かう過程で急速に消滅するが，この変化は農民組織化の基軸が農民組合から新生農協へと転位することを軌道づけた[70]。農民組合なきあとの〈農民利益〉問題は，こうして基本的には農協農政運動によって担われることになる。それは敗戦直後に澎湃として沸き上がった自発的農民運動の組織集団が機能分化・系列化を遂げていく運動再編過程であり，農民組合とは異なる独自の〈農民利益〉代表の系列組織と指導原理をもつ新生農協が戦後農村に定着していく過程とも軌を一にしている。もとより，政治的安定性という意味での自作農体制の一般的成立は1950年代半ばであるが[71]，戦後改革期後半には，農協設立を契機に早くもそうした農民組織の機能分化の端緒が形成され始める。この時期に現れた〈階級〉問題と〈農民利益〉問題の歴史的分岐，および前者から後者への移行は，その後の自作農体制下の戦後農村の性格を永く刻印づけていくことになる。

注

1）　栗原百寿「農村インフレと農業恐慌」同『著作集　Ⅲ』，校倉書房，1976年，231頁。なお日農の研究でも「日農本部の方針が直接に地方組織の大衆闘争のあり方を規定していたとはいえない」という指摘がある。大川裕嗣「戦後改革期の日本農民組合」『土地制度史学』第121号，1988年，２頁，注７.

2）　栗原百寿は「税金闘争は……共同闘争のためのもっとも自然な題目となりうる」と述べていた。前掲「農村インフレと農業恐慌」233頁。

3）　このような見方については，田中学「農地改革と農民運動」東京大学社会科学研究所編『戦後改革　6　農地改革』東京大学出版会，1975年，第７章，271～272頁，樋渡展洋『戦後日本の市場と政治』第４章，東京大学出版会，1991年，などを参考にし，これに筆者なりの見方を加味している。ただし，これはとくに目新しいものではなく，敗戦直後すでに農民組合は「単なる階級闘争に止まることなく，農民自身の手によりて農業全般に亙る改善を期しようとしている」と指摘されていた。小野遣夫『戦後農村の実態と再建の諸問題』経営評論社，1947年，354頁。

4）長野県経済部は県内を17の農業地帯に区分し，下高井郡は北信積雪，北信低湿，北信平坦の各地帯に属している。長野県経済部『長野県の農業』1955年，17頁。

5）ここで農業の多様性とは，県内農業の地域的多様性（地域的分化）だけでなく個別農家の経営多様性も含意している。前掲『長野県の農業』17〜18頁。

6）郡農連の結成は，資料上は1946年4月15日であるが，実際には同年10月4日の郡下農民大会が旗揚げであった。この大会では徳田球一と野溝勝が講演し，これを機に郡農連の左傾化が進む。下高井郡農連『昭和二十二年度　日農県連ニ関スル綴』。

7）以下の論述は関係者からの聞き取り調査のほか，中野・下高井地方の新聞『北信タイムス』に連載された「中高戦後十五年の回想」（1959年11月1日〜1961年10月1日）に負うところが大きい。この連載は当時の運動関係者への取材に基づくもので，当地方の戦後改革期の農民運動や社会運動の記録として資料的価値がある。以下，本資料からの引用は「回想」〔連載回数〕と略記する。

8）「回想」〔18〕（1960年3月13日）。

9）この2つの指導層の階層的性格を個人別に確認することは資料的に困難であるが，郡段階の指導層を問題とする場合，指導者個人の経済階層よりも運動家としての社会的資質が重要な指標となる。

10）以下は，中野市誌編纂委員会『中野市誌』歴史編（後編），1981年，580頁のほか小林憲（平野村），増田武太郎（高丘村），内田鶴吉（穂波村）からの聞き取りによる。

11）戦後改革期の農民組織に関する研究は農民組合に分析が集中し，戦前・戦時期に広汎に農民を組織化していた産組・農業会系の分析は手薄であった。産組運動の系譜をひく全国農村青年連盟（農青連）の活動は，当時の農民運動家によっても，その著しい組織化の速さが警戒感をもって注目されていた。山口武秀『戦後日本農民運動史（上）』三一書房，1955年，77頁。

12）下高井郡農連『昭和二十二年　雑件綴』。

13）柴本嘉明については本書第3章でも略述した。

14）柴本嘉明『寄書き自伝』1974年，58頁。町村の郡農連の動向については同書に負うところが大きい。

15）同上，141頁。

16）1947年4月の選挙による郡下20町村の町村長は民主党3人，国民協同党2人，中立・無所属15人であった。前掲「回想」〔33〕（1960年7月3日）。

17）前掲，下高井郡農連『昭和二十二年　雑件綴』。

18）農民組合という用語は，改革当時，革新陣営では体制変革主体という意味で使用されたが，一方では「自由党までが農民組合をつくるという……当時の農村状勢」を見落とすべきではない。山口武秀，前掲『戦後日本農民運動史（上)』79頁。

19）以下の論述は，前掲「回想」〔16〕（1960年２月28日）による。

20）このような供出完遂の強権発動は県軍政部および県当局の方針に基づいて実施されたものである。長野県『長野県政史』第三巻，1973年，119頁参照。

21）下高井郡農連『郡農連メモ』のうち1946年11月12日付の記録。

22）同上。

23）下高井郡農連『昭和二十二年度　日農県連ニ関スル綴』。

24）平野村農民組合『自昭和二十一年　庶務関係綴』。

25）下高井郡農連『雑件綴』。

26）日農本部が政府（片山内閣）の供米政策に対して協力する方針をとっていたことについては，前掲，大川裕嗣「戦後改革期の日本農民組合」７～８頁参照。

27）前掲，下高井郡農連『雑件綴』。

28）郡下20町村の『農地等開放実績調査』の「質問表」によれば，「農地委員会の仕事を理解し協力してくれた人」に町村の農民組合やその役員の名を挙げた村は平野，長丘，高丘，倭，往郷の５村であった。しかし郡農連の名をあげた町村は皆無である。

29）戦後改革期における平野村農民組合の運動は農地改革だけでなくきわめて多岐にわたっている。これについては本書第５章を参照。

30）改正農調法第９条３項の小作地引上げに対する許可率を47年12月末までの実績でみると，全国平均50.2％に対して長野県は81.4％と著しく高い。長野県農地改革史編纂委員会編『長野県農地改革史　後史』1953年，95頁。

31）延徳村の農地改革については本書第３章参照。

32）前掲，柴本嘉明『寄書き自伝』136頁。

33）平岡村の農地改革については，信濃毎日新聞社編『長野県における農地改革』1949年，276頁。農林省農地課『農地改革資料』1947年，第22号，第42号による。

34）平岡村の『農地等開放実績調査』による。

35）前掲「回想」〔53〕（1960年12月４日）。

36）日野村については本書第４章参照。

37）前掲，下高井郡農連『雑件綴』。

38）前掲，「回想」〔53〕。

39）郡農連からみれば各町村は日農系，農業会系に区分されるが，これはあくまで指導者の個人的な政治的立場によるものであり，町村内部ではこの両者が混在していた。

40）前掲，下高井郡農連『郡農連メモ』。

41）農地改革記録委員会『農地改革顛末概要』農政調査会，1951年，997頁。

42）この意味で「かくし田摘発という方向は農民層を混乱させ，運動の展開を阻害してしまった」という評価は妥当している。前掲，田中学「農地改革と農民運動」235頁。

43)　組織崩壊まぎわの48年11月に郡農連は最後の声明を発表するが，その内容は日農主体性派への批判であり，下高井郡内の実状とは全く異なっている。前掲，下高井郡農連『雑件綴』。

44)　税金闘争は後退期の農民運動にとって「しばらくぶりの本格的な農民闘争」であった。山口武秀，前掲『戦後日本農民運動史（上）』145頁。

45)　税金闘争については，下高井郡納税民主化同盟『記録及文書綴』，前掲「回想」〔47〕(1960年10月9日)～〔51〕(同年11月6日)による。

46)　下高井郡の納税民主化同盟結成の範囲は岳南に限定され，岳北では木島村だけが加入した。この点につき上高井，下水内郡の指導者から指摘を受けた下高井郡農連幹部は，交通条件の劣悪さによる連絡不十分をその理由にあげている。前掲『記録及文書綴』。

47)　「高水三郡納税民主化同盟結成大会議事録」前掲『記録及文書綴』。

48)　高水三郡納税民主化同盟大会については，前掲『記録及文書綴』，前掲「回想」〔48〕～〔50〕(1960年10月16～30日)による。引用も同様。

49)　「辞職勧告書」(前掲『記録及文書綴』)。この辞職勧告に驚いたZ氏は，急遽，弁明の手紙を同盟（郡農連）幹部に送付している（旧中野町の刈羽二郎氏所蔵)。

50)　常任委員の青木恵一郎，青年部書記の堀越久甫，林百郎弁護士の3人である。

51)　のちに農林大臣になる自由党代議士，倉石忠雄の発言。前掲『長野県政史』第三巻，199頁。

52)　同上『昭和二十二年　農協組関係綴』。

53)　当初は設立推進委員のなかに郡農連代表の名で委員が入っていたが，最終的にはここでみたように郡農連の名は消えている。同上『昭和二十二年　農協組関係綴』。

54)　同上『昭和二十二年　農協組関係綴』。

55)　この出遅れは下高井郡だけでなく県全体についてもあてはまり，「日農県連は内部対立と税金闘争に追われて農協問題に働きかけができなかった」と指摘されている。前掲『長野県政史』第三巻，198頁。

56)　「農協の設立運動に関する農林省農政局長通達」(1947年12月15日付）農業協同組合制度史編纂委員会編『農業協同組合制度史』第四巻（資料編一）協同組合経営研究所，1968年，355～356頁。

57)　前掲『昭和二十二年　農協組関係綴』。

58)　前掲『長野県政史』第三巻，133頁。この事実は産業組合運動の伝統をもつ長野県の実情を反映しているが，これには県軍政部も関与していた。これにつき県農業会幹部の1人は，農業会指導者に「実質的には県当局とともに進んで指導的役割を果してもらいたい」という意向を県軍政部がもっていたことを証言している。長野県

農業協同組合中央会『長野県農業協同組合史』第一巻，1968年，911頁。

59） 前掲『昭和二十二年　農協組関係綴』。

60） 同上。

61） この問題が結着する以前は，農民組合役員の農協役員への就任を禁止する県通達は県下町村で効力をもっていた。そのため下高井郡平野村では農民組合の副組合長が農協役員に就任するために副組合長を辞任している。平野村農民組合『昭和二十一年　庶務関係綴』。

62） 前掲『昭和二十二年　農協組関係綴』。

63） 信濃毎日新聞社『信毎年鑑』（昭和24年版）165頁。

64） 日農長野県連「第６回大会報告議案」（1949年３月）のうち「県連一般活動報告」および「農業協同組合に関する件」（前掲『昭和二十二年　農協組関係綴』）。

65） 平野村農民組合『昭和二十一年　庶務関係綴』。

66） 同上。

67） 下高井郡農連『郡農連メモ』。

68） 日農第10回全国大会（1956年３月）での発言（長谷川進「農民運動と農業協同組合」前掲，山口武秀『日本農民運動史（下）』461頁より再引）。

69） 日農本部の統一派と主体性派への分裂が地方組織へ与えた影響は，主として府県段階の農民組合連合会において強く現れたが，ほとんど影響がなかった例もある。栗原百寿「香川県農民運動史の構造的研究」前掲『日本農民運動史』792頁。

70） 前掲，樋渡展洋『戦後日本の市場と政治』146頁。

71） いわゆる「55年体制」の成立までは，日本社会は農村も都市も政治的流動性に富んでいた。宮崎隆次「日本における『戦後デモクラシー』の固定化」犬童一男他編『戦後デモクラシーの成立』岩波書店，1988年，152～157頁。

第7章　農地改革の実行体制と農地調整の諸形態
——長野県南佐久郡桜井村の事例より——

はじめに——問題背景と課題——

農地改革は土地制度を一挙に変革する国家事業であったが，どんな改革にも調整は必要である。改革が急激であればあるほど，調整は一層必要となる。農地改革における調整は，端的に農地調整に現れた。従来，農地調整についてはもっぱら小作地引上げが問題とされ，その解釈をめぐって，最近は，かつての「地主反動説」から脱却し，敗戦直後の「経済混乱への対応」[1]，「農民間の耕作権調整問題」[2]，「地主の生存権保障」[3] 等の視点から検討が加えられている。しかし小作地引上げがどのような改革実行体制のもとで，いかなる基準・論理で承認・却下されたのか，さらにそれが村の改革事業（買収・売渡）とどのように関連していたのかについては，なお検討すべき課題が残されている。具体的には，改革実行過程で生起した農民各層の相異なる諸要求をいかなる論理で承認，却下したのか，村全体として調整の基準がどこにあったのかなどが検討課題となる。その場合，小作地引上げには改正農調法第9条3項による引上げと法令に基づかない引上げがあり，後者には違法な引上げだけでなく，改革徹底化を図るための村独自の調整という意味もありえたことにも留意する必要がある。また農地調整は，耕作権移動，買収・売渡の微調整（保有限度面積や耕地条件の調整），交換分合などでも見られた。不本意な合意や妥協も含めて，階層間，個人間の衝突や紛争をできるだけ回避する村独自の農地調整が円滑な改革を可能にしたというのが，ここでの問題意識である。

本章は，小作地引上げ，耕作権移動を中心に農地調整の意味内容を村の改革実行体制，とくに農地委員会運営をめぐる農民団体と地主団体との関係に焦点を絞って検討しようとするものである。取り上げる対象地は長野県南佐久郡桜井村であるが，ここは改革当時，農民組合と地主会の対立激化により地主委員がリコールされた村として注目された[4]。しかし委員会運営が一時的に紛糾した本村ですら，当時の社会経済的混乱や村の農地・農家事情に即した農地調整が図られ，一見して急進的な農民組合運動にも耕作者利益とともに村全体の利益の確保と調整をめぐる地道な活動が伏在していた。「共に生きる」[5] ことをめざす農地調整の意味内容を，その限界面も含めて明らかにしたい。

第1節　農地改革前における農業・農地問題の概要

1　農業・農地問題と地主的土地所有

戦前期の佐久地方は長野県下で有数の地主地帯を構成した。この点を若干の指標により確認しておこう。1886年（明治19）の小作地率は長野県平均で37％であるのに対し佐久郡は50％に達していた[6]。また1887年に地価金１万円以上を所有する地主は県内で75人いたが，このうちの26人を佐久地方が占めた（北佐久郡21人と南佐久郡５人）。自小作別農家率では1887年以降，北佐久郡で小作が全農家のほぼ30～37％を占め，県平均の20～24％を大きく上回っていた。これに自小作を加えると76～78％，年によっては80％を超えることもあった。明治期のこうした傾向は大正期も変わることはなかった。1924年の県の調べでは，所有面積10町以上地主は県内で788人いたが，南北佐久郡にはその約４分の１に当る191人が集中していた。

このように佐久地方は県下の代表的地主地帯であったが，しかし，このことは当地方の地主的土地所有が大地主を中心に構成されていたことを意味しない。確かに農林省農務局『五十町歩以上ノ大地主』（1924年）でも，県全体で31人（会社法人２を含む）の大地主のうち南北佐久郡は９人を数えた[7]。これを先の県調査による10町以上の人数から除くと，10～50町所有の地主は県全体で757人，南北佐久郡が182人となり，中クラスの地主も大地主と同程度に佐久地方に集中していた。しかし，これは県内の相対的地域差の問題であり，地域内の土地所有階層構造を示すものではない。地主的土地所有は重層的構造を形成し，所有規模が下層になればなるほど所有者数は累積的に増加し，しかも，その数の膨大さのゆえに全小作地，全農地に占める割合も大地主より中小・零細地主のほうが高い。先の50町以上大地主の所有小作地が同年の全小作地に占める割合は南佐久郡が3.5%，北佐久郡が6.0%であり，さらに全農地に占める割合は南佐久郡が1.8%，北佐久郡が3.4%となる。大地主が集中していたとはいえ，彼らが小作地，農地全体に占める比重はたかだかこの程度であった。なお北佐久郡の大地主のうち3人は他郡市にも小作地を所有していたから，町村の範囲でみれば，その割合はさらに低くなる。

佐久地方でも地主層の大半を占めたのは在村の中小地主であり，さらに社会階級としては地主とは呼べない零細所有者が膨大に存在していた。年次変動はあるが，南佐久郡では1917〜40年に大地主の減少が進むなかで，5町未満層が所有者総数の99%強，同様に3町未満では97〜99%，1町未満で66〜73%，5反未満でも3分の1近くを占めた。先に見た小作地率や小作，自小作農家率の高さは，一握りの大地主，多数の中小地主，さらに膨大な零細所有者の重層的堆積の結果であった。もちろん中小地主や零細所有者のなかには耕作地主や自作的性格をもつものもいたが，小作農民の強い土地需要が小作料水準を押し上げるという土地需要構造のもとでは，彼らの所有地も，自作するよりも小作料を期待するほうが有利であるという不耕作地主の所有小作地と同一の性格をもっていた。実際，零細所有者でさえ「寄生化」「地主化」する現物高率小作料がこの地主地帯を特色づけたが，これを可能にしたのが農外労働市場の展開と高い稲作生産力であった。

中小地主や零細所有者のなかには，一方で現物高率小作料に依存しつつ他方で兼業所得や給与所得にも生計基盤を置く者が多数存在していた。南佐久郡では全就業人口に占める非農業就業人口の割合は1920年には36%，昭和恐慌の影響が現れる1930年でも35%であった。佐久地方にも農外兼業を可能にする安定的な労働市場が一定の広がりを見せていた。この労働市場は自小作・小作層にだけでなく，不耕作ないし零細耕作の中小・零細地主にとっても兼業機会を与えた。一方，零細地主までが「寄生化」する背景には，県下で最高水準に位置する当地方の稲作生産力があった。反当水稲収量は南佐久郡が県平均を上回り，桜井村はさらに郡

図7－1　反当収穫量（玄米）の推移

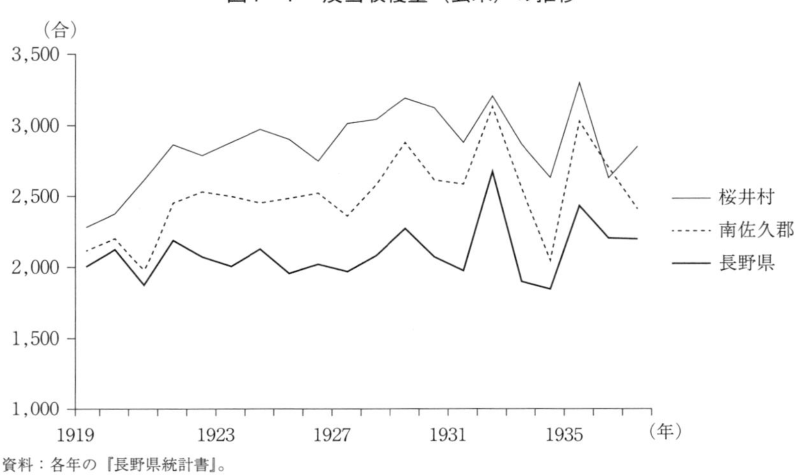

資料：各年の『長野県統計書』。

平均を上回っている（図7－1）。この高い水稲収量が桜井村の現物高率小作料を可能にした（後述）。ただし，この水稲収量の高さの背景には，標高が高く寒冷地の佐久地方の水田の大部分が高収量の一毛作田であったという事実がある[8]。現金所得源としての養蚕業の発展は桑畑拡大の半面で低収量水田の利用を回避する傾向を生んだ。高収量ではあるが土地利用率の低い水田稲作農業が，周辺の農外労働市場拡大と結びつく段階においては，多くの中小・零細地主にも小作料収入を前提とした農外兼業所得の確保機会が開かれる。桜井村もそうした中小・零細地主が堆積する村である。

桜井村は北部を流れる千曲川沿いにやや逆三角形の平場農村で，村の東から西に通じる道路に沿い上・中・下桜井の3部落および中桜井から千曲川に通じる道路に沿って北桜井という4部落からなる（図7－2）。上・中・下の3部落は中世には一村であったが，近世初期の「村切り」により3村に分かれ，北桜井は近世初期の千曲川沿岸の開発により桜井新田村として発足したもので，新田とも呼ばれる最も小さな部落である。村には前山村と岸野村を経て西側にそびえる蓼科山麓に入会地もあった。村民は長期にわたり千曲川の水害に悩まされながら水田の維持・安定に取り組んできた[9]。藩政期には開発水田を村持ちにする慣習もあっ

図７－２　桜井村地図

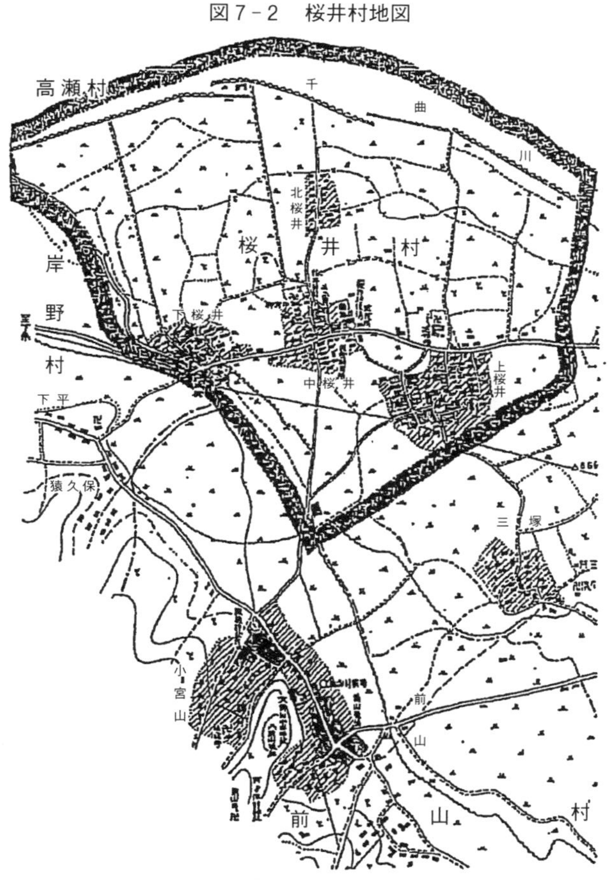

資料：旧桜井新田町誌発行委員会『旧桜井新田村誌』1981年。

た[10)]。明治期以降は県の奨励策とも相まって，村の事業として水田開発が進められた。しかし，この事業を襲った水害は，資料で確認できるだけでも明治10～20年代にほぼ２～３年おきに発生している。一時的免租地となった被害水田が４～５町にもおよび，とくに1889年（明治22）には被害金額が同年度村費予算額758円余の20倍にも達し村財政を圧迫した[11)]。一方蓼科山麓の入会地も明治後期，大正期の金肥普及とともに徐々に開墾された。こうした農地拡大は一面で明治期以降も開発フロンティアが存在していたことを示すが，それを過大視することはできない。農家数は1874（明治７）年の208から1942年（昭和17）の217へとわずかの増加にとどまった。この農家微増は分家によるものであった。一方，長男以外の子弟は東京などの都市部だけでなく，北海道やブラジル，のちには満州移民として他出した。また留まる者のうちにも中込町，岩村田町，野沢町のほか周辺に散在する中小製糸工場や商工業，八ヶ岳や蓼科山から切り出された木材の製材工場への通勤者，さらに小・中学校の教員等の給与所得者などの安定兼業農家を多数生み出した。この背景には，前述した高生産力一毛作田の存在があった。５月半ばから始まる稲作労働は10月上旬に終了し，養蚕農家も秋蚕が終わる10月下旬には労働力は過剰となる。当主さえ諏訪地方や山梨県の寒天工場，製糸工場の季節雇に出かけた。戦時期には製糸工場の軍需工場への転換，新たな軍需工場の進出（疎開受入れ）が進み，労力徴用とも相まって，一層の兼業化が進んだ。これらの他出者や農外就業者が敗戦後に失業者として多数帰村し，農地需要の極度の逼迫状況を生み出すことは後述のとおりである。

ここで戦前期桜井村の農業生産を概観しておこう（表７-１）。土地利用の中心は水田にあり，長野県下の村としては桑畑の比重が低い。それでも購入桑葉により養蚕業は生産総額の一定割合を占めた。近世後半から農家副業として発展をみた鯉の養殖は「佐久鯉」として全国的に有名になるが，本村はその中心地であった[12)]。その規模は農家間で相当な差があるが，水田養鯉が普及する明治中期以降漸次拡大し，大正・昭和期にはほぼ全農家が営み，農家所得の１～２割から４～５割近くを占める場合もあった。稲作，養蚕，養鯉の３部門は，夏期における水田での鯉の放養（雑草防除，鯉の成育条件確保），蛹の給餌（製糸工場への繭販売と工場からの蛹の購入）によって相互補完的な一種の循環型農業構造を創り出した。昭和恐慌期の米価と繭価の暴落は鯉養殖の比重をさらに高め，経済更生計画二期目には村全体の鯉の生産額は米の生産額の約８割にも達した。水田養鯉は雑草防除労働や金肥の節減だけでなく有機質肥料の分解促進による増収効果ももたらした。だが，この増収効果は先述した地主的土地所有を支える生産力基盤ともなり，昭和恐慌期にもなお50％を超える現物高率小作料が根強く存在していた（表７-２）。

1929年『農業調査』によれば，村の農地面積は138町７反で，そのうち水田103

表７－１　桜井村農産物生産一覧

		作付面積（町）	生産量	価額（円）	構成比（%）
米	粳米	96.7	3,248石	133,233	
	糯米	7.5	189〃	10,017	
	計	104.2	3,437〃	143,250	32.0
他の農産物	麦	2.7	57〃	911	
	大豆	7	95〃	2,850	
	小豆	5	6〃	210	
	玉葱，栗，蕎麦	10	17〃	445	
	馬鈴薯	50	26,500匁	5,300	
	計			9,716	2.2
蚕・桑	春蚕		3,774匁	34,787	
	夏秋蚕		7,408〃	71,856	
	蚕種		4,000〃	8,000	
	桑苗		11,000本	275	
	計			114,918	25.7
園芸農産物	蔬菜・花卉		60,620匁	13,735	
	果実		9,020〃	2,289	
	計			16,024	3.6
畜産物	家兎			3,747	
	鶏			3,310	
	豚			6,938	
	その他			1,200	
	計			15,195	3.4
副業品	計			4,369	1.0
工芸品	計			22,450	5.0
水産養鯉	養鯉		55,885匁	116,803	
	沿岸漁獲		320〃	1,048	
	計			117,851	26.3
その他	計			3,870	0.9
	合　計			447,643	100.0

資料：桜井村役場『昭和15年度　統計報告書綴』。

町７反（74.7%），桑畑32町４反（23.4%），普通畑２町６反（1.9%）である[13]。村全体の小作地は78町９反で小作地率は56.9%である。しかし小作地率は地目別に大きく異なり，水田が62.8%であるのに対し桑畑は39.6%，普通畑は33.8%にとどまる。本村の地主的土地所有は，農地の約４分の３を占める水田を中心に形

表7－2　水田農家の小作料負担

収支内訳	金肥田	
〈収入〉	（円）	
玄米	78.48	3，567合
屑米・粃米	2.84	405合
藁	8.16	272貫
計	89.48	
〈支出〉		
小作料	45.8	2,080合
肥料代	6.84	157貫
人夫労力	14.16	17.7人
馬労力	3.64	11時間4分
摺臼賃	1.37	
計	71.81	
差引	17.67	
小作料／収入	51.2%	

資料：桜井村農会『昭和七年度より　指導田関係書類綴』。

成された。土地所有者については，村外所有地を含め所有規模５町以上の村を代表する地主が上区２人（20町５反と10町３反），中区２人（７町２反と５町５反）および下区１人（６町５反）の５人であった[14]。こうした上区と中区への代表的地主の集中は，戦時期の部落別小作地率でも両区の高さに現れている（表７－３）。一方，１戸当り耕作面積では上区と中区が小さく，代表的地主が少ない下区と北区で大きい。しかし１戸当り耕作面積における小作地の比重は北区が最も高い。つまり不耕作ないし零細耕作の兼業型零細地主が多い北区で小作地に依拠した相対的に大きな経営が出現している。この背景には，当部落の水田が水害常襲地を多く含んでいたという事情がある。耕作者側では水害による減収を与件とし，なるべく多くの耕作面積を経営しようとし，また地主側もそれを認めることで小作料を確保しえる。ここには有力地主の形成とは別に，劣等地における零細所有者の存立にかかわる固有の問題がある。零細所有者の土地でさえ地主・小作関係の基盤となりえるだけでなく，耕作者に経営規模拡大の機会を与えうるのである。こうした小地主や零細地主の存在が，農地改革期における小作地引上げ多発の一因となるのは後にみるとおりである。

2　佐久地方の農民運動と桜井村の動向

本村の農地改革前史として，もう一つ見逃せないのが昭和初期における農村青年の活動である。戦前期佐久地方の農民運動については一柳茂次の先駆的研究がある[15]。そこでは群馬県強戸村の小作人組合（1922年以降は農民組合）の小作争議と佐久労農党，全農佐久支部の郡段階の運動が対比的に分析されている。後者については農民自治会から佐久労農党に向かう田口正直，竹内愛国らの動きが明らかにされているが，それとは別に佐久労農党に結集したもう一つのグループが

表７－３　部落別小作地率（1942年）

部落	自作地（反）	小作地（反）	合計（反）	小作地率（%）	農家戸数（戸）	1戸当り経営面積（反）		
						合計	自作地	小作地
上	267.3	409.1	676.4	60.5	86	7.9	3.1	4.8
中	102.5	201.8	304.3	66.3	42	7.2	2.4	4.8
下	334.5	260.9	595.4	43.8	67	8.9	5.0	3.9
北	84.0	114.4	198.4	57.7	22	9.0	3.8	5.2
計	788.3	986.2	1,774.5	55.6	217	8.2	4.5	4.5

資料：桜井村役場『昭和17年度　統計調査員報告書綴』。

あり，これに桜井村の青年らがかかわっている。

桜井村では1920年代半ば頃，時勢に敏感な青年らが政治・社会・文学を語り合う農愛会が生まれた[16)]。その主要メンバーは下区の桜井武平，浅沼亀寿，桜井覚ら11人であった。その後，メンバーの入隊を契機に1927年春から青葉会と改称し，全村範囲で回覧誌を配布，購読・投稿を呼びかける実践的な活動グループに変貌していった。そのときの雑誌『青葉』の講読メンバーは上区５人，中区２人，下区６人の計13人であった。彼らはいずれも20代前半の青年たちであり，その後周辺町村の活動家らとの連携を深め，無産者新聞を愛読・配布するようになる。だが，この活動は1928年の「３.15事件」により数人が検束されるにおよんで脱会者をみる一方，より急進的運動をめざす活動家を分立させ，先の労農党佐久支部結成（1930年５月）へと向かう。その後，佐久労農党は中央部の分裂を契機に全農佐久支部（全農全会派支持）へと急進化する過程でさまざまな活動を展開する。だが桜井村関係者をみると，1930年７月に浅沼亀寿が開拓移民として渡満し，31年５月には桜井武平も応召により関東軍独立守備隊配属となる。浅沼亀寿はその１年後に現地住民との交戦で死去するが，桜井武平は約14年におよぶ軍隊生活を経て敗戦後に帰還する。一方，この２人を除く桜井村の青年らは，その後も全農佐久支部の運動を継続するが，1932年11月の弾圧により組織は潰滅的打撃を受ける（全農佐久事件。なお桜井覚は1938年に中国援河東で戦死）。これ以降，佐久地方から急進的農民運動は姿を消す。それは農家救済を求める農民自治協議会の指導者らが佐久地方に入ってくる約３カ月前のことであった[17)]。

佐久地方における村落レベルの小作争議は岩村田町，岸野村，平賀村などで明らかにされている。それらを詳述する余裕はないが，激しい争議の結果，地主と小作人との間で小作料，小作関係をめぐる集団的協定が成立する事例があった。隣接する岸野村では地主・小作関係を親子関係に擬制し，土地等級に応じて小作料を決定するという協調主義的関係が形成され，周辺町村から注目された[18]。だがこうした事例は南北佐久郡50町村のうちきわめて少数にとどまり，他町村への波及は微弱であった。事実，1927年の北佐久郡では小作人組合５，協調組合１，それらの加入組合員数は422人にとどまった[19]。

桜井村は戦前期に小作争議を経験していないが，不作を理由とする一時的な小作料減免の紛議があった。一柳はこの紛議の結末について「地主一同は臼田氏の土地は他に比して劣等にて，これと同一視すること能はざる旨を説き小作人も承伏し解決」したと述べている[20]。この紛議がどの部落で発生したかは特定できないが，それは当地方で藩政期から広くみられた不作時の減免願いの慣行であり，地主・小作関係を対自化し小作人が攻勢的・集団的に小作料減額を要求する争議とは異なり，地主の温情を期待する懇願に近いものであった。この点を昭和初期の一例で確認しておこう[21]。

1928年は稲作が若干の減収となり，下区では小作人数人が対策を協議した。最初は部落の代表的地主Ｉの承諾により他の地主の減免も引き出せるという想定であった。これに参加した桜井武平は交渉に際し，小作組合あるいは農民組合の組織化を提案したが，周囲はそれを「危ないこと」として退けた。Ｉ家に着いた一行の行動は，まず一番の年長者の口上「年貢米についてお願いにあがりやした」から始まり，一部は座敷より一段低い濡れ縁に正座し，残りは地面にかがみ，座敷の中央に納まった当主に頭を下げるという慣習通りのものであった。それは桜井武平に「ひどく卑屈さを感じ……地主という相手に向かって対等の姿勢は小作農民たちはとれなかった」という感想を抱かせた。彼はのちに「その壁を突き破るのにその後二十年かかった」と記している。

佐久地方では戦前期に小作組合や農民組合が結成されたところは少なく，桜井村もその例外ではない。前述した全農支部の形成も大衆的な組織基盤を欠くものであった。戦前期佐久地方の郡段階の農民運動は戦後改革期の農民組合とは組織も形態も異にし，両者には明瞭な断絶性がある。一般農民が参加する運動組織は敗戦後に初めて生まれる。だが運動家のリーダーとしての存在には連続性がある。改革期の農民組合結成については「戦前来の活動家が健全であるところでは……それが大きな役割を果たしている」[22]といわれるが，桜井武平の帰還はまさにそのような意味をもっていた。しかし改革期の農民組合では敗戦後に帰村し自村の再建・民主化に挺身する新たなタイプの指導者も出現する。敗戦後の長野県における農民運動指導層の過去の活動については「組織的な小作争議との結びつきは全県的には必ずしも強くはない」とされ，「大地主地帯における過去の農民闘争の遺産といったものはみることができない」という指摘がある[23]。この指摘は中小地主地帯に位置する長野県の特質を反映するものであり，桜井村もそうした事例の一つである。

第2節　農地改革の実績

『農地等開放実績調査』によれば，桜井村の農地買収面積は約50町6反，売渡面積は財産税物納分の所管換を加えた約51町6反であった。小作地解放率は改革前の小作地総面積76町5反の67.3％に当る。全国平均が約80％であったことと対比すると，この解放率はいかにも低い。改革後の残存小作地率13.9％も全国平均10.1％を上回る。改革後の自作農は133人（農家総数の55.6％。以下同様）にとどまり，自小作94人（39.3％），小自作7人（2.9％），小作5人（2.1％）が存在する。だが，これは改革の不徹底性を意味するものではなく，買収対象となる農地面積自体が少なかったことによる。まず不在地主45人の小作地14町3反が小作地総面積に占める比率は18.7％にすぎなかった。また在村地主（村所有地を除く）の平均所有面積は8反1畝と保有限度程度であり，所有階層別には半数が1町未満の零細地主であった（表7-4）。こうした零細・小地主が堆積する本村の土地所有構造に規定された当然買収面積の少なさが，農地委員会に買収面積拡大の努力に向かわせた。在村法人団体の4社寺の所有地2町9反余の大半および村有小作地5町7反余すべてを買収した。村所有小作地には水害常襲地である千曲川沿いの川原，川窪や立科山麓の新入道，一杯水などの字地が含まれていた。これらを全面解放するために農地委員会は村会議決を得た。在村個人地主66人の買収地

表７－４　買収地主の所有規模別経営規模

所有＼経営	不耕作	５反未満	５反～１町	１～２町	２～３町	計
１町未満		10	24	2		36
１～３町	3	4	8	13	1	29
３～５町	1		3			4
５～10町	1	1	1			3
計	5	15	36	15	1	72
比率（％）	6.9	20.8	50.0	20.8	1.4	100.0

資料：桜井村『農地等開放実績調査』。
注：４社寺，桜井村（村有地）等の団体を含む。

26町９反余も後述するように買収面積拡大に積極的に取り組んだ成果である。この66人の買収面積は５反未満が46人，５反～１町が９人，１～３町10人，３～５町１人で，５反未満で全体の約７割を占めた。個人地主で５町以上買収された者はいない。前述した戦前期の代表的地主５人は戦時期に大幅に土地を縮小したか，あるいは村外の土地を多く所有していたと考えられる。不在地主45人の買収面積は５反未満39人，５反～１町５人と大半が零細規模であった。唯一の例外として３町以上を買収された地主は中区在住であったが，戦時中にすでに他出していた。

被買収在村地主の改革前における所有・経営規模をみると，過半におよぶ所有１町未満層はほとんどが耕作も１町未満である。ここには多くの兼業零細地主が含まれていた。１～３町層ではほぼ半数が１町以上を耕作する自作上層的性格をもつ耕作地主である。これに対し３町以上層には１町以上耕作者は皆無であり，なかでも本村の代表的地主の５町以上所有層は耕作面積で村の平均以下である。これら所有・経営規模からみて本村の在村個人地主は，１町ないし３町未満所有の零細寄生地主，１町以上を所有する耕作地主，そして３町以上の村を代表する寄生地主という３つのタイプに大別できる。

一方，農地を買い受けた195人の経営規模階層をみると（数人の村外買受者を含む），５反未満58人，５反～１町121人，１～２町15人，２～３町１人であり，６割以上が経営規模５反～１町に集中している。しかし５反未満も無視できない比重を占める一方，少数ながら１町以上を耕作する上層農もいた。買受者のなかには，最多の中農中層の自小作や小作農，一部の兼業零細農（雑業層）そして少

表7-5　経営階層別部落別農家戸数の変化（1944年，1951年）

（単位：戸，%）

	部落	3反未満	3～5反	5～7反	7～10反	10～15反	15～20反	20～25反	計
農家戸数（1944年）	上	6	13	12	18	27	4		80
	中	1	12	9	11	9			42
	下	8	1	15	20	19	2	2	67
	北	5	2	3	4	7	1		22
	計	20	28	39	53	62	7	2	211
農家戸数（1951年）	上	10	10	17	39	15			91
	中	11	11	9	18	3			52
	下	7	9	10	28	17	1		72
	北	7	2	3	8	8			28
	計	35	32	39	93	43	1		243
増加率（1944～51年）	上	1.67	0.77	1.42	2.17	0.56			1.14
	中	11.00	0.92	1.00	1.64	0.33			1.24
	下	0.88	9.00	0.67	1.40	0.89	0.50		1.07
	北	1.40	1.00	1.00	2.00	1.14			1.27
	計	1.75	1.14	1.00	1.75	0.69	0.14		1.15

資料：「冬期基本調査調査区集計表」（桜井村『昭和19年度統計調査員報告書綴』所収）および桜井村農業委員会「本村における全農家名簿　昭和26年8月1日現在」。

数の上層農と経営規模に相当な差があった。これを先の地主のタイプと重ね合わせると，零細耕作の地主と自小作・小作上層との対立，耕作地主と零細耕作者の対立，専業上層農と兼業零細農との対立など，所有利害と経営利害が交錯する複数の対立軸を改革期の桜井村は抱えていた。

改革による経営規模階層の変化を確認しておこう（表7-5）。第1に1町以上の上層農が激減し，なかでも9人以上を数えた1町5反以上は1人となった。第2に7反～1町層は激増し，改革後の平均経営規模（7.1反）ないしそれを若干上回るこの中農中層に農家総数のほぼ4割が集中することになった。改革前の中農中層（平均経営規模8.2反を含む同じ7反～1町層）がほぼ25%であったことと比べると，中農層への平準化がさらに進んだことが確認できる。第3に3反未満層にも顕著な増加があった。3～5反層の増加分を含めると，5反未満の零細耕作者も増大した。こうした経営階層構成の変化は農家総数の増加を伴っていた。平均経営規模の縮小は農家数増加の当然の帰結であるが，中農層への平準化と零細農増加という変化は改革過程において農家間の土地移動に対し一定の調整がなされた結果である（後述）。農家数の増加率は部落別には北区（27%）と中区（24%）でとくに高かった。この2部落で小作地引上げが多発することは後述のとおりである。

第3節　改革実行体制の整備と農地委員会の運営

1　桜井村農地委員会の構成と事務体制

1947年1月下旬から動き出した農地委員会が最初の3カ月間に取り組んだのは，①農委運営方針，改革実行方針の策定，②部落補助員の選出，③農委と農民組合の連携，④農地移動審議，⑤地主の在・不在認定，⑥隣接町村特別地域指定であった。審議は終始，農民組合員でもある自作，小作委員主導で進められた。委員会運営でまず注目されるのが，最初の1年間で21回という会議開催数の多さである（表7-6）。会議には部落補助員，農民組合幹部も出席し，議題によっては村民も多数傍聴し参考意見を述べた。組合内部や地主会内部の打ち合わせ，組合と地主会との交渉，補助員会議など記録されていない会議を含めると膨大な数の会合がもたれた。これらを通じて農民各層は改革に参加した。

農地委員構成および事務体制は次のようであった。第1は，農地委員の部落別配分であり（表7-7），当初の配分は上区3人，中区2人，下区3人，北区2人であった。小作委員は戸数最大の上区に2人，他の区は1人ずつ配分された。地主委員は戸数最小の北区以外の3区に1人ずつ割当てられ，これに伴い自作委員は下区と北区に配分された。農家数が極端に少ない北区にも2人が配分されたのは，改革業務の過重負担を1人に負わせることを避けたものであろう。地主委員のうち上区と中区の2人（BとF，表7-11参照）はともに戦前期の代表的地主であったが，下区の臼田潔は，法的には改革前の所有面積1町5反が耕作面積8反の2倍を超えない自作階層に属した。彼は村長・農委会長として，やがて改革遂行上の中心人物となる。この背景には，当時としては数少ない大学卒業の学歴をもち（早稲田大学商学部卒），海外の諸機関（中国での保険会社など国策会社勤務）で豊富な実務経験をもつ引揚者であったこと，さらに大正期に父親が村長

表7-6　桜井村農地委員会の会議概要

回数	月　日	開始時間	終了時間	議題（含：発表事項）	傍聴人
1	1947/1/24	14：00	16：50	①農地委員会運営方針②兼任書記・部落補助員設置	42
2	1/28	13：30	17：00	①兼任書記・部落補助員設置・地域交渉設定委員分担区交渉予定発表②農地委員会22年度予算案③地域設定ノ件④委員会運営具体案⑤20年11月23日以降ニ於ケル土地異動対策	45
3	2/1	13：30	17：00	①20年11月23日以降ニ於ケル土地異動対策②桜井村農地改革要綱案	46
4	2/11	13：30	17：50	①農地委員会議事規則一部改訂②同上農地異動③運営方針	50
	2/12	9：30	17：00	②の続き④第1期買収計画予定案	32
5	3/10	9：30	23：00	20年11月23日以降土地移動審議	30
6	3/16	10：00	18：30	20年11月23日以降土地移動審議	30余
7	3/17	9：30	11：30	第1期買収計画樹立	10余
8	3/18	10：00	23：00	20年11月23日以降土地移動審議	30余
9	3/29	9：30	17：00	①不在地主決定②第1期買収計画異議申立審議	30余
10	4/27	9：00	22：00	農地移動（引上げ）審議	5
11	5/2	8：00	23：30	農地移動審議	5
12	5/9	20：30	21：40	特別指定地域に関する件	0
13	5/14	21：20	22：40	特別地域再審議に関する件	0
14	6/6	21：30	0：00	第2期買収計画樹立（リコール発生）	0
15	8/18	9：00	21：00	①第2期買収計画樹立（赤字零細農家11名農地分譲陳情書審議）②議事規則追加③桜井農民組合農地共同管理申請	30余
16	9/6	8：30	21：15	①第2期買収計画異議申立②村，寺社所有買収農地決定③前回保留事項	30余
17	9/24	14：45	18：00	①第2回（第4号）買収計画異議申立②前回保留事項③細萱英一委員辞職願	0
18	10/8	20：00	0：00	①神宮寺②延命寺③辞職願④哲弥太交渉報告	8
19	10/22	20：00	21：45	①議事規則審議②会長代理互選③辞職願受理④神宮寺⑤臼田欣一変更	0
20	11/17	20：00	20：40	①臼田欣一買収計画一部変更②小作料・公租公課負担区分③学校用地耕作権移転④第6号買収計画樹立	0
21	12/15	19：30	21：00	①自作委員補充者②異動審議③改廃申請審議④売渡基本方針決定	0
22	1948/2/21	19：30	21：30	①売渡全体計画②第1次売渡計画樹立（1～3号）③異動審議	0
23	3/13	19：30	22：30	①第2次売渡計画4.5号樹立②耕作権移転審議③他町村売渡計画	0
24	4/30	21：20	23：00	①辰口堤防表開田②一杯水開墾③移動審議④潰廃⑤宅地買収方針	0
25	6/25	21：30	23：00	①売渡計画6～8号物納1号②買収計画7，任意開放③耕作権移転④売渡9～	0
26	8/5	21：20	1：30	①宅地・住宅買収計画②県農地委員戸倉大会報告	2
27	8/28	21：30	23：30	売渡計画（10～13号，物納2号）	0
28	8/9	21：30	1：00	①売渡（交換1号）②宅地保留分・追加③交換分合④買収8号	0
29	10/22	20：30	23：30	①交換分合②農業用施設買収売渡計画③同左異議申立④売渡計画	0

資料：桜井村農地委員会『議事録』。

を経験した家柄であったことなどの事情がある。自作・小作委員はいずれも本村の平均経営規模以上の中農中上層で（5人の平均経営規模1町2反），経営的実力と発言力を兼ね備えた農民組合員でもあった。先述した戦前期の活動家，桜井武平も約1町を耕作する小作委員の1人となった。

この委員配分は47年6月の地主委員リコール後に変化する。このリコールは本

表7－7　桜井村農地委員会構成の変化（部落別人数）

	リコール前				リコール後				1名交代後			
部落	小作	地主	自作	計	小作	地主	自作	計	小作	地主	自作	計
上	2	1		3	2	2		4	2	2	1	5
中	1	1		2	1			1	1			1
下	1	1	1	3	1	1	1	3	1	1	1	3
北	1		1	2	1		1	2	1			1

資料：桜井村農地委員会『議事録』および『農地等開放実績調査』。

村の農地委員会が直面した最初の難局（2カ月半会議が未開催）であり，その結果生じた変化により委員会は再出発する。8月に再開した委員会には上・中区の戦前期の代表的地主はいなかった。これに替わって上区選出の2人の新地主委員が加わった。上区は地主・小作が2人ずつの4人となり，中区は小作委員1人となる。委員交替は，再開した委員会で行われた北区の小作地引上げをめぐる異議申立を契機に再び発生し，同区の自作委員が辞職した。後任の自作委員は上区から選出されたが，前任者が農地を買収されたのとは反対に，売渡を受ける小作的性格をもっていた。この交代により上区の委員は5人となり，中区に続いて北区も小作委員1人となる。地主会の中心であった上区に半数の委員が集中することになったが，これは上区の委員階層バランスを図るものであり，結果的に村の改革実行体制の再整備を意味した。農地委員は，中心人物となる臼田潔が38歳，桜井武平が36歳で，各階層とも30〜40代の比較的若い世代に属し，1人の新地主委員だけが50代であった。農地改革は村の指導層の世代交替を一挙に推し進める機会ともなったのである。

第2は，部落補助員20人の構成である。部落別には上区6人，中区5人，下区6人，北区3人と，ほぼ各区の農家数に応じた配置となっている。20人の平均年齢は34.2歳と，これも概して若い。所有・耕作面積比率からみて自作階層7人，小作階層13人で，地主階層は含まれていない。改革前の平均経営規模は7.8反で，彼らは中農中層から選出されていた。補助員は出身部落の事柄だけでなく部落横断的に毎月1回の補助員会議を独自に開催し，各部落の事情を相互に連絡し合った。これは補助員が単純に農地委員会の下部組織であったにとどまらず，農民組合と農地委員会を村と部落の双方で結びつける独自の役割を果たしていたことを示す。補助員のなかには農民組合の役員や班長を兼ねる者もいた。その主な活動は農地移動，耕地条件，世帯数などの「調査・連絡及び事務局の補助」にあり，同時に「農地委員会運営上の権限を持った」（『農地等開放実績調査』）とされ，農地委員に劣らない重要な役割が与えられた。

第3は，委員会運営の要であった専任書記2人，兼任書記3人についてである。改革実務を中心的に担ったのは30代前半の若い専任書記2人である。このうち1人は戦後引揚の非農家，もう1人は改革前所有1反，耕作9反の小作であった。兼任書記は1人が村役場の書記，2人が農業会の専務と技術員であり，この人材起用は村役場や農業会が農委運営に協力する体制が採られていたことを意味する。この体制は農委会長の臼田潔が47年4月の選挙で村長に就任することで一層強化された。

2　農民組合と地主会（親交会）

1946年12月末の農地委員選挙を契機に農民組合結成の動きが胎動する。農民組合は桜井武平らの活動により最初に下区で結成された。47年初頭から第1回組合総会までの短期間に進められた組織化活動の記録[24]から次の3点を指摘できる（表7-8）。①下区が他区に組合結成を呼びかけ，組合の単一化を促している。②村長，部落補助員を組合主導で選出している。③小作地引上げ等の農地移動の適否が組合と地主会（表7-8では地主協議会とあるが親交会と呼称された）との交渉で決定され，この交渉は農地委員会の審議に対応して進められている。組合は農地委員や部落補助員と連携しつつ各区に設立され，各区の独自性を保持する一方，3月半ばには村一円組織に単一化している。

単一化した桜井農民組合の主な特徴は次のようである。組合員は自作・小作層からなり地主層は含まれていない。組合は「本組合員の土地を全て共同管理と為し本組合員の小作地に関する交渉の一切を組合執行機関に於て行い組合員の利益を図」り（農民組合綱領第1条），事業の中心も「組合員の土地管理及び小作地に対する保護」に置かれた（同第8条）。組合内部に設けられた農地部が土地管理，契約，残小作地，小作料などを取り扱い，「農地改革促進」をめざした。組合は改革に伴う耕作者の利益確保を地主側と対等に交渉する組織であり，そこにはも

表7－8　桜井村農民組合の準備・初期段階の活動

日付	記 載 内 容
1月2日	常任執行委員会開催
1月10日	企画委員会開催
1月16日	拡大委員会開催　地主各位ニ文書送付ス
1月24日	本日ノ農地委員会ニヨル部落補助員ハ五名ハ組合ヨリ他ノ分ハ組合外ヨリト決定
1月25日	組合外ヨリノ補助員選定困難ナルタメ組合トシ会長ニ通告，組合一任トシ組合長ニ諒解，桜井宗勝ト決定，通知ス，補助員ノ選出ハ委員長ニ一任
1月26日	補助員合同ノタメ事前協議会ヲ桜井大氏宅ニ開催，補助員外ニ委員長及農地委員出席ス，席上土地買収文書送付決済，農委ニ提出ス， 小作側農委合同ニ浅沼桜井出席，買収□……□，承認□……□，本決定ハ組合ノ線ニ添フニ依ル
1月30日	農地委員会ニ桜井（桜井□作）出席調査事項指示受ク公会堂ニテ各委員参集，調査ニ着手ス 夜中区公会堂ニ3区（中下北）単一農組□協議会ニ組合対策委員会委員（桜井保，小林朝，桜井宗，桜井武）4名出席セリ
1月31日	夜，農業会2階，四区合同農組協議会ニ出席ス 出席委員　桜井保　桜井武　浅沼昇　小林朝各委員
2月1日	1．非公式ニ土地異動調書（補助員経由ニ）農地委員会ニ報告 2．1月28日農地委員会ノ決定ニヨル調査（組合1月28日委員会）本日提出セリ 3．19時ヨリ小林委員宅ニテ拡大委員会開催，単一組合組織ニ関シ協議ス
2月6日	単一組織ニ関シ世話人（中区農家組合長）ヨリ一時静観方申込アリタリ（組合長宅）
2月7日	拡大委員会召集ス
2月9日	土地異動調査書提出審査ス（委員長宅）
2月10日	桜井代作氏土地取上却下ス（桜井武氏ノ件）
2月11日	農地委員会及自小作層委員ニ本組合ノ土地改革ニ対スル声明交付ス
2月12日	浅沼誠氏土地取上却下ス申請アリタリ
2月16日	木内委員宅ニテ拡大委員会
2月18日	村長候補交渉
2月19日	地主協議会ニ委員出席，夜ヨリ翌朝マデ直接スイ選交渉
2月21日	拡大委員会13時於公会堂
2月22日	単一組織協議会ニ委員出席，村長候補立候補ノ意思表明4名アリタリ
2月23日	拡大委員会13時於公会堂，単一組織ニ関スル農地委員会意向打診（桜井） 夜，単一組織協議会　中公会堂
2月26日	各組合委員農委合同協議会（農会主催）出席
3月4日	地主協議会ヨリ農地引上ノ申入ガアッタ
3月6日	地主協議会ニ組合ヨリノ提案ニ対スル回答ヲ要求シタ（委員長） 夜，地主協議会（浅沼□，浅沼辰生）委員ヨリ組合ノ提案ニ対スル回答ガナサレタ（委員長宅）組合側委員長書記桜井宗勝委員，本回答ノ内容ハ具備サレタモノニ非ズ，□□回答ヲ明午前中ニスルヨウ要求シタ
3月7日	下公会堂ニテ地主側へ正式回答ヲシタ，組合トシテハ1件ハ認定2件保留4件ハ認メナイコトヲ回答シタ，常任委員会小林朝吉氏宅10時～11時，地主回答ニ対処スルタメ態度ヲ決定シタ 11時カラ2時於公会堂，地主協議会ヨリ回答ガ行レタ，第10回委員会ノ決定ニ基キ当方ヨリノ意向ヲ伝達シタ 本回ノ接触ハ予期通地主側ノ意向ヲ充分聞クコトガ出来ナカッタタメニ委員会ノ決定通意向ヲ伝タ 即チ　小林三郎・桜井忠治，臼田源二郎・桜井角太　保留 臼田宗・小林朝吉　承認　其他4件ハ撤回認メナイ 13時常任委員会（第10回第2次）於下公会堂
3月9日	第11回常任委員会於桜井宗勝氏宅
3月11日	第12回常任委員会於小林弥太郎氏宅
3月12日	本年度総会開催於公会堂

資料：桜井農民組合準備会書記「組合記録」（昭和22年度）。

はや地主に対する嘆願は見られない。第1回の農委会議で小作委員から「組合の土地共同管理の件につき本会議で再確認されたい」[25]という動議が提出され，「農民組合の土地共同管理を認める」ことが決議された。第2回会議では「委員会自身に強固なる組織の背景が必要……委員会はこれを母胎として運営する」と，組合と委員会の連携が確認され，農民組合には農委公認のフォーマルな位置が与えられた。

農地委員会が組合の農地共同管理を認めた直接の理由は2つあった。一つは買収に着手する前に，敗戦以降に多発した農地移動の適否を決定するためであり，いま一つは改革による土地再分配問題を円滑に進めるためであった。前者は個人の自由勝手な農地移動を部落段階で監視，摘発しつつ，村段階で農委がすべての農地移動を管理，統制することであった。また後者については「農地の均等分化」が企図され，それを可能にする農民組合という農地管理集団が必要とされた。会長は「地主も小作も白紙に帰り土地を再分配し全体が繁栄して行けることを目標」とする旨を明言している（第2回会議，以下は回数のみ記す）。この方針に地主委員は反論せず，それが地主会からリコールを受ける理由となる。

上述の農地共同管理は改めて特別の組織を必要としたわけではない。定住性が強く近隣相識の関係にある部落住民の相互監視機能が，そのまま組合の共同管理を担った。組合は村内を上区4，中区3，下区6，北区1の計14班に分け，支部を設置した（組合綱領，第2条）。1班当り11～16人とするこの班支部は農地の所有・貸借・耕作権の移動などを調査し，各区の組合を通じて村の組合と農委に事実関係を報告する地域小集団であった。実際，農地移動については「下区組合にて取上げ審議の結果半数は下区農民組合にて解決しおり……そのうち二件は委員会でも可決」と部落段階で審議され，それを農委が決定するという2段階の審議形態が採られた。事前交渉で結着しない問題が農委に持ち込まれ，農委が調査不十分とすれば部落段階で再調査された。再調査では「土地台帳と現況が相違している点を組合を通じてさらに調査，報告せしむ」とあり（第7回），各区組合が調査機能を担った。農委は事前交渉の決定を追認するだけのトンネル機関ではなかった。買収計画や農地移動の審議では「上区提出分」「下区提出分」などの原案を農委が審議・処理した。「管理組合とは桜井農民組合を指す」とあり，組

表7-9　農民組合員の部落別構成と加入率

部落	1947年名簿作成時			1947年6月30日			1947年7月20日		
	農家戸数	組合加入者	加入率(%)	農家戸数	組合加入者	加入率(%)	農家戸数	組合加入者	加入率(%)
上	91	58	63.7	91	53	58.2	91	61	67.0
中	52	27	51.9	52	40	76.9	52	41	78.8
下	74	56	75.7	74	60	81.1	74	61	82.4
北	28	14	50.0	28	15	53.6	28	15	53.6
計	245	155	63.3	245	168	68.6	245	178	72.7

資料：「名簿」（各自が自筆で署名，捺印している）および桜井農民組合「趣意書　組合員名簿　組合規約　役員一覧表」。

合活動と農地共同管理は実質的に同義であった。買収計画樹立後には「各区の農民組合に本計画を送付し縦覧の徹底方依頼」した（第7回）。小作地引上げも組合の意見書が必要とされ，それを欠けば「本件は管理組合の意見書を添付しおらず」と審議対象から除外された（第21回）。班支部の上に部落単位の組合が存在し，それを軸足として農委が運営されるという三層構造が形成された。農委は各部落・各班という末端地域のモニタリング機能組織を活動基盤とした。部落，部落内小集団の活動が農委を作動させる村の改革実行体制の底辺に位置づけられたのである。

47年5月に入ると在村地主の買収計画が議題となるが，それに先立ち改革趣旨徹底のため部落毎の階層別説明会が開かれた。その内容は①地主に対する残存小作地の任意解放の慫慂，②対価，報奨金の決定，③交換分合，④小作人に買収請求を出させる，⑤懇談会の開催であった。①で在村地主の買収の当初から保有限度内に食い込んで小作地の任意解放を計画していたことが注目される[26)]。しかし先述のリコールはこうしたさなか，6月6日に発生し，第2期買収（47年7月2日分）は実績なしとなる。この頃が組合と地主会との対立のピークであったが，組合員はこの時期にかえって増加する。6月30日の168人（加入率68.6%）から7月20日には178人（同72.7%）となるが，この増加10人のうち8人までが上区であった。同時期の部落別加入率は中区，下区で高く，上区でも67%となるが北区は53.6%にとどまった（表7-9）。部落差はあったが，この加入率は農民組合の意向がそのまま部落の意向でもあるという〈部落の組合化〉を創り出した。

しかし，本村の農地改革の理解にとって地主会（親交会）の存在を無視することはできない。地主団体を単純に反改革団体とみることは容易であるが，事態はそう単純ではない。地主会は一方では組合と対立していたが，他方では小作地引上げについて組合と交渉を継続している（表7-8参照)。とくに農委未開催期間中に地主会は会長に「二，三反の保有地の選択権を認めてくれれば他は全面的に解放したい」と申し入れている（第15回)。地主会の狙いは，任意解放と引き換えに優等小作地を確保することにあった。もとよりこの申し入れは拒否されるが，この行動は組合との交渉が改革実行体制の基本的枠組みであることを地主会も認めていたことを示す。それゆえ個別的な地主の無秩序な単独行動に対しては，地主委員ですら「自粛方申し入れる」と言わざるをえず（後述)，農民組合と地主会の交渉を前提とした改革実行体制を共有する姿勢をみせている。地主会と農民組合の対立はあったが，それはこの改革実行体制を揺るがすことはなかった。

聞き取りによれば，地主会は46年2月頃から組織され，その加入者はおよそ50〜60人であった。この人数を農民組合員数178人と対比すると，村内農家数の約4分の3が農民組合，約4分の1が地主会に加入していたことになる（どちらにも加入しない者は10人程度)。地主委員は農委会議後には地主会で審議結果を報告し対策を協議した。地主層のリコール請求は地主利益代表の役割を果たせない地主委員に対するものであったが，より直接的には村長であり農民組合に理解を示した臼田会長をターゲットにしていた。だがこのリコール請求は皮肉にも組合勢力の拡大に帰結した。聞き取りによれば，この時期地主会内部では「委員になり手がなかった」ようであり，リコール後は上区から2人の新地主委員が選出されるが，下区の地主委員・臼田は再選されている。農地委員のリコールは特定階層に属する者が当該階層の委員を対象とし，再選挙するものであるが，臼田の再選は地主層のなかにも彼を支持する者が少なからず存在していたことを示す。彼は地主代表，下区代表の委員にとどまらず公正な農地改革を遂行する村の中心人物と位置づけられていた。注目すべきは『組合連名簿』には臼田潔の名もあるが，他のすべての組合員が押印しているのに対し彼だけが押印していないことである。彼は村長であり農委会長でもある自分自身が農民組合にも地主会にも偏らないことが，改革の円滑な実行に必要だと判断した。結果的には，彼のこの中立的立場の堅持が農民組合と地主会との交渉，それを基本枠組みとする村の改革実行体制を可能にしたとみることができよう。

3　農地調整の方針をめぐる審議と問題点

農地委員会は村内の全農地と全農家の掌握に努めた。改革当初から，土地不足と耕地の優劣差が買収・売渡を困難化するという認識があったからである。すなわち「耕作地事情の悪い本村は希望のまま土地を与えることは勿論出来ないし……法の定めるところに依り土地改革を行えば所有権と耕作権との対立摩擦」を生じ，また農家数に比較した土地不足から，「多くの村民が過剰となり耕地より離れる結果となる」ことが懸念された。そこで，改革の「出発起点をどこに置くか」を議論し，「桜井村農地改革要綱案」を審議した。しかし，この議論は5回の修正案を経ても意見の一致を見ることはなかった。「要綱案」の争点は，農地の「均等分化」「適正配分」の基準をどこに置くかにあった。具体的には，「適正配分の基準は専業農家の自小作を中心として考えるべき」，「現在の地主もこの度の農地改革により自作農になるゆえ適正配分の基準は……専業自小作と同様に考えるべき」，「極小零細農家と極貧兼業農家を救わざるを得ない」という発言に端的に現れた（第2～4回）。これらの発言は諸階層の異なる利益要求を反映したが，これをどのように調整するかが問題の焦点となった。議論は次の3点に絞られた。①原則として極小零細自作農を創らない。②専業農家の現耕地面積を減らさない。③兼業農家のなかで耕地面積極小の者には原則として土地を与えず兼業に専心させる。しかし③に対しては「委員会の権限にては転業せしめることも困難」とされ，「現在と将来に含みを持たせ，これを新しき村政に織り込ませる」ことに落着している。「過剰人口を抱擁，吸収して行く如き農村工業」が展望されるが，それは願望の域を出るものではなかった。限られた土地のなかでの諸階層間の利益調整は容易に実現できず，論議は「法の弾力性を出来るだけ運用し共に生きることを中心に……農地改革をなすべき」という会長発言で結ばれた。合意をみたのは唯一「昭和二十年十一月二十三日以降の新農家は原則として認めず」だけであった（第4回）。この農家新設制限は農家数が村内で飽和状態にあったことを示す。しかし，この原則は必ずしも遵守されず，改革前後で農家数は増加している（表7－5参照）[27]。

「要綱案」の未成案は村民の間に多様な解釈・誤解を生んだ。こうしたなか兼業零細農11人から土地分譲を求める陳情書が出された（第15回）。この陳情書は現耕作規模以上の土地分配を求めるもので，委員会では「法的には不可能」という意見が大勢を占めた。だが，これに対しても「大農家に働きかける程度の努力を委員会でやる親切心は必要」という意見も出され，「世論を喚起して比較的耕作面積広き者より分譲方斡旋する」ことになる。それがどの程度行われたかは不明だが，法的根拠のない分譲斡旋は困難であり，この問題は，結局，上層農の経営規模縮小に吸収されていく（後述）。

改革遂行にあたって，土地再分配の調整が必要と考えた農地委員会が策定した「売渡方針」の主な内容は次のようであった。①専業農家の自作化率を優先的に勘案し（自作化率60～80％），兼業農家は第一種と第二種に区分して率を定める。②自作農に近い構成になるよう多くの農家に買受機会を与える。売渡の地目比率は田75％，畑12％，山畑13％を基準とする。③「職分」を決定し，将来農業に精進する見込みのない者を真に確定する。この方針は，先の「要綱案」では結論をみなかった専兼業の区別，「職分」の決定による非農家の確定という新たな論点を含んでいる。原則は専業農家の現耕作規模を縮小させないことであり，この半面には耕作能力の低い者には農地を与えないという論理が伏在していた。

第4節　隣接町村特別地域指定問題と村の土地拡大

改革当初の委員会で一つの焦点となったのが隣接町村特別地域指定問題であった。この問題の背景には，敗戦直後の村が直面した土地不足があった。復員者，引揚者，戦災者，疎開者のほか失業者の大量発生と食糧不足が人々を帰農あるいは営農拡大に向かわせ，土地争奪が始まっていた。それは村域を超えて外部にも向かった。農委でも第1回会議で，関係町村との即時交渉を開始する議決を行い，隣接町村ごとに担当者を選任した。いずれも指定地域周囲の農地事情に精通する者として，野沢町担当は上区・北区の4委員，前山村担当は上区・中区の3委員，岸野村担当は下区の3委員が指名された。ここでは委員の階層は問題とされていない。47年1月30日から担当者が交渉を開始した。翌31日，早くも野沢町から「桜井村民が所有権を持ちかつ桜井村民が耕作権を持つ」場合に限り認める旨の回答があった。前山村は「いずれ機を見て関係町村一緒に集まりお互いに定めていきたい」，岸野村はとくに田について「当方の耕作者の耕地僅少の故をもって……それは困る」と回答してきた（第3～4回）。地域指定を受け入れることにはいずれも消極的であった。

この問題については桜井村を含めて町村側に，また県地方事務所担当官にも制度に対する誤解があった。桜井村についてみると，指定範域への認識に欠けていた。第2回会議で「大字単位では隣接町村が絶対承知しない」から，「耕作権を基準に小字単位で交渉する」ことが決定された。もともと隣接町村特別地域指定は「隣接市町村との社会的経済的沿革によって特に必要のある例外の場合とし，且つその指定の区域は字の程度に限る」とされ，この指定が認められるには隣接市町村の農地委員会の同意と県の許可が必要とされた[28]。桜井村ではこの厳しい制限への配慮がなく，むしろ土地確保という自村の利益追求が先行した。審議は蓼科開拓適地にも及び，「そのままにしておけば前山村に確保される」という意見まで飛び出している（第15回）。しかし，土地不足は桜井村だけではなく隣接町村でも同様であった。そうしたなか岸野村からは桜井村民の「岸野村地域の所有の田」について逆に引上げ要求が出される始末であった。

隣接町村の不同意が相次ぎ地域指定問題は暗礁に乗り上げるが，事態はそれだけにとどまらなかった。来村した県農地部事務官が当村に地域指定申請の撤回を提言した（第12回)。委員会には反発意見もあったが，結局は県の指導を受け入れている。ところが小作委員から再び岸野村新入道地区の地域指定要求が出される。その意図は単なる土地拡大ではなく，徒歩1時間余の蓼科山麓を開墾し，それを地主の保有地や耕作地の一部に組み込み，「これと同等の面積を平地で解放せしめる」ということであった（第13回)。この主張は地主の優等地確保要求と対立し，買収地選定をめぐる農民組合と地主会との交渉事項となる。実際，平地水田だけの保有を要求した地主Hに対し，農委は「現在残地の通り平地水田を残し」，それ以上の保有地は開墾地を充てると決定している（第16回)。聞き取りによれば，下区の旧地主は「山の上の不便な場所が保有地となった」と今なお語り，この問題が一因となり，その後約半世紀にもおよぶ組合と旧地主層の対立が存続する。農民組合は現在も存在するが，この対立は世代交替が大幅に進む1990年代後半になって漸く消滅に向かう。

桜井村では，隣接町村特別地域指定という制度が，耕地条件の均等化という農地調整の手段として企図された。地域指定は実現しなかったが，1948～49年にかけて開墾が進められた。村の農地面積は1947年「臨時農業センサス」の160町１反（田119町８反，畑40町３反）から50年『農業センサス』では168町１反（田125町３反，畑42町８反）となっている。この時期の統計は供米割当ての関係で信憑性を欠く部分もあるが，この約８町増加は土地不足に直面していた本村にとって大きな意味をもった。『農地等開放実績調査』によれば，1949年に農委事務局が中心となり臨時職員12人，延べ300日をかけて開墾のための実測調査が実施された。第13回会議では４町余の開墾を決定，同24回では辰の口堤防境界開田の実測３反５畝余について「陳情書を提出している零細農を集め開田希望を聴取し……可及的に零細農に与える」ことが決定されている。あわせて一杯水地区開墾計画でも，「事務局にて開墾者を伴い現場に行き第一期５反７畝17歩を第二期計画の予定にて開墾指定を終了」とある。千曲川沿いの水田と蓼科山麓の畑地の開墾が地主保有地の一部，零細兼業農家への分与という目的で推進された。ここには土地不足に直面した改革期桜井村の強い土地開発，拡大欲求があった。

第５節　農地移動の諸相とその調整論理

本村の農地移動審議は，①小作地引上げ，②耕作権移動，③耕作権復権，④所有権移動，⑤農地交換分合の５種類に大別される。それらは④を除けば，すでに進行していた農地移動の適否を，改めて農民組合と地主会の交渉の場に持ち出し，それを農地委員会に提出させ審議するという手順で進められた。③には，地主の小作地引上げに対する耕作者からの復権要求と耕作者間での耕作権移動に対する復権要求が含まれるが，ここでは前者を小作地引上げ要求の処理，後者を耕作権移動要求の処理として扱う。④は農委設置以前の所有権売買を検出し，これを第二次改革法の基準で洗い直したうえで買収・売渡対象として処理するもので厳密

表7-10　小作地引上げ審議結果

a．承認件数・面積（反）

承認事由	件数	面積	平均面積
応召一時貸し	12	14.97	1.32
外地引揚	6	6.05	1.01
所有者：生計困難	13	20.91	1.53
所有者：家族増	5	6.34	1.27
耕作者：労力不足	7	15.33	2.19
交換地提供	6	11.77	1.96
その他	4	3.59	1.20
合　計	53	78.96	1.52

b．却下件数・面積（反）

却下事由	件数	面積	平均面積
法定期日前引上げ	11	14.94	1.36
耕作者不承知	8	10.04	1.26
不適当	4	8.15	2.04
その他	3	5.38	1.79
合　計	26	38.51	1.48

資料：桜井村農地委員会『議事録』。
注：aの「その他」は面積不明の1件を含む。平均面積はこの1件を除いている。

には農地調整とはいえない。また⑤は売渡段階における交換を通じて耕作者の買受率・自作化率の均等化と農地集団化をめざすものであるが，それを明示する資料がなく本章では取り上げない。買受率・自作化率については，資料が残存する前山村を事例に次章で分析する。以下では①～③が検討対象となる。資料に限界はつきものであるが，徹底した農地共同管理を実現していた本村ではこれら以外に違法な農地移動はなかったとみてよい。なお①は改正農調法第9条3項，②③は同法第4条で処理されたが，複数の事項を関連づけて処理した村独自の法運用にも留意したい。

1　小作地引上げの諸相と性格

表7-10は引上げ承認を事由別に集計したものである。1人の所有者が複数の小作地を引き上げる場合でも，案件は審議件数ごとに処理した。なかには再々審議された案件もあるが，これについては1件として集計した。なお引上げ承認はすべて耕作者の「承知」を必要とし，農委がそれを確認している。引上げ要求件数79のうち承認53，却下26で67%が承認された。承認されたものはすべて引上げ後の所有者の自作であり，その事由別件数は次のようであった。第1は戦時中の応召による一時貸付けで，これは個人の意思を超えたやむをえない貸借関係として承認を原則とした。だが同一人物による複数の引上げ事由としては制限が加えられた。地主E（表7-11）は，応召を事由に1反5畝余の引上げは承認されたが，2件（2反4畝）は耕作者の「耕作地僅少」を理由に却下された。原則の適用にあたっては，耕作者の事情も考慮された。第2の外地引揚げについても同様の制

表7-11　任意開放と小作地引上げの関係

（単位：反）

地主		買収面積	引上げ面積				1951年8月1日現在					任意解放面積	買収面積純増分
	部落		件数	承認	件数	却下	小作地	自作地	借入地	経営地	所有地		
A	上	38.18	(1)	2.6	(2)	4.65	0.77	9.34		9.34	10.11	7.23	4.63
B	上	22.98	(1)	2.79			2.01	11.33	2.3	13.63	13.34	5.99	3.2
C	上	9.1						4.9		4.9	4.9	8	8
D	上	15.84					8.08	0.74		0.74	8.82		
E	上	8.61	(1)	1.53	(2)	2.38	4.33	11.2		11.2	15.53	3.67	2.14
F	中	17.12	(2)	−0.18	(1)	0.6	6.96	6.26		6.26	13.22	1.04	1.22
G	中	25.17	(2)	2.32	(1)	0.88	4.86	6.57		6.57	11.43	3.14	0.82
H	中	15.2	(1)	3.38	(1)	2.08		8.95		8.95	8.95	8	4.62
I	下	19	(1)	1.71			6.09	5.54		5.54	12.33	1.91	0.2
J	北	11.64	(4)	2.24	(2)	3.87	5.74	10.2	0.13	10.33	16.74	2.26	0.02
合　計		182.84	(13)	16.39	(9)	14.46	38.84	75.03	2.43	77.46	115.37	41.24	24.85

資料：桜井村農地委員会『議事録』。
注：1）E，G，Jの引上げ面積は，耕作権譲渡した交換地分を差し引いた面積である。
　　2）任意解放面積＝小作地保有限度8反－改革後小作地面積
　　　買収面積純増＝任意解放面積－引上げ承認面積

限が加えられた事例が2件ある。第3は生計困難者についてであるが，この事由（失業帰農を含む）が件数でも面積でも最多を占めた。応召による一時貸付の引上げとは異なり，生計困難や外地引揚によるそれは法的根拠がなかった。しかし長野県農地部は「引揚者には温情をもって対処せよ」との通牒を発していた（第10，16回）。桜井村農委はさらに生計困難者にもこれを適用した。これら敗戦直後特有の3事由を合わせると，承認総件数のほぼ6割に達する。第4，5は家族労力の過不足を事由とする引上げであるが，所有者側（増加による）と耕作者側（減少による）の事情が考慮された。件数では後者がやや多く，この事由が引上げ平均面積で2反余と最大であった。第6は小作人への交換地譲渡を伴う引上げである。交換地面積不明の1件を除く5件の引上げ面積約9反に対し，交換地8反4畝が譲渡された。いずれも引上げというよりも交換に近い。なかには交換地面積が引上げ面積を上回る事例もあり，自作地提供を伴う事例もあった。この5件のうち3件で所有者と耕作者の居住部落が異なり，部落間における貸借関係の整理という一面も合わせ持っていた。しかし，所有者が別の土地を提供してまで特定農地を得ようとしたことは，そこに耕地条件を見越した優等地確保の意図があることを示唆する。農委がこれらを交換ではなく引上げとして処理した理由もそこにあった。事実，交換地を提供した5人（1人は2件）のうち4人までが村を代表する旧地主であった（B，E，G，J，表7-11）。

以上の小作地引上げには，地主の小作地保有面積の切り下げを伴う事例が含まれていた。そこでは引上げが単独で承認されたのではなく，保有限度8反の一部または全部の任意解放が要求された。資料的に任意解放実績の総体を明らかにすることはできない。そこで当然買収の対象となる小作地8反以上の所有者のうちで農委が任意解放を勧奨した地主10人について任意解放と小作地引上げの関係を検討する（表7-11）。この10人のうち9人が何らかの任意解放に応じ，またこの9人のうち8人が引上げを承認されている。任意解放面積は保有限度8反から改革後の貸付面積を差し引いた面積であるが，この面積からさらに引上げ承認面積を差し引いた残りが実質的な買収純増面積となる。『議事録』によれば村全体の任意解放面積は4町8反余であり（第25回），これは在村個人地主の解放面積26町9反の約18％に当る。このうちの4町1反余（約86％）が表中の9人によって解放された。なかでも3人は8反全部あるいはそれに近い小作地を任意解放したが，そのうちの2人（AとH）はそれぞれ2反ないし3反以上の引上げを承認されている。上区の最大被買収面積の地主Aは2反6畝の引上げが承認され耕作面積を9反3畝に拡大したが，他方では7反2畝を任意解放した。彼はさらに2件（4反6畝余）の引上げも要求したが，これは却下された。また中区の地主Hは改革前の所有2町8反余の在村地主であったが，その耕作面積は村平均を下回る6反1畝であった。彼は8反すべてを任意解放することと交換に3反4畝の引上げを承認され耕作面積を8反9畝余に拡大した。これらに対し，引上げを伴わずに任意解放することになったのが地主Cである。Cは4反9畝の自作地以外の全小作地9反1畝を買収された。ただし，もとの所有面積1町4反のうちの1町1反余は，直前の1946年3月に地主Aから買い受けた小作地であった。この土地売買はCとの間で裁判沙汰になったが，結局ほとんどが買収された。この買収は，耕作目的以外で取得されたもので，第二次改革では違法な土地売買として処理された。これらの事例とは正反対に，8反の小作地を保有し続けた地主Dは高齢の単身者であり[29]，耕作能力が極端に乏しかった（7畝12歩耕作）。彼は引上げを要求することなく保有限度8反のすべてを貸し付けることで生計維持する途を選んだ。このように任意解放は地主の耕作能力の低さによって限界を画されていたが，大半は小作地引上げと引き換えに承認された地主の自作拡大を伴いつつ促進された。

任意解放は村全体の買収面積を増加しようとする農委と改革後にできるだけ上層自作農として生きていこうとする旧地主の双方の目論見が一致することにより実現した。改革により金納化された小作料は戦前期に比して著しく低下し，耕作能力ある旧地主にとって小作地所有の経済的メリットは減殺されていた。米価を中心とするインフレの進行がこれを助長した。2～3反余の小作地引上げ（自作地拡大）と引き換えに保有限度以下への小作地解放に応じることは彼らにとって当然ありえる選択であった。そして農委もこうした意味の自作農創設を許容した。在村地主から小作地引上げの代わりに引き出した買収農地は売渡計画に組み込むことができたからである。この意味で「残地農地の任意解放」とは，農委が腐心する土地不足問題と土地再分配問題を同時に解決しようとして案出した独自の調整であった。小作地引上げの容認は地主の改革受入れを促進し農地改革を円滑化する効果があったが，そこには保有小作地の圧縮による買収面積増加という農委の要求が介在していた。

引上げを却下された26件の事由は，「法定期日前引上げ」11件，「耕作者不承知」8件，「不適当」3件などである。敗戦から法定期日（1945年11月23日）前の引上げを農委はすべて「審議の余地なく棄却」したが，この村独自の法運用は買収面積を増加させるためであり，法定期日以降の引上げを慎重審議したのとは対照的である。農委は「改革要綱案」を審議した時点で農地移動も買収計画もすべて厳格に法定期日を「出発起点」とし，それ以前の農地移動を認めなかった。その他の事由については，承認が小作人の「承知」とともに正当な事由を必要としたのに対し，却下は小作人の「不承知」または農委の「不適当」という判断があれば，それだけで十分とされた。「承知」は事由ではなく承認の必要条件であった。「不適当」とされた3件は，1件が地主Aの約3反の引上げ，2件が契約違反絡みの事案であった。地主Aの別件で承認された2反6畝以上の引上げを農委は「不適当」と判断した。却下された26件の関係所有者20人のうち11人が別件で引上げを承認され，このなかの6人が8反以上買収された旧地主であった。

一方，承認を伴わずに却下だけを受けた9人をみると，改革後の耕作面積が3

反未満（1人は非農家）4人，約4，5反前後が2人，約7，8反2人，1町2反余が1人となっている。過半数が兼業層に属するとみてよい。2反3畝余のU. M（上区）は，改革前は所有9反1畝，耕作2反3畝の典型的な零細耕作の零細地主であった。彼は3人の小作人から3反余を引き上げていたが，審議の結果，3件すべて却下された。彼は所有小作地の一部を任意解放し，零細耕作地以外は貸付小作地2反3畝の兼業依存の零細所有者となった。また1反6畝の引上げを却下されたA. K（北区）はその後非農家となっている。例外はあるが，これら却下の裁定には兼業農家ないし非農家という農地所有者のボーダーライン層を選別する意図があり，それは「売渡方針」における「職分の決定」に沿うものであった。

前述のように，小作地引上げ事例には小作人からの耕作権復権要求として審議対象となった6件が含まれている。これらは先行した事実上の引上げにもかかわらず部落段階の事前調整対象から落ちた，いわば隠れた引上げであったが，47年3月になって組合勢力が村内を席圏するにおよんで旧小作人が権利回復をめざしたものである。この5件までが復権を承認され，1件は却下された。ただし，この1件も別の小作地が交換地として提供されることになり，所有者に譲歩を迫るものであった。もとより件数が6件にとどまったことは，農民組合の農地共同管理がいかに小作地引上げを摘発したかを物語る。6件は，そのうち2件が上区と下区，1件が異なる部落間，3件が北区での要求であった。半数が北区に集中したことは後述するように同区が，組合勢力が最も弱く，調整が難航した部落であったことを反映している。

小作地引上げを部落別にみると（表7-12），承認，却下の別なく引上げ関係者数の各部落農家数に対する比率（引上げ発生率）は，北区71%，中区42%，上区31%，下区22%という順である。村全体の実人数（1人で2回以上の引上げにかかわった場合，これを1人とした）は所有者側が46人，耕作者側が59人，合計100人（1人で所有者としても耕作者としても関与した者が5人）であり，これは村内農家数の41%に当る。小作地引上げは本村の改革遂行のための農地調整において大きな比重を占めたが，そこには部落差があった。この差は，改革前の小作地率と改革前後の農家増加率が高い中区と北区（表7-3，5参照）において引上げ発生率も高いという傾向に表れている。とりわけ北区は，1人で数人を相手とする複数引上げ（逆に1人で数人から引上げられる者もいる）と1人が所有者側にもなり耕作者側にもなるという意味での複数引上げの多さを含めて，部落の大半を巻き込んだ発生率自体の高さによって特徴づけられる。この差異は以下でみるように引上げ要求の認否状況の差異にも表れることになる。

表7-12　引上げ関係者実人数とその比率

【承認】

		件数	関係者				農家戸数(b)	発生率(a/b)
			所有者	耕作者	計 (a)			
部落内	上	10	10	10	20	(0)	91	22.0
	中	18	11	14	22	(3)	52	42.3
	下	7	7	7	14	(0)	72	19.4
	北	13	8	10	17	(1)	28	60.7
部落間		5	2	5	7	(0)		
計		53	37〈1〉	46〈0〉	79〈1〉	(4)	243	32.5

【却下】

		件数	所有者	耕作者	計 (a)		農家戸数(b)	発生率(a/b)
部落内	上	9	6	6	11	(1)	91	12.1
	下	1	1	1	2	(0)	72	2.8
	北	8	7	4	11	(0)	28	39.3
部落間		8	8	8	16	(0)		
計		26	21〈1〉	19〈0〉	39〈1〉	(1)	119	32.8

【関係総数】

		件数	所有者	耕作者	計 (a)		農家戸数(b)	発生率(a/b)
部落内	上	19	14 [2]	15 [1]	28 [3]	(1)	91	30.8
	中	18	11	14	22	(3)	52	42.3
	下	8	8	8	16	(0)	72	22.2
	北	21	11 [4]	10 [4]	20 [9]	(1)	28	71.4
部落間		13	8 [3]	13 [1]	21 [3]	(0)		
計		79	46〈6〉	59〈1〉	100〈7〉	(5)	243	41.2

資料：桜井村農地委員会『議事録』。
注：(　) は，所有者としても耕作者としても引上げに関与した人数を示す。
〈　〉は，部落内でも部落間でも引上げに関与した人数を示す。
[　] は，承認され却下もされた人数を示す。

引上げ承認率（総件数に対する承認の割合）は中区100%，下区88%と北区62%，上区53%との間に大きな差がある。この差を生み出した大きな要因は，部落における組合と地主会の交渉の徹底性にあった。もともと部落段階の事前調整において承認見込みのない要求は農委に提出されにくいという傾向があった。この事前調整に，自治的に調整・決定しえた部落とそうでない部落との間で改革実行体制の差異が反映された。却下は組合の拠点であった下区で1件，中区では皆無である。この承認率の高さは，両区の組合加入率の高さを想起すれば（表7－9），事前調整が組合主導で徹底的に行われ，そこで精選された要求だけが農委に上がってきた結果と見てよいだろう。これに対し，上区と北区の低位性は，事前交渉が必ずしも徹底的ではなかったことを示すが，その理由は一様ではない。上区は農委のリコール後の再選挙で地主委員を1人増加させることになった。村内の上層地主の集中度（表7-11）からみて，上区はもともと地主勢力が強い一方，組合加入率は北区に次いで低かった。交渉を阻む要因として相対的に強い階層対立があったとみられる。北区の方は，むしろ個別的な零細地主の動きが要因となっていた。ここでは戦時期にすでに兼業型の零細耕作の小地主が経営を小作農に委ね，後者の1戸当り経営小作地を拡大させていたが，改革期になって彼らは土地確保をめざし，複数を相手とする引上げが頻発した。農地委員が辞職するというのも，耕作者と所有者の勢力が拮抗し自治的調整が困難化したからである。このように承認率の高さは部落内の事前交渉力の高さを示す一方，却下はこの交渉力が低いかあるいは欠ける場合に下される村段階における農地委員会の強い認否機能を示している。また異なる部落間における引上げでは承認と却下が拮抗しているが，これは部落を異にする地主・小作人間の事前交渉力の低さと，部落完結的な農地共同管理が部落間では一定の限界があったことを示している。

ところで小作地引上げそれ自体は，どのような性質を内包していたのであろうか。この点を承認された引上げに伴う当事者間の経営規模変化によってみておこう。図7－3は引上げ前後の耕作者と所有者の経営規模の変化を一件ごとに矢印で示したものである。引上げ前の面積，すなわち矢印の始点は関係者各人の引上げ前の面積であり，所有者は1951年の耕作面積から当該引上げ面積を差し引いたもの，耕作者は両面積の和である。この面積には自作地・小作地の区別がないこと，耕地条件の差や開発地の分与など引上げ以外の要因による耕作面積の変化を考慮していないなどの問題点が含まれている。また1人が複数の引上げを行っている場合（同様に引き上げられている場合），引上げ面積を合算して当該者の移動前の面積を算出しており，したがって矢印の長さ（原則は当該引上げ面積を反映する）と角度および方向（原則は左上向き45度）に変則性（複数引上げを行っ

図７－３　小作地引上げによる関係者の経営規模変化

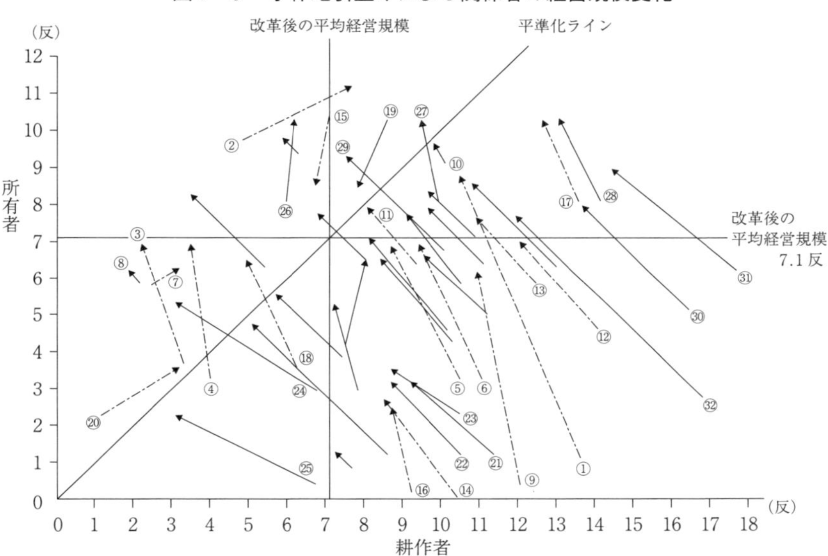

資料：桜井村農地委員会『議事録』，同村農業委員会『本村における全農家名簿』（1951年８月１日現在）。

注：１）変化を示すそれぞれの矢印は，関係者が引上げのみの場合は実線矢印，耕作権移動（耕作者か所有者のいずれか）を含む場合は一点鎖線矢印で示した。

２）①，②，……等は，本文中で言及されている事例を示す。

た者については，傾きが45度以上になり，複数引き上げられた場合は傾きが45度以下になる）が表れるとともに，当該引上げの移動面積が反映されない。さらに同一人物が一方で引き上げ，他方で引き上げられる場合，交換地提供を伴う場合など変則的条件が複合するケースもある。いずれも，そのつど生じる面積差を組み込んだ数値を用いた。これら以外に，耕作権移動にもかかわった16人（上区３人３件①②③。これらの番号は図中の番号を示す。以下同様，中区３人５件④～⑧，下区３人３件⑨～⑪，北区７人７件⑫～⑱）についても，この移動によって生じた面積差を組み込んだ同様の処理を行った。こうした操作は変化を属人的に捉えるための試みであり，また実際上，引上げの適否の基準は関係者の耕作面積に置かれていたから一定の整合性をもっている。また引上げと耕作権移動では耕作面積変化の異なる要因であるが，これらも関係者の耕作面積決定に際しては連動して勘案された。こうしたことにより各件の引上げ当事者たち（またのちにみるように耕作権移動の各当事者たち）の実態により即した経営規模変化を捉えることができる。なお改革後に所有者，耕作者の一方が非農家となった場合は面積を特定できないため除外し，また１組の所有者・耕作者による複数回の引上げは各移動面積を合算し１件に集約したため，表示件数は49件，実人数は所有者34人，耕作者46人，このうち所有者兼耕作者が３人となった。

図中の45度線は所有者と耕作者の経営規模が等しくなる目安として，これを平準化ラインとみなすことにする。引上げ前の経営規模は，７反を境に所有者の約８割がそれ未満に，耕作者は約８割がそれ以上に集中し，平均経営規模は前者が５反４畝，後者が９反３畝という格差があった。個々の引上げについても，この傾向がほぼ貫いていることは，矢印の大半が45度線以下でスタートし，この平準化ラインの方向に向かっていることで確認できる。また引上げ後も45度線を越えない場合が多く，全体の67％（33件）の引上げが平準化ライン以下の範囲で行われた。しかしこれ以外にも平準化に準ずる事例がある。まず上方向に45度線を越えた６件であるが，このうち５件は45度線以下の部分の方が大きい。また45度線以上で移動した10件のうちの３件⑮⑲⑳も変則的な方向を示すものの，45度線に向かっている。このうち⑳（中区）は本村の引上げ全体のなかで最も零細な所有者，耕作者間で行われた事例である。ここで約４畝を引き上げられたU. Hは関係耕作者中最小の１反２畝耕作の応召帰村者であるが，他方では生計困難を事由に別件㉑で２反１畝余，㉒では２畝18歩を自ら引き上げることで３反３畝を確保した。この⑳で引上げ側であったK. Kも応召帰村者で，別件㉓の９畝３歩の引上げも承認され，U. Hの結果に近似する３反５畝６歩を確保した。ところで，これらのなかで引き上げられる側として２回（㉒，㉓）関与したのがK. Hで，彼はこの２件と別の１件⑤の引上げを受け，１町５反の経営を８反７畝まで縮小させた。K. Kはいずれのケースを通じても平準化推進に「貢献」したことになる。⑮と⑲も引上げ側が引き上げられる側でもあったことによる変則的矢印である。引き上げた２人はともに別件で引き上げられた分のほうが多かったことで「下降」することになり，したがって方向は逆向きであるが，45度線に近づいた。これらの準平準化事例も含めると，平準化傾向は全体の84％（41件）に達する。

これに対して45度線から遠ざかる反平準化を示した事例はいかに生じたか。まず45度線を大幅に越えた④（中区）の引上げ側U. Yは，応召帰村者として３件の引上げ（合計３反５畝）と２畝の耕作権移動（復権）を承認されている。このために「上昇」の幅が大きくなった。彼が行った引上げとして④以外の⑤⑥はともに平準化の性質をもっている。④の反平準化的性質はもっぱら引き上げられた側の耕作面積の僅少さ（またこれに伴うかのように引上げ面積も６畝にとどまる）によるものであり，属人的にみればU. Yの引上げも概ね平準化の範囲内にあった。④の事例は，むしろ農地委員会が零細経営に対して，その一層の零細化を許容したのはなぜかという別の問題を浮上させる。これについては平準化事例のなかでも耕作者が村の平均規模（改革後7.1反）を大幅に下回る結果になった事例が改めて問題となる。引上げ後に耕作者がこの村平均以下になった事例（４件）および７反未満の面積をさらに減少させた事例（８件）がこれに該当するが，まず２件の引上げを受けて３反６畝余の減少となったI. S（㉔，㉕中区）に着目しよう。この２本の矢印の傾斜が45度以下になったのは，複数引上げを受けたことによる。これによりI. Sの耕作面積は６反７畝余から３反余となった。この場合の承認事由は２件とも引上げ側の生計困難となっているが，農委は「耕作者は兼業農家」と添書きしている。農業以外に収入の途がある者については，農委は一層の零細化を認めたのである。一方の所有者側は引上げ後もともに５反３畝（㉔）と２反２畝余（㉕）で，零細ないし極零細農にとどまっている。この場合の引上げ承認は，こうした下層農間の生計状態に応じた農地再分配であった。この意味で引上げ後の耕作者の零細化とは，平準化と分配農地不足問題を抱えた農委が，農外就業者を積極的に農地提供側に位置づけていたことの結果であった。もう一つの事例③の場合も，引上げを受けた側は３反台から２反台へと極零細化した。それが許容されたのは生計の途がほかにあったからである。所有者側はこれにより１反余を得たが，「上昇」の幅が大きくなったのは，上層農（１町５反）を相手とする３反７畝の耕作権復権（図７-４の矢印〔1〕）が承認されたためである。この所有者は応召帰農者として強い農地拡大志向を示した。しかし別件の１反２畝の引上げは「不適当」として却下されている。

以上の部落内で行われたものに対し，部落間で行われた引上げは５件のうち３件が別の農地の耕作権移動を伴っていた。そのうちの１件⑦が７反未満以下の水

図7－4　耕作権移動による関係者の経営規模変化

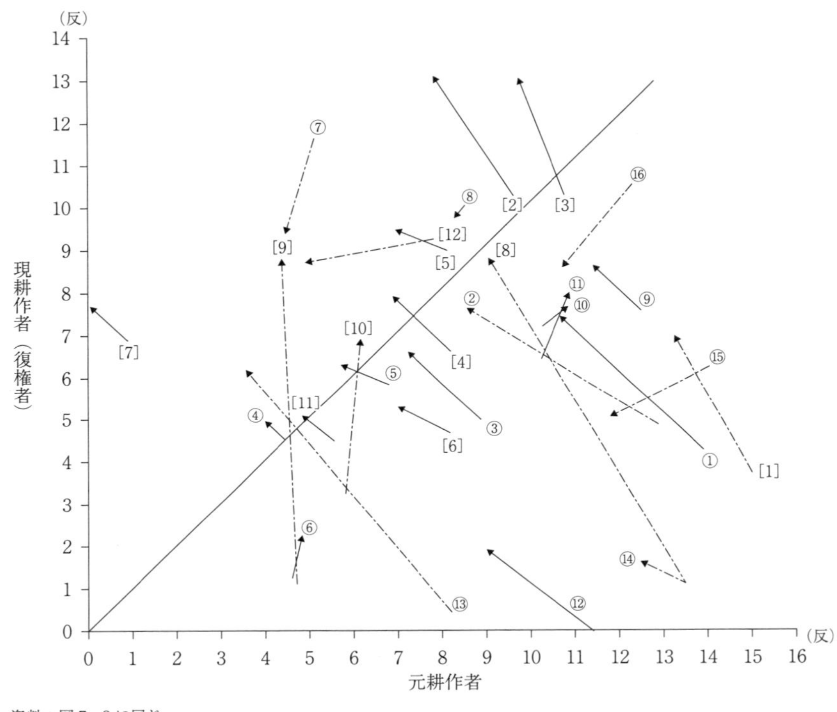

資料：図7－3に同じ。
注：①～⑯は「合意による移動」の事例，[1]～[12] は「復権による移動」の事例，また実線と一点鎖線の２種の矢印の区別は図7－3の注１）と同様である。

準内で移動した反平準化事例である。引き上げたのは地主Ｆ（中区。相手は下区）で，引上げと引き換えに譲渡した自作地の一部が少なくとも数字のうえでは引上げ面積より多かったため矢印方向が変則的になった。Ｆは１町７反余を買収された地主であるが，任意解放面積は少ない（１反程度。表7-11）一方で，耕作権移動（共同耕作権の書換え。図7－4の⑤）で１反を得るなど，この引上げを含めて自らの耕作条件向上を目論むような複雑な動きを示した。そうしたなか２畝（反平準化事例の⑧）という小規模引上げは承認されたが，別件の５反余耕作者（下区）に対する６畝の引上げは却下されている。代替耕作権移動を伴った他の２件も同一人物・地主Ｊ（北区）による引上げだが，その一つが45度線以上での反平準化事例（㉖。相手中区）となっている。もう一つは上方向に45度線を越えた準平準化事例である（㉗。相手は下区）。Ｊはほかに部落内で４件の引上げを要求したが，２件は耕作者が「不承知」で却下されている。承認された２件（⑰と㉗）も複数引上げによって，平準化事例のなかでもやや変則的である。Ｊは村内で最も多くの引上げを承認され，耕作面席を８反余から１町３畝余に拡大した。彼もＦほどではないが１町以上を買収され，かつ任意解放面積が１反台にとどまった地主である。実際，彼の行動は村内で最も土地執着の強い引上げであり，この事例は矢印群全体のなかで外輪に位置づいている。農委にとっては，買収純増分が約３畝で最も少なく調整が難航した小地主の引上げ要求であった（後述，異議申立参照）。

このように反平準化事例については，属人的にみると必ずしもそうとはいえない事例を除くと，農委による兼業農家の零細化容認を伴う下層の農地再分配，自作層による戦時期の貸借関係の整理，地主による特定農地確保や耕作地拡大のための複数引上げという多様な要因からなっていた。もっとも地主については反平準化に作用したＦやＪの行動をすべての地主にあてはめることはできない。先述のように農委は地主による任意解放を慫慂する一方，一定の引上げを承認することで買収面積を増加しようとした。実際に任意解放に応じた地主のうち，この増加分確保に一定程度寄与した４人（表７-11の「買収純増分」が２反以上の地主。ここにＦとＪは含まれない）の引上げ内容をみると，純増分が最も多かったＨ（中区）は，引き上げられた者のなかで最大規模耕作者（中区，１町７反７畝余）から２反余を確保した（㉛）。以下，次いで純増分が多いほうから，Ａは１町耕作者から（㉙），Ｂは１町６反余耕作者から（㉚）と，いずれも上層農が譲歩させられるかたちで引上げが承認されている。Ａだけが準平準化事例とはいえ，全体的に平準化傾向の範囲内にあった。残るＥは５反弱耕作者からであったが，この耕作者は別件の耕作権移動により４反３畝を得ている（②）。これは引上げとしては45度線上の変則的事例であるが，内容は耕作権移動を内包することで引き上げられた側が引き上げた側以上に耕作面積の拡大に帰結している。これら村を代表する地主は，いずれも承認された結果，村の平均経営規模以上の自作農に上昇した。しかしその半面には，譲歩を余儀なくされた上層農が存在していたのである。

引上げ後の経営規模では，耕作者の約３分の２がいぜんとして村の平均規模を上回っている。このうち１町以上層は10人であり，所有者の同様の人数２人を遥かに上回る。その代表例を最大引上げ面積となった４反９畝を引き上げられた北区の耕作者（㉜）でみると，彼は１町６反８畝を耕作していたが，引上げ後も１町１反余を耕作する上層農であった。この引上げは同一人物間で２度にわたって行われたが，承認の事由は，１件は所有者の「家族増」と耕作者が「承知」していること，１件は耕作者の「労力不足」と小作関係が「一時依頼」であるという点にあった。所有者は２反７畝弱から７反７畝弱となり，この事例では平準化をもたらす大規模な引上げが，戦時期の一時的貸借の整理と敗戦直後の労力変動に対応した耕作面積の調整という内実をもっていた。所有者側では，もともと平均以上の経営規模であった者が引上げによりさらに経営拡大したものが７件，引上げにより平均経営規模を上回ったのが16件で，この両者で引上げ件数の47％を占める。所有者の半数近くが引上げにより村平均を上回る経営規模になったが，半面では半数以上が引上げ後も村平均以下の経営規模にとどまった。平均面積は所有者が６反９畝，耕作者がほぼ８反となった。ここで注目すべきは，所有者の平均経営規模が村全体の改革後の平均経営規模７反１畝に近似したことである。個別的には反平準化の事例もあったが，本村の引上げ承認は全体としては経営規模の平準化（均等分化）作用をもっていた。この傾向は耕作権移動を除外し，小作地引上げだけを図示しても基本的に変わらない。しかし平準化作用には一定の限界もあった。「専業農家の現耕作反別を減らさない」というもう一方の論理も働き，これが平準化の制約条件となった。図７－３で平準化ラインに接近する事例のなかにも接近の程度に差があった。もともと耕作能力や家族人数に差があり，農外兼業も考慮されたから平準化に程度差があるのはむしろ当然であった。

本村の小作地引上げの相対的位置を見るために長野県，全国の数字と比較しておこう（表７-13）。長野県は全国と比較して買収面積に対する引上げ面積の比率がやや高いが，桜井村は県平均のほぼ２倍という高さである。本村では農地調整の対象となる在村地主の小作地36町２反の買収に先立ち，その21.7％に相当する約７町９反もの引上げを容認した。小作地引上げは西日本（とくに岡山，広島，高知，鹿児島県など）で多発したが，満州移民など大陸からの引揚者が多かった長野県も東日本では多発県の一つであった。桜井村はその代表例の一つである。小作地引上げの多さは一面で改革実行に向けて必要とされた村民間の利益調整の高さを示すが，問題はその件数，面積の多さではなく，その調整がいかに必要なものに厳選され自治的に調整・解決しえたかにある。本村では引上げは地主小作関係の対立を伴ってはいたが，むしろ農家経営が安定維持される範囲内で経営規模の平準化作用をもち，さらに旧地主の任意解放による買収面積拡大，兼業農家と失業者への異なる対応などが特徴であり，それ自体が農地・農家事情に即した村独自の調整の表れであった。

表７-13　小作地引上げ率の比較（桜井村・長野県・全国）

	不在地主小作地以外の買収小作地（町）	小作地引上げ面積（町）	引上げ率（%）
全国	931,866	102,240	10.97
長野	34,081	4,042	11.86
桜井村	36.2	7.9	21.82

資料：桜井村は桜井村農地委員会『議事録』。全国（北海道を除く），長野県の買収小作地面積は「農地等開放実績調査」（『農地改革資料集成』第十一巻，36頁），引上げ面積は栗原百寿『現代日本農業論』（「栗原百寿著作集」第４巻，校倉書房，1978年）82頁，表29のデータを用いた。

2　耕作権移動の諸相と性格

耕作権移動の審議は，現・元耕作者間あるいは所有者と耕作者の間での合意による移動を決定するもの23件（関係実人数38人，第十二常会，桜井国民学校，桜井村の３団体，関係面積２町９反１畝）と，耕作者間で元耕作者の権利回復を認めるもの12件（同実人数21人，同面積１町５反５畝余）に大別できる（表７-14)。部落別には合意による移動の６割が下区に集中し，復権要求による移動は下区で皆無である一方，上区（約６割）で多く，これと中区（３割）でほとんどを占めた。以下，それぞれの移動の内容をみていこう。

合意による移動は，現・元耕作者間の合意のもとですでに進行していた移動が部落単位の農民組合を通じて農委に持ち上げられ，事後的に承認されるというものであった。承認事由のなかで最多を占めたのは「農地適正配分に沿う」の11件であり，このほかには「耕作者が零細」，「両者円満解決」，「分地耕作」，「適当なる移転」などのみ記されており，小作地引上げのように客観的事由が記されておらず，事由別検討は困難である。却下事例もなかった。この耕作権移動の一つの

表7-14　耕作権移動関係者と関係面積

（単位：反）

部落別件数		移動面積		平均経営面積			
				元耕作者		現耕作者	
		総数	平均	移動前	移動後	移動前	移動後
合意による移動							
上	4	9.56	2.39	10.11	7.72	4.24	6.63
中	2	2.67	1.34	6.01	5.12	5.07	5.96
下	14	13.88	0.99	10.09	8.62	5.92	7.30
北	3	2.99	1.00	12.74	11.74	3.72	4.72
合計	23	29.10	1.27	9.74	8.30	4.74	6.15
復権による移動（復権者を新耕作者とする）							
上	7	8.48	1.21	8.88	8.65	7.47	9.09
中	4	5.32	1.33	7.55	6.22	5.18	7.42
下	0						
北	1	1.74	1.74	6.72	4.98	6.95	8.69
合計	12	15.54	1.30	7.72	6.62	6.53	8.40

資料：桜井村農地委員会『議事録』。

タイプは元耕作者が団体となっている6件で，これらが下区に件数が集中する一因となった。これらの移動により，団体所有（桜井村）・耕作（第十二常会と国民学校）の廃止後の現耕作者が決定された。前者についてはほかにもあった村所有地の解放の一環として行われた耕作面積の調整である。耕作権移動審議の場合，関係農地の所有者への言及はないが，耕作者が団体の場合（後者）も同様で，現・元耕作者の適否だけが審議対象となった。桜井村からは2反余，第十二常会2反2畝余，国民学校9畝弱，合計5反余の耕作権が下区の5人に移転された。

個人間の移動では兄弟間，親族間での調整が含まれている。上区では弟が兄に貸していた3畝24歩の耕作権を譲り受けた（図7-4の④。以下同様）。これは兄弟2人がともに同一地主の小作人であり農委は「兄弟話合い円満済み」として承認した。その結果，耕作面積は兄4反9畝，弟4反1畝となり，わずかだが両者の経営規模に逆転が生じたが，これは兄が妻と成人した息子の4人，弟が夫婦2人という家族構成が考慮された結果である。同じ兄弟間の移動でも下区の事例（⑬）は最大面積4反6畝の移動であった。これにより経営規模が元耕作者は8反1畝から3反5畝，現耕作者は4畝余から6反2畝2歩と大きな変化があった（後述するように，これには引上げた1反2畝が含まれる）。しかしここでも地主の意向は問われず，「円満解決」と判断された。親族間の共同耕作が4人から2人（移動各1反）になる事例（⑤と⑥）も承認されている。

しかし，すべての耕作権移動が耕作者間の合意のもとで進行していたわけではない。それを示すのが12件の元耕作者の復権要求である。このうち中区の「元耕作者復員に伴う」と但書きが付された２件以外は，復権承認の事由は記載されていない。しかし現・元耕作者について各部落の組合，補助員の調査を踏まえて，農委はすべて承認している。移動面積が最大（４反３畝）の事例（⑧と⑨）は中区から提出され，「復員ニ伴フ耕作権（一時貸）復権」という事由で承認された。面積で，これに次ぐのが上区の２反２畝余の事例であるが（①），とくに事由は記されていないものの要求者は外地引揚者であった。これら以外の復権面積は１反台が４件，１反未満が６件と比較的小規模であった。中区では２件までが復員というやむをえない移動であったが，上区に集中した復権要求は事由不明とはいえ，同区内における耕作者間の小地片をめぐる土地争奪をうかがわせる。

耕作権移動前後の現・元耕作者の経営規模変化には次のような一般的傾向があった。合意による移動では，移動前は元耕作者の平均がほぼ１町であるのに対し，現耕作者は５反弱と約２倍の差があったが，移動後には元耕作者が８反３畝，現耕作者が６反２畝となり，経営規模格差が縮小している。同様の変化を復権要求についてみると，元耕作者７反７畝，現耕作者６反５畝から元耕作者６反６畝，現耕作者は８反４畝と，経営規模の逆転が生じている。合意による移動が経営規模の格差縮小，平準化傾向を示したのに対し，復権による移動では反平準化傾向がみられる。もちろん個々に見れば，前者においても平準化どころか⑬のように規模逆転のケースもあり，単純な一般化はできない。

そこで耕作権移動による関係者の経営規模変化を図７－４で確認しておこう。この図は図７－３と同様の手法で作成したが，ここでは団体が元耕作者となった中区の６例と面積表示のない河川敷の耕作権移動は除外している。まず合意による移動16件では，45度線以下での移動が11件で大半を占めるが，これらのなかにはやや複雑な変化を示す事例がある。とくに目立つ事例として⑯（北区）をみると，この移動だけの変化であれば双方が単にほぼ８畝を増減させたに留まるものであった。しかし関係人物の双方とも引上げによる小作面積減少があり（図７－３では元耕作者⑬，現耕作者⑭），うち現耕作者には自ら引上げによる増加分（同様に⑮）もあった。すなわち属人的に示すことにより⑯の変則的矢印が生じた。ともに１町以上耕作の上層農であったが，元耕作者は１町１反弱，現耕作者は８

反５畝となった。しかし耕作権移動が行われなければ，両者の面積差は一層大きくなる。この意味で，⑯の事例は，その矢印の変則性にもかかわらず，内実においては一定の平準化作用をもっていた。この事例とは逆に，双方が面積増加となったことを示すのが⑪の移動である。この変則性は元耕作者が２カ所（⑪の２畝のほか４畝余は⑩。これも同様の変則的矢印となっている）を移動させたものの，別の１カ所（１反２畝余）を取得したこと，および現耕作者が引上げで１反３畝余（図７－３の⑪）を得たことによる。この現耕作者は６反４畝余の応召帰村者であったが，引上げと耕作権移動によりほぼ８反耕作者になった。元耕作者が別件で耕作権を得た相手は桜井村であり，その結果１反弱の純増により面積は１町１反となった。村有地耕作権はこのほかに，１反を移動させたU. J（⑥）にその見返りのようにして８畝余が移動されている。またその差を埋め合わすようにU. Jには桜井国民学校の４畝余も移動された。下区では団体の耕作権が耕作面積調整の補完的手段として農家の個別事情への配慮のもとに有効活用された。

こうして合意による耕作権移動の45度線以下の11件は，それぞれの内実をみると，全体的に平準化作用があった。では45度線を上に突き抜ける事例２件⑤と⑬および45度線以上の④⑦⑧についてはどうであろうか。先述の兄弟間の小規模移動④を除くと，これらすべてが現耕作者側に引上げ関係者を含むケースである。もっとも面積の比重で引上げのほうが大きい⑦⑧に対して，⑤⑬は耕作権移動を主要素とする変化を示すケースという差異がある。⑦に現れている現耕作者も面積減少という結果は，引上げで失われた２反３畝余（図７－３の⑥）が耕作権移動７反弱では全く補われなかったためである。⑧も小規模ながら同様の性質の移動である。⑤⑬についてはすでにふれた事例であるが，⑤は，ここでは現耕作者の立場にいる地主Ｆ（引上げにおける反平準化的地主）による耕作拡大行動の一端を示している。それは中区と下区から２人ずつの共同耕作が，中区２人となったことで（もう１組の移動は⑥），少なくとも客観的には部落間での耕作面積調整という意味もあった。下区の１人は団体から耕作権を得たU. J（先述）である。地主Ｆにとっては引上げで得られなかった分（交換地を出さざるをえなかった）を，部落間での調整を通じて補うという結果になった。兄弟間の逆転事例である⑬の現耕作者は帰村者として１反２畝を引き上げるとともに（図７－３の⑨），この大規模移動も行った。このように耕作権移動の審議は申請者の個人的意向を積極的に認めるという性格を強くもっていた。

復権による耕作権移動は必ずしも平準化作用が明瞭ではない。12件のうち45度線以下が３件〔1〕〔6〕〔8〕，同線越えが５件〔3〕〔4〕〔9〕〔10〕〔11〕，同線以上が４件〔2〕〔5〕〔7〕〔12〕となっている。復権により耕作面積が逆転する場合（45度線越え）や復権を要求する者が要求される者より耕作面積が大きい場合（45度線以上）のほうが多かった。〔4〕と〔11〕を平準化に準ずるものとみても平準化傾向は４割程度にとどまる。ただし複数復権や引上げ面積が含まれる事例がある。〔9〕は２畝の移動にすぎないが，復員の復権要求者（上区）がもう一つの最大規模４反３畝弱の復権と引上げ（３反２畝余。図７-３の①）を行ったことが，極端ともいえる矢印の長さと逆転現象をもたらした。しかし，この最大規模の復権〔8〕は上層農（中区）を相手とする顕著な平準化事例である。したがって〔9〕の逆転をそのまま受け入れると，事態を過大視することになる。むしろ典型的な逆転事例はU. K（上区）による２件の復権である（〔1〕〔2〕）。ともに中上層農間の復権であり，これによりU. Kはほぼ３反を獲得した。復権要求は元耕作者の耕作権を回復させるものであるが，それが貧窮耕作者間で合意されなかったことは，当事者間に何らかの土地争奪をめぐる紛議を生起させていた可能性がある。復権による耕作権移動の多くが反平準化作用をもっていたことは，たとえその要求が正当なものであったにせよ，農地調整全般が平準化の論理を内包していたことと対照的であり，耕作者相互に不満が潜在化していたことを示唆している。

第６節　異議申立の諸相と農地委員会の対応

上述の農地調整は大半の村民に受け入れられたが，一部地主には不満があった。それが買収計画への不満として表れたのが，一部地主の異議申立である。リコール後の新地主委員が選出された1947年８月半ば，２日間の集中審議で在村地主の買収計画樹立は山場を迎えるが，異議申立は翌９月に地主の集団行動として一挙に提出された。その件数は合計15で，表７-15がその概要を示す。15件のうち却下14件，一部修正して承認が１件で，地主の主張はほとんど認められなかった

表7-15 事由別異議申立に対する裁定結果

異議申立の内容・要求	裁定結果		異議申立人（部落）	備考
	内容	理由		
①買収地の除外・変更				
優等地の買収除外要求	却下	計画通りの買収が妥当	（上）地主C	
一部（池）買収地の代替地要求	〃	当該地は水利上不可分施設	（中）地主H	
優等地の買収除外要求	〃	計画通りの買収が妥当	（下）地主I	
優等地の買収除外要求	〃	〃	（上）Y. S	〔事例4〕
優等地の買収除外要求	〃	〃	（下）S. J	
買収地一部除外要求	〃	〃	（下）M. O	
〃	〃	〃	（北）S. M	
〃	〃	〃	（北）地主J	〔事例3〕
②不在認定				
不在認定：転勤による不在，営農意志あり	却下	本業が教員	（上）Y. I	
不在認定	一部承認	3名が在村	（北）A. K 他	
〃	却下		（北）K. J	〔事例2〕
〃	〃		（岸野村）Y. M	〔事例1〕
不在認定：帰還遅延	〃	応召地が満州	（上）K. S	
③寺院の小作地保有承認				
個人地主並み所有地確保要求	否決	（小作地残地2.9反20歩）	G寺	〔事例5〕
〃	否決	（小作地残地3.5反26歩）	E寺	

資料：桜井村農地委員会『議事録』。

（小作側からの異議はない）。異議申立の主な争点は，①買収地の除外・変更（小作地引上げを含む）の要求8件，②不在認定（小作地引上げ却下を含む）に対する異議5件，③法人地主（寺）の小作地保有に関する異議2件の3種類に大別できる。①は優等地確保をめざすものが最多を占め，「その土地に先祖の魂が残っている」，「利殖の対象ではない」など最初から承認見込みのない主張で，「計画通りの買収が妥当」と却下された。また②は復員者の帰還遅延1件，転勤理由のもの1件，共同所有名義人不在認定にかかわるもの1件，不在認定にかかわる異議2件である。異議申立地主を部落別にみると，上区4人，中区1人，下区3人，北区4人である（法人2寺と不在地主1人を除く）。異議件数は引上げ審議で却下が皆無であった中区で最小となっているが，農家数に対する比率では北区が最大であった。これら15件のうち7件が再審議，再々審議として難航したが，以下では難航した案件のうち本村の農地改革の性格をよく示す5件を検討する。

［事例1］ 在村認定の変更に対する異議申立

1947年3月の第1期買収は明確な不在地主を対象に買収計画が樹立され，大部分の地主は不在と認定されたが，Y. Mは「耕作者及び中区の農家組合の意向も在村と認めている」との理由で在村と認定された（第9回）。しかし同人の住所，選挙権はともに岸野村にあり，本人も会議の席上で「近く帰村する」と述べていた。だが同年8月になって農委はこの決定を変更する。すなわち「先に在村と決定したが他の関係もあるので任意解放を慫慂する」ことに決定し，地主・自作・小作各1人ずつの3委員が交渉担当者となる（第15回）。この決定は在村地主と認めたうえで全小作地を任意解放させるというものであったが，Y. Mは任意解放を受け入れず異議申立におよぶ。農委は改めて在・不在認定をめぐって審議し，採決の結果，7対2で不在地主とすることに決定した（第16回）。この件につき会長は「本件は再審をなしたが決して（農委の……引用者）権威を落とすものでもなく」と締めくくり，一旦決定した在村を覆したことを正当化している。この案件では，そもそも当初の在村認定に問題があった。住所も選挙権も隣村にある者をなぜ在村地主と認定したのか。それが部落の意向を踏襲した決定であることは確かであり，この踏襲自体が委員会運営方法でもあった。だが在村→任意解放→不在という認定結果の推転過程には，むしろ農委の買収地拡大意向が表れている。Y. Mに対する慫慂の役割が，地主・自作・小作の階層性を超えた代表委員が担うことになったのも，村レベルの利害に関わる隣接町村特別地域指定問題への対処方法と同一である（第4節参照）。平場農村である本村では村境で所有，耕作の両面で隣村民との出入りが多く実態調査を必要とする場合もあり（第19回），Y. Mが部落で在村とみなされたことには，それなりの理由があったのであろう。本件は，当初の調査不足，部落の意向重視の運営方法に加えて，土地不足に直面した農委が在村地主の買収段階に入って買収地拡大をめざしたことが導いた再審への異議という一面をもっていた。

［事例2］　復員した零細所有者の不在認定，小作地引上げ却下に対する異議申立

北区のK. Jは東京での在学中に応召，出征したが，敗戦後に帰村し小作人U. Sから1反6畝の小作地引上げを行っていた。これについて，農委は45年11月23日現在のK. Jを「当時東京の学校に籍を置き手当てを貰っておるので生活の本拠は東京にあった」として不在地主と認定した。これに対しK. Jは「出征の際，

残る妻に田地その他一切を託し遺髪を置いて出征したものであり，その際引上げについては小作人と話合いができていた」と主張した。だが実際には，K. Jは引き上げた小作地を自作することなく，46年３月に新小作人に貸し付けていた（『議事録』では農業会への耕作者変更の記録が記されている）。その後47年３月になり，先の引上げに一旦は同意した元小作人U. Sが同意を撤回し買収請求に転じた。隠れていた引上げが農委会議の俎上に上った。そこで出されたのが不在認定であり，これへのK. Jの反論であった。会議では地主委員が元小作人の意思変更を批判するが，会長は「腰の弱い従来の小作人には昨年はＡであったが今年はＢであると心境が変化することは土地に関してありうる」と弁護する。この認識の背景には，47年に入り組合勢力が拡大するなかで元小作人が耕作権の回復を要求しやすいまでに成熟していた村内世論があった。しかしK. Jは，県庁に出向き，村から在村証明を得て，あくまで在村地主であると主張する。会議ではK. Jが「飯米にも事欠く」という地主委員の意見に対し，小作委員が「保有米は十分」と反論している。K. Jの経営規模は判明しないが，同情意見からみて零細の域を出るものではなかったであろう。会議は採決に入り，７対２で異議申立は却下された。この裁定の背後には，U. Sに関する次のような農地調整上の農委の判断も介在していた。すなわちU. Sは本件以外に１件２反８畝の小作地を引き上げられ（図７-３の⑱），１件３畝の引上げを要求され不承知としたほか，１件１反６畝の耕作権移動を要求し（図７-４の⑮），さらに１件１反７畝の耕作権の復権要求を受けている（図７-４の〔12〕）。農委はこれらの引上げや耕作権移動を関係者の事情に応じて承認，あるいは却下していた。つまり本件の異議申立の却下は，K. Jがこれらの一連の農地調整において調整の対象外に置かれていたことを意味している。調整の対象外とされたのは，農委が自作主義の立場から引上げ小作地の新規貸付けを認めない方針をとっていただけでなく，何よりもK. Jが現在も卒業後も村外で生計維持可能であるという認識があった。それは「売渡基本方針」における「職分の決定」とも通脈し，非農家を確定し排除するという調整論理の表われであった。事実，1951年『全農家名簿』ではK. Jの名は消失している。

［事例3］　耕作地主の小作地引上げ要求をめぐる異議申立

北区では難航した異議申立がもう1件あった。地主J（改革前耕作約8反，所有2町8反余）が6件の引上げ（約8反7畝。ただし提供した代替地2反9畝弱を引くと5反8畝）を行い，農委の審議で内2件（3反9畝弱）が却下されたことはすでに述べたとおりであるが（第5節参照），この却下のうち1件についてJは異議を申し立てた。その小作人U. Tとの間で係争が生じた。間に入った北区委員は，Jの別の小作人耕作の水田を代替地としてU. Tに斡旋し，U. TはJに係争地を返還し，Jは異議申立を撤回するという調停案を示した。しかし，この調停はU. Tの不承知により不調に終わる。この係争の背景には，北区の水田の一部が水害常襲地であるという事情があった。この係争は解決を見ることなく47年8月の買収計画樹立を迎え，Jは異議を申し立てた。審議中，傍聴席にいた当事者に向かって会長は「自作農創設とは何を意味するや」と尋ね，U. Tは「専業農家を優先的に解放した暁ということ」と応え，またJは「自分の家としては耕作反別の多いところより返還して貰うという意味で……該土地の引上げを請求した」と応えている（第15回）。この当事者の対立的な2発言には農委が抱える「均等分化」と「適正配分」という現実的に矛盾しあう問題が内包されている。両者の発言後に農委は採決に入り，異議申立を6対2で却下する。ところがこれに対しJは一部土地を変更し再び異議を申し立てる。北区農地委員は，U. T耕作の別の小作地をJに返還する条件で異議申立を取り下げるよう再度調停案を示すが，今度はJの不承知により事態は暗礁に乗り上げる。北区の委員は「長期にわたり努力を払ってきたが……自分としては今後このままでは職責を遂行できず」と委員を辞職する。地主も小作人もともに係争地に執着し，代替地を拒否しているのである。結局，この件は農民組合幹部（組合農地部）が介入し，永代小作地の設定を含む北区の売渡計画一部を見直し関係者11人に及ぶ交換分合が実施され結着をみる。北区民の約4割にもおよぶ交換による耕地条件の均等化を要したことは，同区内で優等地確保（劣等地回避）の土地争奪がいかに深刻化していたかを裏付けている。地主Jはこの引上げ却下により合計1町1反4畝を買収されるとはいえ，改革後の経営規模は4件の引上げ承認で1町3畝となっている。一方，U. Tの改革後の経営規模は1町1反9畝12歩であり，係争地1反7畝の引上げ承認は地主と小作人の経営規模を逆転させることになる。北区の組合加入率は50％であり，その自小作別構成は小作11，地主11，自作３，不明３で（組合連盟簿），所有者利益と耕作者利益が拮抗していた。この案件は，担当農地委員の辞職をもたらすほど部落内農民による自治的な調整が不能となっていたことを示すが，他方では村の農民組合が一部落内の紛争に介入し解決をみた事例としても注目される。

［事例４］　失業零細地主の複数小作地引上げ却下を不服とする異議申立

上区のＹ. Ｓは所有約６反５畝，耕作約３反歩の零細地主，零細耕作者であったが，本人は他産業に従事する給与所得者で，敗戦を機に失業し帰農した。彼は２件の小作地を引き上げ，１件は承認されたが，もう１件は却下された。そこで彼は47年５月に却下された件につき当該小作人に対し一方的に小作契約解除の文書を送付し引上げを強行した。これに対して農委では多くの批判が出され，地主委員ですら「自粛方申し入れる」と発言している。これは農民組合と地主会との交渉後に農委で裁定を下すという農地移動の審議方法や村の改革実行体制を無視した単独行動であった。Ｙ. Ｓは天文学の書物を愛読し奇妙なことを語る相当風変わりな人物として知られていた。ある委員は彼を「説得することは困難」とまで発言している。農委は注意文書を送付し地主委員が説得に当るが，Ｙ. Ｓはこれを受け入れず異議を申し立てる。この異議は全委員に却下されるが，これに対しＹ. Ｓは県農地委員会に訴願する。この案件は農委が村内で解決できなかった唯一の異議申立であった。

［事例５］　法人地主（寺院）の小作地保有をめぐる異議申立

本村農委は寺院，神社，村有地など法人所有地の買収を積極的に進めた。そのうちＧ寺とＥ寺については小作地保有をめぐって意見が分かれ，檀徒の残地希望とも相まって，事態は異議申立に発展した。地主委員は「一般地主と同様八反歩残地を考慮」することを主張し，小作委員は「一応全面買収して売渡の際に考慮」することを主張した。また自作委員は寺院経費の維持方法に焦点を置き，それを檀徒に委ねるより寺院の保有小作地で賄うべき旨を発言し，通常の審議にみられる地主委員と自作・小作委員との意見対立とは異なる構図が出現した。これは一般に寺院所有地の解放が農委にとって難問であったことの表れでもある。第４章第１節でみたように，長野県では社寺有地解放をめぐって買収忌避の動きが多かった。また農林省も社寺に１町歩を残すか否かを，当初の「農民自身の意思に任せる」から「政府は買収する」へと方針転換するほどであった。本村でも「文化施設に出す場合は何時にても解放するという条件で……残地」する，「社会的文化政策」の議論にもおよび，混乱状態が続いている。会長は「個人の八反歩保有認定と異なり法人は自作地ですら認定買収できる」，「むしろ進んで解放し本来の宗教的目的，使命に立脚」すべきと主張し，小作委員も買収賛成意見を農民組合の常任委員会決定案として主張した（第16～17回）。しかし結局，この小作委員が「先祖への繋がりという点で若干考慮し……寺院の周囲だけ残地して他は解放」と柔軟な姿勢を見せるにおよび事態が打開される。Ｅ寺には３反５畝26歩（第18回），Ｇ寺は２反９畝20歩の保有地が認められた（第19回）。寺院の檀徒組織は部落完結的な地縁組織とは異なり他部落，他町村民を含む場合もあり，この点も混乱に拍車をかける一因であった。本件では，在村地主の保有限度より大幅に少ない寺周囲の土地を残し，それ以外を買収したという結末からみて，保有限度内小作地の任意解放を進めるという在村地主と同様の方針が法人地主にも適用されたことを示す。

以上みてきたように，異議申立は一部を除いて詳細な調査を必要としないものばかりであり。その意味で再審議，再々審議はもっぱら地主の不服によるものであった。リコール後の地主委員はこれらの異議申立てを擁護する発言を繰り返したが，農民組合員であった自作，小作委員が多数を占める農委では却下された。申立人のなかには不満をもつものも当然いたが，しかし15件の異議のうち農委の却下を不服として県農委に訴願した者はわずか１人（１件）にすぎなかった。その１人が事例４のＹ．Ｓである。資料的には確認できないが，この訴願は内容から見て県農委でもおそらく却下されたであろう。Ｙ．Ｓは村の中でも部落の中でも地域的規範を逸脱した特殊な人物であった。言い換えれば，その１人を除く他のすべては農地委員会の裁定に服したのであり，異議申立は一件を除いてすべて村内で解決された。この意味で農民組合と地主会との交渉，それを前提とする農地委員会運営という本村の改革実行体制は，結果的には全農村民を改革に参加させ，不本意な合意も含めて階層間の相異なる利益要求の調整を可能にする合意調達機構であり，改革に伴う諸問題の自治的解決において有効に機能したといえよう。

むすび――小括――

桜井村の農地改革を特徴づけた農地調整の諸形態の意味内容，それを可能にした村の改革実行体制を要約し本章のまとめにかえたい。

第１は，農村人口急増下の農地改革に際して土地不足に直面した農地委員会が買収地増加，村の土地拡大に積極的に取り組んだことである。本村ではもともと当然買収の対象となる面積が少なかった。この背景には戦前・戦時期における土地利用率の低い高収量稲作農業と労働市場の展開のもとで在村小地主・兼業型零細地主が多く堆積していたという事情があった。彼らのなかには敗戦を機に失業する者が多数存在し，それが地域外からの帰村者の急増とも相まって，土地争奪を惹起させた。この状況を前にして農委は寺院，村所有地を買収し，開発による村の土地拡大のほか，成功しなかったが隣接町村特別地域指定にも取り組んだ。買収地増加，土地拡大は村の欲求でもあった。しかし，これらの努力にもかかわらず土地不足は解消されず，村民の過半がかかわる農地調整が必要となった。

第２は，村独自の農地調整を可能にした改革実行体制についてである。実行体制の整備は，戦前期農民運動の経験者および敗戦直後に村の再建，民主化に挺身した引揚者の２人を中心人物とし，これに同調する村民４分の３が結集した農民組合主導で進められた。実行体制の底辺を形づくったのは部落末端にまでおよぶ組合の農地共同管理であり，これが諸個人の自由勝手な農地移動を相互に監視・規制した。この共同管理のもとで部落ごとに農民組合と地主会との交渉がもたれ，その交渉を前提とする農地委員会運営が実行体制の枠組みとなった。組合主導の委員会運営に対して地主会は地主委員をリコールし，委員会運営は一時的に紛糾したが，結果的にはこの紛糾を契機に組合勢力が一層拡大した。地主会もこの改革実効体制を共有せざるをえなかった。しかし，組合と地主会との関係は部落間で差があり，小作地引上げの交渉結果には部落ごとに違いがあった。交渉の主な争点は耕作面積の調整だけでなく，優等地確保（劣等地回避）にもあった。農地委員会は部落段階の交渉を前提としつつも正当性のない要求や当該関係者の生計状態を考慮して判断を下した。しかし部落での交渉や調整が難航した場合には，村の農民組合が介入し問題を解決することもあった。このことは改革期農地調整においては部落単位の自治的調整を補完する村単位の農民組合の問題調整・解決機能も有効であったことを示している。異議申立は特殊な事例1件（1人）を除いて，すべて農地委員会の場で解決された。桜井村民はその大半が農民組合か地主会に加入したが，この2つの団体は対立しつつ交渉を継続することにより農地委員会を作動させていく村民の合意調達機構となった。買収・売渡や農地調整をめぐる対立の調整，異議申立の解決もこの実行体制のもとで行われたが，こうした農民組合と地主会への自己組織化こそ桜井村民の農地改革への参加形態であった。

第3は，農地調整のうち件数，面積で最多を占めた小作地引上げの発生とその調整論理についてである。小作地引上げの発生率は組合勢力の拠点であった下区で最低であったが，地主会の勢力が強かった上区がそれに続いて低かった。むしろ引上げ発生率は農家増加率が顕著であった北区と中区で高かった。とくに北区では戦時期に兼業型小・零細地主が多く相対的に大規模小作農が存在し改革期には所有者利益と耕作者利益が拮抗していた。つまり小作地引上げは，戦時期から改革期にかけての社会経済変動に規定された農家，農地事情（とくに労力・家族員数）の変化に起因する土地争奪という性格をもっていた。しかし引上げ要求件数や発生率の多さよりも，むしろ徹底した調整によりそれをどの程度まで村民が納得できるものに絞り込むことができたかが問題であり，その局面でも部落や村の改革実行体制は大きな役割を果たした。引上げ発生率が北区に次いで高かった中区で却下された要求が皆無であったことはその表れであった。ここでは承認案件について次の3点を再確認しておこう。①敗戦を機に帰村した復員者だけでなく引揚者，失業者らの生活困窮者の引上げは原則的に承認されたが，小作人の生計状態によっては所有者に譲歩を求めることもあった。②所有者であれ，耕作者であれ兼業所得の有無が引上げの適否，引上げ面積の決定において考慮された。

農外兼業は所有者の引上げに制限的に作用し，失業は有利に作用した。耕作者にとって農外兼業は所有者とは逆の方向に作用した。調整は１件ごとの正当性だけでなく属人的に処理されたことが特徴であり，そのため複数引上げでは一部を承認しそれ以外を却下するという調整や引き上げられた小作人に別件で耕作権を移動するという調整も行われた。優良な平地水田だけの複数引上げや引上げ後の新規貸付けは原則的に却下された。③有力地主の経営拡大に帰結する引上げが保有限度内小作地の任意解放と引換えに行われた。一般に小作地引上げは買収面積を減少させるが，それが保有限度以下への小作地圧縮と引換えに行われるならば買収面積は増加する。任意解放は，買収面積増加をめざす村独自の農地調整の結果であった。

第４は，農地調整の基準とされた「均等分化」「適正配分」についてである。農地委員会は農地調整に際して村民間の経営規模の平準化を企図し，小作地引上げの８割以上，耕作権移動の７割以上が平準化作用をもっていた。その結果，改革前後で７反～１町耕作の中農層を増加させた。しかし，専業農家の経営規模維持，所有者と耕作者の兼業・失業状態の考慮，任意解放に消極的な一部地主の存在などにより平準化作用にも限界があった。村独自の調整は下層の零細所有者，耕作者に対しても行われ５反未満（とくに３反未満）耕作者の増加をもたらした。しかし，そこでは雑業層的性格をもつ零細兼業農への開墾地分与と非農家の排除が対照的であった。零細農の受容は就業機会が極端に縮小していた敗戦直後の日本経済が農村社会に要求したことであるが，受容にも限界があった。農家と非農家の線引きの基準は村の土地に依存することなく生計維持可能か否かに置かれたが，限られた土地のもとで「共に生きる」には非農家の排除という調整も必要とされたのである。

注

1） 野田公夫「農地改革期小作地取り上げの歴史的性格」『農林業問題研究』第100号，1991年。

2） 戸塚喜久「農地改革実施過程」西田美昭編『戦後改革期の農業問題』日本経済評論社，1994年，第２章第２節，189頁以下。

3） 庄司俊作『日本農地改革史研究』御茶の水書房，1999年，第３章，172頁以下。

4）信濃毎日新聞社編『長野県に於ける農地改革』1949年，269頁。長野県農地改革史編纂委員会編『長野県農地改革史　後史』1960年，155頁。

5）この言葉は，桜井村農地委員会会長であった臼田潔の『議事録』中の発言であるが，改革期の桜井村ではさまざまな意味で用いられた。以下，『議事録』からの引用は会議開催数のみ記す。

6）以下の佐久地方の地主的土地所有の指標は，佐久市志編纂委員会『佐久市志』歴史編（五）近代，1996年，347頁，764頁，771頁による。

7）農業発達史調査会『日本農業発達史　7』中央公論社，1978年，746頁。

8）『長野県統計書』によれば，1933（昭和8）年においても南佐久郡の水田の97%は一毛作田であった。

9）近世後半の天明期には度重なる水害に耐えかねた新田の農民たちは代官所と中桜井の承諾を得て中桜井地籍内の出作地に全住居を移すという歴史をもっている（旧桜井新田村誌発行委員会『旧桜井新田村誌』1981年，26～31頁）。なお各部落では近世以来の用水年番制と呼ばれる水利管理システムを維持する一方，4部落で用水組合を結成するなど部落の連合体としての性格も保持し明治8年には4カ村が合併願いを県に提出し許可されている（同上，63～64頁）。

10）同上，152頁。

11）前掲『佐久市志』333頁。

12）明治期以降のわが国最初の養鯉法を論じた黒田伝太『鯉魚繁殖法』（『明治農書全集』第9巻　養蚕・養蜂・養魚，農山漁村文化協会，1983年所収）の解題（増井好男執筆）において，桜井村は近世後期の主要な養鯉産地に挙げられている（同書454頁）。

13）「農業調査」は内閣統計局のもとで行われた調査であり，県統計書の結果とは農地面積，農家戸数が異なる。こうした問題点を新潟県について指摘したものとして牛山敬二『農民層分解の構造　戦前期』御茶の水書房，1975年，320頁参照。長野県でも同様の問題があるが，桜井村では「農業調査」のほうが農地面積が少ない。これは千曲川沿岸の水田や蓼科山麓の畑地の一部が算入されていないためである。

14）「昭和九年　桜井村役場事務報告」。この5人以外に村所有小作地が7町4反あった。また3～5町所有層およびそれ以下の所有階層のなかにも農地改革期に地主的行動を示すものが数名いる（後述）。

15）一柳茂次「絹業・主蚕地帯の農民運動」農民運動史研究会『日本農民運動史』東洋経済新報社，1961年，第10章。902頁。

16）以下の桜井村およびその周辺の動向については，南佐久農民運動史刊行会『南佐久農民運動史（戦前編）』（1983年）所収の桜井武平「臼北における農民・民主運動」による。

17) 1933年２月に長野朗，稲村隆一は隣村の前山村を訪れている。長原豊『天皇制国家と農民』日本経済評論社，1989年，第２章，96頁。

18) 前掲『佐久市志』773頁。

19) 同上，744頁。

20) 一柳茂次，前掲「絹業・主蚕地帯の農民運動」922頁。

21) 戦前期桜井村の小作料減免慣行については，前掲『南佐久農民運動史（戦前編）』192～193頁による。

22) 田中学「農地改革と農民運動」前掲『戦後改革　6　農地改革』第７章，286頁。

23) 古島敏雄・的場徳三・暉峻衆三『農民組合と農地改革』東京大学出版会，1956年，14頁。

24) 手書きの「組合記録」はこの短期間の下区を中心とする農民組合の活動記録である。

25) 以下，会議の発言は桜井村農地委員会『議事録』によるが，本文中には開催会議数のみ記す。

26) 農林省は在村地主の買収に関して，「所有者の申出があればその限度内の小作地の買収も可能である。従って市町村農地委員会がこれを勧奨することは何等差支えない」と通達していた。農地改革資料編纂委員会『農地改革資料集成』第四巻，農政調査会，1976年，618頁。

27) 旧佐久市域14町村では改革前後で農家数は約500戸増加している。福田勇助「農地改革の実施と農村社会の変化」前掲『佐久市志』歴史編（五）現代，第３章，105頁。

28) 前掲『農地改革資料集成』第四巻，617頁。

29) 家族員数を網羅的に示す資料は残存していない。ただし1949年８月に行われた第２回農地委員選挙で使用された『農地委員選挙人名簿』は一部家族員数を記載しており部分的に利用可能である。

〔補論〕

本章の課題は小作地引上げ，耕作権移動等の農地調整の諸形態と，その論理を検討することにあったため，他章の個別事例分析で見たような改革の中心人物の改革後の経歴に触れることができなかった。ここで，この点を付記しておきたい。

桜井村農地委員会においてリコール等による途中離職者を除く農地委員10人と専任書記2人の改革後の主要な経歴については，地主委員よりも小作，自作委員の経験者がより多くの役職就任経歴を示すことになる。なかでも際立っているのが桜井村の農地改革で中心人物となった臼田潔と桜井武平の2人である。彼らはともに戦前・戦時期には長期にわたり村を離れていた。臼田は大学卒業後に国策会社（保険業務）に従事し，中国で勤務していた敗戦後の引揚者であり，桜井武平は昭和初期の農民運動の経験をもち，1930年以降は中国大陸で関東軍に入隊し軍隊経験をもつ復員者である。したがって，この2人には戦前・戦時期の村内の公職や役職への就任経験は一切ない。これに対し，改革後は村内外で多数の要職に就任することになった。臼田潔は改革当時の農地委員会会長，村長を皮切りに1953年の野沢町との合併後の町役場助役，55年以降から80年代後半までは南佐久郡（のちには佐久市）から定員2人の県議に社会党から出馬し当選している。彼は「55年体制」を地方政治のレベルで担う地方政治家に上昇し，県議会でも副議長を務めた。また桜井武平は改革後には農民利益，村の利益に深くかかわる農協理事，農業委員，土地改良区理事，村議などに就任している。

この2人以外に眼を転じると，とくに地主委員経験者に主要な経歴が見当たらないのが特徴である。農民組合員であった小作・自作委員からは公職・役職者がでている。これは改革当時発足した農民組合と地主会との対立が1990年代半ば頃まで続き，村の主要な役職が農民組合を選出基盤としていたことによるものであった。また専任書記経験者2人については，1人は臼田村長時代の村役場助役を経て野沢町，佐久市役所と一貫して地方行政に従事している。もう1人の書記は，1953年までは村役場勤務だったが，その後は役場を辞職し自ら不動産業を営んでいるが，これは農地委員会の書記として土地問題，土地法制に精通したことの経験を生かした転進であった。このように改革実行過程で農地委員会にかかわった人々のなかには，改革後の農村社会で有力な政治的・行政的指導層を構成するものが含まれていた。桜井村の場合，委員や書記らの年齢が30歳台に集中していたことも，彼らが改革後長い間，指導的地位を占める一因になったが，その歴史的起点が農地改革にあったことはいうまでもない。

第8章　農地改革期における経営規模調整の論理
――長野県南佐久郡前山村における「均分化」をめぐって――

はじめに　――問題背景と課題――

第二次農地改革は，戦時末期から第一次改革にかけて堅持してきた適正経営規模の自作農創設を放棄し，兼業農家を含む零細自作農の創設を容認した。しかし，これは零細自作農の積極的創出を意図したのではなく，引揚者・失業者等を農業・農村が受け入れるほかない敗戦直後の条件に規定されていた。農地改革法の立法過程では経営規模問題は改革反対論者の論拠となったが，農政当局にも「適正規模ノ農業者」を「目標トシテ失ヒタクナイ」とする一方，「零細農ナルモノヲ一挙ニ農業ノ部面カラ排除シテシマフト云フコトモ出来ナイ」[1)] というジレンマがあった。売渡対象者は「自作農として農業に精進する見込のある者」（自創法第16条1項）とされたが，農林省は内地で2反未満耕作者への売渡に注意を喚起し，極端な零細自作農創設の防止措置をとった[2)]。売渡では買受機会の公正化と農地集団化が指示されたが，改革進行への支障が懸念され「市町村の具体的事情に応じてできる限りこれを行う」[3)] とトーンダウンし，その実施は市町村農地委員会に委ねられた。また家族労力と耕作面積の調整では，改正農調法第4条の趣旨が「農村ニ於ケル釣合ヒノ取レタ農地ノ利用関係ヲ実現」[4)] するという村レベルの調整であることが示された。

改革期農地委員会については，改革遂行にあたって自主判断の余地がほとんどなかったとする見解があるが[5)]，これは法令解釈と農委活動の実態認識の両面で正鵠を欠いている。本章との関連でいえば，自主判断ないし自由裁量の余地は買収や売渡においても存在し（自創法第6条4項など），そこに農地調整の要素が入り込んでいた[6)]。全国的には農地改革の前後で上層農の減少と経営零細化が進んだが[7]，敗戦直後の農村では，経済的混乱と農地改革への対応から経営規模を調整する農民平準化の論理が働き，それが円滑な改革遂行に寄与した，というのが筆者の見方である。これに関連して注目されるのは，小作地引上げに関する「村平均原理」による「地主への生存権保証」[8]という見解や耕作権移動を含む農地移動に関して提起された「農民間の耕作権調整問題」[9]である。これらは改革期の農地調整研究に新知見を与えたが，村民全体の農地配分基準，調整農家の属性，調整農家間の社会関係についてはなお検討すべき課題を残している。また最近の事例分析も耕作権移動を「世帯規模と耕作反別のバランス調整」[10]とみるが，そこで示された同族・姻族間や近隣農家間の土地「融通」が村全体のどのような調整論理のもとで行われたのかは不明である。本章は，改革期農村では農家数や家族人数の変動とともに専兼別，所得別にも世帯属性に応じた経営規模や買受機会の調整が問題化していたことを明らかにし，その調整の範囲や基準の検討を通して改革期農地調整の論理を考察する。前山村では「農地均分化」という経営規模調整と買受機会公正化の交換分合が実施されたが，その調整基準や対象者の選定方法が主要な分析課題となる[11]。

第１節　均分化の内容と性格

前山村農委は改革当初から「買収計画は事務上に於て出来得るも問題は売渡計画」との認識をもち，「土地所有者は非常なる犠牲を払っている……中堅農家たる自作農家に於てもある程度の譲歩を願って村内に於て適正規模農家をつくる」という方針を固めていた。この背景には，敗戦後から始まった個人間の無規制な農地移動と，143名からの「懇請書」の提出があった（1947年１月)。「懇請書」は「家族に比例して耕地面積過大なる耕作者の耕作地を耕作地僅少者に対し譲る」ことを求めていた。彼らの経営規模別人数は，３反未満15，３～５反23，５～７反28，７～10反42，10～15反32，15～20反３であり，ほぼすべての経営規模階層におよんでいる。また彼らの所得階層も，後述する村民税・県民税賦課等級の上層から下層におよんでいる。この集団行動は個人的な農地移動を目前に「公平となる耕作地の統制調整」による移動の原則を求めたものであった。農委でも

「移動を勝手にやってはだめ」という会長発言があり，本村独自の均分化に取り組むことを決議し，同年３月３日の村民大会で了承を得ている。

均分化は世帯属性ごとに上限耕作面積を設定し，上限超過者を均分化協力者とし，その超過分から零細耕作者である被協力者に農地を移動させる形で実施された。均分化の時期は，既耕地の買収時期と重なっていた。47年２月の買収予定面積88.3町を基準とすると，買収進捗率は，３月31日は資料整理で皆無であったが，７月２日49%，10月２日97%，12月２日には地主の任意解放もあり（後述），100%を超える。既耕地の買収は47年末，売渡も48年３月にほぼ完了する。均分化は売渡前に完了するよう計画されたが，大半の協力者と被協力者は47年６月半ばの田植えに間に合うよう４月上旬に決定された。

均分化は耕作者間での小作地の耕作権移動を原則としたが，自作地の貸付，小作地の引上げという形でも行われた。ただし引上げ小作地の新規貸付や所有権移動は一切認めていない。これらの農地移動にはすべて改正農調法第４条（同法施行令第２条２項）が適用された。耕作権移動では，協力者に選定された借主が耕作権を被協力者に移動し（被協力者の転借者化），貸主を含む３者間で「総合契約」を交わした。自作地の貸付は協力者が自作地を被協力者に貸し付けるもので，協力者の自作経営を縮小させる。また均分化における小作地引上げは，借主から貸主への耕作権移動とみなされた。農委は47年３月に「地主会」を開き買収地を通知するが，同時に「将来の農業経営方針及びその規模」を協議し，一部地主の経営拡大を検討した。しかし他方で，農委は所有者に保有小作地の任意解放を慫慂した。『農地等開放実績調査』は買収地のうち26名の「地主申出分」を６町１反２畝と記している。26名のうち均分化で協力を受けるのは５名（後述の特殊４名と専業１名）であり，21名は協力を得ることなく任意解放に応じている。事実上の小作地引上げを第４条で処理したことは適法ではないが，それが保有限度以下への小作地切下げを伴っていたことは，均分化が買収面積増加策と抱き合わせで行われたことを意味する。農委の目的は地主保有地８反の制約の有無や程度により，小作地を買い受けできない者と十分買い受けできる者との買受機会の公正化にあり，そのためにも買収面積を増大する必要があった。

本村の地主層の構成を46年２月の1.5町以上所有者についてみると[12]，改革前の最大地主は21町余所有のＴ寺で，個人地主42名は所有規模別に1.5～２町15，２～３町17，３～５町６，５～10町４である。このうち３町以上10名では不耕作２名を含み，平均耕作面積は３～５町層4.6反，５～10町層３反と所有上層ほど耕作面積が小さい。これに対し３町未満層の耕作面積は８名が平均4.2反と零細であるが，残りの24名は耕作地主や自作上層で，所有1.5～２町層平均12.8反，２～３町層平均15.7反と，所有面積の大きい者ほど耕作面積も大きい。これらの不耕作および零細耕作地主のなかには均分化に際して被協力者，耕作地主や自作上層のなかには協力者となる者が出現する。

均分化は本村の農地改革を特徴づけたが，むろん人口急増下の土地不足への対応も大きな課題であった。田129.3町，普通畑49.1町，桑畑66.1町，果樹畑3.9町，計248.4町に対し農家数327の平均耕作面積は7.6反である。農委は計画当初で買収面積88.3町，対小作地解放率67％，残存小作地率19％と見込んだ。この買収面積の少なさは南佐久郡の一般的傾向であり，その上に過剰人口圧力があった。改革前後で佐久市（2004年度までの旧14町村）の農家数は約500戸増加し，どの町村でも開発の要求が強く，未墾地は町村間で争奪状態にあった。本村の開墾計画に対し，隣接する桜井村では「そのままにしておけば前山村に確保される」[13]という意見まで飛び出している。また商工業者が相対的に多い中込町の旧軍需工場所有の農地買収をめぐって商工業者と地元農民が対立した。前山村，桜井村を含む周辺７町村は中込町農委に対し，買収が平和産業に転換した工場経営の危機を招き農家次三男の就業機会を奪うとの理由で買収中止を申し入れている[14]。

農委は土地不足を補うため蓼科山麓の未墾地開墾を進め，48年末には畑が田を上回る。しかし，そこは収量・傾斜度・通作距離で条件不利地であり，農地調整は平地水田を中心に行われた。この調整も含め，農委運営の組織基盤は村内３大字（北中，南，小宮山の３区）とともに村内20の隣保組合にもあった（１組合は10～19名)。無投票で選出された委員は北中４名，南３名，小宮山３名，補助員は組合から１名ずつ選出され，北中７名，南６名，小宮山７名であった。隣保組合が関与したのは地目別農地面積，所有者・耕作者の移動などの農地調査，家族人数，稼動労力数，専兼業区別などの世帯調査，農地移動申請の審査などで，各区の委員と隣保組合長・補助員が協同作業に当った。その際，農委は隣保組合の会合を通じて村民のコンセンサスを得ることに努めた。たとえば，47年2月18日の隣保組合長会では，均分化の種別持分について「決定事項は組合協議後に近く村民大会なり各区民大会を開催して委員会案を発表し協力を仰ぐ」とあり，重要議題では組合単位の事前協議を先行させた。選任書記はHと事務担当の女性2名，兼任書記として役場収入役と書記および農業会技術員の3名が配置された。農委の中心人物は戦前期に一時村外で生活し多様な活動経験をもつE会長（42歳，小作）と職業軍人であったH書記（30歳，地主）であった。会長は第2回会議（47年1月22日）で早くも均分化を提案し，第3回会議（2月8日）で改革方針を「往時よりの自治に基づく配分方法」に求め，農家種別ごとの「適正配分」を全委員で可決している。なお本村では農民組合は結成されていない。

第2節　上限耕作面積の設定と均分化

1　村民の区分と構成

本村の農地移動は，農委主導による均分化と個々の農家が提出した農地移動届・申請に大別できる。後者のうち届は45年11月23日以降の移動を農委設置後に提出させたもので，47年3月に移動の適否を集中審議した。この審議で2件は否決され，保留となった5件は均分化のなかで審議されることになる。また『会議記録』にはなかったが，県への報告では同時期に8件の小作地引上げが承認されている。その関係者の耕作面積は，地主側が3～5反1名，5～10反7名，小作側が10～15反6名，15～20反2名と，上層農から零細耕作地主への返還であった。承認事由はすべて「応召一時貸付」であり，改正農調法第9条3項はこの事由だけに適用された。その後は，農地移動は一切認められず，移動申請は同年10月以降とされ，審議は次年度の移動を目途に行われた。ただし10月以降の申請による移動は，均分化に焦点をあてる本章では扱わない。またこれ以外に交換分合があるが，農地集団化目的の交換については資料的制約から扱わない。しかし均分化に次いで行われた買受機会公正化目的の交換については後述する。

均分化の実施に向けて，出作地を含む地目別の全農地面積，村民全員の綿密な世帯調査が行われた。調査は補助員を中心に隣保組合のモニタリング機能が動員された。この基礎調査は既存農家だけでなく引揚者，疎開者，失業者（その多くは次三男帰村者）の家族人数にもおよんだ。その際，農家と非農家の区別には農地委員の選挙権の有無が基準とされ，世帯員のうち稼働労力は20～60歳の人数で把握された（稼動労力を示す資料は残存しない）。ただし非農家数は諸資料間で若干異なり，このため農家総数にも若干の増減がある。しかし概ね総数330世帯，1,896人，1世帯平均5.7人であった。この結果，均分化は「人員の移動を考慮せず一世帯平均六人を単位」とし，さらに一種から四種までの本村独自の村民区分に基づき実施された。一種は専業農家231名，二種は安定兼業農家（冬季出稼者を除く）40名，三種は地主層で「土地を必要とする特殊農家」19名，四種は「家庭菜園程度の畑を耕作する引揚者，疎開者で土地を必要とする」者39名で，専業が7割を占め，これに兼業を加えると8割強となる。各種とも家族人数，稼動労力数からさらに一類から三類に細区分され，上限耕作面積が設定された。その面積は田・畑の組合せで一種は一類7反・8反，二類5反・5反，三類4反・5反，二種は一類3反・4反，二類2反・3反，三類1反・2反，三種には二種と同一基準が適用され，四種には基準を定めず「現況に応じて斟酌」するとされた。各種の集計表の氏名欄には「専」「兼」「特」「四」が押印されている。以下，一種から四種までを専業，兼業，特殊，四種と表記する。

この村民区分と上限耕作面積の設定は，改革初期の段階で着手され，本村の農地調整の前提として村民大会で周知された。4種の区分は敗戦直後の村一般にあった村民の多様性の反映という意味で一定の普遍性をもつが，特殊と四種については，その区分設定と認定範囲に農委の判断が介在していた。特殊は上述のように地主層から選定されたが，地主のなかでも耕作地主や自作上層は専業に振り分けられた。四種も後述のように経済的最下層のなかから「農家」として振り分けられた者たちであった。しかし同一種別内においても相当な違いがある。その実態はおよそ次のようであった。

表8-1は，47年度「県民税村民税各人賦課額表」（48年3月）により，所得最上位から最下位の30等級までを5等級ごとにⅠからⅥの6階層に村民を区分し，それぞれの基本的属性を示している[15]。所得を指標とすることで，耕作面積だけ

表8－1　所得階層別農家の世帯属性

所得階層	賦課対象者（人，%）						耕作面積（反）				水田耕作面積（反）				家族人数（人）			
	専業	兼業	特殊	四種	計	比率	専業	兼業	特殊	四種	専業	兼業	特殊	四種	専業	兼業	特殊	四種
Ⅰ	3				3	0.9	18.1				9.2				8.7			
Ⅱ	47	4	3		54	16.4	13.1	5.8	4.2		6.3	3.1	3.0		7.0	8.3	5.7	
Ⅲ	110	19	8	2	139	42.2	10.4	6.2	5.0	0.6	5.4	3.3	1.7	0.4	6.2	7.0	5.4	5.5
Ⅳ	38	12	5	6	61	18.5	7.1	3.1	4.8	1.5	3.8	1.6	2.5	0.7	5.8	5.3	6.0	3.2
Ⅴ	26	1	2	12	41	12.5	5.3	1.8	2.8	3.0	2.8	0.9	1.4	1.2	4.7	5.3	3.5	4.9
Ⅵ	7	4	1	19	31	9.4	2.9	2.0	0.9	1.6	1.9	0.9	0.0	0.2	2.9	5.0	3.0	3.1
計・平均	231	40	19	39	329	100.0	9.7	4.7	4.4	2.0	5.0	2.5	2.0	0.6	6.1	6.3	5.3	3.9

資料：前山村役場「昭和二十二年度県民税村民税各人賦課額表」，前山村農地委員会『耕作面積自作化面積比較表』（1947年9月19日）。

では把握しえない改革期の経済格差もより的確に表現される。その際，47年度所得であるため，すでに既耕地の買収は完了し，したがって既耕地買収直後の旧地主の所得が反映されている。また耕作面積と家族人数という指標を加えることで，種別区分がどのような農家構成の実態に即しているかを，所得面から検討することができる。全体ではⅠ～Ⅲが約6割を占める。Ⅳ以下では等級差以上に賦課額（所得額）の格差は近接しており，Ⅰ～Ⅱを所得上層，Ⅲを中層，Ⅳ～Ⅵを下層とみると，上層比率は全体で17%である。種別の上層比率は専業22%，兼業10%，特殊16%，四種は皆無である。注目されるのは特殊19名のうち8名までが下層へ転落していることである。もっとも最下層として目立つのは四種である。四種はⅤ・Ⅵ全体の43%，Ⅵのみでは61%を占めている。下層の特殊・四種合計45名の対極に位置する富裕な専業（上層）50名の存在は，農委による種別区分が村民の救済・被救済関係の構図を浮上させる枠組みとしての効果をもっていたことを示している。

大半の農作業が手労働に依拠する当時において，家族人数（厳密には稼動労力）が耕作面積を規定し，この面積が所得水準を規定するという相関性は，専業で最も強く表れている。兼業でも，耕作面積が5～6反（Ⅱ，Ⅲ，家族7～8人）あると，2～3反（Ⅳ以下，同5人台）よりも家族人数，所得ともに多い。上述のように農委は専業，兼業を家族人数（稼働労力）からそれぞれ3類に区分し，各類の上限面積を設定した。この上限を本表に重ねると，概ね専業の一類は上層，二類は中層，三類は下層，兼業は一・二類が中層以上，三類が下層と対応している。農委は区分の基準に所得も含め，上限はそれぞれの階層の実情に即していたとみることができる。この細区分は耕作面積の相対比較を通じて，持ち過ぎる者を村民間に周知させる効果も果たしたであろう。

兼業については耕作面積がⅡよりⅢのほうが多いことなど，職業内容の差異によるところも大きい。家族人数がⅣ以下各層で大差なく，この兼業下層では非農家化が進んでいる。「兼業農家職業一覧」16）には，大工，石工等の職人，運搬業，道路工等の雑業，野沢町・中込町の製材所勤務など18種類の職業が列記されている。兼業Ⅳ以下層の家族人数は，多就業により専業下層なみの所得を確保していることを示す。だが兼業の家族人数の多さは，彼らの潜在的な耕作能力の高さを意味する。先の「懇請書」署名人にも兼業21名（兼業全体の53％）が含まれ，この比率は専業の48％を上回っている。家族人数は食糧消費人口でもあり，その多さは土地要求の根拠ともなる。この点は個別の調整では考慮されたが，家族人数の少ない者は耕作面積も少なくてもよいという逆説的論理にも通じる。実際，農委は農地の「持分」を村民の「職分」に応じて配分するという方針で臨んだ。

特殊では耕作面積がほとんど所得要因となっていない。四種に至っては，各層とも耕地自体が確保しえていない。特殊と四種には，専業・兼業にはない変則性が現れている。この変則性は関係者の個別事情によっている。四種でⅢの２名は鍼灸師と薬剤開発・販売業者で，専業中層と同等の所得を確保している。この２名は救済を必要とせず，実際に被協力者になっていない。家族人数がⅢにつぐⅤでは，耕作面積が四種のなかで最も多い。また特殊では大半を占めるⅡ～Ⅳの16名について，４～５反を耕作し家族５～６人という平均像が得られるが，いずれも所得階層では専業の平均７～13反耕作者と同等である。特殊には非農業・非兼業的な何らかの所得源泉（株式所得等）があった。５町以上所有の少なくとも旧地主３名は，電力会社，生糸工場（片倉），倉庫会社などの株式保有が確認できる。また旧地主層には一般に山林所有に基づく所得もあった。買収後にも相対的に富裕な特殊は存在した。しかし一部の特殊には所有地喪失後の絶対的な耕地不足があった。Ⅳ以上の16名のうち５名は４～５反耕作という平均像にも達していない（３反台以下）。しかもそのうち２名は家族10人以上で，アンバランスが生じている。そうしたなか，46年２月～47年３月に，ほとんどの元1.5町以上所有者が耕作の開始・拡大や縮小を図っている。このような動きは均分化に際して，特定農家集団内での農地移動を生み出す背景ともなる。ここで同族（当地方でクルワという）が対応した均分化の一事例を先取りしてみておこう。

Ｎ家集団（小作層も含めると全12世帯）の旧地主６名（所有1.7～４町）のうちの耕作10～13反余の耕作地主４名が耕作地を減少させている。一方，貸付小作地に依存してきた２名には各３反弱の増加があった。このＮ家６名の耕作地合計は増減前後で56.1反から56.6反へとわずかの変化であった。増加したN. S（家族10人）は7.6反から11.5反となり，これで５名が１町前後耕作者になった。残る１名（家族６人）だけが4.6反にとどまり，当家のみ特殊と認定された。つまりＮ家集団は耕作地の自主的再配分を行ったが，総量としては不足し，それが特殊認定となり，その後さらに村公認の均分化に関与するN. Hの事例を生み出す。N. Hは二男の戦傷帰郷のため「家族多数にして赤字……自分が見てやりたいが所有農地は限度あり……小作者にて黒字で猶予ある者より返地して貰って何とか喰へる丈作り度し」[17]と農委に苦境を訴え，専業10.6反耕作でありながら均分化の被協力者となっている。１件の均分化の背後には，こうした特定農家の集団的土地確保行動が介在する場合があったのである。

2　協力者と被協力者の選定

均分化の実施に向けて，協力者の候補をリストアップするために47年３月23日に『水田六反五畝以上耕作者名簿』が作成された。搭載者は54名であり，協力者の大半はこの中から選定された。田6.5反という基準はここで新たに設定されたもので，結果的に，それは専業一類の田の上限面積７反を修正したものであった。畑の上限は後景に退いた。また上限は種別各類別に設定されていたが，協力者選定に専業二類以下の各上限は問題とされなかった（若干の例外はある。後述）。選定会議は４月３日に開催された。

田6.5反以上耕作の54名は，協力者に選定された24名，「現状維持」が認められ協力者にならなかった22名（非協力者①と記す），6.5反以上ではあったが協力者候補にならなかった８名（非協力者②）に類別できる。これらを比較すると平均耕作面積は近似している（表８-２）。しかし表示はしていないが，平均借入面積

表8－2　均分化・交換分合における関係者・非関係者の基本的属性（平均値）

（単位：人，％，反）

	人数	賦課等級	家族人数	買受率			自作化率			買受面積			耕作面積		
				田	畑	田畑	田	畑	田畑	田	畑	田畑	田	畑	計
均分化関係者															
水田6.5反以上耕作者															
均分化協力者	24	10.3	6.9	79.0	74.4	76.8	89.0	86.8	88.5	4.7	2.5	6.9	7.5	6.5	14.0
非協力者①	22	11.9	7.1	68.2	56.6	68.9	87.6	85.7	87.4	3.9	1.5	5.1	7.2	6.0	13.2
非協力者②	8	7.9	7.0	65.4	53.2	55.8	81.2	88.4	83.2	3.1	1.6	4.0	7.2	6.2	13.5
水田6.5反未満協力者	11	13.6	6.7	76.5	79.4	83.7	80.8	82.1	81.4	3.5	2.3	5.0	5.6	4.3	9.8
均分化被協力者	35	18.1	5.7	63.6	60.0	62.7	69.5	70.6	71.5	1.9	1.4	2.9	3.1	3.2	6.4
専業	17	17.7	6.5	67.4	60.0	65.6	68.4	69.2	71.2	2.5	1.7	3.6	4.5	4.4	8.9
兼業	9	17.2	5.7	71.2	47.2	58.2	74.1	48.3	67.1	1.7	0.9	2.4	2.2	2.7	4.9
特殊	4	13.3	3.5	100.0		100.0	99.9	100.0	99.9	1.2		1.2	1.9	1.1	3.0
四種	5	24.6	4.4	41.4	91.4	65.0	41.7	84.8	64.4	0.8	1.3	1.9	1.4	1.8	3.1
均分化非関係者	226	16.7	5.5	80.6	65.7	69.6	85.9	80.1	81.2	2.6	1.2	2.8	3.2	3.3	6.5
水田6～6.5反	12	12.7	7.2	72.0	73.2	64.8	79.8	90.1	83.3	4.3	2.2	6.0	6.2	4.6	10.8
同5.5～6反	16	11.8	6.7	56.9	57.8	56.9	82.5	86.5	85.0	2.5	1.4	3.7	5.7	5.3	11.0
同5～5.5反	28	12.4	5.9	86.1	69.7	79.0	92.2	88.9	90.3	3.4	1.6	4.6	5.2	5.3	10.6
専業	147	15.7	5.8	78.9	65.1	68.9	84.1	83.1	83.4	2.7	1.4	3.6	4.1	4.1	8.2
兼業	30	14.7	6.3	89.2	83.0	86.1	88.1	76.8	82.2	2.0	1.0	1.9	2.4	2.1	4.5
特殊	15	13.9	5.5		15.5	10.3	93.5	93.2	85.5		1.4	0.9	2.3	2.9	5.2
四種	34	24.1	3.6	100.0	59.9	66.0	100.0	63.3	68.2	2.4	0.4	0.8	0.5	0.9	1.4
交換分合関係者															
買受上限超過者	30	12.8	6.4	93.7	72.0	86.7	94.6	83.3	89.7	6.1	2.4	8.3	6.8	5.3	12.1
計画交換者	15	12.5	6.6	97.7	70.3	88.6	98.3	85.5	93.3	6.4	2.3	8.6	6.9	5.2	12.1
最終交換者	8	15.0	6.5	98.9	64.7	91.1	100.0	77.5	91.6	6.6	2.0	8.4	7.0	4.1	11.0
自作化率50％以下	25	19.8	5.3	16.5	43.6	30.2	20.0	49.1	35.4	0.7	1.4	1.8	2.9	3.8	6.6
計画被交換者	9	15.8	6.0	12.4	34.3	21.6	13.9	44.2	27.7	0.6	1.3	1.7	4.6	4.0	8.5
最終被交換者	7	16.6	5.5	4.7	57.9	31.6	6.8	73.2	43.7	0.2	2.0	2.2	3.7	4.5	8.2

資料：賦課等級と耕作面積については表8－1に同じ。買受率と自作化率についても『耕作面積自作化面積比較表』，その他については『昭和二十二年度水田六反五畝以上耕作者名簿』，同『昭和二十二年均分化協力農地調査』，同『交換分合指示書綴』。

注：買受率と買受面積については，田，畑，田畑はそれぞれの買受者（小作地皆無の者は含まれない）の平均であるため，田畑は田と畑の合計とは一致しない。ただし，借入小作地がありながら小作地買受皆無者は買受地は0として集計した。

には差があり，協力者7.7反に対し，非協力者①は5.7反，非協力者②は6.2反であった（小作田皆無者は平均に含まれない）。協力者24名中9名が純小作，田に限れば13名が7～8反前後耕作の小作であり，純自作は3名にとどまり，小作上層が協力者の過半を占めた。これに対し非協力者①では純小作が2名，小自作8名，自小作8名，自作4名で，自小作・自作比率54.5％が協力者の45.8％より高い。さらに非協力者②では純小作は含まれず，同比率が62.5％で最も高い。類別総計で耕作地に占める自作地の割合は協力者35.4%に対し，非協力者①は53.8%，非協力者②は58.2%で，非協力者の自作傾向が明瞭である。後述のように協力農地の8割は小作地であった。もとより，自作地を新規に小作地とするのは改革に逆行する。農委は，なるべく多くの協力小作地を確保しようとしたのである。

しかし，借入小作地の多さは買受面積の多さには直結しない。地主保有地が制約となり，すべての小作人が公平に買受できるとは限らないからである。中小・零細地主が堆積する長野県では，保有限度以下の小作地所有者が多く，この傾向がとくに強い。そこで問題になるのは買受面積，買受率（借入面積に対する買受面積の比率），売渡後の自作化率（耕作面積に対する改革前自己所有面積・買受面積の比率）である。実際，農委はこれらを盛んに議論し調査も行った（『耕作面積自作化面積比較表』等）。県農地課長が村全体の自作化率を算出し各農家をこの水準に近づけ，結果平等になるよう指示したのは47年10月17日の県農委大会（松本市）においてであった。だが本村ではそれ以前から取り組み，47年12月に農委が公表した村全体の自作化率は80.7%であった。

そこで買受面積をみると，平均で最も多いのは協力者の田4.7反，畑2.5反であり，次に非協力者①の3.9反と1.5反，非協力者②の3.1反と1.6反という順になっている。この結果生じたのが買受率の違いである。田については，協力者79.0%と非協力者①68.2%，非協力者②65.4%との間に明瞭な差がある。田畑でも協力者76.8%，非協力者①68.9%，非協力者②55.8%と同様の差がある。つまり農委は改革の受益度の高い買受面積の多い者，買受率の高い者から協力者を選定したのである。均分化による彼らの耕作面積の減少は，買受面積の多さ，買受率の高さを享受したことに対する負の代償であった。一方，売渡後の田畑の自作化率は協力者88.5%，非協力者①87.4%，非協力者②83.2%で，非協力者②がやや低いが大差はない。協力者の高い買受率が，彼らの自作化率を非協力者①の水準まで押し上げたことがわかる。田6.5反未満で均分化に全く関係しない226名（非関係者と記す）の平均田畑買受率は69.6%で非協力者①よりもやや高い。協力者25名が選定され，非協力者①が「現状維持」となった理由はここにあった。

ところで，協力者には田6.5反未満耕作者も11名含まれていた。彼らの田の耕作面積は平均5.6反で，6～6.5反が5名，5反台が3名，3反台が3名である。

11名のうち４名は純小作で，他の４名も１～２反の自作地はあるが小作に近い。残りの３名は，14.9反（田6.3反）を自作する耕作地主（元2.8町所有）およびともに１～２反の借入地を含む11反と9.6反耕作の自小作であった。これら田6.5反未満協力者の平均田畑買受率83.7％は，非関係者のそれより遥かに高く，6.5反以上協力者をも凌ぐものであった。このなかには買受率100％も３名含まれている。平均田畑買受面積も6.5反以上協力者にはおよばないが，非協力者①に匹敵する高さで，非関係者と比べると，田2.6反に対し3.5反，田畑では2.8反に対し5.0反であった。彼らの７割（８名）を占める５～6.5反田耕作者を同じ５～6.5反の非関係者と比べると，とくに非関係者６～6.5反層の買受面積の大きさが注目されるが，田畑の買受率では同層は64.8％でしかない。上限を田6.5反に引下げ協力者を増員した農委は，均分化に要する小作田をさらに増加するために6.5反未満の高率買受者からも協力者を掘り起こしたのである。

一方，被協力者はどのように選定されたか。候補者が集められたのは４月５日であった。同月10日には「専業農家ニシテ畑二反歩以下耕作者調査表」と「在村第四種農家調査表」が作成された。被協力者35名の均分化前の耕作面積には0.1反から13.7反と相当な差があったが，平均では田畑6.4反である。しかし協力を得ない非関係者平均も6.5反であり，被協力者が一概に零細農とはいえない。しかし，彼らの田畑の買受率62.7％，自作化率71.5％は協力者とはむろん，非関係者と比べても低かった。ただし被協力者は専業17名，兼業９名，特殊４名，四種５名からなり，それぞれの平均耕作面積は同様の順序で8.9反，4.9反，３反，3.1反という差があった。このような種別差は，非関係者の専業8.2反，兼業4.5反，特殊5.2反，四種1.4反という差と比べると，特殊以外では近似しており，しかも，これら３種において平均耕作面積は被協力者が非関係者を上回っている。

このうち専業被協力者に注目すると，非関係者平均8.2反以上の耕作者は10～15反が５名，8.2反以上６名で過半を占める。しかしこの11名の田畑買受率は，自作農１名を除く10名平均で44.5％，自作化率は60.7％という低さであった。それでも内６名には７反以上の借入地があり，買受面積平均は４反でむしろ多い。しかし買い受けられない者も多く，その意味で被協力者に選定された。兼業については，田畑の買受率58.2％が被協力者のなかで最も低く，非関係者86.1％とは隔絶した差がある。この低さが，四種と並んで村内で低い水準の自作化率60％台に帰結した。被協力者とは，買受を享受できず自作化率が低位な一群であった。しかしこうした選定が村内の経済格差の是正に寄与したかというと，必ずしもそうではない。専業・兼業被協力者の賦課等級平均18.1は，協力者平均10.3との隔たりはいぜん大きく，非関係者16.7にもおよばなかった。

協力者にはなりえない四種では様相が異なる。四種は耕作面積でも買受面積でも被協力者が非関係者を大きく上回り，買受率と自作化率では非関係者とほぼ同率である。農委は「在村第四種農家調査表」で最初の70名から不耕作者26名を除外し，基礎調査で39名まで絞り込み，さらに均分化に際して下層農として存続しうる５名だけを被協力者とした。除外者には，所得階層Ⅴ，Ⅵの高齢単身者，税金賦課非対象者，疎開者の氏名がある。農委は47年９月に「農地売渡不適格者」を決定し，彼らを農地改革の埒外に置いた。耕作面積では被協力者が非関係者よりも大きく，均分化は専業，兼業とともに四種でも被協力者と非関係者の耕作面積差を拡大する方向に作用した。この作用は四種でより強かったが，限られた農地（とくに田）のもとでの均分化には共存と排除が併存せざるをえなかった。

特殊では零細耕作の旧地主層という出身母体から，買受率や自作化率は問題にならない。均分化における特殊の位置は，協力を受けた田の平均面積によく表れている。それは特殊1.73反に対し，専業1.09反，四種1.06反であった。兼業は寺関係者（住職）を除外すると1.2反となる。平均耕作面積は特殊だけが被協力者３反よりも非関係者5.2反が上回っている。とくに被協力者の田は平均1.9反で，なかには田耕作皆無も１名いた。そこには特別の配慮が向けられた。被協力者は２名が元５町以上所有者 O. K と K. O，元２町所有者 M. F そして元1.5町以下所有者 M. Y は不耕作者であった。彼らへの協力は，農地改革の犠牲者のうち著しく生計困難化した者に対する生活保障であった。しかし，その対象者は少数に制限された。種別ごとの被協力者数の割合は，兼業22.5％，特殊21.1％，四種12.8％，専業7.4％という順であり，特殊がとくに高いわけではない。寺関係者２名が兼業とされたこともあり，特殊の被協力者は兼業と同程度の割合となっている。

第3節　均分化の諸形態

1　均分化の限界

均分化の協力者に小作上層が多かったことは既述のとおりだが，それ以外にも耕作地主・自作上層7名が加わっていた。彼らについては買受率や自作化率が問題になるわけではないが，その耕作面積の大きさから均分化の協力者に動員された。その結果，自作地も均分化の対象となり，その協力面積は10.5反である。これら以外の協力農地は，すべて小作地であり，そのなかには地主の引上げ小作地も10.5反含まれている。協力面積は合計52.9反となる（表8－3）。協力者は専業（兼業は1名のみ）の小作・自小作中上層と耕作地主・自作上層に，被協力者は専業各層，兼業中下層，特殊，四種に類別できる。均分化は，これらの協力者と被協力者の組合せで行われ，協力内容により次の3タイプに大別できる。A．小作・自小作中上層の耕作権移動型協力，B．耕作地主・自作上層の自作地提供型協力，C．地主への小作地返還（引上げ）型協力の3つであり，これらが協力総農地の90％（田では88％）を占めた。残りは，諸事情を背景に均分化に組み込まれた事例である。

協力者37名（2名に協力した者を含むため実人数35名）と被協力者38名（同35名）の対照性は，前者と後者の平均耕作面積12.7反と6.4反，田6.5反と3.1反，課税等級11.2と18.1という経済格差に表れている。家族人数6.8人と5.6人もこれに照応している。タイプ別の協力者数は，A型17名，B型7名，C型8名，その他5名，被協力者との組合せでは，A型で21件（被協力者17名），B型10件（同9名），C型8件（同6名），その他6件（同6名）である。協力者はタイプ別に経済的上位からB型の平均耕作16.9反・等級6.3，A型13.3反・11.4，C型12.5反・12.3となっている。自作地協力者が耕作地主・自作上層であったため，B型が最上位となった。しかし経済的序列は協力面積に反映されていない。協力面積でB型は田平均1反と最も少なく，平均でも合計でも畑のほうが多かった。そこには自作地を小作地化することの困難さと，当事者の田協力の忌避傾向があった。

表8－3　均分化関係者の類型別世帯属性と協力関係の内容

（単位：反，人，等級，件）

	A 耕作権 移動型	B 自作地 提供型	C 小作地 引上げ型	その他	計・平均
協力者数	17	7	8	5	37
平均賦課等級	11.4	6.3	12.3	14.2	11.2
平均家族人数	7.3	7.0	7.3	5.8	6.8
平均耕作面積	13.3	16.9	12.5	8.7	12.7
水田	7.5	7.8	6.7	5.0	6.5
協力面積	26.6	10.5	10.5	5.3	52.9
水田面積	22.8	4.8	10.2	5.3	43.1
協力者数	15	5	7	5	32
平均協力面積	1.5	1.0	1.5	1.1	1.4
畑面積	3.8	5.7	0.3		9.8
協力者数	4	5	1	0	10
平均協力面積	1.0	1.1	0.3		1.1
田畑計	26.6	10.5	10.5	5.3	52.9
被協力者数	17	9	6	6	38
平均賦課等級	19.0	21.6	12.3	18.5	18.1
平均家族人数	5.8	5.2	5.2	6.2	5.6
平均耕作面積	6.3	7.0	4.0	6.1	6.4
水田	3.1	3.0	2.3	3.1	3.1
水田被協力者数	15	5	6	6	32
平均被協力面積	1.3	1	1.7	0.9	1.3
畑被協力者数	4	7	1		12
平均被協力面積	1.0	1.5	0.3		0.8
協力関係，計	21	10	8	6	45
農委一任	7	4	0	2	13
同族・親族	7	5	2	1	15
その他	7	1	6	3	17

資料：前山村農地委員会『昭和二十二年　均分化協力農地調査及協力者等ニ関スル綴』。これ以外は表8－2に同じ。

注：協力者ならびに被協力者のうちには2人を相手とする者，さらにこのうちには，協力の類型が異なる場合があること，また協力農地が水田と畑両方を含む場合があることにより，協力者と被協力者の人数および平均耕作面積等は表8－2の人数と一致しない。人数と協力関係件数が一致しないのも同様の事情による。

対照的なのはA型で，ここでは田協力が平均1.5反で最も多く，人数の多さとも相まって，合計も22.8反で最大となった。畑よりも田が圧倒的に多いのがC型で，零細耕作の旧地主に飯米確保させるための協力であったことを裏付けている。被協力者は所得上位からC型の12.3等級・耕作4反，A型19・6.3反，B型21.6・7反となった。耕作面積と所得に相関性がないのは兼業と特殊が多いためである。

協力者，被協力者の選定では，同族・親族関係や同一・近接隣保組合内の特定関係という要素が加わっていた。農委はこれらの関係を前提とし，協力者が被協力者を指定することを認めた。総数45件のうち被協力者を指定したのが32件（うち同族・親族間が15件），被協力者を農委一任としたのが13件であった。農委一任は，均分化が村内で強制力をもっていたことを示すが，なかには「○○氏の他は誰でも可」という協力許諾条件を付す者もいた18)。だが同族・親族間や特定農家間の均分化は特定集団による土地確保を可能にする。先述のN家集団の行動は，その一例である。農委一任以外の被協力者の指定では，農委の基準を原則としつつも，協力者の意向が強く反映された。被協力者35名という結果は，協力者の人数と彼らの均分化に対する許容力およびその限界を示している。

2　均分化の個別事例

最大面積24.3反（自作地20.1反）を耕作していた自作上層M. G（家族14人，課税等級1。以下，人数，等級数のみ記す）は，隣村の借受小作田4.2反（A型として集計）と村内の自作畑1.1反（同B型）を農委一任で協力した。この田畑合計5.3反は最大の協力面積であるが，村内の自作田7.3反については譲らなかった。ところが農委管理となった田4.2反は被協力者の選定作業で保留となり，翌年末には農委がM. Gの次男夫婦に移動させている（ただし均分化の段階では農委一任として集計した）。村内第2位の耕作20.1反のK. J（10人，10）は，引上げ要求に応じて田1.5反（C型）の他，小作田2反の耕作権（A型）を提供した。この協力は同族，親族間で行われた。他出していたK. O（2人，16）は一時帰郷中に分家のK. Jに引上げを求めたのである。もう一件の耕作権移動の相手M. J（4人，13）はK. Oの婿養子の実兄であった。M. Jに移動された小作地の所有者もK. Oであり，この耕作権移動では協力・被協力者のほか所有者も関与していた。このK. Jと先のM. Gの2事例により，2町以上の経営が村内から消滅した。

協力者のなかの唯一の兼業Y. T（木炭商，9人，12，買受率93%）は耕作14.3反，うち田7.4反の純小作上層であるが，耕作面積で他の兼業を大きく引き離し，所得も兼業の上位であった。彼は2名の満州引揚者に田1.2反（被協力者は四種，耕作1.7反，田1.2反，5人，28），と田1反（同，四種，耕作2反，田0.9反，4人，30）を農委一任で協力した。Y. Tの田は5.2反に減少するが，ここでは前述した兼業一類の田上限3反が厳格に適用されていない。それは双方の家族人数の差が考慮されたためと考えられるが，すべてのケースにおいて種別類別上限通りとはなっていない。Y. Tは買受面積が大きく改革の受益度の高い小作上層が協力した代表事例である。

A型21件の3分の1は同族・親族間で行われたが，しかし協力者選定の原則が最も貫かれていたのもこのタイプである。最も高い買受率・自作化率という選定基準が最も機能したのがA型であった。この協力者17名のうち，畑1反交換という形で加えられた1名（耕作9.6反，田3.8反。畑1反の被協力者でもある）を除く16名全員が原則田耕作6.5反以上をかなり上回り，14名が耕作面積10反以上で，買受率では100%が2名，90%台4名，80%台2名，70%台6名で，平均85.1%と高い。全員が，もともと借入地が大きい（16名の平均10.2反）うえに，自作化面積も8.3反（改革前自己所有地を含む。以下同様）と多い。また結果的にも，協力農地は田畑合計で被協力者1人当り面積が，B型の1.2反に対し，A型は1.6反である。C型は論外として，所得再配分効果もA型のほうが大きかった。もっとも被協力者については，A型とB型との間に明確な線は引きがたい。被協力者を農委一任とした事例には，この2つのタイプにわたる者もいた。これらの農委選定の被協力者11名（実人数）は平均耕作面積4.3反（小作面積4.2反，5.5人），自作化面積2.4反，等級24.2であり，被協力者のなかでも経済的最下層であった。四種被協力者5名のうちの4名はここに含まれている。

B型では，買受率は基本的に指標とはならない。実際，自作地提供者7名のうち4名は借入地が皆無，3名は耕作面積の4分の1以下であった（自作地12.4〜19.9反）。1名を除く6名が元1.5町以上所有者で，買収後も全員に保有貸付地があり（平均3.9反），所得でも上層（平均等級6.3）である。上述のM. GやK. Jもここに含まれる。もう一人，改革前2.5町所有，耕作14.8反のK. M（5人，6）は，畑では最大の2反を協力したが，田は5畝を協力したにすぎない。彼は被協力者を農委一任としたが，農委が選定したのは四種の2名（耕作3.6反，田皆無，7人，25と耕作4.1反，田1.7反，4人，26）で，両者折半して提供された。この四種の1名は3タイプ以外の均分化でも農委一任として田1反の協力を得て，6反耕作者へと上昇した。K. Mは耕作地主の代表的な協力者となった。

B型でも同族・親族間の均分化が行われた。B型協力者の4名（5件）は同族間で行われた。その一例のH. S（耕作18.7反，6人，3）は，自作田1.3反をH. R（耕作9.4反，純小作，買受率5.3%，7人，20），自作畑8畝をH. M（耕作9.9反，小自作，78%，6人，21）に協力した。H. MはH. H（耕作15.3反，6人，9）からも畑8畝を提供され，結局，3反弱が自作地から小作地になった。H. Mは代々神主かつ本家で，H. S，H. Hはその分家であった。買受率78%のH. Mが被協力者になりえたのは，協力者側に被協力者選択の余地があったからである。自作地の小作地化は一見して農地改革に逆行するが，その背後には同族内での土地確保という身内の論理が伏在していたのである。

C型被協力者には兼業の寺関係者2名（1名は住職），専業の耕作地主1名もいたが，典型は特殊の旧地主3名である。最大個人地主O. K（元所有9.9町余，3人，10），小地主M. Y（所有1.5町，2人，11）は耕作4.8反と1反であり，K. O（前述）は不耕作に近い。O. KとM. Yへの協力者は田耕作6.5反未満の協力者10名中の3名であった。O. Kの場合，分家2名が協力者となるが，その1名のO. Zは田耕作7反弱（12.2反，5人，10）で，その協力面積は4畝弱にすぎず，もう1名のO. U（7.7反，6人，16）は2.7反を協力した。O. UはC型協力者としては田の耕作が最低の5.6反であった。O. Z（享保期の分家）に比べて，分家2代目のO. UはO. Kと近い親族関係にあり（親同士が兄弟），本分家関係がより強く地主小作関係と重なっていた。この協力によりO. Uは耕作5反弱となるが，農委は身内の「談合成立済み」として承認した。K. Oも分家K. J（前述）から1.5反の協力を受けた。地主の個別事情を勘案した事例はT寺の場合にもあった。住職（10人，10）に耕作実態があり，均分化ではなく法人T寺の小作人として1町の買受人となることが承認された。またT寺の仕事に従事していた者（兼業，2.6反，2人，14）がT寺の名でT寺所有の田2.4反をその小作人（10.5反，6人，15）から協力を受けた。M. Yの協力者も田耕作6.2反であり，C型均分化では田6.5反未満の協力者（8件中4名）が相対的に多かった。ただし，その下限は田5.5反であり，これがC型均分化の件数を制限した。

ここで均分化が村の経営規模階層におよぼした影響をみておこう。47年2月の基礎調査と50年2月『農業センサス』を比較すると，農家数が8増加するなかで，3反未満55，3～5反47，5反～1町105，1～1.5町101，1.5～2町17，2～3町2が，50年には3反未満52，3～5反52，5反～1町124，1～1.5町92，1.5～2町15となる。3反未満層と1町以上層が減少し，3反～1町層が増加している。とくに5反～1町層の19増加と1町以上層の13減少が際立っている。均分化による経営規模の平準化作用が確認できる。この変化は47年10月以降の申請による農地移動，49年以降数例みられた他出，さらに未墾地開発の影響もあり，すべてが均分化の成果ではない。だが上述のように2町以上層を消滅させるなど，均分化が上層農の減少と中農中層増加の一因であったことは確かである。

第4節　買受機会公正化の交換分合

均分化が耕作地の増減（移動）を通じて耕作面積の格差縮小を図ったのに対し，ここで問題とする交換分合は耕作実態（耕作地）を変えるものではないが，買受面積が大きく買受率・自作化率が著しく高い者を交換者，地主保有限度内という制約のもとで極端に低い者を被交換者とし，両者間の隔絶した買受機会格差の是正を目的とした点で，均分化（A型）の延長線上に位置づくものである。具体的には，農委は交換者に旧小作地（農委が買収し管理下にある土地）の買受権を放棄させ，それを被交換者に移転させる。その際，交換者と被交換者の耕作地の移動はないが，被交換者が耕作していた交換対象地の貸主（所有者）は，その対象地の所有権を放棄し，交換者が耕作している土地の所有権を得ることになる。貸主は交換者と新たに小作契約を交わす。一方，被交換者は買受権を得ることで当該地の所有者となる。交換は同一面積どうしを原則としたが，実際には若干の面積差があり，貸主（所有者）には自創法第23条１項による「農地交換指示書」に基づく旧所有地（「交換によって政府が取得すべき農地」）の対価と新所有地（「交換によって政府が交付すべき農地」）の対価との差金決済が行われた。この交換方式は県農地課の奨励，郡地方事務所の指導により佐久地方で取り組まれた。

交換分合の候補者は48年２月10日の「買受限度以上耕作者面積調査一覧表」と「自作化率50％以下農家一覧表」によりリストアップされた（表８-２下欄）。まず前者によると買受限度以上耕作者は30名，その平均田畑買受面積は8.3反で，均分化協力者平均6.5反を上回り，村内で抜きん出た高さであった。この点は均分化における非関係者専業147名の買受面積平均3.6反（田2.7反）と比べ際立っていることにも現れている。買受田では8.9反が最大で，７反以上９名，６反台７名，５反台10名，４反台４名である。このうち４反台の４名も買受畑を加えると全員６反以上であり，買受田５反台で買受畑皆無１名（5.6反）が30名中で最小である。この結果からみて，「買受限度」は買受が田のみでは5.5反，田畑では６反前後（最小は5.9反）が目安であった。農委はこの30名を検討し，48年６月９日の「交換分合対象者耕作地一覧表」で15名に絞り込んだ。除外された15名のうち10名は均分化協力者でもあり，彼らは二重の協力は強いられなかった。もともと最初の30名に均分化協力者は14名含まれ，このうちの４名が交換者に選定された。この４名のうち３名の買受面積は10反以上で，残る１名も8.9反（田7.2反）であった。均分化協力者以外で交換者に選定された11名のうち６名は均分化に際して「現状維持」とされた非協力者①であった。均分化協力免除者が，ここで改めて交換者に選定された。選定された残る５名は均分化では非関係者であったが，その買受面積は７～９反あった。この交換者選定結果を平均田買受率でみると，候補者30名は93.7％，選定された15名は97.7％となる。田自作化率では前者が94.6％，後者が98.3％であった。農委は田の買受率・自作化率がとくに高い者を交換者に選定し買受面積を圧縮しようとしたのである。

被交換者の選定は，自作化率50％以下の25名を対象に始められた。しかし，その人数は追って作成された「買受率50％以下農家調査表」では９名に減少している。選定指標が自作化率から買受率になっても，全員が純小作またはそれに近いため，自作化率と買受率はほぼ一致するから事態に変化はない。９名はどのように絞り込まれたのか。対象外となった16名は，第1に四種5名を含む田耕作3反未満の11名であった。交換分合は被交換者に所有権を与え自作化を進めるが，それが零細農には適用されなかった。第2の対象外は，自作化率40%以上の4名である。当初の50%以下を40%以下に引き下げ，より買受条件の悪い者に対象者を絞り込んだ。残りの1名は，どの指標でも除外理由が判明しない。

被交換者9名と交換者15名を組み合わせるために，農委は6月15日付「交換分合（所有者）相対者調査表」を作成し，交換を計画した。双方の一筆ごとに検討が加えられ，交換地が選定された。選定作業の難航ぶりは，この「調査表」の選定地に繰り返し書換えの痕跡があることや最終的に成立する交換で，計画交換者から除外された2名が復活し，もともと候補者にもならなかった1名が新規追加され，被交換者側にも同様の復活1名と新規追加3名があったことに示されている。結局，計画交換者15名から5名，計画被交換者9名から3名（1名は2件）となり，最終的には双方とも3分の1が成立しただけであった。

こうして8件，交換者8名，被交換者7名の交換が実現した。交換者は3名の9反台耕作以外すべて耕作10反以上（平均11反）の専業で，田の買受率は1名の91.5%以外はほぼ100%（2名99%），平均買受田6.6反であった。一方，被交換者は専業5名，兼業2名で，耕作3.9反（兼業）～10反余であるが，買受田は6名が皆無，残る1名も1.6反であった。新規追加者の交換者1名は耕作9.1反だが水田が5.8反であったために初めから候補者外であったが，買受率，自作化率ともに100%であった。新規追加の被交換者3名は，2名が10反前後，1名が3.9反の耕作であったが，全員，買受田が皆無であった。

当初の候補者以外から交換・被交換者が加わることになったが，それは交換者ばかりでなく貸主（所有者）の利害も絡む交換分合の困難さと，それでも実績を上げたい農委の強い意志の表れである。なお被交換者の貸主の貸付地放棄が14.7反，貸付地取得が15.1反で，これにより生じた差金合計559円60銭は貸主に対し決済処理された。この実績の背景には，交換者だけでなく所有者の拒否反応もあった。交換は被交換者の貸主に保有小作地の持換えと借主の同時変更を要求した。均分化とは異なり，所有権の移動を強制し，移動後の耕作者の指定も不可能であった。難航した一事例をみておこう。

48年８月，農委はＹ（６人，15）とＫ（３人，13）の間の交換を計画した。Ｙは，均分化で「現状維持」とされた非協力者①のうち，改めて交換者に指定された一人である。彼は耕作10.4反（小作8.8反）の小自作で，小作田7.8反という上限を超える買受予定者であった。一方，Ｋは耕作9.9反（田3.6反）の純小作で，畑は3.4反を買い受けられるが田の買受見込みはなかった。農委はＹの買受予定小作田のうちの1.7反を，Ｋの買い受けられない小作田1.7反と交換することにより，Ｋに買受権を移動させるよう計画した。しかし，これはＫの当該小作田の貸主Ｎの同意が得られず不成立となる。農委は同年10月に改めてＹの同じ小作田1.7反を，今度はＫの別の貸主Ｓ所有の小作田1.4反との交換を計画した。これは面積差があったが貸主の同意により成立した。この交換によりＫは５反を自作することで田の自作化率＝買受率を51％に上昇させた。

この事例は所有者の同意が交換成立の必要条件であったことを示している。交換を拒否する所有者の言い分には，地主保有地内の特定農地への執着や親族間の貸借を主張するものが目立つ。ある所有者は「その土地は弟と分籍中」と身内の事情を主張し，さらに「土地的条件が異なり遠くなり且散在する」と，耕作者であるかのような理由を持ち出し，所有権移動を拒否した[19]。これに対し農委は「耕作地が集団するのならよいが所有権のみは問題外」とし「強硬指示」して交換を実現させた。だが，農委の「強硬」は一部村民の反発を惹起し，その後の交換の阻害要因となる。Ｈ書記は『農地等開放実績調査』末尾の「質問表」で，苦労した点の一つに「地主の保有地決定」に伴う「紛争防止」を記している[20]。小作料収入が低落するなかで，所有小作地の持ち替えは可能であり，地主の不利益にはならないと考えた農委と特定農地に執着する所有者との間には，地主保有地に対する認識に大きな違いが生まれていた。47年３月以降，農委は５月，12月，翌48年３月と村民大会を開催し，交換分合に対する村内世論の喚起に努め，「互譲互済の精神」や「公地公民」を訴えたが大きな成果を上げるには至らなかった。改革直後の貸借状況をみると，貸付者は１反未満42，１～２反31，２～３反11，３～５反18，５～８反26，計128で全農家の４割弱におよぶ。これに対し借入者は１反未満83，１～２反68，２～３反22，３～５反27，５～８反２，８～10反１，計203で全農家の６割以上におよぶ。このことは残存小作地でいかに多くの貸借関係が存在していたかを示している。

均分化と交換分合が，村全体の農地移動のなかで，どの程度の比重を占めたかを確認しておこう。均分化協力者・被協力者と最終交換者・被交換者となったのは実人数で合計83名，農家総数の約25％に当る。移動面積では合計約8.3町（交換地双方を含む）で，村内買収予定面積の9.4％であった。これに対して，47年10月以降の村民からの移動申請は48年12月までで70件，面積6.6町余であり，このうち66件，6.2町余が承認された。この分析は本章の課題ではないが，承認された移動のほとんどが飯米確保や生活困窮者救済を目的とする同族・親族間の移動または隣保組合共有地の組合員への分割であり，その１件当り面積は均分化よりもさらに零細化している。農委計画の均分化と交換分合による移動が個人申請による移動を面積の上で上回った。この両者の関係は，前者が後者を軌道づけたという点にある。すでに敗戦後から始まっていた農地移動は統制が加えられ，その後の個人間の農地移動は村民の世帯属性に応じた適正配分という原則の枠内に方向づけられた。個人申請による農地移動の承認率が件数で94.3％，面積で93.9％と高かったことが，この方向づけに一定の効果があったことを示している。

むすび――小括――

農地改革の実行に際して，経営規模調整と買受機会公正化の交換分合は，改革に伴う利益を特定階層に集中させず，不利益をできるだけ均等化させる効果をもち，改革の円滑な遂行にとって村民のコンセンサスを得やすい調整であった。この背景には人口急増下の農地不足があり，改革期農村では農地の適正配分が改革遂行上の問題となっていた。前山村農委は家族人数，稼働労力，専兼業，所得水準のほか不耕作・零細耕作地主，引揚者・失業者などの敗戦直後の多様な村民構成に応じた農地の適正配分に取り組んだ。その際，村民の「職分」が問題とされ，世帯属性の客観的把握に基づく村民区分が行われた。この区分を前提に均分化と交換分合が実施された。その調整論理を整理し本章のまとめとしたい。

均分化には２つの側面があった。一つは買受機会に乏しい専業・兼業農家，不耕作・零細耕作の地主，引揚者・失業者等の耕作拡大であった。このなかには改革の犠牲者に対する生活保障や生活困窮者の救済という意味も含まれていた。もう一つは，田の上限耕作面積を設定し，専業自小作・小作等のうちそれを上回る者を協力候補者とし，そのなかから買受機会に恵まれた改革の受益者に耕作面積を縮小させたことである。そこでは買受機会の指標となる買受率・自作化率が協力者の選定基準として用いられ，高い者を耕作縮小，低い者を「現状維持」とした。また，その比率が極端に高い者は上限面積以下でも協力者に選定された。これらの点から均分化は買受機会公正化のために行われたとみることができる。しかし，それだけでは均分化全体の理解としては不十分である。均分化は高い買受率・自作化率の享受者に耕作権を放棄させ耕作面積を縮小させたが，被協力者の側では所有権を取得する買受の実態はなく，その耕作拡大は耕作権取得によるものであった。つまり均分化は協力者と被協力者の買受機会の格差を直接是正したのではなく，その格差是正を耕作面積の増減という形で実施したところに特徴があった。これに関連して留意すべきは，均分化が買受とは無関係の自作地の貸付というもう一つの側面をもっていたことである。しかも，その協力者が改革の影響が少ない耕作地主や自作上層であったことは，その協力内容が不十分であったにせよ，均分化が彼らにも自作経営縮小という不利益を強制したことを示している。ここでは均分化が農地の適正配分を図る経営規模調整という独自の意味をもっていた。均分化は所有権移動を伴わない経営規模調整であり，その枠内で改革に伴う利益と不利益を諸階層間で分かち合うことを直接の目的としたが，むろんその最終目的は円滑な改革遂行にあった。農委が均分化をいかに重視していたかは，小作地引上げを耕作権移動として均分化の一つとみなしたことや協力者が同族・親族内から被協力者を指定することを容認した点によく表れていた。しかし中小・零細地主が堆積していた本村では保有限度以下の小作地所有者が多く，協力者にならない者あるいは被協力者になれない者が多数存在した。ここに買受機会を直接是正する交換分合の必要性があった。

交換分合は買受機会の高い耕作者（交換者）から低い耕作者（被交換者）への買受権の移動により隔絶した買受機会の格差是正を目的とした。被交換者の選定過程は地主保有地の制約により自作化率50％以下の耕作者を候補者として始まった。他方，交換者の選定では，村内でとくに買受面積が大きい「買受限度以上耕作者」を候補者とし，そのうえで買受率・自作化率の高さが選定指標となった。その際，均分化で「現状維持」となった者や協力が不十分であった協力者からも候補者が選定された。このことは交換分合が均分化の線上で計画されたことを示している。実際の選定作業は，交換者も被交換者も候補者から除外者が現れ，候補者以外から新規に追加者があるなど難航した。交換分合は被交換者の貸主（所有者）に貸付地と耕作者の移動を同時に要求したため，貸主の同意が容易に得られず，その実績は低調であった。保有限度内小作地とはいえ，所有者の特定農地への固執と同族・親族等の特定関係を切り離す新規小作契約の強制が交換分合を阻害したのである。

本村のように，厳格に明文化・数値化した村民区分に基づく調整事例は決して多くはないであろう。その意味ではやや極端な事例であるかもしれない。しかし農地不足下の改革では専兼業の区別は合理性があり，不耕作・零細耕作の地主や引揚者・失業者等は程度差はあれどの村にも存在し，これらの世帯属性の差異を無視した改革は村民の理解を得られずかえって混乱したであろう。この意味で調整の必要性には普遍性があった。問題は，その調整をどのような方法で，どの範囲・程度で実施したかである。それは村の農地・農家事情を踏まえた農地委員会の主体的取り組みにかかっていた。明文化された規定はなくとも，円滑な改革遂行のために何らかの村独自の基準で個々の農地移動を処理したのはむしろ当然であった。個々の農地移動は村全体の調整論理のなかに位置づけて，その意味内容が見えてくる。円滑な改革を可能にした農村内部の条件として，改革に伴う利益と不利益を村民間で適正に均等化しようとする農地調整の意義を再評価すべきであろう。

注

1）　農地改革資料編纂委員会『農地改革資料集成』第二巻，農政調査会，1975年，375頁。
2）　同上，第四巻，1976年，817頁。
3）　同上，第四巻，815頁。
4）　同上，第二巻，1035頁。
5）　川口由彦「農地改革法の構造」西田美昭編『戦後改革期の農業問題』日本経済評論社，1994年，178頁。

6） 我妻栄・加藤一郎『農地法の解説』日本評論社，1947年，131頁。
7） 農地改革記録委員会編『農地改革顛末概要』農政調査会，1951年，796～797頁。
8） 庄司俊作『日本農地改革史研究』御茶の水書房，1999年，173～175頁。
9） 戸塚喜久「農地改革実施過程」前掲西田美昭編『戦後改革期の農業問題』250頁。
10） 青木健「農地改革期の耕作権移動」『歴史と経済』第209号，2010年，37頁。
11） 以下，断りのない引用はすべて前山村農地委員会『会議記録』，同『活動記録』（1947～50年）による。
12） 前山村役場『一町五反以上所有農地調』。
13） 桜井村農地委員会『議事録』（1947年6月）。
14） 佐久市志編纂委員会『佐久市志』歴史編（五）現代，2003年，第3章（福田執筆）。本書第9章第3節を参照。
15） この47年度「県民税村民税各人賦課額表」（昭和二三年三月）は『会議記録』の末尾に綴じ込まれており，農委が所得を考慮して均分化に取り組んだことはほぼ間違いない。
16） 「兼業農家職業一覧」前山村農地委員会『昭和二三年　諸参考綴』。
17） 前山村農地委員会『昭和二二年　農地関係相談事項申立受付簿』。
18） 前山村農地委員会『昭和二二年　均分化協力農地調査』。
19） 前山村農地委員会『昭和二三年　交換分合による協議希望事項』。
20） H書記は生前，筆者の聞き取りに対し，均分化と交換分合について「平等性のなかの不平等性」と「不平等性のなかの平等性」に腐心したと語った。

第9章　農地改革実行過程における「地域」問題

はじめに――問題背景と課題――

農地改革が地主的土地所有の解体と自作農的土地所有の創出を目的としたことはいうまでもないが，その実行過程には階級・階層問題には還元しえない諸問題も伏在していた。その一つが村内あるいは村域を越えて発生した地域間の調整・対立問題である。もとより地域間の調整や対立は改革期に特有の現象ではなく，どんな時代にもまたいかなる事柄についても起こりうる。しかし農地改革期の地域問題は，改革自体が土地所有制度の変革事業であることに規定され，改革実行過程に，所有・貸借・利用をめぐり個別地主・耕作者の立場を超えて潜在的に存在していた地域利害が絡むという形態をとって現れた。しかもそれが，農地委員会の事業処理や権限行使と直接結びついて表面化したところに改革期特有の特徴がある。

もっとも従来，地域間の調整・対立問題は改革事業の核心部分をなすものではなく周辺的な特殊問題とされてきた1)。しかし以下でみるように，地域問題は必ずしも特殊性の一言では片づけることのできない農地委員会の権限行使の限界面を浮上させている。しかもこの限界は，改革実行過程で過敏に孕むことになる諸勢力間の利害対立を内包した農村社会と，これに対応していく農地委員会との接点に発生した。この意味で当時の地域問題は，改革途上の農地委員会が担わざるをえない農地改革固有の問題の一角を占めていた。この地域間の調整・対立問題の具体相は農村によって多様である。本章では第1に村内の部落相互間，第2に村相互間，そして第3に地域経済における農業・非農業相互間というそれぞれ異なる構図を示した3事例を取り上げる。

第1節　部落間対立と農地委員会——長野県下高井郡延徳村における駅建設敷地問題——

本節では，農地委員の部落代表者的性格に着目し，農地委員会と農村社会の関係の一端を明らかにする。具体的には，委員会運営を紛糾させた地方鉄道の駅建設敷地問題を取り上げ，農地移動・転用許可に関する権限行使が，法令が規定する権限にとどまらず，部落間の地域利害と絡み合う問題を分析し，この側面から農地委員会の特質を考察する。分析に先立ち予め次の２点を指摘しておきたい。

第１は農地委員の部落別人数である。委員数は農家戸数最大の新保が３人，次いで農家戸数が多い大熊も３人（中立委員の会長Ｏを含む），桜沢が２人，比較的戸数が少ない篠井，北大熊，小沼が１人ずつで，農家数に応じて委員数が配分された[2)]。ここで取り扱う部落間の利害対立に関するかぎり，委員の階層は問題とされることはなかった。農地委員会は発足当初，委員会の運営方針を協議し，委員会審議の村民への公開，委員および村民による委員会開催要求の条件等が列記された「延徳村農地委員会議事規則」を作成している。委員会が一度作成したものを各部落に持ち帰り，部落の意見を加えて修正のうえ（条項数の増加など），再度策定するという同規則の作成過程には，部落を単位とする地域合意を組み込んだ委員会運営方法がよく表れている。

第２に，改革に向けての実行体制の整備や地域的合意の形成が比較的容易に進んだ背景には，戦前期とくに戦時期以来の農地の国家統制強化の過程で村に設置された農地委員会が農地管理を担当し，農地の所有・貸借・利用をめぐる地域規範を形成していたことである。小規模な地主・小作間の紛議に対して同じ居住部落の農地委員が調停にあたり問題を解決したほか，毎年の小作地の減収調査，小作料の適正化，自作農創設維持事業，農地交換分合の実施なども，この農地委員会の主な活動であった（第３章参照）。この場合の農地委員会も各部落代表者によって構成されていた。農地の管理および地主・小作間の調整に関する改革期の部落の機能にはすでに歴史的前提があった。敗戦直後に農業会や村役場の協力のもとで農民組合（再編農建連）を中心に改革実行体制が整備されていった。もちろん個々の点で審議に時間を要することはあったが，買収や売渡に関して，委員会運営が紛糾することはなく，むしろ一部宅地を認定買収するなど積極的に活動した。そうしたなか唯一，委員会運営が紛糾し混乱に陥ったのが駅建設敷地問題であった。

延徳村の６部落は，概ね北部に新保，篠井，小沼，北大熊，南部に大熊，桜沢が位置している。この村の南北を，須坂駅から信州中野駅まで延長された河東電鉄線（のちの長野電鉄河東線）が貫通したのは1923年のことであった。その後，敗戦直後にも小布施駅と信州中野駅の間には駅はなかったが[3)]，買収・売渡が峠を越えた1948年11月半ばに駅建設問題が初めて農地委員会の議題に登場する。したがって，この問題が本村の農地改革に影響を与えることはなかった。しかし話はそれ以前から水面下ですでに進行していた。ただし，それは駅建設の計画地となった南部の２部落にとどまり，北部では事態の進行を知る者はいなかった。この問題が議題となった第20回委員会（1948年11月17日）の『議事録』によれば，審議は次のように始まった[4)]。以下，（　）内は委員の出身部落を示すが，部落が不明の場合は無記入とする。

議長Ｏ（大熊）：次は停車場関係敷地についての移動であります。この総面積は５反４畝ですが，これは土取場も含んでおりますので潰地はこれより199坪少なくなります。

Ｙ委員（新保）：換地の方は良くやって有るか。

Ｍ委員（大熊）：耕作状況と合わせて勘案し非常にスムーズに行って居る。

Ｙ委員（新保）：内容も充分説明願いたい。

Ｓ委員（大熊）：逐條的に説明します。

こうして関係耕作者18名の換地の進捗状況が報告された（表９-１）。その内容を見ると，自作13名のうち換地を受けた者は２名にすぎないのに対し，小作５名については３名までが何らかの換地を受けている。兼業や耕作の状況によっては換地を受けない者もいたが，小作層にはできるだけ耕地をもたせようとしたことが読み取れる。このうち比較的大きな面積が潰廃されることになる者に対しては，村長（桜沢）自ら１反もの土地を提供し，農地委員会長（大熊のＯ）も土地を提供している。一方11名が全く換地を受けなかったことについては，これら当事者

表９－１　停車場設置に伴う換地の斡旋状況

		換　　地	理　　由
A	小作	村長の畑４畝１歩，田７畝23歩はK. Yから購入	小作潰地が田３畝４歩，畑４畝ある
B	小作	S. Hの土地の跡４畝20歩	(潰地は宅地を含む)
C	小作	S. Hの畑３畝，会長の田４畝17歩 廃道敷（現況畑）１畝	
D	自作	某氏の田２畝，会長の田４畝17歩	自作なるも耕作の状況が悪い
E	自作	村長の田６畝	潰地が多い
F	自作	(あれば今後探す)	耕作面積多く潰地も多いから山を開墾する
G	小作	(土地潰廃後返却)	
H	小作	(換地不要)	小作地の隅15坪が潰れるだけだから
I	自作	(換地不要)	小作地５坪だけで少ない。副業がある
J	自作	(換地不要)	耕作状況良好
K	自作	(換地不要)	耕作面積が多い
L	自作	(換地不要)	耕作状況良好
M	自作	(換地不要)	耕作状況良好
N	自作	(換地不要)	耕作状況良好
O	自作	(換地不要)	耕作状況良好
P	自作	(換地不要)	耕作状況良好
Q	自作	(換地不要)	耕作状況良好
R	自作	(換地不要)	

資料：延徳村農地委員会『昭和二十二年　議事録』。
　注：停車場設置で移動する総面積は５反４畝６歩である。

たちの同意なしには成しえなかったと考えねばならない。つまり，このこと自体が，農地委員会長Ｏを中心とする南部２部落有力者による農地調整の結果であった。結局，農地委員会の審議に登る以前に，農地潰廃に伴う農地移動，代替地斡旋の調整作業が，桜沢，大熊の２部落ではすでに終了に近いところまで進められていた。

ここで問題となるのは，Ｏをはじめとして桜沢と大熊の農地委員が農地調整の中心にいたという事実である。そこには小作農優遇という農地調整の一端をみることができる。また何よりも，この調整が改正農調法第４条を想定して行われたことは，農地委員固有の権限のもとで農地移動が推進されたことを意味する。しかし，代替地を確保できない者や耕作面積を減らす者が多くいたにもかかわらず，調整が「非常にスムーズに」行われたのは，耕作農民らにとって自部落に駅ができるという地域利益があったからである。また，この地域利益を盾に部落有力者が地域合意形成に向けて調整作業に当ったことも容易に推測できる5)。しかし部落有力者が農地委員として自部落の利益を実現するには，なお行政村レベルの農地委員会の承認が必要であった。同日の委員会審議で始められたM委員とS委員による農地移動の説明に続いて，農地潰廃の承認におよぼうとしたとき，T委員（篠井）が「あまり大きな問題を出されたので，一応，電鉄会社の計画を聞いては」と，承認を留保する意見を出した。この段階で，農地委員会は大熊，桜沢の南部とそれ以外の北部との対立という構図を描き始める。電鉄会社の説明は次のようであった。

「信州中野駅と小布施駅の間が離れていて，お客様からどうにかならないかと叱られているので，種々技術上調査致しましてダイヤを組んでみましたところ桜沢と大熊の地点へ中心が出ましたので，ここに駅を設置することとしました。これによりまして須坂駅より信州中野駅までの三十分ごとの運転も可能となりました。三十分ごとの運転となりますと貨物列車の待避線も必要となるので客車の交換線と貨物の待避線と3線の駅を必要とするのであります。そこで地元の皆様にお願いする一方，運輸省ならびGHQに許可申請をしたのであります」。

駅建設問題が初めて議論されたこの会議に，電鉄社員と村長が臨席していたことは事前に舞台設定がなされていたことを示す。電鉄側は，運輸省とGHQへの許可申請をすでに同年11月5日に認可され，あとは延徳村農委の了承を待つのみという手際のよさであった。村長は「この計画が実現いたしますれば，一人延徳村ばかりでなく全線の人々の便利となりますので非常に良い計画でありますので皆様何卒御賛同願います」と沿線住民の公益を強調した。農地委員会長も「耕作関係，地主関係ともに異議がない」ことから農地委員全員に承認を促している。委員会の様子が変化したのは，その直後からであった。

Y委員（桜沢）：農地委員は政治性をもってはいけないから，これは結構と考えられる。

T委員（篠井）：計画は結構であるが，問題が大きいのですぐ決定してはまずいと思うので明日18日の決定にしたいと思う。

M委員（大熊）：会社では良い返事をお聞きしたいと言っているし，公益上，広範囲の人の利益になることから本日決定願いたい。

T委員（篠井）：この問題に反対するものではないけれど，本日は承認するが，明日11月18日付で承認として貰いたい（「承認」が２回使用されているのは『議事録』通り）。

議長（大熊）：只今Ｔ委員より18日付として只今承認との意見がありましたが。Ｔさんそれで宜しいですか。皆さん宜しいですか。

こうして『議事録』には全員賛成が記された。ではこのときの賛成は何に対する賛成だったのか。実は，ここにあった２つのくいちがう受け止め方に，これ以降の委員会運営の紛糾の芽があった。すなわち議長はじめ大熊，桜沢の委員が「本日承認」に賛成したのに対し，Ｔ委員は「明日付承認」に賛成したのである。そして同じく第20回委員会の延長として翌日開催された会議では，この件に関し「停車場関係は本日付」という議長の一言が『議事録』に記されただけであった。しかしこの延長審議は，Ｔ委員によれば「17日の委員会の動きが気に入らない。18日付として承認決定し18日には四委員の欠席の折決定されたのは遺憾」（12月２日第22回委員会）という波乱含みのものであった。

駅建設問題をめぐる村内の動向を『議事録』から拾えば次のとおりである。まず，この話題は，村政問題を部落間の協議で調整する場である村会協議会で取り上げられていたが，とくに村会で争点化することはなかった。そうしたなかで電鉄側が挙げた駅建設候補地を含む桜沢，大熊では，この計画に呼応して「停車場建設推進委員会」を結成し，農地移動調整を進めてきた。その成果が先の換地報告である。この２部落の農地委員らにとって，この報告は農地委員会でも承認されるはずであった。しかし農地委員会において委員の間で問題が動き始めた。それが先にみた第20回委員会の動きであった。追って11月22日に村会協議会が開催された。ここから村全体を巻き込む紛糾が始まる。電鉄会社から支払われる補償料も争点となり，北部では新たに「停車場中央設置委員会」を結成し，村の中央部に駅建設を求める動きが出てくる。これについてＳ委員（大熊）は「耕地が良質なので関係耕作者は全部反対である……現在の停留所を動かすことになる。これは第一，日野村が反対する」と中央設置の問題点を指摘する。Ｓ委員は「北部で……紛糾せしめたのは指導者が悪かった」とも述べている。確かに桜沢，大熊では耕作者間の合意形成に成功した。加えて隣村・日野村への配慮を示す等，南部委員の指導性を誇示する言い分となっている。

こうしたなかで農地委員会自体が北部と南部の地域対立の様相を色濃くしていった。先の全員賛成の「承認」を堅持する南部に対し，北部からは再審議要求が出された。北部の農地委員らは県に陳情し，県は調査員を派遣し，延徳村農地委員会に対し「大変村内事情が難しくなったので，これまでの許可は保留」との見解を示した。ただしこの陳情については，農地委員会の総意ではなく，「全部の委員に相談しては出来なかった」と，Y 委員は北部の意向である旨を説明している。しかも，県の調査の際に会長 O は臨席していない。そして11月28日に開催された第21回委員会は提出された議題55号「停車場敷地潰廃再審議請求」の可否をめぐる議論に集中した。再審議を請求した理由は，Y 委員によると概ね次のようであった。「もちろん委員会は村会に動かされるものではない」が，「村会のみでなく村全体の問題となってきたので農地委員会も耕作関係だけを処理したと言っておられなくなった。……いくら政治性があってはならないと言っても……村内の円満を犠牲にしてまで我々が認めた前の意見で決定されては困るので提案した」。ここでは論点の中心が村内における農地委員会の政治性の有無や社会的立場に移っている。

この時期の『議事録』には「政治的」や「政治性」という言葉が頻出している。それは端的には「農地委員会は独立庁でありますのですべて法的に行かねば成りません。農地委員会は政治に介入してはならない」（A 委員）という発言が示すように，「政治性」があっても「政治的」であってはならないという主張に現れている。しかし一方，農地委員会は国家権力の裏付けにより，ときに村会以上の権威を有し，かつこの権威は農地買収・売渡の実績を重ねることにより高まっていく。したがって農地委員会の承認対象に政治的な裏のある事項が持ち込まれた場合，その事項のうち農地改革法の枠内にある問題だけを処理して承認しても，事実上，そのまま政治的裏を是認し正当性を付与することになる。「我々がその敷地を承認した時になってからこんな問題となるのは全く遺憾千万」と会長 O は憤るが，むしろこの承認によって問題が表面化したとみることもできる。言い換えれば，農地委員会の社会的立場自体が承認対象に伏在していた政治性を表に引き出したのである。駅建設に伴う農地潰廃および農地移動の承認は，直接には駅の位置を決定するものではないが，対象自体が駅の位置を前提としている限り，委員会の承認は駅の位置の正当化に帰着する。この意味で，Y委員による再審議要求にあった「我々が認めた前の意見で決定されては困る」という意見は，それなりの妥当性がある。このことは半面で，農地委員会は農村の社会的・政治的磁場を離れては存立しえないことを示している。

一方，再審議の必要を認めず先の承認の事実を押し通そうとする南部の委員にもそれなりの根拠があった。第1に，「農地委員会のあり方は土地関係さえ旨く行って耕作農民に不利でなければそれで良い。位置とか何とかいうのはもう政治性が含まれているので農地委員会を政治的問題の渦中に持ち込みたくない」とするS委員の発言は，農地委員会の業務範囲や権限範囲がどこまでなのかという問題を浮上させる。むろん自部落が駅建設位置となる委員の発言として位置問題には論及したくない意図も読みとれる。しかしそれはともかく，政治的であってならないとすれば，農地委員会の非政治的あり方が問われることとなり，そこで「土地関係」に問題を限定し，耕作農民重視というS委員の発言は一つの有力な立場となる。これにより建設予定地は，農地・耕作者関係としてのみ農地委員会の承認対象となり，それに随伴する位置問題が捨象されることになる。そしてこうした限定も，現実の政治的環境のもとで非政治的であらねばならない農地委員会が選択しうる一つの立場であった。実際，これと関連する発言が次のように主張された。

A委員：農地委員としては法の精神によって十七日十八日は決定したので，これは委員会本来の姿であった。その後政治に巻き込まれてもつれを来したので本来の姿になれば結構であると考えられる。

M委員（大熊）：内容的に耕作者が不利であるとか土地が上等地であるからとかというような確固たる理由でなければ再審議の必要がないと思える。

この局面における農地・耕作者関係への問題の限定は，部落利益をめぐる農地委員の部落代表制の強化に結び付く。農地潰廃，移動の調整や処理は，農地委員会の承認に向けて各委員が自部落の利益について発言しているからである。先の第20回委員会でY委員が換地の進捗状況について大熊のM委員に説明を求めたのも，農地委員会の事実上の自部落担当制に基づく自明のやりとりであった。しかし自部落担当制は，時として他部落不干渉主義という農地委員会の亀裂を生み出すことは，次のやりとりが示す通りである。

Ｋ委員（新保）：Ｔ君の家で停車場ができることを初めて聞いた。それから関心をもって，良いことだと思っていたが，しかし南部の同僚からは何の話もなかった。推進議会とかで話が進んだと思えるが，農地委員の諸君がその協議会に入っておられるのに連絡がなかったのは明朗性が欠けており私は大変不満に思う。この意味から再審議が適当と思える。前回の承認は誤りである。

Ｓ委員（大熊）：停車場関係で事前に連絡しなかったことは新保部落の方にご迷惑がかからないので別にご相談しなくても我々で処理できる自信があったからで特に秘してやったというようなことはないので全部決まってから了解願えれば結構と考えたからであって，換地関係について他部落からとやかく言われる必要はないと考えております。耕作者は全部納得しているのであって，条件の悪い耕作者には倍も三倍も換地をやったので今では喜ばれている程であるから今更とやかくいわれては困ります。

本村では，小作地引上げ等の農地調整は基本的に地元部落の農地委員を中心に行われ，特別の問題が発生しない限り他部落の委員もこれを承認するという相互合意が委員会運営方針として成立していた。おそらく駅建設問題がなければ，この合意に亀裂が生じることはなかったであろう。しかし亀裂は発生し，しかもこの亀裂を一層増幅したのが他部落不干渉主義を主張する南部委員の立場であった。

結局，農地委員会で平行線を辿った２つの主張は賛成６名と反対５名の挙手により再審議となる。このうち反対は大熊３人と桜沢２人の農地委員であった。ここでもまた，農地委員の南部・北部別の人数差がそのまま多数決の結果となっている。この深刻な部落間対立は「北部が全部公職を辞す」という意見すら飛び出す有様であった。再審議は12月２日の第22回委員会で行われた。主張は依然，平行線のままであった。当日午前中に来村した県農地課長にこの件を報告し，この段階でも県とのかかわりもまだ切れていない。一方，「全村挙げての紛争」もますます高まるなか,「村会特別委員会」が設置されることになった。委員会の再審議では,北部の委員が「今後特別委員会によって処理される線に任せる」という意見を繰り返し提出する。しかし南部側は先の承認を堅持する姿勢を崩さなかった。最後は,会長の「前の承認決定と何等変わっておりません。その他の政治的問題にふれたくありません」という発言で終わっている。しかしこの第22回委員会以降,駅建設問題は再び『議事録』に現れることはなかった。因みに,次の12月17日開催の委員会に,会長を含む南部3名の農地委員は欠席した。『議事録』の署名者も交代している。農地委員会が激しく揺れ動いた跡が窺われる。

こうして駅建設問題は農地委員会から姿を消す。このことは一つに,問題処理の場が村会特別委員会に移ったこと,もう一つにその後11月17日の「承認」が否定されることも,変更されることもなかったことを意味する。農地潰廃,移動地が変更になったとすれば,改めて農地委員会の承認を必要とし,何らかの形で議題となったはずだからである。こうして駅は電鉄会社が当初要請した桜沢と大熊の間に建設された。この結果からみれば,先の承認が白紙に戻ったわけではなく,承認が一時的に保留されただけであった。南部の農地委員にとっては,村農地委員会という壁は乗り越えられなかったが,結果的には部落利益は確保された。しかし農地委員会において合意調達を図れなかったという事実は残る。この事実は,委員会運営との関連で次のように問題を整理することができよう。

第1は,委員会運営において終始貫かれた委員の部落代表者的性格である。これが末端部落の農地所有・貸借・利用の調整にとって不可欠であることは言うまでもないが,本件が示したのは,ひとたび部落間の対立が発生すると委員会運営を機能不全化する要因になるということである。部落間の対立は,それが改革事業の核心部分に起因するものでなくとも,農地委員会の存立基盤そのものの亀裂に直結しうる。村会特別委員会という村の他の機関に問題解決を委ねたことは,農地委員会による権限行使の部分的放棄である。しかし委員会運営の正常化のためにはそれを選択せざるをえなかった。委員会運営はそもそも部落相互間の合意なしには存立しえず,委員の部落代表者的性格は農地委員会が必要とする地域合意システムであった。むろんこの合意が常に円滑に作動するとは限らない。北部からの再審議要求は,南部が提起した合意事項に対する反発であるが,これも地域合意システム自体を崩す性質のものではない。それは再審議要求を通した多数決の内実が特定部落間の結束であったことに示されている。こうして暗礁に乗り上げた地域合意は，合意不能な対象を放棄する以外に委員会の業務続行の途はないという結果をもたらした。

第2は，農地委員の地域利益にかかわる保守的政治性である。この1件で農地委員会が村政問題の渦中にいるという認識を示した北部の委員に対して，南部の委員は農地委員会の非政治性を主張することにより，改正農調法第4条の適用という権限行使の枠内に問題を限定し，委員会を村政問題の圏外に置こうとした。この南部委員の主張は非政治的とはいえないであろう。むしろここには，自部落に発生した利益を最終段階までは村レベルの議題としようとしなかった政治判断があった。駅建設位置が電鉄会社の客観的に妥当な提案であったとしても，村内が紛争化したことは事実であり，この村政問題をそれ自体として解決することが，南部委員がこの政治性を脱却する途であった。また農地委員のこうした政治性の払拭によってこそ，農地委員会の非政治化が可能になったはずである。しかし南部委員は自らの政治性を不問に伏したまま，農地委員会運営に他部落不干渉の論理を持ち出すことで駅建設問題を村政問題とすることすら拒否した。こうして南部委員は農地委員会の部落代表制を硬直化させることで農地委員としての自己改革の途を絶った。その発言と行動を基底で支えたのは，部落利益に根ざした政治性であった。駅建設問題について農民組合（再編農建連）は何ら有力な動きを示さなかった。本件が階級・階層にかかわる問題でも，また村内の全農民層の共通利益にかかわる問題でもなかったからである。農地改革法は委員会の業務内容を厳格に規定したが，村会など村内諸機関を含む農村社会との関係までは規定していなかった。だが問題によっては農村社会における農地委員会の社会的・政治的位置が問われることがあった。それはまた農地委員だけでなく農村社会が遭遇した自己改革の機会でもあったはずである。

第2節　隣接市町村特別地域指定と農地委員会――埼玉県入間郡大井村の事例――

隣接市町村特別地域指定の問題点については，第7章の桜井村でも略述したが，ここではその政策意図や全国的実績にも触れながら埼玉県下の一農村の事例により検討する。山間部など開墾の余地がある桜井村とは異なる都市近郊の畑作農村で，この問題がどのような形で表出するのかにも留意したい。

第一次改革法は隣接市町村に居住する地主を在村地主とみなしたが，第二次改革法はこれを否定し，唯一「生活の本拠」である市町村に居住する地主のみを在村地主とした。これにより自村の小作地を所有する隣接町村居住の地主は不在地主となり，その農地は当然買収の対象となった。この変化は，農地委員会の権限行使の管轄区域を自村内の農地に限定するとともに，改革実行過程における他町村との調整の必要性を大幅に減少させることで，農地改革が市町村単位で地域完結的に遂行される条件となった。調整が不要になった不在地主の農地買収が，農地委員会にとって最も処理しやすい業務となったことは，一般に，改革実施過程に入り最初に着手されたのがこの買収事業であったことに示されている。しかし村外地主に「生活の本拠」に即して機械的に不在地主概念を適用することは，特定条件下の農地委員会に別の問題を課する一面をもっていた。村域を越えて隣村に所有地を持つ自村民が一定の層で存在し，しかもそれが地主の土地拡大の結果ではなく，村外ではあるが村境界近くに慣行的に小地片を散在させている場合，これら小規模土地所有者が不在地主となることは，単に個別所有者の利害を超えた村の利害にかかわる問題となる。農地委員会も事態を等閑視できず，隣村所有地の調整という課題が発生する。しかし隣村側からみれば，当該農地は機械的に処理可能な不在地主所有地であり，事は自村農地委員会の一方的な要求となる。ところがこの要求については，自創法第3条1項1号が定める隣接市町村特別地域指定という法的手段があった。本来，農地改革徹底化のために設けられた不在地主の規定が，派生的に隣接町村所有地の調整問題を発生させるとともに，この処理方法もまた農地改革法のなかに準備されていた。

当該規定によれば，隣接町村の一部農地を自村の農地とみなすことが一定の条件で認められていた。この申請は改革初期の1947年の3月から5月に限定して行われた。つまり隣接町村特別地域指定は，比較的容易な不在地主所有小作地の買収時期と平行して，言い換えれば厄介な在村地主の買収に先だって，事前に町村間の特殊な地域調整問題の解決を図るという準備的位置を占めていた[6]。これにより「市町村農地委員会が都道府県農地委員会の承認を得て，当該市町村の区域に準ずるものとして指定した」「隣接市町村の区域内の地域」を農地委員会が自村の管轄区域として処理することが可能となる。だが，この特別地域指定が承認されるには，隣接市町村の農地委員会の同意を必要とし，しかも指定対象範囲は「社会経済的沿革によって特に必要のある例外の場合」に限られ，その「区域は字の程度に限る」という制約があった[7]。このような厳しい条件が付されたのは，この規定が乱用されれば，本来，不在地主である者を在村地主と認定する危険性があったからである。行政当局も「極めて例外的なものしか認めない方針」で臨み，実際に承認を受けた市町村農委は29都府県に散在するだけで，「北海道外16県では1件も承認していない」[8]という実情であった。農地面積にすると，全国で2,875町歩にすぎなかった。しかし，この数字は承認申請の少なさを示すものではない。すぐ後でみるように，隣村の同意が得られず申請が実現しない場合が多くあったからである[9]。

この地域指定に関する個別事例はきわめて少ないが，判明する千葉県の1事例は，道路1本隔てただけで住所が他町村に属する「不在地主」が，県農地委員会への訴願にもかかわらず在村地主と認められなかったというものであった。千葉県で承認されたのは，安房郡西条村と香取郡八都村の2村の申請のみである。西条村では「生産的経済面」だけでなく「社会的にも交通上よりみても」当村と「密接な関係があることが判明した」土地が承認されている。また八都村の場合も，隣接村の一部農地の所有者，耕作者のすべてが八都村民であり「社会的交通的面からみると，むしろ八都村に関係の深い耕地である」ことが確認されている[10]。これらより地主の個別的要求では認められず，一定の面的広がりをもって町村間の境界付近に所在し，複数村民による農地の所有あるいは出作・入作の実態の裏付けがある「社会経済的沿革」の事実を必要条件として，特別地域指定申請が承

表９－２　隣接市町村内の区域指定実績（全国）

	自作地	小作地	合計
A．指定農地面積（町）	1,744	1,131	2,875
B．出作面積（町）	100,949	126,931	227,880
A/B（%）	1.73	0.89	1.26

資料：Aは農地改革記録委員会編『農地改革顛末概要』233頁。
Bは農地改革資料編纂委員会編『農地改革資料集成』第二巻，1159頁。
注：Bは1941年の統計による。

認されたとみることができる。ただしそれが十分条件ではないことは，この事実を認めれば管轄農地を減少させる隣村農地委員会による承認を必要としたからである。

ところで，戦時期に応召や徴用などにより親類・知人を通じて一時的に他人の土地を耕作する事例は珍しいことではない。しかも，その土地が自村内だけでなく他町村の土地であることもありえたであろう。もちろん，この特別地域指定は一時的な貸借や所有・耕作を前提とするものではなく，長い慣行として存続してきた所有・耕作の出入関係に基づくものでなければならない。そこで，こうした一般的な出入作関係の広がりのなかで，隣接町村特別地域指定がもっていた比重がどの程度であったのかを知るために，ここで試みにこの指定実績を戦時期の出・入作の実態と対比してみよう（表９－２）。出・入作が自作地よりも小作地において多かったにもかかわらず，指定承認実績面積の方は全体のほぼ６割を自作地が占め，かつ戦前の出・入作面積と指定承認実績面積を比べても小作地よりも自作地の方が多いという傾向を指摘できる。農地改革期においてはとくに小作地の場合，不在地主の在村地主化という改革事業の核心部分に抵触する問題を含むために，小作地の指定承認が厳しく制限された事情が，結果的に自作地が多く承認される傾向を生んだものとみられる。しかしともかくも指定申請承認の実績は全国的にはきわめて少なかった。ではこうした承認実績は，それに至る農地委員会の申請のどのような不成功事例を振り落とした結果なのか。この点を大井村について検討してみよう。

大井村は埼玉県南西部に位置する都市近郊の畑作農村であるが，その行政区画はきわめて複雑な形状を示し，とくに旧川越街道が貫通する村の東側は隣接する鶴瀬村や福岡村と相互に凹凸状に深く入り込む村境を形成している。なぜ，このような複雑な村境となったかを明らかにすることはできないが，地元農民からの聞き取りによれば，旧川越藩政下において川越街道道普請のために多くの労力を動員させようとした助郷政策によるものといわれている。この入り組んだ行政区

図９－１　隣接町村特別地域指定対象区域

資料：埼玉県大井町史編さん委員会『大井町（村）における農地改革』（大井町史料集第36集）1985年。

画は明治期以降，一般に推進された町村合併の手も入らず，修正されないまま農地改革を迎えている。そのため農地改革に際して，多くの他村民が大井村内の農地を所有・耕作し，これと同様に大井村民の多くが隣接町村の農地を所有・耕作するという実態にあった。とりわけ隣村鶴瀬村の勝瀬部落の茶立久保や中沢は，本村の亀久保部落と苗間部落の間に深く入り込んだ短冊状の土地で（図９－１），その大部分は長い間慣行的に大井村民によって所有・耕作されてきた。大井村農地委員会が，この地域の一部（茶立久保の約７町）を特別地域に指定し，県農地委員会に申請するとともに，鶴瀬村農地委員会にも同意を求める活動を開始したのは1947年４月10日のことであった[11)]。この申請は複雑な村境に起因する出作，入作の解消をめざすという意味で，大井村側の積極的行動であった。そして鶴瀬村農地委員会からは最初「同意する」旨が伝えられた。しかしこの同意から約１カ月後，次のような回答が再送付され事態は逆転している。

昭和二十二年五月二十八日　　　　　　　　　　　鶴瀬村農地委員会

大井村農地委員会長殿

特定地区（鶴瀬村大字南武蔵野，中沢，茶立久保）指定の件回答

表記の件に関し鶴瀬村農地委員会を五月二十四日に召集し議案として提案せるが，地元（勝瀬の委員）の発議により地元民の希望を聴取してより十六回委員会に応答することになつていましたが，地元民の反対があるので五月

表９－３　隣接町村指定面積の内訳

（単位：反，人）

区域名（鶴瀬村大字勝瀬内の字名）	地目	農地面積			農地の所有権者			
					本村居住者		他村居住者	
		自作地	小作地	計	人数	面積	人数	面積
中沢	畑	31.28	8.17	44.66	7	44.66		
茶立久保	畑	26.53	45.05	72.23	21	65.67	3	6.56
南武蔵野	畑	84.75	34.98	198.05	31	112.84	39	85.21
計		142.56	88.20	314.94	59	223.17	42	91.77

資料：大井村農地委員会『会議録綴』。
注：農地面積には共有地等も含まれており，これは大井村民に利用されていた。したがって，農地面積には自作地と小作地以外も含まれている。

二十八日の鶴瀬村農地委員会において同意せずと決定す。

右のように回答致します。

文面は，逆転の理由に地元・勝瀬部落の反対があったことを伝えている。では一度は同意した回答になぜ勝瀬の委員は反対したのであろうか。これについては，実は途中で申請内容が変化するという経緯があった。すなわち当初同意が得られた時点では，茶立久保の約７町だった指定申請地域が，その後，中沢，南武蔵野へと拡大され，最終的に同意が得られなくなったとき，申請面積は31町余（表９－３）に拡大していた。そこでまず茶立久保の指定申請農地をみると，１人当りにすれば平均３反余と小規模ではあつたが，ほとんどが大井村民の所有地である。このうちの６割程度は小作地であるが，すでに述べたように長年にわたる大井村民による耕作歴があったから，この小作地耕作者もほぼすべてが大井村民であった。実際この辺りは民家がなく，勝瀬部落よりも大井村の亀久保・苗間部落のほうに近接していた。通作するうえで，大井村民のほうが遥かに近く，農地利用・管理からみて当地は事実上大井村の一角を為していた。またたからこそ申請に同意が得られた。では中沢の申請農地はどうであったか。ここでは所有者全員が大井村民で，かつ自作地が圧倒的に多い。中沢に限ってみれば，そもそも指定地域に申請する必要があったのかという疑問が残る。つまり，その耕作実態により，ほぼそのままの状態で大半が大井村民の所有地という状態を維持できるからであり，またもともと自作地については，所有者が大井村民であろうと鶴瀬村民であろうと農地買収の対象外である（ただし自作地保有限度内の条件がつく）。しかし小作地については事情が異なる。指定申請が承認されれば，小作地の村外所有者は在村地主と認定される。この点に，「生活の本拠」ではなく農地委員会の管轄区域の変更（拡大）に依拠した地主の不在・在村決定という隣接町村特別指定の固有の意味がある。もちろんこの指定は，地主の在・不在の認定を目的とするものではない。しかし実際には指定申請が認定されれば在村地主となった土地所有者は隣村農地委員会の買収から逃れ，当該農地を自村農地委員会による在村地主の小作地保有限度等の調整可能な農地に組み入れることができる。場合によれば，小作地保有限度（本村では9反）を超える小作地を大井村農地委員会が買収し大井村民に売り渡すことにより，実質的に改革の対象面積を拡大させる。一方，隣村農地委員会からすると，不在地主のままであれば自村の買収対象となる。また仮にその小作人が自村民であれば当然，申請には同意しないであろう。ここに農地確保をめぐる2つの村の農地委員会の間で確執が生まれる根拠があった。

この件における不同意の焦点は，専ら南武蔵野の申請地の実態にあった。土地所有関係の内容は不分明な点も多いが，茶立久保から中沢を経て南武蔵野に至る申請地をほぼ同じ内容すなわち大井村民の所有・耕作地という裏付けのある土地とみなすと，自作地と小作地を合わせて12町程度となる。これに対して申請面積は20町弱であり，ここに8町程度の非農地の存在が確認できる。聞き取りによれば，そこには共有の原野や平地林等が散在し，これを薪炭，肥料等の補給用に大井村民が利用していた。つまり非農地も大井村民の農業生産の一環に組み込まれた有用地となっていた。しかし所有者をみると20町弱のうちの8町6反弱は鶴瀬村民である。残る11町3反弱の大井村民所有面積は約12町の農地面積とほぼ重なっている。これらの点より，鶴瀬村民は土地を所有していたが，それを非農地のまま放置し，それを大井村民が利用するのにまかせていたという実態が浮かび上がってくる。この場合の隣接村指定とは，大井村が自村民の所有・利用実態に基づいて申請したということになる。一方，鶴瀬村の不同意とは，もっぱら所有権喪失を拒むという意図に発していた。結局，この不同意により，大井村農地委員会は申請を断念する。

表9-4　村内外別農地買受け人数

	大井村	他町村
1反未満	62	21
1～3反	120	32
3～5反	68	15
5～7反	29	5
7～10反	18	3
10反以上	11	2
計	308	78

資料：大井村農地委員会『売渡代金一覧表』。

こうしたなかで実は大井村農地委員会こそ，出入作地をめぐって強い利害関心をもっていた。何よりも，大井村農地委員会がこの指定申請に成功していたとすれば，小作地8町8反余と非農地8町弱を合わせて約16町8反の土地を事実上の自村の買収面積に付加することができたことが改めて留意されねばならない。当時の一般状況として敗戦直後の農村は引揚者，復員者，失業帰農者などで人口が急増する一方，食糧供出とも相まって，農地は絶対的にも相対的にも不足していた。そのため当時の農村は農地拡大に向けて土地開発要求をもち，その傾向は耕地の狭小な山村だけでなく，開発の余地が小さかった都市近郊の平場農村でも同様であった。武蔵野台地の一角を占める大井村は南北約3km，東西約5kmの小村で，堆肥給源としての平地林はあったものの開墾の余地は限られていた。しかも，村内小作地を耕作する他町村からの入作者が多く存在していたため，農地委員会は自村民だけでなく他村民にも多くの農地を売り渡さなければならなかった。売渡を受けた農家数は386人であったが，そのうち村外の買受人が78人（20.2%）にも達した。村外の買受人は約半数が2反未満の零細な売渡を受けたが，5反以上も10人いた。なかには1町以上の売渡を受ける者も2人いた（表9-4）。一方，改革前後における村内の経営規模階層の変化をみると，農家数の増加のなかで，上層農の減少と下層農の増大が進み，とくに5反未満層が著しく増加している（表9-5）。改革による零細自作農の大量創出は，上層農の激減とともに農家数そのものの増大によっても条件づけられていた。農地改革期の大井村は明らかに絶対的な土地不足に見舞われていたのである。こうしたなかで特別地域指定申請という手段に着目したのは当然，それが大井村民の所有・利用という裏付けのある「村の土地」拡大の途と考えられたからである。またその意味では，この申請は村の困難を少しでも緩和しようとする農地委員会の努力の現れでもあった。

しかし土地不足は，程度差はあるがどの村も遭遇していた問題であった。特別地域指定に必要な「社会経済的沿革」を裏付ける土地所有・利用実態にはさらに，

表9-5　改革前後における経営規模階層の変化

	5反未満	5反～1町	1～2町	2～3町	3～5町	計
1941年	103	95	145	56	13	412
1949年	139	117	158	54	6	474
増減率（%）41～49年	35.0	23.2	9.0	−3.6	−53.8	15.0

資料：『大井村勢要覧』（1941年），大井村『農地改革実績調査』（1949年）。

当時の緊張を孕んだ農民相互の土地争奪という生々しい現実的裏付けがあった。指定に隣村農地委員会の同意が不可欠だったということは，隣村もまたこの現実を抱え，そのうえで同意するには当該地が「村の土地」の利害範囲の外にある必要があった。鶴瀬村農地委員会が自村民の耕作・利用地でなかったにもかかわらず，大井村農地委員会に同意しなかったのは，みすみす土地を手放す愚を避けようとしたからであろう。そうすることで当該地利用の展望は未確立であったとしても「村の土地」を守ることはできた。隣接町村特別地域指定に際して，こうした土地確保をめぐる隣村相互間の綱の引合いがあったことは，それ自体が，農地委員会が直面した改革期農地問題の一局面であった。

第3節　地域経済利害と農地委員会——長野県南佐久郡中込町の旧軍需工場用地解放問題——

本節で取り扱う農業と非農業の利害対立問題に入るに先立ち，農地委員会との関連で次の点を確認しておく必要がある。農地改革はもともと農地を対象とし工場敷地や商業地なども含む土地改革一般の変革（土地革命）とは異なることから，農地委員会の権限も農地（一部牧野，農業用施設，宅地を含む）に限定され，農業的土地利用と非農業的土地利用との対立や調整の局面では限界があったということである。戦前以来，商工都市として一定の経済発展をみた地域を含む市町村は，改革実行過程に非農業的利害との調整や対立が持ち込まれる契機を抱えていた。商工業の復興による地域経済の再建は敗戦直後の日本経済の大きな課題であり，それは地域によっては農地改革に匹敵するばかりか，時には農地改革以上の社会的公共性をもっていた。東京や大阪などの大都市では，非農業的利害が農業

表9－6　工場解放農地の内訳

（単位：町）

A．1945年11月23日現在		
町内耕地面積計	(a)	270.6
内，自作地		94.3
内，小作地	(b)	176.3
B．工場所有地		
合計	(c)	55.6
	(c/a)	(20.5%)
内，工場敷地		13.0
内，貸付地	(d)	42.6
	(d/b)	(24.2%)
第1次解放面積		33.5
内，石神地区		20.8
内，その他		12.7
第2次解放面積		9.2
内，石神地区		1.7
内，その他		7.5

資料：Aは『農地等開放実績調査』，Bは佐久市志刊行会『昭和二十六年一月二十六日中込原津上工場用地返還記録』。

的利害を圧倒し，農地改革が骨抜きになった事例もあった（第2章第3節参照）。こうした事態は地方中小都市でも十分ありえたであろう。地域経済の復興・再建とどのように折り合いをつけて農地改革を実行するかは農地改革法の規定外の問題であり，そこに非農業的利害と対抗せざるをえない農地委員会の独自の困難な課題があった。

現在，JR小海線北中込駅の西側に広がる工場や畑地は，戦時期の1943年3月に地元農民から津上安宅製作所（当時の正式名称は津上工学工業株式会社。以下，津上製作所または会社と記す）が軍および県の公権力を背景に軍需工場用地として買い上げた土地である。中込原と呼ばれるこの土地は，工場用地となる前は桑畑として利用され蚕種生産に適する良質の桑を産出してきた。津上製作所が買い上げた土地は町内農地の約5分の1に当る16万6,800坪（約55.6町歩）におよぶが（表9－6），この土地の大部分は戦時末期から始まり戦後さらに強まる地元農民の土地解放運動，それと連携した中込町農地委員会の農地買収により2度にわたって解放された。とくに2度目の解放に際しては，会社側のほか，商工業者，町会，周辺町村が強力な解放反対運動を展開し，県当局や県軍政部をも巻き込んだ社会問題に発展する。以下，その過程をみていくにあたり，本事例の理解を容易にするために土地買上げから農地買収に至る経過の概要を表9－7に掲げる[12]。

1　工場用地買上げと農地解放運動

中込原の農地を軍需工場用地として買い上げるという話が地元農民に初めて伝えられたのは1942年11月17日のことであった。地元農民にとって，それはまさに「寝耳に水」であった[13]。買上げ計画の説明会には津上製作所重役，県地方事務

表9-7　中込原津上工場用地解放過程

年月	主　な　事　項
1942.11	中込原農地買上げの話が初めて地元農民に伝えられた
1943. 3	関係耕地の所有権移転，工場建設着工
44.10	小作契約見直し（再契約の期限は45年7月まで）
45. 1	豊川海軍工廠から工場へ機械疎開および工員派遣
3	工場周囲に柵を張り巡らせ，海軍名で一部小作地に立ち入り禁止区域設定
4	中込町農業会長から関係機関に対して初めて解放要求の嘆願書提出
6	禁止区域内の農園地利用が発覚，町長，県および軍関係機関に嘆願書
	工場側と2項目を協定
8	中込原信州工場用地返還運動再開
	町長，建設地以外全耕地の返還を要求
11	県農政課長並びに商工事務官に嘆願書提出，県が現場視察に来町
46. 2	中込原津上工場用地返還期成同盟組合結成（以下，同盟組合と略記）
3	県の仲介で協定成立，同月17日に第1次解放の覚書交換
47. 8	工場内の機械設備が占領軍に賠償指定を受ける
48. 3	同盟組合，農地委員会と町長あて暫定地の農地買収請求書提出
5	同盟組合，暫定地の土地登記関係一切を農地委員会に全面依頼
9	農委，暫定地買収計画発表，工場側は異議申立て書類提出
	農委，工場の異議申立て棄却
	買収計画決定より町内の賛否両論が一挙に噴出
	中込町議会，津上製作所信州工場敷地買収保留に関する意見書を農委に提出
	中込町商工会，意見書を町長に提出
10	中込町青年団，津上製作所所有地解放に関し町会のとれる態度に対する声明書を発表
	中込町壮年団，意見書提出，周辺7町村，農委に意見書提出
	工場，県農地委員会に訴願
11	工場，県農地委員会に訴願取下げ書提出
12	工場，離作農民と新協定締結

資料：表9-6に同じ。

所長，海軍関係者らが列席し，事前に事態を知らされていた町長以下，地主，自作，小作のすべての地元関係者が召集された。説明会の主旨は，①戦局の進展に伴う飛行機生産の必要性，②当地における飛行機生産用機械の工場建設，③工場建設に必要な土地提供の3点であった。この席上，地方事務所長は「農耕地を軍需工場用地として提供してくれ。これは国家への土地の応召と思って貰いたい」と述べている。最大面積の土地提供を求められた石神部落の農民らは，当初，「同意できない」という意向を示したが，これに対して地方事務所長は「食糧供出が義務であるのと同様に土地の供出も当然……これを承諾しない者は非国民なり」と叱責した。地元農民は事実上，選択の余地なく，その場で216人全員が土地提

表9-8　土地売渡代金の内訳（反当）

		地　主	自　作	小　作
土地代金	1円50銭		○	
離地料	60銭	○	○	
抜根整地料	2円	○	○	○
収納金額		2円10銭	4円10銭	2円

資料：表9-6に同じ。

供の「覚書」に同意することを余儀なくされた。土地代金は表9-8に示すが，地元農民はこれについても承認を強要され，小作人の場合は「離地料」すら支払われなかった。地元農民は桑を除去し整地して会社側に提供することも義務づけられた。

説明会では，建設資材の確保が困難な折から工場完成までは，津上製作所が地元農民に農地を貸し付けることも伝えられた。小作契約の内容は，小作地，小作料の管理は11の農事実行組合が借受責任者として担当し，耕作者と連帯責任をもって生産確保に努めるというものであった。中込町農業会は各実行組合を指導・監督し会社側との連絡役を果たし，各実行組合は組合員に労力数に応じて農地を貸し付ける事務を担当した。小作期間は原則として1946年10月末までとされたが，小作契約期限内でも「会社の都合により」作物の除去を命じることができるなど，会社側に一方的に有利な内容であった。栽培作物も小麦，大麦，甘藷，馬鈴薯，大豆，人参，大根，午房，野沢菜，南瓜，長芋の11種類の食用作物が指定され，小作料は会社と実行組合の双方が立ち会って収穫量の2割という立毛分収比率で，これを公定価格に換算した金納と取り決められた。小作料率は低位であるが，小作権は不安定であった。離作者は優先的に工場従業員として採用するとされたが，工場完成の見込みが立たないなかでは，これも不安定な取り決めであった。こうした小作契約は会社と地元農民との間ばかりでなく，県当局，海軍関係部局，中込町農業会，農事実行組合など関係機関や団体の協定により取り交わされた。

こうして1943年3月に関係農地の所有権は津上製作所に移転されたが，予想されたとおり工場建設は資材不足により遅々として進まなかった。確かに工場の一部は建設され稼働したが，本工場は未完成のまま2年が経過した。それでも会社は44年10月に生産拠点を元の長岡工場からこの信州工場へと移し，飛行機部品等の軍需製品だけでなく工作機械や精密測定器の生産にも乗り出した。とくに飛行機生産に欠かせないネジ転造盤を中島飛行機に出荷するなど，軍需工場としての性格を強めている。45年1月には，軍事省から建物の一部提供を命じられ，豊川海軍工廠から機械の疎開および工員の派遣を要請された。しかし，この段階ですでに当初の生産計画は大幅に変更され，戦時末期には従業員も大量に解雇されている。こうしたなかで，会社側と地元農民との衝突が発生した。

津上製作所は45年３月，突如，工場周囲に柵を張りめぐらせ，海軍の名で貸付地の一部に立入り禁止区域を設け，同区域内で栽培中の作物を除去し道路工事に着手した。事態の急変は地元農民だけでなく町全体に衝撃を与えた。会社側と地元農民との間で数日間押し問答が続いた。この緊張のなかで町長が要求して開催された説明会で会社側は「この度，豊川軍需工場がこの津上工場に疎開してくることとなり，秘密の軍需工場となるため防聴のため立入り禁止の措置をとった」と説明した。地元農民らはこの説明に納得しなかった。会社が海軍という強権力を利用して，耕作農民を追い出そうとしているとの疑念をもったからである。地元農民らは事実関係を明らかにするために内偵活動を開始した。その結果，①会社が大量の農機具と種子を工場内に搬入したこと，②農業関係の技師を採用したこと，③工場内の機械の一部を搬出したこと，④45年４月に南佐久農蚕学校の生徒を勤労動員させたことが明らかになった。会社が農園経営を意図していることを確認した農民らの活動は，その直後から土地返還運動へと進んでいった。町長や農業会長も，県当局や海軍担当部局（関東信越北方軍需管理局長野管理部大佐）への陳情を開始した。45年４月12日，農業会長から関係機関に対し，初めて次のような解放要求の嘆願書が提出された。

「食糧不足の中，何等の製品も生産せず広大な土地を所有していることは食糧増産にとって矛盾している。会社は……（昭和――引用者）一九年秋に協定した二十年七月までは地元耕作者に貸し付けるとの協定に反し麦穂を抜き取り農道を作るなどをしている。これは土地利用の目的を異にしており，軍需工場として矛盾した行為である」。

この嘆願書には後段で「軍需工場として御使用の場合は何時たりとも提供仕る」という文言があるが，未完成軍需工場が買い上げた農地の一部を当初の計画とは異なる目的に利用していることへの不満は明瞭で，事実上，地元離作農民への農地返還を求める内容となっている。時局柄，「食糧増産」という大義名分を掲げてはいるが，その内実は戦時末期における土地解放要求にほかならず，結果的にみれば，このことがすぐ後にやってくる農地改革における土地解放へと連続していくことになる。嘆願書は6月にも町長から県や軍の関係機関に出され，会社が土地買上げ時点で農林省と交わした使用目的を変更しないという協定（耕地転換許可令による）に違反していることを強調し，土地返還を求めている。だが，この返還運動は戦時期において成果を上げることはなく，返還の実現は敗戦を待たねばならなかった。ただし県や軍も食糧増産の必要性を認め，秘密工場建設予定地内の立入り禁止地区における農地の条件つき耕作を認める協定が新たに締結されている。

2　敗戦直後の土地解放運動（第一次解放）

敗戦を契機に津上製作所と地元農民の関係は大きく変化し，攻守所を替えることになる。敗戦とともに海軍と翼賛的行政権力の裏付けを喪失した会社は平和産業への転身を図り，工場用地返還要求の高まりを警戒し，運動の切り崩し工作の動きすら示した。一方，農民らも以前にもまして解放運動を強化するが，この段階では運動は専ら石神部落の農民らによって担われた。この背景には，会社所有の小作地の6割近くが石神内の農地という事情があった（前掲表9-6）。45年8月28日の石神の耕作者集会では，改めて「解放運動を強化していく」ことを決議し，その後も耕作者集会を度々開催している。集会では「土地解放要求だけでなく……所有権獲得後の所有土地の運営」も協議された。この場合，返還後の土地分割基準は旧地主・小作関係を継承するのではなく，自家労働力による自作可能範囲以外の所有を認めず，また農外就労により生計維持可能な者には分与しない方針が確認された。分割後の土地所有権の処分・売却についても，所有権移転にかかわる個人的意向は制限され，相互取り決めに基づいて行うべきことが申し合わされた。とくに小作地の場合は「当該地を耕作せる者への売却を原則」とし，耕作者への先買権が確保された。家族労働力を基礎とする耕作者主義の立場から，解放後の農地所有権移動，耕作権確保を集団的に管理する構想が示された。一方，石神部落は権現堂部落や上高地部落にも返還運動への参加を呼びかけている。敗戦当初には，両部落には「会社の扇動に同調する者もいた」（石神の当時の代表者K氏談）が，返還がしだいに現実味を帯びる過程で逆に石神部落に同調するものが増加していった。そして県経済部長の「組合をつくってはどうか」という提案を契機に「中込原津上工場用地返還期成同盟組合」が結成されたのは46年2月に入ってからのことであった。組合は町内農家数の約半数に当たる3部落の11農事実行組合員約180人からなる。もっとも，戦時期の土地買上げ時の関係農民が216人であったことからみて，この時点ではまだ権現堂や上高地には未加入者も存在していたことになる。

返還運動は石神部落を中心に次のように進められた。まず45年8月末から9月にかけて，上田飛行場など県内の軍需施設の処理状況を視察し，各地の対応を比較検討している。同年10月には町長に対して会社と正式に協議するよう申し入れる一方，県知事，商工大臣，農林大臣，マッカーサー元帥宛への嘆願書の作成に取りかかっている（必要に応じて英文を添付）。嘆願書は戦時末期の陳情書とは異なり，「不要軍需工場用地は食糧増産に解放之ある向きは当然」と攻勢的姿勢に転じている。10月中旬には，会社側が農園経営を企図していることについて社内の人物（元農園課長）の証言も得ている。またこの頃から石神だけでなく関係3部落の結束が徐々に形成され，町当局や農業会との連携も深まっていった。同年11月11日，町役場で開催された協議会に参加した町長，町会議員，農業会長，地元農民の代表者の決議文には「今回の戦争終結によりすでに買収目的は終了したるにより，食糧窮迫に悩む町民のため会社は速やかに元耕作者に土地返還を為すべし」とある。こうして石神から始まった返還運動は町ぐるみの運動へと発展していった。11月8日には耕作者代表者が町長とともに秘密調査の結果を携えて長野県庁に出向き，事態の推移を説明するとともに県当局に善後策を求めている。県との折衝はその後約4カ月続くが，県の対応は戦時期とは対照的に好意的であり，経済部長も「軍需施設の解放は県内各地にあるが解放の申請は津上工場が最初であり，県としてもできるだけ努力する」と回答している[14)]。翌46年2月，関係3部落で結成された返還期成同盟組合は「確固たる決意のもとに右土地を農耕地として返還することを期す」という決議文を会社側に手渡している。3月に入ると，組合は県との交渉を有利に進めるために地元選出の国会議員を介して商工省や農林省とも直接折衝を開始し土地返還の正当性を訴えている。これらの関係機関への働きかけは功を奏し，同月半ばに県の仲介のもとで，会社と組合の間で一応の協定が成立し，同月17日に第一次解放の「覚書」が交わされた。この第一次解放は，戦時末期からの地元農民の土地解放運動が第二次農地改革法の施行前に実現をみたという意味で画期的であった。会社側は，占領軍の「非軍事化」政策により，旧軍需工場の農地所有が存続の危機に直面していたことに加えて，農園課設置の発覚がすでに戦時末期に犯していた違反とともに，工場建設予定の見込みを超える広大な戦時期の買上げ農地を持て余している事実を明るみに出した。第一次解放は，耕作農民の土地返還運動の成果という戦時期からの連続性とともに，解放運動の実現には軍需工場の存在理由の消滅を必要としたという点で敗戦がもたらした非連続性も合わせもっていた15)。

こうして地元農民の運動は一応の成果を上げたが，全面的解放となると県当局も難色を示した。地元農民と県との交渉過程では次のような緊迫した場面もあった。

経済部長：諸君はいか程の解放を望むのか。

地元農民：我々は工場の軒下までの還地を要望する。

経済部長：農民も商工業者も皆これ県民である。県としては双方良いようにしなければならない。終戦の結果，出征した各家には子弟も帰ってくるだろう。また外地に出ていた人達も帰るだろう。その時には耕地の少ないわが国としては，これらの人を就職させる工場もまた必要である。会社でも今後の計画があるそうだから，その計画による部面を考慮してくれ。諸君も県の立場を考慮し，会社の計画に条件を付けるから，それで承知して貰いたい。

この時期の軍需工場所有農地の解放問題は第二次農地改革とは異なり商工業も業務範囲とする県経済部が担当していた。県は工場の再開を，敗戦直後における農村人口の急増と農地不足への緩和策として期待していた。この期待が全面解放の制約条件となった。農民側はこれに反対したが，組合内部には問題の早期解決を求める意見もあり，最終的には県が示した調停案を受け入れている。その内容は，43年３月に買い上げた工場用地16万6,800坪のうち約62％に当る柵外の貸付小作地10万余坪を完全解放し，柵内の土地については，すでに建設された工場の敷地，道路および引き込み線の土地を除く２万7,500坪の農地を工場建設予定の暫定地と定め，2年後に工場が完成すれば会社側に提供し，完成しなければ地元農民に解放するというものであった。その際，新たな「覚書」を交わし，会社，地元農民，県，町，町農業会の代表者による「農工調整委員会」を設置し，同会が暫定地の監視，工場と地元農民との間の連絡・調整を果たすものとされた。これ以降，商工業も含む地域経済の復興・再建とのバランスという問題が，これに続く暫定地の第二次解放の是非をめぐる地域世論の争点として浮上してくる。

3　第二次解放をめぐる地域諸利害の対抗

1946年3月から柵内暫定地の解放に至る過程には，県の仲介による協定（前述の「覚書」）とは別に，47年1月から始動する中込町農地委員会による農地買収という新たな要素が加わる。だが農地委員会はすぐには買収に着手せず，約1年間，工場建設の進捗状況を見守っている。一方，返還期成同盟組合は工場建設が遅々として進まないなか，48年1月19日になり「覚書の期限内に工場の建設なきため解放運動を始める」と決意し，期限前日の同年3月31日に農地委員会と町長あてに農地買収請求書を提出する。暫定地は石神よりも権現堂，上高地のほうが多く，組合の組織力はこの2部落で一層強化された。この農地買収請求を受けて農地委員会は暫定地の買収計画樹立の準備にとりかかる。しかし48年9月14日，自創法第3条第5項第4号による買収計画が全委員の賛成で可決されると，今度はそれまで町内で潜在的に進行していた暫定地解放の反対論が一挙に噴出する。

この間の工場建設の遅れについてみておこう。軍需産業から平和産業に転換した会社は，ミシン，ネジ転造盤，時計生産用機械などを製造していたが，47年8月，工場内の機械設備が占領軍に賠償指定を受けるという新たな事態に遭遇している。賠償指定は47年5月，総司令部に賠償局が設置されてから始まるが，その対象は戦時中の重要産業に適用され，航空機関連産業はその有力な一部門であった[16]。この賠償指定のため会社は金融機関から工場建設に必要な融資を受けられず，48年1月には実質的に休業状態に陥っている。しかし会社は暫定地解放を回避すべく，町内の町会議員や商工会長，周辺町村の有力者に対して「どんな企業でも暫定地は工場付随地として必要」と働きかけるとともに，暫定地の一部を他の会社（鐘淵通信工業）に譲渡する計画を発表した。一方，町内商工業者や町会

表9－9　中込町周辺町村の産業別就業人口（1947年）

	実数（人）			比率（%）			総数
	第1次	第2次	第3次	第1次	第2次	第3次	
中込町	895	895	789	34.7	34.7	30.6	2,579
野沢町	1,387	1,130	835	41.4	33.7	24.9	3,352
臼田町	981	414	572	49.9	21.0	29.1	1,967
大沢村	783	98	92	80.5	10.1	9.5	973
平賀村	2,047	328	275	77.2	12.4	10.4	2,653
桜井村	597	62	106	78.0	8.1	13.9	765
前山村	812	77	98	82.3	7.8	9.9	987
岸野村	1,734	195	198	81.5	9.2	9.3	2,128

資料：『昭和23年長野県統計書』。

議員のなかにも，敗戦後の地域経済復興を商工業の再建に求める潜在的意向が強くあった。当時，中込町では商工業者の比重が高く，農業就業者の割合は就業者全体の３分の１程度であった（表９－９）。暫定地買収計画樹立の直後，商工業者の経済的利益を代表していた中込町議会は同年９月20日，議長名で次のような「津上製作所信州工場敷地買収保留に関する意見書」を農地委員会に提出している。

「先に津上製作所が工場敷地十万余坪を解放のうえ工場再建を期したるあと，その敷地の一部を暫定地としてその解放を保留してあったところ，この度，中込町農地委員会が右土地の買収を決定したことを聞き及びたり。然るところ，右保留土地は工場経営計画地にて，決定は工場維持運営を阻害すること甚だしく，かくては町多年の計画たる工場招致の方針にも相反し商工都市として発展は到底望むこと得ざるにつき，中込町農地委員会は上述の事情を洞察のうえ農家の耕作権の確立を図りたる後に土地買収については工場経営安定をみるまでは保留すべき旨を申し述べる也」。

これと同様の意見書は９月26日に，中込町商工会から町長にも提出された。そこには「商工業者が商工都市としての発展を望むのは当然」という立場から，「農地委員会及び僅少耕作者の啓蒙運動を展開し恨みを千年に残すことなく津上製作所信州工場の残存土地及び鐘通工場の付随土地の解放を絶対に排撃し大中込町建設の第一歩を踏み出すべく町当局の善処を要望して止まない」という主張が盛り込まれていた。商工会にとって「同工場土地解放は，工場としての立地条件を極端に悪化し，工場として全然価値なきものと化す」ものであり，それは地域経済復興の一翼を担う商工業の発展条件を殺ぐものであった。最大時で1,000人を超えた工場の従業員が敗戦時には200人以下，賠償指定を受けてからは残務整理員63人にまで減少していた。この減少は，地元商工会にとって商業圏を賑わすはずの顧客・消費者の激減も意味した。「津上製作所信州工場の再開，復活は当地の将来のため」という祈願にも似た地方商工都市固有の要求は，農地買収を推進しようとする農地委員会への不満となって現れた。商工会は町議会と異なり農地委員会への直接行動だけでなく，町長あてに意見書を提出し暫定地解放を町内の政治的問題とすることで阻止しようとした。実際，商工会は「私達は大衆運動を展開しても津上製作所信州工場及鐘通工場付随土地の解放にはあくまでも反対する」という立場をとり，商工業利益集団の地域政治勢力を結集し暫定地解放を阻止する決意を町長に伝えている。

暫定地解放の反対論は町内だけでなく佐久平の数町村を含む地域世論としても噴出し，周辺7町村からも中込町農地委員会宛てに買収保留を求める意見書が提出された。意見書は「農村が過小の耕地によって将来農耕地一本ではどうしても立ち行かない」という認識から，「今回問題の土地は，これを解放せしめず，あくまでも工場に付随せしめて敗戦日本の立ち行くべき農工一致の方途に向かって当地方のためにお計らい下さい」とある。一町の農地委員会に対して周辺町村から買収除外の意見書が出されること自体，きわめて異例のことであるが，これは暫定地の解放が中込町だけの問題ではなく南佐久地方（とくに佐久平）の地域経済の復興・再建や失業者の就業先確保とも深くかかわる問題として広く受け止められていたことを示す。しかも，この意見書の提出には，商工業が一定の発展をみた野沢町や臼田町だけでなく純農村の桜井村，前山村，岸野村なども参画していた[17]。耕地狭小な佐久地方では，農村過剰人口の解消が当時の大きな地域問題となっており，したがって中込町や野沢町には，有力商工業を擁する地方中核都市として発展することが期待されていた。第7章で見たように，純農村の桜井村の農地委員会では，耕地が不足するなかで経営安定的な自作農の創出と零細耕作農民への土地の均等な売渡のどちらを優先すべきかをめぐって意見が分かれていた。村民を「転業せしめることも困難であり，また土地を与へ純農家としての水準にすることも本村の事情としては不可能」という条件下で売渡事業が難航していた。農地委員会長は「新しき農村を作るときに感じることは，極小零細農家と極貧兼業農家の生活水準を引き上げて，此れを救わざるをえない。ただし現実的には，我らの権限内で及ぶところではなく，結局，現在と将来に含みをもたせ此れを新しき村政に委ねる」と述べ，改革後に農村工業を促進する村政に期待をかけていた[18)]。ここでの問題の焦点は，農外産業への就業機会の確保にあった。

町内外の買収反対論は津上製作所にとって有利であった。会社は48年９月27日，自創法第７条１項に基づき農地委員会に異議を申し立てた。その理由は①工場建設の遅れは工場内の機械が賠償指定を受け資金面の行き詰まりが原因で生産サボタージュではない，②工場の一部を鐘淵通信工業に譲渡する計画が進んでいるほか，津上としても工場再開の計画がある，③他の企業が工場を継承しても暫定地は工場付随地として必要である，④工場が賠償指定を受け，さらに当該地は都市計画に入っているため農地買収はできない，という４点であった。会社の主張は④を除けば町内商工業者や町議会，周辺町村の主張と基本的に同じである。会社は周辺町村の意見書を参考資料として添付し「近隣町村各方面当局におかれましても右同様の御希望，御配慮がございました」と述べている。

この異議申立と同じ日，返還期成同盟組合も町農地委員会あてに再度買収を実行するよう迫っている。一方，町長にも「覚書」どおり解放の手続きに入るよう求めている。こうしたなかで今度は農業関係者による町議会，商工会への批判が噴出した。中込町青年団は「津上製作所所有地解放に関し町会の取れる態度に対する声明書」を発表し，「郷土の民主化を促進すべき農地改革は日本民主化の一翼として何人もこれを否定することはできない」と訴えた。また「今回の津上製作所所有地解放に際して町議会の取った態度は極めて軽薄」と断じ，町の最高議決機関である町議会を厳しく批判するとともに農地委員会に対しては農地買収の実行を要求している。これと同様の意見書は中込町壮年団からも提出された。これらはいずれも農村部の組織であり返還期成同盟組合と連動した動きであった。そこには同盟組合とは別に，これらの既存組織の名を掲げることにより買収推進を地域世論として高めようとする狙いがあった。こうして町内世論は農業関係者と商工業関係者の対立として大きく２つに分裂した。しかしこの場合，農業関係者よりも商工業関係者の方が大きな政治勢力を形成し，町外の地域世論も商工業者に有利に働いていた。周辺町村には農民組合も存在していたが，これらの農民組合が，中込町農民の活動を支援することはなかった。農民組合は自町村の農地改革徹底化には寄与したものの，地域商工業圏の発展という村域を超えた問題で農業的利益を擁護する動きは示さなかった。農地委員会運営を支援した農民組合も，その運動は自町村の範囲内という地域完結性をもっていたのである。

ところで，こうした２つの異なる町内世論の噴出のなかで，農地委員会の対応が注目されたことはいうまでもない。もとより地域経済の再建方向をめぐる農業と非農業との土地利用上の対立は，農地改革法に依拠し農村社会の存在を前提に改革を進める農地委員会にとって調整能力を超える問題であった。しかし会社による異議申立の提出は，実は，問題解決の場が地域社会の政治舞台から農地改革法の枠内に移ることを意味し，農地委員会にとって，かえって問題を処理しやすい局面となった。ここに農地委員会による独自の活動領域が生まれた。とはいえ農地委員会には，異議申立の理由を切り崩すだけの正当な根拠の解明が要求された。農地委員会が着目したのは，会社側が異議申立において買収除外申請の理由とした④の賠償指定と都市計画指定にかかわる問題である。農地委員会は前者については軍政部に問い合わせ，賠償指定の有無の確認，指定範囲の検証作業を進め，また農地買収が可能となるよう賠償指定の解除の必要措置も合わせて申請した。後者については県当局に事実関係を確認する作業を進めた。これらの活動の結果，賠償指定の対象は工場内の機械の一部にすぎず，「その機械を搬出する道路が確保されれば十分」，それ以外の農地は「当然解放されるべきもの」という県軍政部（ブラック・ストーン中尉）の見解を引き出すことに成功している。また県からは，「中込町内には都市計画の区画整理に指定した土地はない」という回答も得ている。これを受けて農地委員会は10月６日，異議申立を棄却する。棄却理由に関して注目されるのは，委員会が２年前の「覚書」に触れて，「町当局，耕作者及び会社との間に耕作地返還等について契約が締結されているとしても，買収という公法上の行為に対して，これを不可とすべき何らの条件とはなりえない」という立場をとったことである。異議申立の棄却という農地委員会に与えられた法的権限を行使するには，暫定地をめぐる地域諸利害間の「覚書」に深入りするよりも，農地買収の「公法上の行為」を持ち出す方が有効であると判断したのである。これに対して会社は10月27日，県農地委員会に訴願する。訴願書は買収除外申請の正当性を主張するが，訴願理由に目新しい論点はなく，これまでと同様に地域経済の復興にとっての暫定地の必要性を強調するのみで，「何卒特段の御高配を賜りたく」と述べるにとどまっている。こうして問題解決の場は県農地委員会に移ったが，その裁定を待つまでもなく約1カ月後の11月24日，会社は突然，県農地委員会に「訴願取下書」を提出した。

このような経過を経て第二次解放は農地委員会による買収事業として実現をみた。しかし町内諸勢力の利害対抗のなかで一応，独立性を保持したかにみえる農地委員会も，実際には返還期成同盟組合と密接な連携関係にあった。第二次解放では農地委員会が中心的役割を果たしたが，組合も柵内農地や工場の農園などの実測調査のほか，県（経済部および農地部）や軍政部に対して嘆願活動を再開していた。権現堂や上高地を含めて3部落の結束も強まっていた。ここで注目されるのが，農地委員のうち3人が返還期成同盟組合の役員として解放運動の中心人物となっていたこと，また農地委員のうち6人までが関係3部落の出身者であったことである。つまり農地委員会自体が3部落の利害を強く反映する場になっていた。だからこそ両者は対外的には一線を画す必要があった。農地委員会が町内諸勢力の解放反対運動に対して直接的な言動を避けたことも，少なくとも戦術的にはこうした連携のなかで農地委員会の中立性を保持する必要があったからである。問題の解決をあくまで農地改革法の枠内で処理することについても同盟組合との同意が成立していた。いわば組合は農地委員会の別働隊として委員会の買収を背後から援護する役割を果たした。農地委員会が改革実行機関として権威ある独立性を維持するには，組合と農地委員会の解放推進活動の分有構造が有効であった。農地委員会は「覚書」に言及して，「将来の土地の用途を想定し買収保留とする扱いは，現況の農地の状態からみて，工場の整備拡張計画は早急に実現困難」とみていた。つまり農地委員会は町内・地域世論の争点となった暫定地の近い将来の土地利用についても，現在の会社側の経営状況や当該地の現況から判断して明確な見解を示し，非農業勢力に対抗しうる論拠と強い買収意思を示した。

それは農地委員会が町内・地域世論の動向を踏まえ，その上で農地改革法の不可侵性を武器とし，町内政治における農民利益を実現する役割を果たしたことを意味する。

こうして佐久平の農地改革で人々の耳目を集めた津上製作所所有農地の解放問題は48年11月末に解決をみた。最終的に会社側に残った土地はすでに建設されていた工場敷地，引き込み線敷地，関係道路の計３万3,842坪（11.2町歩余）であった。問題が解決した48年12月末，会社と地元農民との間で新たな協定が締結された。その内容は，①今後，工場が充実し拡張する際には，耕作者は適切な価格で土地を提供する用意がある，②土地提供の場合は会社は代替地を用意する，③土地を提供した耕作者の子弟を工場で採用する，という３点であった。この協定内容は明らかに地元農民に有利な条件である。このことは地元農民も狭小な農地のもとで過剰人口を吸収する就業先として工場の存在意義を認めていたことを示している。協定文の末尾に記された「充実せる工場は大いに歓迎するものなり」という文言は，商工業者や周辺町村の要求と軌を一にするものであった。

むすび――小括――

日本の農地改革が，末端農村では農民各層から選出された農地委員会により実行されたことはたびたび指摘してきた。しかし，このことは農地委員会が改革法令を執行する際に生起する諸問題を自ら背負わなければならないことでもあった。そのなかには買収・売渡といった本来の改革業務だけでなく，改革に伴って派生的に生じる諸問題も含まれていた。地域間の対立の調整は，その代表例であった。そこに農地委員会による法令あるいは法令外の活動領域が存在していた。しかし地域間の調整はいつも成功するとは限らず，また調整不能な対立もあった。本章で取り上げた３事例が改革期の地域問題の総体を集約するわけではないが，村内の部落相互間，村相互間，農業・非農業相互間の地域利害の対立の調整は，改革当時の地域問題の一般的な論点となるであろう。これまでの分析で明らかになった諸点を整理し本章のまとめにかえたい。

第１は，農地委員会と農村社会との関係についてである。改革に向けての地域的合意の形成，改革実行体制の整備は農地委員会運営の存立基盤であったが，それは自律的な農地調整機能を有する部落を相互に認め合う地域的合意として形成された。しかしこの合意は，部落間の対立が発生すると，農地委員会自体の問題調整機能を喪失させ，発生時期によっては改革の阻害要因ともなる。とりわけ農地委員会の業務が特定の部落利害にかかわる村政上の対立問題と重なる場合は，委員会は階層間の違いを超える部落間対立の場となる。延徳村の事例では，もともと自部落担当制に依拠した農地委員会運営が，対立の進展とともに他部落不干渉の主張の場と転じることにより農地委員会の亀裂が表出するという経緯を辿った。この亀裂が解決され，委員会運営を正常化するには，亀裂要因となる対立問題を委員会の議題から除外するほかなかった。つまり農地委員会は村政上の部落・地域間対立の争点を外部化し，委員会自体を非政治化することにより正常化しえたのである。翻って，農村社会の基礎単位である部落相互間の地域的合意が，農地改革の円滑な遂行に不可欠の条件であったことが改めて確認されるであろう。

第2は，町村間の調整を要する隣接町村特別地域指定は容易には実現しえなかったという点である。農地委員会は自村内の農地に関する改革実務を担当したが，このことは他町村からの介入を受けないという農地改革の行政村単位での地域完結性を刻印づけた。改革当時の日本農村は人口急増に見舞われ農地拡大の潜在的欲求をもっていたが，農地委員会による隣接町村特別地域指定の申請には，大井村の事例が示すように，地主の在・不在の変更だけでなく，村の農地拡大欲求を体現するものも含まれていた。特別地域指定の全国的実績の低調さは，生産効率の低いあるいは経営上不合理な農地が存続しようとも，他町村からの介入を許容しない農地改革の地域完結性の現れとみてよいであろう。

第3は，農地委員会の調整機能や解決能力は農業社会の存在を前提として発揮され，非農業的利害との調整は困難であったということである。地方中小都市における農地改革では，農業と非農業との利害対立がともに正当な「公共性」のある社会的対抗として現出した。農林省は，軍需工場用地は原則として買収する方針をとっていた[19]。しかし農工間の対立は，農地委員会にとって処理しえない，あるいは調整不能な限界面を画したが，それはもともと農地改革が農地に限定された改革であることに由来していた。非農業勢力との対立に直面した農地委員会が行いうるのは，唯一，農地改革法に依拠して農地に関する自らの公法上の権限を行使することだけであった。農地委員会のこの権限行使が成果を生み出すか否かは諸勢力間の社会的・政治的力量関係にかかっていた。中込町の事例が示すように，耕作農民による土地返還の先行的実現（第一次解放）とその運動経験が，それに引き続く農地委員会による暫定地の買収（第二次解放）を可能にした有力な主体的条件となっていた。大都市はもとより地方中小都市における農地改革でも，純農村の場合以上に農地委員会は改革遂行力を必要としたが，その遂行力は農地委員会を下支える耕作農民の持続的運動を基礎に成長しえたのである。

注

1）　農地改革記録委員会編『農地改革顛末概要』農政調査会，1951年，198頁。

2）　戦時期の農家数は桜沢と大熊の2部落（南部）で180戸，新保，篠井，小沼，北大熊（北部）の4部落で240戸であった（『自昭和十三年　農地委員会関係綴』による）。敗戦直後に農家数が増加したことはいうまでもないが，それでも北部が多いことに変わりはなく，この部落別戸数に基づく北部6人と南部5人の人数差が，そのまま委員会決議に反映することになる。

3）　篠井と新保の間に延徳という駅がのちにできるが，これは駅舎や交換線もない無人駅である。中野市誌編纂委員会『中野市誌』歴史編 後編，1981年，416頁。

4）　以下の引用はすべて延徳村農地委員会『昭和二十二年　議事録』による。

5）　公共的な地域利益を盾にとった農地委員会の活動も耕作農民の合意なしには容易には実現しえない。福島県白川郡笠原村では，中学校の敷地拡大に伴う農地潰廃を強行しようとした農地委員会に対して，この計画に同意しない耕作農民が農地委員会を県農地委員会に訴えるという紛争が起きている。福島県農地改革史編纂委員会『福島県農地改革史』1951年，432～433頁。

6）　隣接町村特別地域指定を改革の準備とみるのは，大和田啓氣『秘史　日本の農地改革――農政担当者の回顧』日本経済新聞社，1981年，220頁。

7）　前掲『農地改革顛末概要』196頁。

8）　同上，232頁。

9）　第7章で見たように，長野県農地部の係官は桜井村農地委員会の指定申請を自主的に取り下げるよう指導していた。これは地域指定が町村間の紛争を惹起させ改革を阻害することを避けるための判断であったと思われる。こうした事例を含めると潜在的な地域指定はもっと多かったであろう。

10）　千葉県農地制度史刊行会『千葉県農地制度史』下巻，1950年，172頁。

11) 以下で引用する資料はすべて大井村農地委員会『昭和二十二年　会議録綴』による。
12) 以下で使用する資料は佐久市志刊行会の保存資料である『昭和二十六年一月二十六日　中込原津上工場用地返還記録』およびその関連資料によるが，その都度資料名を掲げることはしない。
13) この会社に勤務していた人物の記録によれば，この地に津上製作所が工場を建設したのは，新潟県長岡工場で試作した精密器械を大量生産する工場を長野県内に探していた津上が，県に適当な土地の斡旋を依頼していたことと，野沢町・中込町・臼田町の３町が工場誘致を県に求めていたことが合致したことに端を発している。しかし津上社長が工場建設地の決定のために当地を訪れた際，３町が候補地として予定していた土地に自動車が到着する手前の中込原で社長は下車し「ここが良い。ここに20万坪確保」と工場敷地を決定した（臼田二郎『株式会社津上信州工場　建設と沿革』)。なお津上製作所は日中戦争以降の重化学工業化の進展のなかで新潟県長岡市に新設されたが（平賀昭彦『戦前日本農業政策史の研究』日本経済評論社，2003年，第４章，264頁)，軍需産業拡充のなかで1942年に信州工場が求められた。
14) このやりとりの過程で県経済部長は，マッカーサー宛ての嘆願書を「最後最悪の場合に立ち入るまでは県にて預かる」と嘆願書の提出を差し止めている。
15) 第一次解放は無償解放ではなく有償であったが，土地代金は１年以上かけて決定された。ところが，その時期にはすでに農地委員会が買収を開始しており，農林省や県との協議の結果，実質的には農地委員会による買収対価と同じ水準で土地代金が決定された。
16) 竹前栄治『GHQ』岩波新書，1983年，147頁。長野県内では戦時末期における軍需工場の疎開や新設が多く，終戦時の軍需会社は74，軍需工場は約2,000におよんだ。このうち賠償指定を受けたのは25工場であり，「これらの工場の大部分はすでに平和産業に転換，生産再開中のものであって，県下の経済再建上からも打撃は大きかった」。長野県編『長野県政史』第三巻，1973年，135頁。
17) この意見書は野沢町，臼田町，桜井村，前山村，岸野村，大沢村，平賀村の７町村の町村長，農協組合長，小中学校長，高等学校長，青年団長など25人の連署により中込町農地委員会に提出された。
18) 桜井村農地委員会『議事録』。なお桜井村については第７章を参照。
19) 農林省は都道府県宛に「特に軍需工場が戦争中に農民の意思に反して強力に農地を取得し，自給農場として今尚その開放を拒んでいるやうなものは，この際徹底的に開放すべきである」と通達した。農地改革資料編纂委員会『農地改革資料集成』第四巻，農政調査会，1976年，617～618頁。

第10章　都市近郊農村における農地改革と農地委員会
——埼玉県入間郡大井村の事例より——

はじめに　——問題背景と課題——

本章では戦前期にすでに都市近郊農村としての性格をもっていた事例を対象に農地改革の特質と改革後の新指導層の役割を考察する。都市近郊農村では農民の小商品生産者化が早期的に進展し，農民による個別的な農産物の市場販売機会が多かった。とくに東京近郊の畑作農村では稲作農村と比較して地主的土地所有の展開も弱く，地主も村外の他産業や金融業に早期に転進する条件下にあった。このような近郊畑作農村における農地委員会の性格と機能の分析が一つの課題である。もう一つの課題は第３，４章および第７章補論でみた改革期の新指導者について，彼らの改革後の役割が都市近郊農村においてどのような形で現出するのかを検討することである。都市近郊農村では，改革後，とくに高度経済成長期に急速に工業化・都市化が進行し，純農村とは異なる新指導者の独自の役割が想定される。そこでは農地委員会の機能を工業化・都市化過程との関連で検討することが必要となる。本章で取り上げる埼玉県入間郡大井村（大井町，2006年以降はふじみ野市）[1)]は，都心から直線距離にして30km圏内に位置し，1950年代末から急速に地域開発が進展したところであり，以上の課題に接近するうえで恰好の素材を提供している[2)]。

第１節　農地改革前大井村の概要

１　農業および諸産業の展開

大井村は武蔵野台地北東部（通称，金子丘陵）の東延長線上に位置する典型的な都市近郊の畑作農村である。旧幕時代は江戸と川越を結ぶ街道沿いの宿場町（大井宿）として栄え，商人の出入りも多く，明治初期の「物産取調帳」によれば，すでに総生産物の約45％が商品化されていた[3)]。主な商品作物は麦類・芋類であるが，近郊農村の特徴である蔬菜類も多い。さらに地域の特産品である茶（狭山茶）の栽培や大井村固有の特産品である箒の製造も行われていた。農産物や農産加工品の商品化と金肥（主に人糞尿）に依存し，早期的に商品・貨幣経済の網の目のなかに取り込まれていった。

明治末期から大正期にかけては，普通畑作に加えて養蚕業が漸次拡大し，村民の小商品生産者化がさらに進んだ。『大井村郷土史』（大井村役場刊行，1917年）は「農産物中多額ヲ占ムルモノハ麦類・甘藷等」であり，「食用品トシテ市街ニ販売スルモノ少ナシトセズ」と畑作中心の商業的農業の展開を記している。一方，養蚕業については「近年著シク進歩発達シ桑樹植附反別凡四十町五反歩ニ及ビ，春秋蚕共殆ド全戸ニ亘リ飼育セザルナキニ至レリ」とある。表10-１の桑畑面積は，本村の養蚕業が昭和初期まで拡大してきたことを示している。しかし多くの農村がそうであったように，昭和恐慌期の繭価の惨落は本村でも養蚕業の衰退を招いた。1930年代における飼育戸数および収繭量の激減がこれを如実に示している（表10-２）。そして戦時期には養蚕業は完全に消失し，作付統制の影響を受け普通畑が拡大し麦類・芋類・蔬菜類などの食用農産物が大半を占めるようになる。

大井村の村内産業を全体としてみると，商工業の動向のなかでもとくに箒製造業に従事する非農家や流通過程にかかわる小商人層の存在を無視することができない（表10-３）。まず村内諸産業の構成を大正期についてみると（表10-４），総生産額の60～65％は農産物が占めるが，工産物も30％近くに達している。品目別には箒の生産高が第１位であり，農産物中の麦類や甘藷を上回っている。箒製造

表10-1　戦前期大井村の耕地利用

（単位：町）

年次	水田	畑地					総計
		普通畑	茶畑	桑畑	果樹畑	計	
1930	7.3	389.8	7.9	62.7	3.0	463.4	470.7
41	10.2	499.6	18.4	—	—	515.0	525.2
43	10.2	497.2	17.6	—	—	514.8	525.0

資料：『埼玉県統計書』。
注：1930年の地目には「その他」があったが，これを普通畑に算入した。

表10-2　戦前期養蚕業の動向

年次	春蚕		夏蚕	
	戸数（戸）	収繭量（貫）	戸数（戸）	収繭量（貫）
1926	132	3,593	208	7,552
27	163	3,648	219	6,786
29	145	3,779	198	7,120
30	134	3,238	195	6,125
31	106	2,703	148	4,150
32	87	1,901	136	2,871
33	79	1,974	132	3,572
34	69	2,039	114	1,713
35	55	1,007	56	1,475
36	41	1,037	50	1,742
37	41	935	46	1,693
38	23	582	32	642

資料：『埼玉県統計書』。

表10-3　職業別戸数の内訳（1916年）

職業	戸数（戸）	構成比（%）
農業	312	60.0
商業	72	13.8
工業	60	11.5
交通業	10	1.9
公務員	4	0.8
自由業	10	1.9
雑業	16	3.1
無職	4	6.8
不詳	32	6.2
計	520	100.0

資料：『大井村勢要覧』。
注：本表は「本業とする者」により分類しているため，農業統計上の農家数は，これより多い。

業は大正期半ばまでは農家の副業であったが，昭和初期頃から専業化する方向を辿り，後述する1930年５月の商工会設立の基盤となる。一方，流通過程にかかわる小商人や運搬業者の多いことも本村の非農業人口の多さの一因であった。彼らの多くは農産物，茶，箒，織物の販売や肥料，箒草の仕入れを行っているが，店舗をかまえて営む安定的経営は少なく，むしろときに応じて他の職種も兼ねる雑業的性格が強い。東京方面への農産物販売については，本村を深夜に出発すれば徒歩でも朝方に市場へ着くという至近距離にあり，農民自身が直接市場に出向くことも珍しくなかった。しかし相対的に経営規模の大きい中上層農の場合は販売業者に委託することが多かった。このため後述する大正末期から昭和期にかけての中農層の増加に対応し販売業者も専業化の方向を辿り，製造業者らとともに商工会設立の基盤となった。

1930年に設立された大井村商工会は設立目的として「共同一致ノ精ヲ養ヒ其ノ連ヲナシ必需品ノ共同購入，製品ノ共同販売等ヲ有利ニ導ク」[4]ことを掲げ，本村の産業組合の活動と競合する関係にあった。それは，とりわけ肥料（人糞尿）

表10-4　第一次大戦直後における村内諸産業の動向

主要作物	1915（大正4）年			1921（大正10）年			C/A	D/B
	数量（A）	価額（B）（円）	価額構成比（%）	数量（C）	価額（D）（円）	価額構成比（%）		
麦類	5,848石	32,742	15.7	6,520石	78,567	17.8	1.11	2.40
米	1,340石	15,948	7.6	849石	25,277	5.7	0.63	1.58
繭	364石	9,567	4.6	5,976石	25,036	5.7	16.42	2.62
甘藷	529,632貫	23,833	11.4	355,320貫	44,700	10.1	0.67	1.88
瓜類	—	11,622	5.6	127,140貫	17,672	4.0	—	1.51
茶	4,739貫	10,777	5.2	4,830貫	27,567	6.2	1.02	2.56
農産物合計		131,669	60.0		286,568	64.9		2.18
蜀黍箒	170,000本	34,000	16.3	173,000本	87,000	19.7	1.02	2.56
織物	15,700本	12,220	5.8	9,100反	26,240	5.9	0.58	2.15
工産物合計		67,691	32.4		130,907	29.6		1.93
鶏卵	62,800個	1,444	0.7	87,360個	3,494	0.8	1.39	2.42
鶏	2,972羽	1,460	0.7	3,350羽	3,004	0.7	1.13	2.32
畜産物合計		3,292	1.6		7,398	1.7		2.25
薪炭材	50柵	450	0.2	250柵	8,400	1.9	5.00	18.67
林産物合計		6,440	3.1		16,920	3.8		2.62
総　計		209,998	100.0		441,793	100.0		2.11

資料：『大井村勢要覧』。
注：1）農産物や工産物などの「合計」には，それぞれこの表に記載されていないものも含まれている。
2）1921年には桑葉15,500円（3.5%）も農産物中に含まれている。
3）1戸当り平均生産価額は1915年が424円，1921年が850円である。
4）—は不明を表す。
5）1915年には，このほかに水産物6円があったが除外した。

の購入において顕著に現れた。もともと大井村を含む川越周辺の村々では，旧幕時代以来，新河岸川（荒川の傍流）の舟を利用する江戸からの人糞尿（当地方では“タメ”と言う）に地力および肥力の補填を依存する営農方式を形成し，そのため「江戸の奴らは川越の恩を尻で返す」という諺が生まれたほどである[5)]。ところが1914（大正3）年の東上線の開通以来，“タメ”輸送は舟運から電車輸送にかわり，「丸通」,「丸三」などの商業資本が進出するにおよんで人糞尿の輸送・販売は地元の小商人層による“タメ”輸送と競合関係に入る。こうした状況のなかで経営不振状態にあった大井村産業組合は1927年に村農会と協力し人糞尿の輸送・販売業に参入する。当時としては最新鋭のフォード社のトラック（チェンジ・フォード）2台を購入し業務を開始したが，時悪く2年後に昭和恐慌に遭遇する。農家の肥料購入量の減少，商工会系列の商人や電車輸送の商業資本の前に，1933年には産業組合は１万3,000円の負債を抱え，県の指導を受けて整理の協議に入る。だが，結果は営業成績の上がらぬまま35年には６万4,000円の組合員貯金の払戻し不能に陥り解散の憂き目をみている[6)]。この事実は本村における商工業の比重の高さとともに，農村協同組合の組織基盤の脆弱性を示している。この事件は現在の大井町民（旧村民）の意識のなかにも深く刻み込まれ，戦後の諸活動にも無視できない影響を及ぼすことになる。このように大井村は都市近郊農村に特有の商品・貨幣経済が村落内部へと深く浸透し，かつ販売・購買の両面で市場に近接するという条件下にあり，流通過程に積極的にかかわる商人的ないし投機的とさえいえる農民類型を戦前期においてすでに創り出していた[7)]。

2　地主的土地所有の動向と諸階層の構成

農地改革前の農地・農家事情を把握するための基礎資料が本村では十分得ることができない。そこで県・郡段階の資料により埼玉県全体の地域的特徴を概観し，県内における入間郡および大井村の位置を確認することにしたい。表10-５は大正末期の土地所有構成を郡別に示している。『農地改革は如何に行われたか――埼玉県農地改革の実態――』は，県内を自然条件と農業生産から４地帯に区分し，このうち北埼玉・南埼玉・北葛飾の３郡を水田地帯に分類している[8)]。この分類によると，50町以上の大地主は絶対数としてこれら県東部の３郡に集中していることが一目瞭然である。この傾向は５～50町地主でも概ねあてはまる。10町以上地主では県内総数のほぼ半数（47.6%），５町以上まで含めても４割以上がこの水田地帯３郡に集中している。これに対して，水田率が低下する郡ほど３町未満層の比重が高い。水田地帯の県東部に比べ，畑作地帯である中西部で小土地所有が相対的に多く堆積している。もちろん，この所有階層のなかには自作的性格の強い耕作地主や自作，自小作も含まれ，さらに小作地所有を有力な生計基盤とする兼業型零細所有者も存在していた。小作地率でみると，畑作地帯でも広範な零細・小土地所有者を含みつつ，水田地帯に順ずる地主的土地所有の展開があったことが窺われる。こうしたなかで，入間郡は，山間部の秩父郡を除けば県下最低の小作地率となっている。ここは相対的に，自作的性格の強い零細・小土地所有

表10-5　埼玉県下土地所有者

地帯別		郡別	水田率（%）	小作地率（%）	50町以上	20～50町	10～20町	5～10町	3～5町
平坦部	水田地帯	北葛飾	68.4	56.5	16	56	115	351	475
		南埼玉	58.3	55.8	19	68	176	524	797
		北埼玉	58.1	51.6	20	72	181	508	807
	中間地帯	比企	44.9	49.5	1	14	62	243	502
		北足立	41.3	46.7	8	61	213	736	1,405
	畑作地帯	大里	33.5	48.7	7	38	124	306	650
		児玉	27.7	48.0	4	10	54	138	250
		入間	23.8	35.7	3	25	121	477	1,092
山間部		秩父	8.5	23.8	0	15	36	116	310

資料：『埼玉県統計書』。
注：1）市部は除く。
2）水田率は『農地改革は如何に行はれたか——埼玉県農地改革の実態——』7頁による。

表10-6　耕地所有階層の推移

	5反未満	5反～1町	1～2町	2～3町	3～5町	5～10町	10～20町	20～30町	計
1915	113	64	51	35	30	8	2	1	304
18	118	56	62	23	30	10	2	1	302
21	124	62	61	25	28	10	2	1	313
24	192	80	95		25	11	1	—	423
27	242	86	99		19	11	1	—	458

資料：『大井村勢要覧』，『埼玉県行政文書』。

が最も多く堆積する地域であった。

大井村における地主的土地所有の動向をみると（表10-6），1910～20年代における10町以上の中地主の減少，とくに20町以上地主の消滅に地主的土地所有の後退が現れている。これに代わって5～10町層が増加し，その結果，1910～30年代を通して小作地率に大きな変化はなかった（表10-7）[9]。また表10-6からは，20年代における5反未満層の著しい増加も確認できるが，これは表10-8に示すように20年代から40年代にかけての自作の減少と自小作および小作の増加と対応している。多数の農民が30年代の恐慌期に経営困難に陥り，所有階層として落層化している。

地主的土地所有の後退過程で相対的に増加し農村社会で勢力を拡大させるのは，大正期以降の小商品生産の担い手として経営前進を遂げる自小作および小作中農

の階層別構成（1924年）

1～3町	1町未満	合計	構成比（%）				
			10町以上	5～10町	3～5町	1～3町	1町未満
1,794	6,822	9629	1.9	3.6	4.9	18.6	70.8
3,232	10,969	15,785	1.7	3.2	5.0	20.5	69.5
2,783	11,048	15,419	1.8	3.3	5.2	18.0	71.7
3,095	11,164	15,081	0.5	1.6	3.3	20.5	74.0
5,625	17,656	25,694	1.1	2.9	5.6	21.9	68.7
3,708	12,223	17,056	1.0	1.8	3.8	21.7	71.7
1,480	5,827	7,772	0.9	1.8	3.3	19.0	75.0
5,236	18,932	25,886	0.6	1.8	4.2	20.2	73.1
2,399	10,345	13,221	0.4	0.9	2.3	18.1	78.2

表10-7　小作地率の推移

（単位：町，%）

	自作地（1）	小作地（2）	計（1）+（2）	（2）/（1）+（2）
1915	292.3	156.3	448.6	34.8
18	303.2	164.6	467.8	35.2
21	307.2	161.9	469.1	34.5
30	292.3	157.6	449.9	35.0
35	290.8	161.1	451.9	35.6
41	287.7	163.3	449.0	36.4
42	329.6	195.6	525.2	37.2
43	329.4	195.6	525.0	37.3

資料：表10-6に同じ。
注：1942，43年は属人主義統計による。

表10-8　自小作別農家戸数の推移

（単位：戸，%）

	自　作	自作兼小作	小　作	計
1915	118（31.1）	157（41.4）	104（27.4）	379
18	145（37.5）	129（33.3）	113（29.2）	387
21	144（36.9）	134（34.4）	112（28.7）	390
41	111（26.9）	110（26.7）	191（46.3）	412
44	95（23.9）	171（43.7）	131（33.0）	397

資料：表10-6に同じ。

図10-１　入間郡における経営規模階層の推移

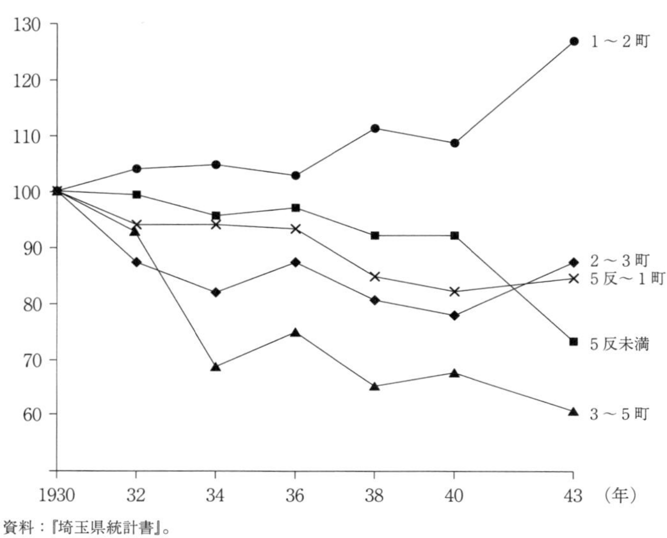

資料：『埼玉県統計書』。
注：1930年を100とする指数で表示している。

層である。そこで，この点に関し，資料の不十分な30年代を補完する意味で入間郡全体の経営規模階層の動向をみておこう。図10-１によれば，30年代を通じて他のすべての階層が減少しているなかで，唯一，１～２町層だけが増加している。この傾向は戦時期に至り農家数が減少するなかでも貫かれ，構成比でみると，昭和恐慌初期（1930年）の20.3%から戦時突入期（1938年）の24.6%，そして戦時末期（1943年）の29.2%へと着実に増加している。同様の事態は郡レベルの数値ほど明瞭ではないが，大井村でも確認できる（表10-９）。本村では１～２町層だけでなく，５反未満，２～３町，３～５町の各層とも若干増加しているが，増加率ではやはり１～２町層が最大である。これを先の表10-６，表10-７と比較すると，土地所有階層の５反未満層の著増は自小作，小作層の増加をもたらしたが，同時にそれは経営規模階層における１～２町の中農上層の形成過程でもあったことがわかる。

戦時期には地主的土地所有の後退と対照的に５～10町の在村地主と，一方，このように経営前進を遂げてきた自小作・小作中農層が村の二大勢力を構成するに

表10-9　経営規模階層の推移

	5反未満	5反～1町	1～2町	2～3町	3～5町	5町以上	計
1915	78	151	82	52	10	6	379
18	86	152	84	48	10	7	372
21	88	156	82	47	10	7	390
41	103	95	145	56	13	—	412

資料：表10-7に同じ。

至る。こうした状況下では，土地をたんに所有するだけの寄生地主は農村社会から浮き上がった存在になる。大井村の場合，農地改革で村内で約14町，村外分を含めると40町以上（山林も含む）を解放する苗間部落の神木家（村内最大地主）は，明治期には村長をはじめ村の公職を多く務めたが，大正期以降は何らの公職にも就任していない。同家は自宅こそ苗間部落に存置したが，東京浅草で金融業を営む不在地主的性格を強めている。これに対し在村の耕作地主層や上層農からは多くの役職就任者を輩出している（農地改革期の地主委員となるS. Hもその1人である)。こうした事実は村政指導力の基盤としての地主的土地所有が揺らぎはじめ，経営的実力を兼ね備えている耕作地主と中農上層が村政指導層になりつつあることを示している。これは前述した経営規模階層の1～2町層の増大とも符号する。土地所有階層序列から相対的に自立化し，社会的・政治的に新たな秩序の獲得と形成に結びつく経営階層序列の独自の意義をここにみることができよう。

地主的土地所有の後退は小作料水準の低下にも表れた。1934年春に起こった小作料減額をめぐる1件の小作調停事件がこれを象徴している[10)]。亀久保部落で発生したこの紛議は小作側から裁判所に提訴されたもので，地主・小作とも関係者1人ずつという小規模な紛議であったが，双方とも譲らず係争は半年間続いた。これに対し浦和地方裁判所判事が示した調停案は，耕作反別1反9畝の畑小作料45円を約18%引下げ37円にするという地主側に不利な内容であった。この調停作業は判事が来村し，地元の小学校において村民らの注目のなかで行われた。結局，この調停は滞納小作料を10円で精算するという条件を地主側が受け入れ落着するが，このような大幅な小作料減額を村民の注目のなかで認めざるをえないところまで地主の位置は低下していた。また小作料の低下については，本村における小作料の事実上の金納化も無視できない。これは本村の農地の97%が畑地であることによるが，戦時期での小作料統制，さらに戦時インフレの進行によって小作料の低下が一層進んだことが推測される。このように戦時期には地主的土地所有は衰退の一途を辿り，耕作農民の経営階層序列が村内秩序形成の基調となりつつあった。

第2節　大井村農地委員会の構成と性格

1　農地委員

1945年12月末に実施された農地委員選挙は，村の選挙の多くがそうであるように無投票によるものが過半数を占めた。埼玉県下でも同様であり，入間郡の投票実施割合は地主委員20%，自作委員49%，小作委員17%という低調さであった[11)]。このため埼玉県では，無投票委員会に対して全国的にも異例の再選挙の指示を出した。改正農調法第15条9項は不適正な農地委員を解任請求できることを認めているが，埼玉県ではこの再選挙指示もあって，リコール件数・人数とも全国第2位の多さとなっている[12)]。ただし，大井村では委員の交替はない。無投票委員選出の背景には，今日でも村議や農業委員の選挙でみられる部落別または大字別の委員割当て方式が考えられる。大井村でも苗間部落の小作委員O. Mが「階層よりも部落だ」と証言していた。だが本村では地主・自作委員は無投票で選出されたが，小作委員は投票により選出された。このことは投票により選出された委員ですら部落代表者としての性格を多分にもっていたことを示唆する。

農地委員の構成は表10-10に示すが，同表から次の諸点を指摘できるであろう。まず小作委員5人のうち耕作5反未満は皆無であり，3人までが1町以上の上層耕作者である。一方，地主委員では1人だけ経営規模の著しく小さい者もいるが，残る2人はいずれもほぼ2町を自作する耕作地主である。さらに自作委員はともに2町以上耕作の上層農である。このように委員10名のうち7名までが本村の平均耕作面積9反余を上回り，農地委員会は経営規模階層の中・上層農を中心に構成された。それは戦時末期における耕作地主層と中農上層を二大勢力とする階層

表10-10　大井村第一回農地委員の構成

（単位：町）

氏　名	階層	年齢	改革前		改革後		居住部落
			所有	耕作	所有	耕作	
S. H	地主	58	3.5	1.9	2.8	1.9	大井
O. T	地主	44	5.1	2.0	2.0	2.0	苗間
M. K	地主	53	1.1	0.1	1.0	0.2	亀久保
A. S	自作	56	2.2	2.5	2.5	2.5	大井
Y. N	自作	55	2.4	2.7	2.2	2.2	亀久保
○A. H	小作	40	0.3	1.6	1.3	1.5	大井
○O. M	小作	48	0.5	1.5	1.3	1.5	苗間
○S. F	小作	49	0.1	0.8	0.7	0.8	亀久保
○T. H	小作	45	0.1	1.2	0.9	1.2	亀久保
○A. M	小作	25	0.2	0.5	0.4	0.5	大井

資料：『農地等開放実績調査』および聞き取り調査による。
注：1）○印は農民組合員であることを示す。
2）年齢は委員就任時（1946年12月末）による。
3）会長は自作のA. S，会長代理は小作のS. Fである。
4）改選後の第二回農地委員会は本稿では取り上げない。1949年7月以降の第二回農地委員会では，農地買収，売渡ともすでに95％以上進捗しているためである。また実際上の階層と立場上の階層とのあいだにズレも生じてくる。

構成にほぼ照応している。年齢別には，地主・自作階層に比して小作階層のほうが概して若い。平均年齢では地主委員が51.6歳，自作委員が55.5歳であるのに対し，小作委員は42.2歳であった。そして，この相対的に若い世代の小作委員全員は農民組合員であった。農地改革という村の一大変革事業は小作側委員およびこれを支援する農民組合の主導性により，村内指導層の世代交替を伴いつつ行われることになった。

農地委員10人を部落別にみると，農家数の多い大井・亀久保が各４名，苗間が２名で，鶴ヶ岡からは委員が出ていない。鶴ヶ岡については農家数が20余と著しく少ないという事情がある。聞き取り調査によれば，鶴ヶ岡にも農地委員の立候補者（A. T）がいたが，得票数の不足から落選したという。前述した小作委員の選挙は，このように部落間の委員数の配分を調整できなかったために実施されたものであった。だが，農地委員の部落代表者的性格は農地委員会が改革実務を遂行するうえで必要とせざるをえない[13]。農地一筆ごとの貸借関係について「よその部落のことはわからない」（S. F談）からである。したがって，鶴ヶ岡では，誰かが農地委員の実務を代行しなければならなかった。

2　部落補助員

一般に部落補助員は農地改革の前提となる基礎調査を正確に行う必要から，その作業は相当重労働であるため比較的若い世代から選ばれるケースが多い。本村

表10-11　農地委員および部落補助委員の調査担当字名

部落名	班名	班長氏名（階層）	部落補助員氏名（階層）	居住部落
大井	1	S. H（地主）	A. Y（自作），U. T（地主）	東原，市沢，東台
	2	A. H（地主）	N. T（自作），N. I（自作）	西台，西原，小田久保
苗間	3	O. T（地主）	H. K（地主），T. Y（小作）	街道西，西原
	4	O. M（小作）	K. M（自作），A. K（自作）	神明前，神明後，東久保
亀久保（西部以外）	5	M. K（地主）	N. M（地主），M. B（自作）	鶴ヶ舞，東久保
	6	S. F（小作）	T. Y（自作），S. T（小作）	赤土原，亀居
鶴ヶ丘	7	A. M（小作）	K. A（自作），A. Y（自作）	上組，下組
亀久保（西部）	8	T. H（小作）	K. K（自作），S. S（自作）	立帰，三角，大野原
	9	Y. N（自作）	K. T（小作），M. K（小作）	武蔵野，西原，三保野
本部	会長	A. S（自作）	K. G（書記），A. S（書記）	大井村地内全部

資料：大井村農地委員会『公示綴』，『農地等開放実績調査』。
注：1）鶴ヶ丘では農地委員に立候補し落選したA. Tが実質的な班長を務めた。
　　2）表中のA. Mは大井の人であり，鶴ヶ岡の農地一筆調査には関与していない。

の場合にも農家の戸主からではなく次世代のうちから選ばれ，17〜33歳の18人（平均24.8歳）が選任された。選任方法は農地委員が自分の判断で選び，これを委員会が事後的に承認するという形がとられた。その際，補助員選出の地区別割当は部落を基準としたうえで，さらに各部落を２つの区域に区分し，それぞれの調査対象地区を設定して行われた。その担当区域（字）の概要は表10-11に示すとおりである。同表において班長とは農地委員のことであり，各委員の下で２人ずつ補助員が調査を補佐した（鶴ヶ岡を除く）。

ところで補助員は制度上，階層代表制をとっていない。しかし農地委員会の下部組織として農地調査を担当するという重要な任務を帯びており，補助員の階層は一応問題となるであろう。そこで改正農調法第15条の階層区分によりこの点を確認すると，地主３人，自作11人，小作４人で自作が圧倒的に多い。また経営規模階層をみると（表10-12），18人のうち５反未満は２人にすぎず，15人が１町以上，１町５反以上が過半数を占めた。農地委員と同様に補助員も中上層から選出されたのである。補助員選任では，各部落の農地委員が自分の部落の特定人物に依頼するという方法がとられたため，個人的恣意の入り込む余地は十分ありえた。実際，補助員経験者のなかには，委員が「扱いやすい人間を選んだ」（A. Y 談）場合もある。ただし，「扱いやすい」といっても，委員が地主か小作かによって

表10-12　部落補助委員の所有・経営規模

所有／経営	3反未満	3～5反	5～7反	7反～1町	1～1.5町	1.5～2町	2～3町	3～4町	4～5町	5～6町	6～7町	計
3反未満	1											1
3～5反		1										1
5～7反												
7反～1町	1											1
1～1.5町		1		1	1							3
1.5～2町	1				3		2	1				7
2～3町						2		1		1		4
3～4町											1	1
計	3	2		1	4	2	2	2		1	1	18

資料：『農地等開放実績調査』。

その意味は異なる。この差異は1947年2月1日より始まった農地調査方法において部落ごとの違いとなって現れた。調査は4部落で次のように行われた。

苗間：調査のために担当地区を歩き回ることはせず，委員が自宅で土地台帳だけで面積・所有者・耕作者を確認した。したがって補助員は実質的に何の活動もしていない。

大井：委員と補助員の3人が土地台帳を持ちながら担当地区内を歩き回り，予め一筆ごとに立てられた札（面積・所有者・耕作者が記載されている）と台帳を突き合わせ約5日間で調査を終えた。ただし，一筆ごとの実測はせず立会人もいない。

亀久保：委員と補助員のほかに他町村から雇用した測量士1人を加えた4人で一筆ごとの面積・境界を実測し，所有者・耕作者を立札で確認した。ときどき土地台帳とくい違っている場合もあり，調査は約1週間で終了。立会人はなし。

鶴ヶ岡：農地委員代行者のA. Tと補助員2人，測量士1人のほかに必ず立会人1人（小作地の場合は所有者と耕作者2人）が加わり，土地台帳の違いを実測により訂正した。このため調査は10日以上におよんだ。

この調査方法は補助員経験者から直接聞き取りした結果であるが，彼らはいずれも同一部落内で協議することはあったが，他部落の調査方法については知らされていない。亀久保の補助員S. Tは，筆者が聞き取りしたときでさえ「他部落

表10-13　農地委員による補助員の選任

農地委員＼補助員	小作	自作	地主	計
小作委員	1	9	—	10
自作委員	2	—	—	2
地主委員	1	2	3	6
計	4	11	3	18

資料：大井村農地委員会『公示綴』。

でも測量士が入って調べたはず」と述べていた（1985年2月調査）。この点は第7章で見た桜井村の部落補助員が独自に補助員会議を開き部落間で情報を交換していたことと対照的である。一方『農地委員会会議録綴』には「測量士」や「測量代金支払い」という記載があり，委員会の方針としては測量士を伴って実測するとり決めであった。この事実からみれば，上述の調査方法のうち苗間の場合はもちろん，大井についても「形式的調査であった」（A. Y 談）といえよう。逆に，亀久保・鶴ヶ岡では入念な調査を実施し，とくに鶴ヶ岡では正式の委員が不在であったにもかかわらず委員代行者A. Tを中心に2人の補助員（彼らは聞き取り調査時点でもA. Tが農地委員であったと信じていた）が精力的に一筆調査を実施した。ここには改革事業に取り組む姿勢が部落間で異なっていることが示されている。4部落のうち苗間・大井には本村のわずかな水田が集中的に存在し，神木家を頂点に地主層が比較的多かったのに対し，亀久保は農民組合の組合長S. Fを輩出するという社会的基盤の違いがあった。こうした部落間の勢力関係の差違は，先の一筆調査方法の違いと無関係ではないであろう。村全体としての統一的な改革実行体制の整備が不十分であったといえよう。

このように本村では補助員が果たす役割は各部落の農地委員の階層によって大きく異なっていた。そこで，この点に関し各階層の委員がどの階層の補助員を選んだのかをみておこう（表10-13）。補助員のうち地主階層に属する3人はいずれも地主委員により選任されているが，委員数が最多の小作委員は地主階層の補助員を1人も選んでいない。しかし，他方では小作委員は小作階層の補助員を1人しか選んでおらず，自作階層の補助員選任が圧倒的に多い。農地委員による補助員選任は部落別差異とともに，階層別差違も内包していたことになる。前述した苗間における一筆調査の不徹底性はそれ自体，同部落内での地主勢力の優位性を示すが，これを裏書きするかのように苗間の地主委員O. Tは敗戦直後に自ら小作地引上げを強行し，農委設置後に摘発されている。

表10-14　大井村農地委員会の書記経験者

（単位：町）

氏名	性別	専任・雇	年齢	階層	就任年月日	離任年月日	改革前		改革後		備考
							所有	耕作	所有	耕作	
N.M	男	専任	38	―	1946.11.15	1947.12.15	0.0	0.0	0.0	0.0	在村
K.G	男	専任	29	小作	1946.11.15	継続	0.0	0.8	0.8	0.8	復員
A.S	男	専任	26	小作	1946.11.15	1947.9.19	0.3	1.5	1.3	1.5	復員
I.K	男	専任	24	小作	1947.2.4	1947.7.1	0.7	2.5	2.0	2.5	復員
O.T	男	雇	29	自作	1947.5.1	1947.10.15	2.4	2.4	2.4	2.4	復員
Y.T	女	専任	23	小作	1947.9.1	1950.3.31	0.0	0.1	0.4	0.4	在村
K.S	男	専任	21	小作	1947.10.3	1949.10.1	0.0	0.1	0.1	0.1	在村
K.H	女	雇	52	小作	1947.10.25	継続	0.3	0.7	0.7	0.8	在村

資料：『農地等開放実績調査』。

こうして大井村の農地改革は基礎調査の段階から部落ごとの差を内包しつつ進行した。しかし農地委員会は部落間の違いを一切チェックしてはいない。むしろ，各部落の委員に補助員選任を委ねてしまったように，委員会運営は部落依存的性格をもっていた。言い換えれば，各部落の独自性を認めることにより，農地一筆調査という繁雑な業務を円滑化させた。農地改革の実行過程において部落補助員が「進歩と保守の両面にたいして機能した」[14]といわれるのはこのためである。だが一方では，違法な小作地引上げを，事後的に摘発するという実行体制も農民組合により整備されていくことも見逃せない（後述）。

3　専任書記

大井村の書記について第1に特筆すべきは，書記の交替が激しく，改革実行過程で延べ8人もの人物が就任したことである（表10-14）。この間の全員の事情は明らかにしえないが，一つには当時の書記が敗戦直後の職不足のなかで就労の場であったことが考えられる。8人のうち4人までが復員者であることや所有・耕作面積の小さい者が多いことが，この推測をある程度裏付けている。しかしながら，書記を就労の場を確保するという消極的意味においてのみ理解してはならない。戦地で敗戦を体験し復員・引揚げしてきた人々のなかには比較的教育程度も高く，敗戦を肌身で感じとり戦後の自らの生き方を農村民主化に見出し，新しい感覚をもって農地改革に挺身した人も少なくなかったからである[15]。とはいえ買収や売渡の計画樹立は村民の私有財産にかかわる重大な仕事であり，その中枢を担うことは時として村民から恨みをかうこともあった。こうした事情が書記の激しい交替の一因になったと思われる。

表10-14のなかで，本村の農地改革に最も深く関与したのはN. MとK. Gの2人である。N. Mは戦前期には社会民衆党員として村外で政治活動の経験をもつ政治家タイプで，改革期には大井村農民組合（日農系）の中心人物として主に政治的ないし運動的側面から本村の農地改革に関与した。書記については，改革当時に未曽有の昂揚を示した農民組合が「会長及び書記は農民組合で握れ」[16]という戦術をとったところもあるが，本村では組合のリーダー格の人物がそのまま書記に就任した。それだけにN. Mの影響力は大きく小作委員5人がすべて農民組合員で占められた。彼の書記在任期間はわずか1年余にすぎなかったが，その後も農地相談所の農地調整指導員[17]として委員会の重要議題のときには必ず出席し「監視」を続けている。

一方，K. Gは改革当初から改革完了まで，唯一，継続的に専任書記を担当した人物である。彼は戦前期には自家の農業に従事していたが，戦時末期の1943年8月に応召され南方（レンバン島）に出征し戦地で敗戦を迎えたのちに復員・帰村した。したがって，戦前期にとくに行政経験があったわけではないが，改革期には専任書記に抜擢され，主に行政的実務の遂行という側面から本村の農地改革に関与した。K. GはN. Mのような政治的に派手な存在ではなく，専ら改革事務に専念したが，当時，改革事務の中枢に位置することは相当な精神的覚悟と肉体的強健さが必要とされた。繁雑な改革事務を徹夜で処理することもたびたびあり，またあるときには深夜多数の人々が自宅に押しかけ押し問答したこともあった（K. G談）。このように本村の農地改革では，政治的・運動的側面と改革実務の遂行の二側面において二人の専任書記の果たした役割がとくに大きかった。

表10-15　改革直前の在・不在別地主的土地所有の構成（1945年11月23日現在）

（単位：町，％）

	自作地	小作地	計	構成比
在村地主所有地	258.59	107.21	365.80	80.9
不在地主所有地	30.41	39.92	70.33	15.6
国有地（軍用地）	—	15.86	15.86	3.5
計	289.00	162.99	451.99	100.0

資料：『農地等開放実績調査』。

表10-16　改革前後における小作地率の変化

（単位：町，％）

年月日	自作地（1）	小作地（2）	計（1）＋（2）	（2）／（（1）＋（2））
1945.11.23	289.0	163.0	452.0	36.1
45. 4 .26	312.9	143.2	456.1	31.4
49.10. 2	410.2	41.1	451.3	9.1
50. 8 . 1	407.4	44.2	451.6	9.8

資料：『農地改革実績調査』，『農地等開放実績調査』。

第３節　農地改革の実績と改革実行過程の諸問題

1　農地改革の実績と特徴

改革直前の農地構成からみていこう。表10-15によれば，総農地の約８割が在村地主所有農地であるが，絶対数でみると不在地主の小作地が40町近く存在し，逆に村外地主の自作地も30町ほど存在する。また，在村地主所有地だけに限定すれば小作地率は29.3％で低位である一方，約16町の国有地（軍用地）があり，そのすべてが小作地となっている。これに対する買収実績は約106町であり[18]，解放率は総農地の23.5％，総小作地の65.1％であった。全国平均の解放率（対総農地37.6％，対総小作地80.1％）と比べると，これはいかにも低い。だが，これだけでは農地改革の成果を評価する基準としては不十分であり，さらにいくつかの指標を取り上げて検討する必要がある。

表10-16は改革前後の小作地率の変化を示すが，戦前期に地主的土地所有の展

表10-17　改革前後における自小作別農家数の変化

（単位：戸，%）

年月日	自作農	自小作農	小自作農	小作農	その他	計
1944.8.1	95（22.2）	90（21.1）	81（19.0）	131（30.7）	30（7.0）	427（100.0）
47.8.1	141（31.3）	97（21.5）	84（18.6）	129（28.6）	—	451（100.0）
49.8.1	235（49.7）	202（42.7）	6（1.3）	19（4.0）	11（2.3）	473（100.0）
50.8.1	282（59.6）	169（35.7）	10（2.1）	8（1.7）	—	469（100.0）

資料：『埼玉県統計書』（各年度）。
注：「その他」は改革前には地主層，改革後には保有限度内貸付地所有農家を含んでいるが，1947年，50年については不明である。

開が比較的微弱であった大井村では改革前の小作地率が36.1%で，県平均48.6%や郡平均39.0%と比較してかなり低位であった[19]。一般に，改革による小作地率の低下は，改革前に高いところほど大きく，低いところほど小さく，その結果，小作地率の地域逆転が生じる。ところが本村ではこれがあてはまらず，改革後の小作地率も県平均12.3%や郡平均11.7%を下回る9.8%であった。このことは本村の農地改革が小作地の自作地化という点で徹底的に行われたことを示している。ただし，第二次農地改革法がいまだ成立途上にあった1945年から46年にかけて約５%の小作地率の低下がみられる。これは異なる資料間のデータの偏差を含むとはいえ，その一部は改革直前における小作地引上げを反映している（後述）。次に自小作別農家率の変化を見ると（表10-17），改革後の自作農家率は約60%で，これは県平均55.2%や郡平均55.9%を上回っている。一方，改革後の小作農家率は1.7%で，これも県平均2.9%，郡平均2.3%以下となっている。これらの諸結果も，本村の農地改革の徹底性を示すものとみてよいだろう。

しかし，こうした改革の徹底性とは別に，経営規模階層の変化をみると農地改革による零細農の創出という事実が浮かび上がってくる。この変化は前章（表9-5）でもみたように，２町を境に，これより上層で減少，下層で増加という対照的違いとなって現れた。とりわけ３～５町層の半数以下への減少が際立っており，これに代わって１町未満，とくに５反未満層の増加が著しい。つまり本村の農地改革は上層農や耕作地主を激減させ，中農下層以下の零細農を著増するという全般的落層化に帰結したのである。

以上のことから，農地改革により創出された大井村の戦後自作農はきわめて零

表10-18　改革後における専兼業別・経営規模別農家戸数

	3反未満	3～5反	5反～1町	1～1.5町	1.5～2町	2～3町	3～5町	計
専業	20	31	100	103	56	59	8	377
一兼	1	10	9	1	3	1	—	25
二兼	33	19	10	4	—	—	1	67
計	54	60	119	108	59	60	9	469

資料：『1950年世界農業センサス』。
注：経営規模は耕地以外の採草地や牧草地などを含む農用地面積による区分である。

細な経営規模であることを指摘しなければならない。改革後の経営規模階層と専兼業別構成を重ね合わせると，この点が一層明瞭となる。表10-18のうち経営規模階層の集中度が最も高い5～15反層をさしあたり本村の中農層とすれば，ここでは専業農家が圧倒的に多いのに対し，3～5反層では専・兼業割合がほぼ拮抗し，3反未満層では兼業（二兼）農家の方が多い。他方，15反以上の上層農では二兼農家は著しく少なく，上層農ほど専業率が高い。このように経営規模階層序列の格差はそのまま専・兼業割合の格差となっている。ここでとくに注目したいのは，農地改革が1町未満，とりわけ兼業率の高い5反未満の自作農を最も多く増加させたことである。都市近郊農村である本村の農地改革が，このような農業のみでは存立しえない零細自作農を最も多く創出していたことは，改革後（とくに高度成長期）における本村の土地問題をみる際に改めて顧みられるべき論点を提供する。

2　改革実行過程の諸問題

ここでは農地改革の実行過程で生起した諸問題のうち，地主の小作地引上げとこれに対する農地委員会の対応，旧軍用地の所管換の2点に焦点を絞る。その際，前者については，農地委員会を主要な舞台として活動した農民組合についても触れる。

(1) 小作地引上げと農民組合

自創法第6条2，5号は，改革により当然買収されるはずの農地でありながら地主の不正などにより買収洩れとなった農地を，小作人の申請あるいは農地委員

表10-19　農地一筆調査規則第４号の実績

（単位：反）

事　由	申告総数		自作と認定		小作と認定		自作・小作折半	
	件数	面積	件数	面積	件数	面積	件数	面積
世帯員の応召入隊	8	13.12	5	8.21	1	0.81	2	4.1
世帯員の病気	1	0.49	1	0.49				
	9	13.61	6	8.70	1	0.81	2	4.1

資料：『農地委員会会議録綴』。

会の計画により1945年11月23日現在の事実関係に基づき遡及買収できる規定を設けている。埼玉県では，これを受けて県令「農地一筆調査規則」を定め，同規則第３，４号をもって県内の市町村農地委員会に対して，1945年11月23日現在の事実関係を洗い直して申告すべきことを通牒している。この県令は45年11月23日という法定期日を遡及買収の問題だけでなく，買収計画樹立に先立ち改革前（戦時期および敗戦直後）の混乱期に発生した正当なあるいは違法な引上げを摘出し貸借関係を事前に整理・解消することにより買収・売渡事業の円滑化をめざすものであった。すなわち同規則第３号は「農地一筆調査の際，昭和20年11月23日以降，小作地を引上げられた者及び所有者が変った者，所有者の住所が変った者」の耕作者の申告，また第４号は1941年12月８日から45年８月15日までの「応召・徴用・疾病・就学その他公務就任等止むを得ない事由による一時貸付した農地」について地主からの申告を規定している[20]。前者が法定期日以降の小作地引上げに対する耕作権の復権，新所有者に対する耕作権の継続，買収忌避目的の引上げに対する遡及買収など耕作者側からの権利回復の申告，後者が戦時中（太平洋戦争期）の応召等による一時的貸付けを整理する地主側からの引上げ申告である。後者は改正農調法第９条３項による小作地引上げにほぼ相当する。以下，本村で件数の多かった第３号申告を中心にみていく。

大井村農地委員会は一切の業務に先立ち，農地一筆調査の２カ月後にこの審議に入っている。そこで第４号申告をみると（表10-19），農地委員会は戦時期の応召，疾病等によるやむをえない一時的貸付に寛容な姿勢をみせている。申告数９件のうち６件までが地主の引上げを正当なものとみなし地主の自作を容認している。しかし，申告者と被申告者の経営規模を比較すると（表10-20），申告者（地

表10-20　農地一筆調査規則第４号の申告者と被申告者の経営規模の相関

申告者＼被申告者	５反未満	５反〜１町	１〜1.5町	1.5〜２町	２〜３町	
５反未満						
５反〜１町		1			1	2
１〜1.5町						
1.5〜２町		1	1	1		3
２〜３町		4				4
計		6	1	1	1	9

資料：『農地委員会会議録綴』。

主側）の方が被申告者（小作側）よりも経営規模が大きいという場合が多い。なかには２〜３町耕作の上層農が２〜４反を引き上げた事例も３件ある。この申告はたしかに正当な事由があり，しかも経営規模からみて耕作能力の高い上層農による引上げであったが，他方では５反未満耕作者を多数（農家数の約３割）生み出した本村の農地改革の実績からすれば，この認定結果が果たして適切であったかどうか疑問が残る。しかし，この問題は農地委員会や申告者個人の問題というよりも，むしろ土地不足に触れない農地改革法の限界を示すものである[21]。改革は多くの農民に土地を与えたが，耕作能力，世帯員数，兼業状態などによっては耕作権を手放さざるをえない者もいた。しかし農家数からみて，引上げ件数がわずか９件にとどまったことは，よほどの正当な事由がなければ農地委員会は容易には引上げを認めなかった結果とみてよいだろう。

次に第３号申告については，まずその件数34が第４号申告件数の3.8倍に達していることが注目される。このことは戦時中の一時的貸付けを解消するやむをえない事由による小作地引上げが相対的に少なく，法定期日以降の土地争奪や引上げのほうがいかに多かったかを示している。そこでこの申告の対象となった小作地引上げの時期別発生状況をみておこう。表10-21によれば，小作地引上げは敗戦直後の２カ月間，第一次農地改革法発表後の３〜４カ月間，そして第二次農地改革実施（農地委員選挙）直前の４カ月間に集中している。第１の引上げは敗戦直後の多数の復員者・引揚者による人口増加（表10-22）に起因する地主の営農開始または営農規模拡大に対応しており，第２のそれは噂されていた農地改革が

表10-21　遡及買収の対象となった小作地引上げの推移

（単位：反）

年　月	件　数	面　積
1945年10月	3	3.8
11月	5	9.9
12月		
1946年1月		
2月	1	2.0
3月	6	9.2
4月	1	0.6
5月	3	3.1
6月		
7月		
8月	1	0.5
9月	1	2.5
10月	7	6.8
11月	3	3.0
12月	2	3.6
計	33	

資料：『農地委員会会議録綴』。

表10-22　敗戦直後の復員者数（1945年8月〜47年1月）

年　月	人　数	比　率
1945年8月	107	28.4
9月	68	18.0
10月	19	5.0
11月	11	2.9
12月	26	6.9
1946年1月	19	5.0
2月	15	4.0
3月	20	5.3
4月	10	2.7
5月	20	5.3
6月	37	9.8
7月	9	2.4
8月	5	1.3
9月	1	0.3
10月	2	0.5
11月	3	0.8
12月	3	0.8
1947年1月	2	0.5
計	377	100.0

資料：大井村役場「復員者名簿」（1948年12月）。
注：1）1947年2月以降は不明だが，48年6〜12月には，さらに10人の復員者が確認される。
2）引揚者や疎開者は含まれない。

現実のものとなった時点での引上げであり，そして第3のそれは地主の保有限度が一層厳しくなり農地委員選挙を間近にひかえた時点での地主の必死の引上げをそれぞれ反映しているとみてよいだろう。

表10-23は第3号申告を件数で表示したが，実際には1人で2件申告したものもおり，申告者数は全体で30人である。また被申告者の方も1人で数件にわたって申告されたものがあり（最高は1人で7件）合計20人となっている。同表によると，これらの地主の多くは2反未満の狭小な土地に執着しているという実態が浮かび上がってくる一方，なかには1町以上の小作地を引き上げたものもいる。彼らの耕作面積は判明しないが，所有面積は2〜4町層と5〜7町層に多く，自作上層から耕作地主層が自作地拡大を企図したものであった。例えば，苗間の引上げ地主の1人は5町1反余を所有し2町を耕作するという典型的な耕作地主で

表10-23　農地一筆調査規則第３号（遡及買収）の実績

（単位：反）

	申告件数	申告農地面積	小作と認定		自作と認定		自・小作折半	
			件数	面積	件数	面積	件数	面積
地主に引き上げられたため	19	23.6	17	18.3			2	5.2
地主が第三者に売却（貸付）したため	6	6.7	6	6.7				
現地主が当該農地を買得したため	2	2.9	2	2.9				
地主に返地したため	3	3.0	2	1.7			1	1.3
1945年11月23日当時地主不耕作のため	3	8.0	2	2.8	1	5.2		
地主の息子が応召解除により	1	0.7			1	0.6		
計	34	44.8	29	32.4	2	5.8	3	6.5

資料：『農地委員会会議録綴』。

あった（前述の地主階層の農地委員）。一方，小作側に眼を転じると，申告者30人のうち多くは５畝から１反５畝の土地を求めての申告である。彼らの経営規模をみると，５～７反の中農下層が最も多いが，５反未満層や１町以上層も含まれ必ずしも特定の経営規模階層に集中しているわけではない。このことは敗戦直後の食料不足，食糧供出の重圧，農家人口の急増，有利な闇売り等のなかで，経営規模階層のいかんを問わず農民各層が少しでも多くの農地を求めていたことを示している。

これに対して農地委員会が下した裁決では，総申告34件のうち29件（85％）までが小作側の申告を認めている。本村の農地委員会は小作地引上げに厳しく対処し耕作者の権利回復に努めたと評価できよう。このなかには45年11月23日以前の引上げも２件含まれ，法的強制の枠をこえて小作側に有利に認定した事例もある。ただし，２件だけ地主の自作を容認した事例がある。だが，これは世帯員２人が応召より帰還した事例と耕作者が他村民という事例である。また自作・小作折半という認定結果が３件あるが，うち２件は申告した耕作者も１町以上，もう１件も5.5反を耕作しており，ともに小作側の経営規模や生計状態が考慮されていた。

農地委員会が小作側に有利な認定を下した背景には，農民組合の活動があった。本村の農民組合結成は1946年12月10日で，これは農地委員選挙の直前であり，農地改革のために組合が結成されたとみてよい。既述のとおり，組合長には亀久保のS. Fが就任したが，実質的リーダーは戦前来の活動家であった専任書記N. M

であった。結成当初の組合員は約300人であり，これを『臨時農業センサス』(1947年８月１日）の農家数451と対応させれば約67％が組合に加入していたことになる。ところが聞き取りによれば，地主や自作で組合に加入した者はほとんどなく，これを除く農家数は310であり，自小作・小自作・小作農らのほとんどすべてが加入していたことになる。農地改革の実行過程において農民組合が関与した事項を『会議録綴』より拾えば，村内の小作料金額の決定，小作料の農業会（のちには農協）を通しての一括支払い方法の決定，農地委員会の重要議題（買収や売渡）の計画樹立の際に組合幹部らが必ず出席し「監視」することなどであった。とりわけ小作地引上げ審議の際にはリーダー格のN. Mのほか農民組合幹部（小作委員５人も含む）ならびに部落補助員の代表者も出席し農地委員会会議を見守っている。前述した第３，４号の申告は，この体制のもとで１件ずつ審議されていった。

しかし，農民組合の活動は農地改革の推進以外の面では意外に低調であった。たとえば，1947年４月の戦後初の村長選挙では組合推薦の立候補者さえ立てておらず，村会議員選挙で２人の当選者を出したにすぎない。また農協設立にあたっても，理事・監事らのなかに農民組合の代表者はいない（後述するように改革後に農地委員経験者が農協役員に就任するが)。もっとも農協に関しては，戦前期の産業組合解散の苦い経験が尾をひき，農民組合だけでなく村民一般が農協を敬遠する傾向にあった。農民組合も戦前以来の大井村農民の意識の底流にある共同主義を忌避する商人的・投機的気質を継承していた。こうして農民組合の活動は，村政の民主化や新生農協の民主的運営などの運動に発展することなく，農地改革推進に向け運動の全エネルギーを農地委員会に投入した。他方，農地委員会の側からみれば，それが地主の小作地引上げを摘発し耕作農民の利益を確保・主張する場であったことから，組合運動のエネルギーを吸収する恰好の舞台であった。結局，農地改革推進の組合活動の熱気は大衆運動の形態をとることなく，官製機構である農地委員会の枠内での組合幹部らによる改革「請負」という行政過程に収斂されていった[22)]。

(2) 旧軍用地の所管換

農地委員会が農地改革実行過程において「村の土地」拡大をめざして隣接市町村特別地域指定を申請したこと，またそれが隣村の鶴瀬村農地委員会の不同意により不成功に終わったことは第9章第2節で見たとおりである。しかし，この「村の土地」拡大の意向は以下でみる旧軍用地の所管換の努力にも引き継がれている。

現在，大井町亀久保西部の一角を占めている自衛隊大井通信所は，戦時期以来の国有地を敷地としている。しかし，国有地のすべてがそのまま自衛隊の敷地になったのではなく，以下でみるように約半分近くの土地は農地改革期の所管換により地元農民に解放された。もともと，この土地が国有地となったのは1942年のことで，陸軍通信施設を建設するために陸軍が地元農民から土地を買い上げ大蔵省の所管になったことによっている。次の資料（大井村役場『昭和十七年　東部経理部軍用地買収関係綴』）が当該地の買上げ当時の事情を伝えている。

軍用地買収業務協力方通牒

昭和十七年八月二十日　　東部軍経理部長

大井村長殿

時局ニ伴フ緊急軍施設所要敷地トシテ今般貴村大野原地元ニ於テ軍用地買収致度ニ付之カ買収業務ニ関シ左記ニ依リ御協力相煩度候也

記

一. 地主ニ対スル土地買収折衝案内

別紙案内書案及関係地主一覧表ニ依リ案内方御取計相煩度

二. 買収折衝ノ選定及貸与　適宜御改定ノ上可然準備貸与相煩度

三. 買収官其ノ他

当日当部ヨリ陸軍主計中佐田中嘉三ヲ買収官トシテ差遣可致ニ付宜敷御援助御斡旋相煩度

戦時期における軍からの依頼（命令）を拒否することはとうてい考えられず・大井村民（一部隣接する福原村民も含む）51人の土地所有者がこれに協力している。軍が買い上げた土地面積を字別に示せば表10-24のとおりである。軍はこれを通信用施設の敷地や宅地として利用したが，すべてが軍用地化されたわけでは

表10-24　軍用地買上面積（1942年）

（単位：反）

地目＼字	大野原	三角	武蔵野	計
畑	71.7	42.7	115.2	229.6
山林	69.3	102.6	―	171.9
計	141.0	145.3	115.2	401.5

資料：『東部経理部軍用地買収関係綴』。

表10-25　旧軍用地所管換の実績

（単位：反）

地目＼字	大野原	三角	武蔵野	計
畑	24.4	8.0	97.0	129.3
山林	7.9	38.9	22.8	69.7
計	32.3	46.9	119.8	199.0

資料：『土地登記照合台帳』。

ない。買い上げられた土地のなかには畑地も含まれ，これは戦時中の食糧増産の要請もあって地元民により耕作され続け国有小作地のかたちで農地改革を迎えている。

一般に，農地改革における旧軍用地の取扱いに関しては「連合軍使用中のもの以外は，『農耕の為可及的速かに開放』する」という方針から，「耕作適地は優先的に農地改革の目的に供す」[23] とされた。だが，軍用地の場合，すぐに農地として利用できない山林・原野なども多く，その場合は緊急開拓事業の対象とし未墾地解放の一環とするなどの措置がとられた。具体的手続きとしては，市町村農地委員会が県農地委員会を経由して農林省へ申請し，これに基づき当該軍用地が大蔵省から農林省へと管理換となり，そして地元農民に解放されるというものである。大井村の旧軍用地所管換に関し，『会議録綴』は1948年８月に「旧軍用地15町９反中２町７反を残してすべて売渡計画を終了」と記している。だが，この面積を国有化当時の買上げ面積と比較すると，この15町９反は旧軍用地のすべてではないことが判明する。「売渡計画を終了」とされたこの面積が買上げ当時のどの部分に当るのかは不明だが，農地委員会が何らかの基準で計画した所管換申請面積と思われる。ところが実際の土地登記では，これよりも多い約20町が所管換となっており（表10-25），そこで生じる6.7町の差（売り残した2.7町を含む）が所管換「山林・畑」と面積上ほぼ一致する。この点について，聞き取り調査によれば，旧軍用地の所管換をめぐっては本村農地委員会と大蔵省出先機関（財務局川越出張所）とのあいだで少なからざる攻防戦があった。財務局側は「国有地には地目がない」，「土地価格はこちらで決める」という理由を持ち出し所管換による解放に強い難色を示した（K. G 書記談）。これに対して農地委員会は県農地部

表10-26　農地委員・専任書記の改革後の主な経歴

氏名	旧階層	主な経歴
S. H	地主	第二回農地委員会会長，農業委員会会長，社会福祉協議会会長
O. T	地主	
M. K	地主	
A. S	自作	食糧調整委員，第二回農地委員，農業委員，教育委員，PTA 会長
Y. N	自作	
A. H	小作	第二回農地委員，農業委員，村農協組合長，合併後農協常務
O. M	小作	農業委員，村議，土地改良区理事，村農協組合長代理
S. F	小作	区長，村議，PTA 会長，村農協理事および監事
T. H	小作	農業委員，消防団長，村議，町議
A. M	小作	
N. M	専任書記	村議，町議，町議会議長，社会福祉協議会副会長
K. G	専任書記	農業委員，区長代理，役場勤務（農業委員会事務局長，土木課長等）

資料：聞き取り調査。

と緊密な連絡をとりながら財務局側の主張を掘り崩す工作を進め，ねばり強い交渉を続けた。ただし，支援してくれた県農地部もさすがに農地改革の対象外である山林解放には消極的であり，一方で農地委員会は地元農民らの協力を得て軍用地内の山林を開墾・畑地化する作業を同時に進めた。「山林・畑」という地目は，これによるものと思われるが，この件について所管換業務で奔走した専任書記K. Gは「むてっぽうなことをした」と述懐していた。旧軍用地所管換をめぐる活動は本村に約20町の農地拡大をもたらしたが，こうした努力のなかに，改革期大井村の「土地拡大」欲求の一端をみることができよう。

第４節　改革後における農地委員，書記経験者らの役割――高度経済成長期の地域開発との関連で――

1　改革後の農地委員・専任書記らの経歴

最初に述べたように，ここでは農地委員会に直接かかわった委員や書記らの改革後の農村社会における役割を考察する。その際，改革後における大井村の一大変化である高度経済成長期の地域開発との関連に重点を置くことにする。

表10-26は農地委員・専任書記（改革に深く関与した２人）らの改革後の主な

経歴を示している。同表から，委員や書記の経験者らの多くが改革後も引き続き主要な機関や団体の役職・公職に就任していることが確認できる。だが，委員によって役職経験に相当な個人差があり，改革前の旧階層に即してみれば，地主や自作委員よりも小作委員の経験者のほうがより多く就任していることが読み取れる。まず地主委員３人をみると改革後に役職経験をもつ者はS. Hただ１人である。S. Hは戦前期の大井村を代表する耕作地主のひとりであり，村議などの要職を多数歴任してきた有力者である。彼は軍隊時代には軍曹まで昇進した経歴をもち，戦後も長いあいだ村民から「軍曹」と呼ばれ続け，農地委員会会長（第２回）のほか名誉職のひとつである社会福祉協議会会長にも就任している。また自作委員のうちではA. Sに改革後の役職就任の経歴がある。A. Sは改革期には農地委員会会長として改革に協力的な立場をとったが，彼は改革前には所有2.2町，耕作2.5町という上層農であったにもかかわらず改革によって農地の売渡しを受ける側であった。つまり彼は個人的には小作委員らと利害が一致する立場にあり，この意味で積極的な改革推進者であった。彼は小作委員以外ではただひとり多くの役職に就任し，1950年代末からの新住民増加のなかで村政基盤としての意味をもちはじめるPTA会長にも就いている。

一方，小作委員経験者をみると，５人のうち４人までが何らかの役職に就任している。このうちS. Fは改革当時の農民組合の組合長であり，組合リーダーであったN. Mとともに1947年２月に行われた戦後初の村議選で農民組合勢力を基盤に初当選を果たしている。なお，この村議選について一言すれば，上記２人を含む16人の村議全員が新人であり，かつ平均年齢が47歳で，村政指導層の世代交替が進んだ[24)]。また小作委員の経歴に関して，地主・自作委員らにはみられない農協役員（理事・監事）就任についても見逃せない。いずれにせよ農協・農業委員会・土地改良区・村会など耕作農民とかかわりの深い村内主要機関の幹部に小作委員経験者の方が多く就任していることが注目される。小作委員らが農地改革を通じて耕作農民の利益を主張・実現したことが，農民層にとって，委員経験者を改革後の新指導層へと押し上げていく価値基盤になったとみてよいだろう。

ところで，一般に戦前期には小作層は地主層に比して教育を受ける機会に乏しく，村の政治や行政に携わる経験も少なかったであろう。それゆえ改革当初は委員会運営をめぐる「知的装備と公的事務の経験に関する限り，小作委員は地主委員の相手ではなかった」[25]という状況もあったであろう。しかし，改革実行過程は小作委員に複雑な法律の理解力と行政的実務能力を要求し，ときに地主委員との激論を交える政治的かけひきを経験させた。こうした経験は彼らにとっておそらく初めてのことであり，「模倣する何物も過去にもっていない」[26]というのが実情であった。だが，これらの経験は彼らが改革後の新農村指導者へと「上昇」していくうえでの重要な訓練であった。しかも大井村の場合，小作委員は地主・自作委員らと比較して世代的に若い年齢の者が多く，それだけにエネルギーにも恵まれていたことから，行政能力と政治力の涵養の面で一層適していた。

次に専任書記についてみてみよう。本村の数多い書記経験者のうち，ここでは本村の農地改革に最も深く関与したK. GとN. Mの二人に絞って検討する。K. Gは本村の農地改革で最初から最後まで専任書記を担当した唯一の人物であった。彼は戦前期に行政経験はなかったが，1946年6月復員後，同年末に専任書記となり，「農地委員選挙人名簿」の作成から業務を開始した。彼は当時29歳であったが，農地台帳の作成，隣接市町村特別地域指定申請，旧軍用地所管換などの厄介な業務を中心的にこなし，とくに所管換では県農地部，地方事務所，財務局（大蔵省出先機関）などの関係各機関との折衝の任に当った。先にみた改革実行過程における繁雑な事務処理が行政能力の訓練となったのは，小作委員の場合以上であった。改革後の彼は役場一筋に地方行政の道を歩んでいくが，そのなかでもとくに土地や経済に関する業務が多く（農業委員会事務局長・土木課長など），改革期の訓練が，その後の経歴に生かされた典型例であった。

次に，もう一人の専任書記であったN. Mは，書記の在任期間が短く，農地改革に対しては書記としてよりも，むしろ農民組合幹部としてかかわったという面の方が強かった。改革期の農民組合結成では戦前期の活動家が存在する場合，その人物が大きな役割を果たすことは第7章でもみたが，N. Mの場合もそれに該当する。彼は戦前期には社会民衆党の活動家であり村政に関する要職に就いたことは一度もなかった。しかし改革期には村内民主化運動の旗手として登場し，農民組合の実質的リーダーとなった。N. Mが書記辞任後，県の農地調整指導員として農地委員会にたびたび出席し農地委員会に圧力を加え改革徹底化に寄与したことは先述のとおりだが，彼は以後５期（約20年間）にわたって大井村の政治的中心人物に「上昇」していく。ただし，N. Ｍは改革期にも自らは農民組合長にならなかったように，改革後も村長・町長には就任せず（出馬要請はあった），村議・町議・村（町）会議長として村政（町政）の根回し役に徹するフィクサー的存在であった。N. Ｍが高度経済成長とともに，しだいに「保守」に転じていくことは村民らの周知の事実であるが，彼のこの政治的立場の軌跡を振り返ると農地委員会運営の副産物である改革後の新指導者形成の意味が一層よく理解されよう。こうしたN. Ｍの戦前と戦後の経歴の断絶性は，彼が改革期に書記，農民組合幹部として農地改革に関与したことの結果であった。

2　地域開発の進展と委員・書記経験者らの役割

農地改革完了の２年後に制定された農地法は，「農地はその耕作者みずからが所有することを最も適当」とする自作農主義を基本理念とし，改革の成果を恒久化・固定化することを目的としていた。ここでみる農地所有の権利移動についても市町村農業委員会（その前身の一つは農地委員会）と知事の許可制がとられた。とりわけ農地の農外への転用については，改革直後には食糧増産が国内経済復興のうえで至上命令であったため転用許可基準も厳しく，農地の潰廃をできるだけ制限し工場施設用地は極力農地以外とすべきことが政策方針とされた。しかし，この厳格な転用許可基準は，1950年代半ばから始まる戦後日本資本主義の強度高蓄積下において農村地域の工業化・都市化が日程にのぼり，非農業的土地利用の需要が増大するにおよんで再検討される。すなわち，「国民経済その他一般公共利益」の名のもとに地域開発を押し進めるうえで障害となる農地転用許可基準が大幅に緩和されるに至る。1959年の農林次官通達「農地転用許可基準の制定について」がそれである。一方，1956年には東京を中心とする首都圏全体の土地利用計画の実現をめざす「首都圏整備法」が制定され，58年には首都圏を既成市街地，近郊地帯，都市開発区域に３区分し都市開発の総合的広域化をめざす最初の「首都圏整備計画」も策定されている。大井村の地域開発は，こうした開発計画の動きのなかで1950年代末から開始されていった。

開発はまず初めに山林から着手された。表10-27によって開発に伴う土地面積

表10-27　農地改革後の大井村（町）農業の変貌に関する諸指標

年次	耕地（ha）				山林（ha）	宅地（ha）	工業		人口（人）	世帯数（A）（戸）	農家数（B）（戸）	(B)/(A)（%）
	水田	普通畑	樹園地	計			事業所数	従業員数（人）				
1950年	14	444	31	489（100.0）	143（100.0）	＼	＼	＼	4,535	797	469	58.8
60	15	434	34	483（98.8）	130（90.9）	＼	38	479	4,949	892	461	51.7
65	14	404	34	454（92.8）	101（70.6）	161*	64	2,559	9,876	2,253	434	19.3
70	—	363	28	399（81.6）	100（69.9）	211	115	3,354	19,613	5,092	398	7.3
75	—	308	36	351（71.8）	89（62.2）	238	155	3,610	31,990	8,793	376	4.3
80	—	284	32	322（65.8）	81（56.6）	257	165	3,834	35,538	10,511	358	3.4
84	—	＼	＼	296（60.5）	65（45.5）	259	＼	＼	37,215	11,644	＼	＼

資料：各年の『農業センサス』および大井町役場（企画財政課，税務課）資料。
注：1）＼は不明，—は数値ゼロ，（　）内は1950年を100とする指数を示す。
2）水田は『農業センサス』では存在するが，これは他市町村への出作によるものであり，大井村（町）内では1968年以降消滅している。
3）＊は，1966年の数値を代用したことを示す。

の減少を見ると，改革完了時の面積を基準として約3割減となるのが山林の1965年であるのに対し農地では75年となっており，この間に約10年の開きがある。同様のことは約4割減となる75年と84年にも見出すことができる。もちろん，この背景には大井村の山林がすべて武蔵野台地に特有の平地林で開発しやすい条件であったこと，また法律的規制の面で農地よりも山林の方が手を着けやすいという事情があったこと，さらに農地の肥力補填において山林への依存度が低下していたことなどの事情があった。

ここで転用件数・面積が判明する農地について開発の経過を概観しておこう（図10-2）。前述のように1959年に転用許可基準は大幅に緩和されたが，これを機に堰を切ったかのように転用面積は急増している。この時期の農地転用は東武鉄道による東上線沿線の開発構想が直接の引き金であった。具体的には東武がダミー会社のM興業を通じて農家からの土地買収（いわゆる「地上げ」）を進める一方で，村当局との連携を図りつつ企業を誘致するという形で進められた。したがって，農地転用は権利移動を伴う農地法第5条によるものが多く，進出企業も大手資本が中心で，開発当初（1959～61年）の1件当り転用面積の大きさにこれが現れている[27]。61年までに東亜燃料工業，日清製粉，大日本セルロイド，住友商事（社宅）が進出し，63年の日本楽器，64年の本田技研工業（社宅），電々公社がこれに続いている。60年代前半（昭和30年代後半）までのこのような大手資

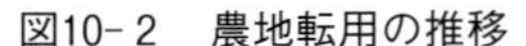
図10-2　農地転用の推移

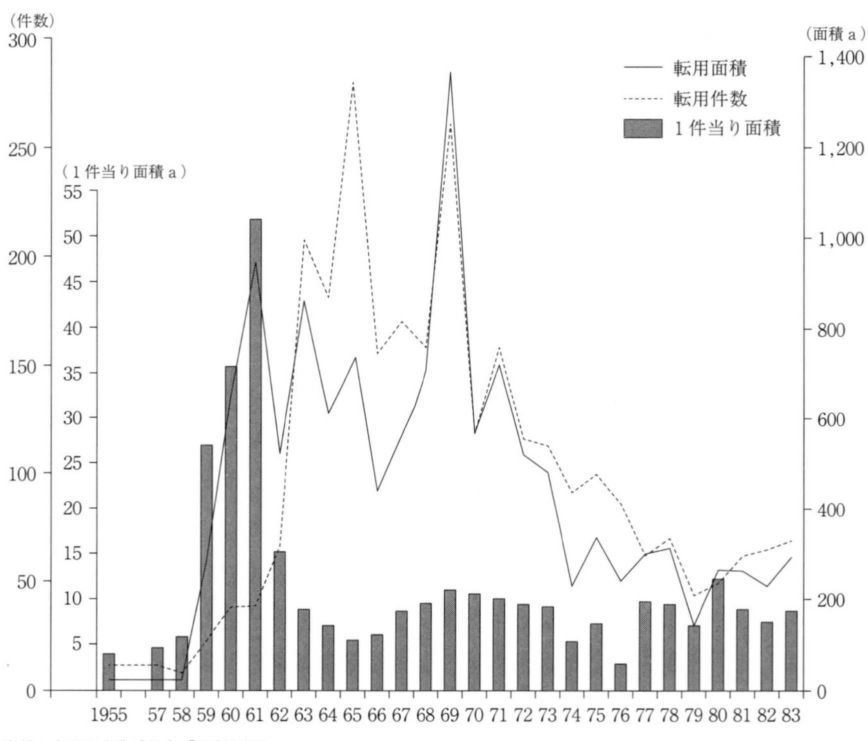

資料：大井町農業委員会『農業実績』。

本の進出は大井村特有の現象ではなく，この時期の東京周辺の開発地域では，ある程度まで共通にみられたのであり，「農地の農業外への転用流出についていえば……とくに昭和30年代に総固定資本形成との相関が著しく高い」[28] ことが特徴であった。

こうした大手資本の進出後，60年代半ばからは中小工場の敷地と宅地への転用が相対的に増加し，件数では65年がピークをなしている。さらに60年代後半から70年代にかけては建売住宅や賃貸住宅の建築ラッシュを迎え，宅地への転用が主流を占めるなかで69年に２度目のピークを迎えている。この時期の特徴は「東京の拡大」に伴う「人口の郊外化」が進み農地・山林を問わず「鉄道の駅を中心に……宅地の蚕食が起こる」[29] ことであった。大井村４部落のうち東上線上福岡駅

表10-28　地域開発直後の大井村財政（1956年度）

（単位：1,000円）

歳入			歳出		
科目	決算額	構成比（%）	科目	決算額	構成比（%）
村税	8,616	57.8	役場費	4,374	29.4
地方交付税	2,620	17.6	教育費	4,823	32.4
使用料・手数料	44	0.3	産業経済費	961	6.4
国庫支出金	228	1.5	保健衛生費	391	2.6
県支出金	262	1.8	警察・消防費	523	3.5
繰越金	100	0.7	土木費	170	1.2
雑収入	37	0.2	諸支出金	752	5.0
村債	3,000	20.1	公債費	2,183	14.6
			その他	732	5.0
計	14,909	100.0	計	14,909	100.0

資料：『大井村歳入・歳出決算書』。

に最も近い亀久保でスプロール化が最も進んだ。このような農地・山林の一大減少の過程は，同時に県外，他市町村からの新住民の膨大な流入過程でもあり，世帯数・人口とも爆発的に増加し農家数の割合は急減した。大井村はもはや農村ではなく，首都圏30km圏内に位置するベッド・タウンと化してしまった。しかし，この都市化・工業化の進展を政府や県の政策，資本の進出という村外の諸要因に帰着させるだけでは事態の説明としては不十分であり，大井村自体の内生的志向にも眼を向ける必要がある。開発初期の土地買収の経過をいま一度振り返っておこう。

周知のように，1950年代前半は占領終結と朝鮮戦争ブームのなかで米中心の自立食糧増産をめざす補助金行政が息を吹き返す時期である。だが，この政策展開は50年代半ばからの高度経済成長期以降の政策見直しとも相まって，農業の「曲り角」を現出させ，小麦を中心とする余剰農産物の輸入と抱き合わせで行われたため，本村のような麦作地帯にとっては農業構造の転換または農業の見切りを迫るものであった[30]。一方，地方財源が不安定なもとでの補助金行政の展開は自治体の委任事務量の増大を招いただけでなく，かえって補助金不足分の地元負担の増加を補填する地方債の増発と利払いにより50年代半ばには地方財政の極度の窮迫を招いた。表10-28は財政事情の窮迫がピークに達する1956年度の大井村の歳入・歳出状況を示すが，歳入に占める村債の比率20.1%，歳出に占める返済額（公債費）の比率14.6%が赤字体質の財政構造を浮き彫りにしている[31]。

こうしたなかで「ふってわいた話」がさきの東武鉄道による沿線開発構想であった。農業の「曲り角」に直面し，村財政再建の方途である町村合併にも成功できなかった大井村は1959年に「大井村工場誘致条例」を制定する。同条例は「本村に工場又は，事業場の新設を積極的に推進する」ことを目的とし，村議・助役，農業委員会・農協代表者，村内各区の区長らが構成する「工場誘致委員会」が推進母体として組織された（同条例第１，２条）。同条例制定後の開発の経過は前述のとおりだが，ここで注意を喚起したいのは，この工場誘致委員会のなかには農地改革期に委員や書記を務めた者が少なからず含まれていたことである。前述のように，彼らは改革期に身につけた政治力と行政能力を背景に改革後の大井村で相当高い政治的・行政的地位にあり村民らの信望を集めていた。それだけに地域開発の経過のなかで彼らがいかなる役割を果たすのかが注目される。一例を示そう。

開発初期の東武鉄道による土地買収はＭ興業の手で順調に進み，1958年12月には早くも５万坪の農地売却に関する第１回目の契約が結ばれた。その後，さらに売買契約は進み，東武は村当局との連絡を図りつつ企業誘致にも着手しはじめる。ところが，順調に進捗してきた土地買収は幹線道路の建設に必要な最後の農家５戸の承諾を得ることができず買収は一時暗礁に乗り上げてしまう（59年10月）。だが，土地買収と並行して企業誘致に乗り出していた東武はすでに東亜燃料工業との間で誘致契約を済ませ，予定面積の早期買収を図るべく村当局に対し難航している農家５戸の買収工作を依頼してきた（59年12月１日）。ここに資本による「地方政治に対する工業化の圧力」[32]がみられた。

そこで，この東武の依頼に呼応して村当局は当該農家５戸の説得工作に乗り出すことになる。その中心人物は工場誘致委員会のなかでも有力な存在であった村会議長のN. Mと農業委員会会長のS. Hであった。この２人の個別訪問による説得工作は相当な効果を上げ，結果的には，東武の依頼（要求）からわずか１カ月以内に予定の土地売買契約はすべて完了している。彼らが「地域振興のため，公共の福祉のためという殺し文句を楯にとり，拒否すれば村八分という環境の中で農民を説得して」[33]いったことは想像するに難くない。農地改革期以降，彼らが「村の利益」を追求し，かつ実現してきた有力な村政指導者であったからこそ，この説得はより効果的であった。このようにして押し進められた土地買収に伴う土地登記，農地転用に関する行政事務を中心的に担当したのは，当時，農業委員会事務局長であったK.Gであった。もっともK.Gの場合は役場事務の責任者として業務を担当したにすぎないが，それでも土地売買に関するトラブルや売却農地の選定などについてたびたび村民からの相談に応じたという。いずれにせよ本村の地域開発の進展を支えた内的要因を，その人的構成の面からみると，農地改革期の農地委員会運営の遺産という特質をもっていたことは否定しえない。もちろん工場誘致委員会のメンバー全員がそうであったわけではない。しかしながら，前述のように土地買収が難航する場合など開発の進展に直接かかわる重大局面において「村の顔役」であった農地委員や専任書記経験者らの果たした役割は，やはり十分注目しなければならない[34]。

大井村農地委員会は改革期には地主の小作地引上げを極力防止し耕作者への土地還元に努め，また村全体の利益をめざして旧軍用地の所管換では村の農地を拡大することにも奮闘し，一定の成果を上げた。しかし，改革後10年を経た地域開発期には，かつての農地委員や専任書記（および農民組合幹部）らは，村会・農業委員会・農協の幹部として皮肉にも逆の役割を果たすことになった。それは，「村の利益」のために耕作農民と農地を切離し，村の農地を縮小することにほかならない。主観的にはどうであれ，客観的にみれば彼らの果たした役割は東武資本の要求を受け入れ，開発事業を円滑化するための条件を村の内側から整備することであった。農地委員会運営にかかわった委員や書記らが土地問題に精通していたこと，改革の「成功」を通して村内で高い政治的・行政的地位を築いていたことが，この「資本のための土地調達」を可能にしたのである。こうして自作農体制を創り出すという農地改革を遂行した委員や書記経験者ら（もちろん全員ではないが）は，改革後10年の歳月の流れと，この間の大井村をとりまく社会経済条件の変化のなかで，今度は自作農体制の基盤そのものを掘り崩していくという正反対の役割を演じたのである。

むすび――小括――

本章の課題は，都市近郊農村における農地改革の実態を踏まえたうえで，改革後，とくに高度成長期の農地委員経験者らの独自の役割を追究することであった。改革後10年足らずのうちに急速に工業化・都市化に見舞われた大井村の事例からは，農業が基幹産業である農村とは異なる独自の役割を確認することができた。それは端的にいえば，国家（政府）を媒介としない個別資本の直接要求に応えて積極的に土地買収・農地転用を図り地域開発を押し進めることにより「村の利益」を追求するということであった。

ところで農地改革による農村社会の構造変化を踏まえたうえで，改革後の新農村指導層を「国家独占資本主義のエージェント」と位置づけたのは栗原百寿であった。栗原によれば，この「エージェント」は農地委員のほかに農協役員，農業委員など「農村のあらゆる行政ないし業務機関の役職員等によって構成され」，彼らは「国家独占資本主義に全く従属する下請け機関」の諸役職を独占的に兼務する「半職業的な農村ボス層」であった[35)]。栗原のこの指摘は戦後日本の農村指導層に関する研究の嚆矢をなし，今日なお省みられるべき論点を提起している。しかし，栗原の「エージェント」論の難点の一つは戦後農村の指導層として農地委員，農協役員，市町村議員などを並列的に取り上げ，これらを地主制解体後の「農村における新しい支配者」と位置づけるにとどまり，彼らが農地改革の実行過程とどのような内的関連を有しながら形成されたのかを具体的に解明していないことである。この点を補完する一つの試みとして，筆者は農地委員会の活動を基盤とする新農村指導層の形成論理を検討してきた。実際，栗原の場合，「エージェント」の形成過程に着目していないため農地委員会専任書記の独自の役割が見過されているだけでなく，専任書記に関する論及も見当たらない。また第2には，栗原の「エージェント」論が比重的には農協を中心とする農業団体との関連で論じられている場合が多く，農業内部での農業政策の「下請け機関」としてのみ取り上げる基調にあったことである。もとより農業政策との関連での「エージェント」論は必要であるが，本章でみたような個別資本の直接要求を満たしていく「エージェント」としての役割も無視することはできない[36]。この意味で，地域開発の進展を下支えした「エージェント」を創出するに至った都市近郊農村における農地委員会の独自の機能を認めることができるであろう。農地改革そのものは国家事業であったが，これを末端農村で担ったのは農民のなかから農民により選ばれた農地委員であった。このことは改革事業を「成功」に導いただけでなく，委員会運営の副産物たる新農村指導層をも形成した。彼らは戦後農政のみならず個別資本の要求さえも農村内部へ浸透させていく有力な媒介者となった。農地改革が改革後の日本社会におよぼした影響は，農村の工業化・都市化を推進した地域開発の進展過程にも歴史の痕跡を刻み込んでいたのである。

注

1）大井村は1966年の町制施行に伴い大井町となるが，本章が取り扱う時期は他町村との合併はなく行政区画の変更もないため大井村と記す。ただし平成の合併により上福岡市と合併し，ふじみ野市となっている。

2）ここで大井村の地域開発の位置づけをしておこう。一般に戦後日本の地域開発を概観すると，近年の都市再開発を別とすれば，①敗戦後の経済復興を目的とする資源開発，②高度成長期における産業基盤の整備・拡充を目的とする開発，③急激な成長に伴う地域格差の是正を目的とする開発の三段階が措定される。大井村の開発の開始は時期的には②の初期に該当するが，しかし，それは太平洋ベルト地帯の重化学工業化に帰結する開発とは異なり，東京における経済的諸機能の集積が限界に直面し，これを緩和する目的で構想された「首都圏整備基本計画」(1958年）に対応するものである。以上の諸点については次の文献を参照。村田喜代治『地域開発と社会的費用』東洋経済新報社，1975年，61～87頁，123～133頁。武内哲夫「地域開発論序説」喜多野精一・安達生恒・山本陽三編『農山村開発論』御茶の水書房，1974年，８～13頁。上原信博編『地域開発と産業構造』御茶の水書房，1977年，序章，３～13頁。

3）村内最大地主・神木光治家所蔵の「村内物産取調帳」(明治７年）より推算した。

4）「入間郡大井村商工会将来発展ノ見込ニ関スル意見書」大井町史料『埼玉県行政文書８』(原資料は埼玉県立文書館所蔵)。

5）この地方の農業がいかに江戸（東京）から輸送されてくる人糞尿に依存していたかを指摘したものとして渋谷定輔『農民哀史から六十年』岩波新書，1986年，24頁以下がある。

6）大井村の産業組合については，福田勇助「都市近郊における農村協同組合の展開

構造」『筑波大学農林社会経済研究』第12号，1994年，を参照。

7） 聞き取り調査によれば大正期頃には地主層だけでなく中上層の多くが米相場や株に手を出している。また明治初期には宿場町に特有の賭博がさかんに行われ県当局からたびたび注意を受けている。大井町史編さん委員会『大井町史』通史編，下巻，1988年，53～54頁。

8） 農地委員会埼玉県協議会・埼玉県農業復興会議共編『農地改革は如何に行われたか――埼玉県農地改革の実態――』農地委員会埼玉県協議会，1949年，7頁。

9） 戦時期に入り小作地率が若干上昇するが，これは戦時期特有の労働力不足による農地の一時的貸付けのほか，1942年の陸軍による軍用地買上げに伴う国有小作地によるものである（後述）。

10） この小作調停事件については前掲『大井町史』資料編Ⅳ　近現代Ⅱ，新聞資料，1986年，130頁による。

11） 前掲『農地改革は如何に行われたか――埼玉県農地改革の実態――』286頁。

12） 農地改革資料編纂委員会編『農地改革資料集成』第十一巻，農政調査会，1980年，789頁。

13） この点については改革当時に「農地委員会の農地買収という事務そのものは部落というものを離れて考えることはできない」と指摘されていた。近藤康男『土地問題の展開』時潮社，1948年，87頁。

14） 農地改革記録委員会『農地改革顛末概要』農政調査会，1951年，515頁。

15） 全国的には専任書記の20.1％が疎開，引揚，復員者であった。前掲『農地改革顛末概要』552頁。

16） 新潟県農地部農地開拓課『新潟県農地改革史　改革顛末』新潟県農地改革史刊行会，1963年，165頁。

17） 農地調整指導員は戦時農地政策においてすでに制度化されていたが，埼玉県では農地改革に際して県下36カ所に設置された農地相談所を中心に改革趣旨の宣伝，農民指導を果たすべく，知事が農民団体より推薦された者を任命した無給嘱託の指導員である。前掲『農地改革は如何に行われたか――埼玉県農地改革の実態――』91頁。

18） 都市近郊の農地改革では宅地の買収が大きな争点になった（佃実夫「草の根民主主義の変容」思想の科学研究会編『共同研究　日本占領軍　その光と影』上巻，現代史出版社，1978年，393～422頁）。佃によれば，横浜市，川崎市では改革当時すでに宅地の買収価格が農地のそれを200倍以上上回る住宅密集地があり，宅地とするのか農地とするのか「見解が一定せず，買収を巡って問題が生ずる」状況にあった。また農地委員会神奈川県協議会編『神奈川県農地改革史』1949年，188頁。こうした問題は都市部で顕著に現われ，「東京都住宅商工用地確保連盟」が農地の買収除外運動を展開し農地改革を骨ぬきにした事例もある。江波戸昭「東京都区部における農地改革」『明治大学人文科学研究所紀要』別冊６，1986年。埼玉県でも川口市や熊谷市では「農地改革関係者」と「都市計画関係者」が激しく対立し，川越市では市当局と農民組合との対立から暴行事件が発生している。農政調査会編『農地改革事件記録』1951年，1273頁。しかし大井村にはこの議論はあてはまらない。宅地買収が６反余あったが紛争はなく，商工業者の目立った動きもなかった。改革実績からみて農村部の農地改革とみなしうる。以下，農地のみに問題を限定する。

19）　以下，県・郡段階の改革実績は前掲『農地改革資料集成』第十一巻，276～279頁による。

20）　前掲『農地改革は如何に行われたか――埼玉県農地改革の実態――』124頁。

21）　近藤康男『日本農業の経済分析』岩波書店，1959年，34頁。

22）　農地委員や組合幹部らによる改革「請負」が農民運動の衰退を招いたことについて，山口武秀は，「日農の不活発化」は「農地委員会がうごきだした1947年後半期からおこっている」と指摘している。同『戦後日本農民運動史（上）』三一書房，1955年，109頁。

23）　前掲『農地改革顛末概要』297頁。

24）　この16人全員は定数と立候補者数が等しいため無投票当選したもので，村議の部落推薦制という政治指導体制の「型」の連続性は存在していた。この点については石田雄『現代政治の組織と象徴』みすず書房，1978年，74頁，169～170頁を参照。

25）　前掲『農地改革顛末概要』514頁。

26）　農地委員会全国協議会編『農村に於ける土地改革――農地改革現地報告――』1948年，78頁。

27）　この時期の非農業的土地需要の増大は農地一筆ごとの転用許可の事務処理能力の限度をこえる事例が多く，「一筆主義ではなく圏域主義，つまりゾーニングという視角から土地利用を大きくとらえていくべき」事態にあった。今村奈良臣『現代農地政策論』東京大学出版会，1983年，94頁。

28）　磯辺俊彦『日本農業の土地問題』東京大学出版会，1985年，63頁。

29）　新沢嘉芽統・華山謙『地価と土地政策』第二版，岩波書店，1976年，72～73頁。同書は本村に隣接する旧上福岡市の宅地開発を分析しており，ここでの論述も同書に負うところが大きい。とくに14～20頁および73～80頁を参照。

30）　厳密にいえば，敗戦後の復興期から地域開発の前夜にかけて，野菜作を中心として経営拡大を指向する上層農の形成が一部でみられた。しかし，この経営は「奥州っ子」と呼ばれる安価な雇用労働力に依存していたため高度経済成長に伴う労働市場展開と労働力流出のなかで急速に衰退していった。そして，この衰退を決定的にしたのが1950年代末からの地域開発の進展であった。

31）　この時期の地方財政の硬直化は全国的な問題となり，「54年決算では34府県，367市，

1880町村が赤字団体となり，自治体は政府の圧力のもとに極度の緊縮財政を迫られ」ていた。阿利莫二「戦後地方自治の展開と農政」加藤一郎・阪本楠彦編『日本農政の展開過程』東京大学出版会，1967年，227頁。

32） 地域開発の進展したところでは，一般に「1955年前後が地方政治に対する工業化の圧力が急激に高まった時期」であり，「大企業が自治体の政治を席巻するのは1960年前後」であった。升味準之輔「地方政治と工業化」同上書，363頁。このことは大井村にもあてはまる。

33） 磯辺俊彦，前掲書，67頁。

34） 大井村農民の土地売却は全体的には順調に進み，なかには自発的に売却した者もいた。とくに農地改革により自作農になった者ほどその傾向が強く，戦前からの自作農ほど売却を拒む傾向が強かった。ここには改革前からの自作農と改革により自作農になった者との土地所有に対する意識の違いがある。説得工作は売却を拒む農民らに効果があり，説得に当ったのがN. Mだけでなく，戦前来からの指導者であったS. Hが加わっていたことも重要な意味をもっていた。

35） 栗原百寿『現代日本農業論』中央公論社，1951年，114～115頁。

36） 栗原が個別資本の直接要求に応える「エージェント」を論じなかったのは，彼が高度経済成長期の土地開発の時期には生存しなかったことによると思われる。

終 章 総　括

本書の課題は，市町村農地委員会の活動，性格，機能の分析を通して，日本農地改革の特質を明らかにすることにあった。農地改革が短期間に徹底して実行されたのは，末端農村における改革遂行力，とりわけ農地委員会の事業処理能力や調整機能の高さによるところが大きく，そこに農地改革の特質が集約的に表れていたからである。この課題に接近するために，第１章で戦前・戦時・戦後における農地委員会構想とその成立過程を検討し，第２章で農地委員会の全国動向を分析し，第３章以下で事例分析を試みた。事例分析では，各町村の個別具体的問題を通して農地委員会の諸側面が浮かび上がったが，他方では町村間で一定の偏差を含む比較可能な共通問題もあった。各章の内容はそれぞれの章末で要約したので再論せず，ここでは事例分析で明らかになった事実をもとに序章で提示した諸論点を，農地委員会の政策効果との関連で整理し本書の総括としたい。

農地委員会の活動には，戦前・戦時期の諸条件に起因する側面と敗戦直後特有の事態に対応していく側面が併存していた。戦時期については，延徳村でみたように，県当局が農民各層に「協力一致体制」，「時局ニ鑑ミル」ことを強制し，小作料適正化，自作農創設，交換分合等で一定の成果を上げていた。とくに小作料適正化と自創事業では強圧的な行政指導が際立っていたが，交換分合では商品作物の集団化が自小作中上層の利益とも合致し村民の内的自発性も介在した。また小作地返還争議の解決や小作地減収調査では農地委員会はすでに地主・小作関係の自主的調整機能も果たしていた。戦時期農地委員会は村内諸機関・団体の糾合のもとで食糧増産・生産力拡充に取り組み，これにより地主小作関係に対する集団的な農地統制管理の地域規範が創り出された。しかし，この地域規範は敗戦直後から始まる無規制な農地移動により一旦弛緩する。戦時期以来の自創事業も1946年２月に事実上停止となる。事後的ではあったが，1947年１月から動き出す農地委員会の仕事の一つが農地移動の検出・適正化を含む移動統制となったのはこのためである。

戦前・戦時期の諸条件のなかには，農地委員会が機能するうえで有用な要素もあった。農地改革の最大の受益者は戦前・戦時期に経営前進を遂げ村内に分厚く存在していた自小作・小作中上層であり，多くの村では農地委員会の小作委員は中農中上層を中心に構成された。いわば改革の受益者自らが改革の主要な担い手となり，彼らが自分自身を解放するという論理が伏在していた。農地改革が比較的スムーズに実行された理由の一つはここにあった。また改革の「犠牲者」のうち不在地主を排除し在村地主だけを改革に参加させたことは，改革を地域完結的な「村の事業」としてスムーズに遂行させる一因となった。この地域完結性は第一次，第二次改革を通じて一貫していたが，その政策の源流は不在地主排除という戦時農地統制のなかにすでに存在していた。

農地改革は戦前期農業・農地問題の終結点に位置する。1920年代からの地主的土地所有の後退，小作争議の展開，農地政策の蓄積は農地改革の歴史的前提を形成した。しかし，この歴史的前提は農地改革の客観的条件ではあるが，改革に際しては農政当局も個々の農村も新たな主体的取り組みを必要とした。それは国家（政府）と改革現場を結びつける農地委員会に端的に現れた。第二次改革法は戦時農地政策を継承する一方，占領軍の外圧下でより急進化されていた。農政当局にとっては，農地委員会に強力かつ広範な権限を与え改革実行性を確保することが課題となったが，第１章でみたように農地委員会の活動は農村社会の自主的な問題解決能力や調整機能を基盤とし，その基盤のうえで委員会が事業処理において権限行使することが構想された。しかし，個々の農村にとって農地改革は外から与えられたものであり，程度差はあれ，どの村でも改革に際して新たな主体的条件や実行体制の整備を必要とした。それは農地委員会の活動基盤を創り出すことから始められた。こうして政策構想と個々の農村の取り組みにより，農地委員会という政策装置を介して国家と改革現場が連結される。その政策効果を整理すれば，次の諸点に要約されよう。

第１は，改革の実効性（徹底性と円滑性）を確保する村の改革実行体制についてである。農地委員選挙前後から改革初期にかけて，どの村でも改革実行体制が整備された。整備不十分な村では委員会運営の一時的紛糾ののちに再整備されることもあった。改革実行体制は農民間の相互監視機能を通じて，農地委員会が農地移動統制の機能を高め，それが違法・脱法行為を抑制することで，改革の徹底性と円滑性の確保に寄与した。農地移動統制は個人間の無規制な移動を制限しただけでなく，買収・売渡計画の樹立や適切な農地調整のためにも必要とされ，円滑な改革遂行を可能にした。実行体制の整備では村役場や農業会との協力関係の構築も不可欠であったが，戦時中の役場や農業会による既存の調査等文書では不完全でそのまま利用できず，改めて綿密な基礎調査が必要となった。桜井村の農民組合は村一円組織化後も部落単位の独立性を保持し部落内に「班」支部を設置し農地移動の適否を事前審議した。前山村では基礎調査や農地移動審議において村—部落—隣保組合という三層構造をとった地縁集団の相互監視を活動基盤とした。大井村では極端に戸数が少ない部落からは正式の農地委員は選出されなかったが，農地委員会は部落を代表する代理者を選出し委員と同等の地位を与え改革業務に当らせた。これらは農地委員の部落代表者的性格，部落補助員，部落内小地区の組織化が改革実行性を担保したことを示している。

改革の円滑性確保において，村内の社会的・政治的な立場や勢力を利用した実行体制が効果を上げる場合があった。平野村では農民組合が意図的に大地主を農地委員会の会長に就任させたが，その会長は自家製造の酒を持って中小地主宅を訪問し改革に協力するよう要請し，結果的に農民組合の意向に沿う行動をとった。村内で最大地主のこの行動は，中小地主の改革受入れを促進し改革の円滑な進展に寄与した。桜井村の会長は農民組合にも地主会にも加入せず中立的立場を堅持し，円滑な改革に努めた。彼は地主委員であったが，法的には所有1.5町，耕作８反の自作で自らは引揚者であった。こうした事情を背景に，彼は47年４月に村長にも選出され実行体制が強化されていった。この２つの事例は，会長の階層だけで農地委員会の性格を機械的に判断してはならないことを示している。また戦前期農民運動の経験者が農民組合を結成し自らも農地委員や専任書記として委員会運営に関与したことも，村内の社会的・政治的な実行体制づくりに有効であった。桜井村でリーダー格の小作委員や大井村の専任書記はその代表例である。彼らに共通するのは戦前期の運動経験者であることが村民から評価され，改革期には農地委員会の中心人物となったことである。彼らの委員会内外での言動は他の委員や農民組合員にも影響をおよぼし村内の改革遂行力を成長させていく原動力となった。

農民組合が実行体制の中心的位置を占めた事例は多いが，組合結成時期によって，その様相は若干異なっていた。延徳村と平野村では敗戦後早期に全階層を網羅的に組織した組合が結成され，全農民の共通利益問題に取り組んだ。この両村では改革実行段階に入るまでに地主，自作層が組合から離反し，組合は自小作・小作中心の組織に純化する。これに対して桜井村や大井村では改革直前の46年12月に農民組合が結成された。ここでは組合は農地改革を目的に結成され，当初から地主層を排除した組合が誕生した。前者の場合も，農地委員選挙直前に後者と同様の組織と性格になるが，それは投票実施の有無にかかわらず委員選挙を契機に進む農民各層の帰属階層意識の深まりによるものであった。

しかし改革実行体制の整備にとって，農民組合が必要不可欠であったというわけではない。農民組合が有効でありえたのは，農民間の相互監視や規制が違法・脱法行為を抑制し，それが農地委員会の事業処理を適正化したからである。言い換えれば，組合未結成の村であっても実行体制が十分整備されていれば農地委員会は実質的に機能しえた。前山村の実行体制がこれを裏付けている。そこでは部落や隣保組合単位での農地移動の調査や審査が農民組合支部における事前審議と同様の機能を果たしていた。

改革実行体制には各村の改革受容行動が現れていたが，それらは農地改革という国家事業を村の課題として内面化することで改革実行性を確保しようとする農村民の自己組織化であった。その組織化には戦前の農民運動経験，地主層の動向，戦後農民組合の性格，指導層の社会的資質が刻印され，さらに改革過程の一時的紛糾などが新たな要素として加わる場合もあり，戦前からの連続面と非連続面が併存していた。しかし，いずれの場合も，農地委員会が有効に機能するには，その活動基盤を創り出す目的達成的な実行体制づくりを必要とし，改革期農村は各々固有の方法でこれに取り組んだ。

第2は，改革に伴う混乱や衝突の緩和についてである。農地改革は土地所有権を強制譲渡する国家事業であり，大きな社会的衝突が発生する危険性があった。

しかし日本農地改革は全農民を改革に参加させることにより，改革に伴う階層間の利害対立を個別農村内部における利害調整問題に変換して処理させる方式がとられ，このことが改革に伴う利害衝突を緩和する安全弁としての効果を果たした。桜井村の農地均等化や前山村の農地均分化でみたように，この農地調整は改革に伴う利益と不利益を農民間で分かち合おうとするものであった。もとより，これらの調整は改革の利益と不利益を完全に均等化しうるものではないが，改革の「犠牲者」である地主層の改革受け入れを後押しすることで衝突や混乱を村段階で緩和する効果をもっていた。敗戦を契機に始まった小作地引上げの多くが争議化しなかったのは，それが事後的に検出・適正化されたことや農委設置後の引上げ申請が世帯属性を斟酌するなど村民が納得する範囲に絞り込まれて承認されたからである。さらに地主の小作地保有限度を圧縮し保有小作地の一部または全部の解放と引き換えに若干の小作地引上げを容認したことは，結果的に買収・売渡面積を増加させ，地主側も小作側も受け入れやすい調整であった。この調整は農地買収と小作地引上げを組み合わせて処理する特異な事業処理方法であり，それ自体「農民参加型」土地改革が生み出した知恵や創意の表れであった。このように農地委員会は国家権力の行使と農村内部の利害対立・調整を媒介するインターフェイスとしての機能を果たしたとみることができよう。

第3は，第2の点とも重なるが，農地委員会の計画や決定を不服とするものに認められた異議申立，訴願についてである。農地調整は村民間の利害対立を緩和し改革を円滑化する効果をもっていたが，調整を受け入れない者もいた。しかし全国的には，異議申立件数の約4分の3は地元の農地委員会の手で解決されたのであり，それ自体，市町村農地委員会の問題解決能力や調整機能の高さを示している。村段階の異議申立の審議と裁定は，地主層の不本意な妥協があったとしても，訴願件数を大幅に減少させたという意味で大きな効果を上げた。この効果は異議申立のすべてが，直接，県段階に持ち込まれた場合の改革事務の煩雑さや遅滞を想起すれば容易に理解されよう。訴願の多くは，地元の農地委員会の決定に不服のあるものにとって救済とはならなかった。県農委の判断の大半が村農委の判断と同一であったからである。むしろこの村と県を通じた農地委員会システムの効果は，改革に対する不満や抵抗を異議申立，訴願という合法的な事務手続きの枠内に取り込むことにより，改革阻害の動きを体制内行動として穏健化することにあった。訴願における県農委の判断結果を不服とするものはさらに裁判所に訴訟することができた。これは一面で農地委員会システムの限界を意味するが，日野村でみたように訴願や訴訟におよぶ地主は村の改革実行体制を共有しない非農業従事者や在村性の希薄な官吏・医師らであった。非農業者や商工業者らに対して農地委員会の権限行使が困難化することは，中込町における旧軍需工場所有農地の解放問題でみたとおりである。これと同様のことは，全国的には異議申立件数が東京で，訴願件数が大阪で最多となったことにも現れていた。

第4は，農民組合等による農地改革推進運動が農地委員会における改革業務過程に吸収され，広範な地域運動に拡大・発展する条件を欠いていたことである。農地改革推進運動は個別農村内部に収斂する方向を辿ったが，これは改革実行機関である農地委員会が市町村単位に設置され改革が地域完結性をもっていたことの当然の帰結であった。しかも改革当初の運動の熱気は改革進展とともに徐々に農地委員会における改革業務の行政過程に解消され，委員や書記らの小官僚化を招き大衆運動の必要性を減少させたが，これも農地委員会がもっていた政策効果の一つであった。下高井郡農民組合連合会が郡下町村の農地改革に関与する余地はきわめて小さく，各町村の農民組合員が農地委員に就任することを促す程度にとどまった。また中込町における旧軍需工業用地の解放問題について，周辺町村の農民組合は中込町の農民組合を支援することはいっさいなかった。この事例も改革期農民運動が，町村単位で地域完結性をもち広範な地域運動に発展する条件を欠いていたことを示している。

第5は農村新指導層の形成についてである。事例分析でみたように，農地委員（とくに小作委員），専任書記，農民組合幹部らは，改革後も町村の主要な機関や団体の要職に就任し，村政や農政活動の主要な担い手となっていた。彼らにとって，農地委員会は改革後の指導者に必要な行政能力や政治力の訓練の場であった。彼らが改革期に耕作農民の利益を追求・実現したことは，改革後の耕作農民たちが彼らに引き続き利益調達者であることを期待し，有力な指導者に押し上げていく要因となった。農地委員会は農地改革の実行機関であったにとどまらず，改革後の新指導層を創出する機能も果たしたのである。だが彼らが改革後に果たした役割は，主観的にはともかく，客観的には政府の農業政策の農村内への浸透や資本の土地需要に応えていく受け皿であった。このことは改革期に出現した変革主体が，改革後に体制内指導者に再編されていったことを意味するが，長期的にみれば，それも農地委員会がもっていた政策効果の一つであった。

参考文献一覧

愛甲勝矢「農地委員会論」日本農村調査会『農業問題』第４号，1948年。
愛知県農地史編纂委員会編『愛知県農地史　後篇』愛知県農地開拓課，1954年。
青木恵一郎『日本農民運動史』第五巻，日本評論社，1960年。
青木健「農地改革期の耕作権移動」『歴史と経済』第209号，2010年。
我妻栄，加藤一郎『農地法の解説』日本評論社，1947年。
秋田県農地部農地課内秋田県農地改革史編纂委員会『秋田県農地改革史』1953年。
天野藤男『農村社会問題　地主と小作人』二松堂，1920年。
新井義雄『農民組合と農業協同組合』農業協同組合研究会，1947年。
阿利莫二「戦後地方自治の展開と農政」加藤一郎・阪本楠彦編『日本農政の展開過程』東京大学出版会，1967年。
有元正雄「巨大地主の画期と〈再生産軌道〉」『土地制度史学』第48号，1970年。
五十棲藤吾「『農地等開放実績調査』の全国集計報告」山田盛太郎編『変革期における地代範疇』岩波書店，1956年。
池上昭『青年が村を変る――玉川村の自己形成史――』農山漁村文化協会，1986年。
石田雄「農政をめぐる利益諸集団の機能」加藤一郎・坂本楠彦編『日本農政の展開過程』東京大学出版会，1967年。
石田雄「農地改革と農村における政治指導の変化」東京大学社会科学研究所編『戦後改革６　農地改革』東京大学出版会，1975年。
石田雄『現代政治の組織と象徴』みすず書房，1978年。
石田雄「農業協同組合の組織論的考察」斎藤仁編『農業協同組合論』（昭和後期農業問題論集20所収）農山漁村文化協会，1983年。
磯辺俊彦『日本農業の土地問題』東京大学出版会，1985年。
一柳茂次「絹業・主蚕地帯の農民運動」農民運動史研究会『日本農民運動史』東洋経済新報社，1961年。
今村奈良臣『現代農地政策論』東京大学出版会，1983年。
岩手県農地改革史編纂委員会『岩手県農地改革史』岩手県自作農協会，1949年。
岩本純明「東北水田単作地帯における地主経済の展開」『土地制度史学』第69号，1975年。
岩本純明「農地改革　アメリカ側からの照射」思想の科学研究会編『共同研究　日本占領軍　上』現代史出版社，1978年。
岩本純明「農地改革」同編『戦後改革・経済復興期Ⅱ』戦後日本の食料・農業・農村第２巻Ⅱ，農林統計協会，2014年。

上原信博編『地域開発と産業構造』御茶の水書房，1977年。
江波戸昭「東京都区部における農地改革」『明治大学人文科学研究所紀要』別冊６，1986年。
江波戸昭『東京の地域研究』大明堂，1987年。
牛山敬二『農民層分解の構造　戦前期』御茶の水書房，1975年。
梅村又二他『長期経済統計９　農林業』東洋経済新報社，1966年。
大井町史編さん委員会編『大井町（村）における農地改革』大井町史料第36集，1985年。
大井町史編さん委員会『大井町史』通史編，下巻，1988年。
大門正克「戦時経済統制下の経済構造」大石嘉一郎・西田美昭編著『近代日本の行政村』日本経済評論社，1991年。
大鎌邦雄『行政村の執行体制と集落』日本経済評論社，1994年。
大川裕嗣「戦後改革期の日本農民組合」『土地制度史学』第121号，1988年。
大蔵省財政支出編『昭和財政史　降伏から講和まで』第三巻，東洋経済新報社，1976年。
大阪府農地部農地課編『大阪府農地改革史』1952年。
大竹啓介『幻の花――和田博雄の生涯――』上下，楽游書房，1981年。
大田遼一郎「天草における農地改革」『農業総合研究』第３巻第３号，1949年。
大場正巳『農家経営の史的分析』東洋経済新報社，1961年。
大和田啓氣『農地改革の解説』改訂増補，農民社，1947年。
大和田啓氣『秘史　日本の農地改革　一農政担当者の回顧』日本経済新聞社，1981年。
大和田啓氣「農地改革の回顧――エリック・ワード氏に聞く」『農業構造問題研究』第３号，No. 137，1983年。
大和田啓氣　遺稿・追悼録刊行委員会『大和田啓氣　農政に生涯を捧げて』1987年。
奥谷松治『近代日本農政史論』育生社，1938年。
小倉倉一『近代日本農政の指導者たち』農林統計協会，1953年。
小倉武一『土地立法の史的考察』1951年（『小倉武一著作集』第三巻，農山漁村文化協会，1982年。
小野遣夫『戦後農村の実態と再建の諸問題』経営評論社，1947年。
鹿児島県『鹿児島県農地改革史』1954年。
笠原千鶴「農協経営の基本矛盾」『日本農業年報』中央公論社，1958年。
梶井功『農業生産力の展開構造』全国農業会議所，調査研究資料第45号，1961年。
加藤一郎・永原慶二・上原信博『富山県砺波地方における慣行小作権の構成と農地改革――富山県東砺波郡東野尻村調査報告――』農政調査会，1952年。
廉内敬司『東北農山村の戦後改革』岩波書店，1991年。
加用信文監修『日本農業基礎統計』農林水産業生産性向上会議，1958年。
川口由彦「農地改革法の構造（一)」『法学志林』第90巻第４号，1993年。
川口由彦「農地改革法の構造」西田美昭編『戦後改革期の農業問題』日本経済評論社，1994

年。
管野正，田原音和，細谷昴『稲作農業の展開と村落構造』御茶の水書房，1975年。
菅野正『近代日本における農民支配の史的構造』御茶の水書房，1978年。
菅野正・田原音和・細谷昂『東北農民の思想と行動』御茶の水書房，1984年。
旧桜井新田村誌発行委員会『旧桜井新田村誌』1981年。
工藤輝義・福田勇助「東北山間における花卉産地展開と組織革新」『農業経営研究』第38巻第2号，2000年。
栗原百寿『日本農業の基礎構造』中央公論社，1943年。
栗原百寿『日本農業の発展構造』日本評論社，1949年。
栗原百寿『現代日本農業論』中央公論社，1951年。
栗原百寿「岡山県農民運動の史的分析」農民運動史研究会『日本農民運動史』東洋経済新報社，1961年。
栗原百寿「香川県農民運動史の構造的研究」同上『日本農民運動史』。
栗原百寿「農村インフレと農業恐慌」『栗原百寿著作集Ⅲ』校倉書房，1976年。
黒田伝太『鯉魚繁殖法』(『明治農書全集』第九巻　養蚕・養蜂・養魚)，農山漁村文化協会，1983年。
犬童一男他編『戦後デモクラシーの成立』岩波書店，1988年。
合田公計「R. A. フィーリーの農地改革原案」『大分大学経済論集』第41巻第5号，1990年。
小林三衛「農地改革と行政過程」東京大学社会科学研究所『戦後改革6　農地改革』第5章，東京大学出版会，1975年。
近藤康男「権力の人的再編成」岡義武編『現代日本の政治過程』岩波書店，1958年。
近藤康男『日本農業の経済分析』岩波書店，1959年。
近藤康男『続・貧しさからの解放』同『近藤康男著作集』第5巻，農山漁村文化協会，1974年。
近藤康男『むらの構造』同『著作集』第9巻，農山漁村文化協会，1975年。
近藤康男『土地問題の展開』時潮社，1948年。
齋藤仁編『アジア土地制度論序説』アジア経済研究所，1976年。
齋藤仁「土地所有構造についての一試論——戦前日本の小作争議と村落——」滝川勉編『東南アジア農村社会構造の変動』アジア経済研究所，1980年。
齋藤仁『農業問題の展開と自治村落』日本経済評論社，1989年。
坂井好郎『日本地主制史研究序説』御茶の水書房，1971年。
坂根嘉弘「小作料統制令の歴史的意義」『社会経済史学』第69巻1号，2003年。
坂根嘉弘「農地問題と農地政策」野田公夫編『戦時体制期』農林統計協会，2003年。
坂根喜弘「戦時期日本における農地委員会の構成と機能」『歴史と経済』第187号，2005年。
坂根喜弘『日本戦時農地政策の研究』清文堂，2012年。

佐久市志編纂委員会『佐久市志』歴史編（四）近代，1996年，（五）現代，2003年。
沢村康「事変下の小作問題と対策」『帝国農会報』1938年５月。
静岡県農地部『静岡県農地制度改革誌』静岡県農地部開拓課，1956年。
信濃毎日新聞社編『長野県に於ける農地改革』1949年。
信濃毎日新聞社『信毎年鑑』（昭和24年版）。
柴本嘉明『寄書き自伝』（『北信タイムス』1959～61年）。
渋谷定輔『農民哀史から六十年』岩波新書，1986年。
島袋善弘「大正末一昭和初期における村政改革闘争」『一橋論叢』第66巻第４・５号，1971年。
清水浩『日本における農業機械化の進展』農林水産生産性向上会議，1957年。
庄司俊作『近代日本農村社会の展開』ミネルヴァ書房，1991年。
庄司俊作『日本農地改革史研究』御茶の水書房，1999年。
須永重光編『近代日本の地主と農民』御茶の水書房，1966年。
関谷俊作『日本の農地制度　新版』農政調査会，2002年。
高橋伊一郎・白川清編『農地改革と地主制』御茶の水書房，1955年。
滝川勉『戦後フィリピン農地改革論』アジア経済研究所，1976年。
滝川勉『東南アジア農業問題論』頸草書房，1994年。
武内哲夫「地域開発論序説」喜多野精一・安達生恒・山本陽三編『農山村開発論』御茶の水書房，1974年。
武内哲夫・太田原高明『明日の農協』農山漁村文化協会，1985年。
竹前栄治『GHQ』岩波新書，1983年。
田崎宣義「戦時下小作農家の地主小作関係」『一橋論叢』第80巻，第３号，1978年。
田中学「農地改革と農民運動」東京大学社会科学研究所『戦後改革６　農地改革』第７章，東京大学出版会，1975年。
田辺勝正「農地問題の本質と農地調整法」『法律時報』第10巻第５号，1938年。
千葉県農地制度史刊行会『千葉県農地制度史』下巻，1950年。
中央農業会『適正規模調査報告』1943年。
スーザン・デボラ・チラ『慎重な革命家達』小倉武一訳注，農政研究センター，1982年。
佃実夫「草の根民主主義の変容」思想の科学研究会編『共同研究　日本占領軍　上』現代史出版社，1978年。
暉峻衆三編『地主制と米騒動』農業総合研究所，1958年。
暉峻衆三『日本農業問題の展開　下』東京大学出版会，1984年。
R. P. ドーア「進駐軍の農地改革構想――歴史の一断面――」『農業総合研究』第14巻第１号，1960年。
R. P. ドーア『日本の農地改革』並木正吉・高木裕子・蓮見音彦共訳，岩波書店，1965年。
東京大学社会科学研究所編『行政委員会　理論・歴史・実態』日本評論社，1951年。

東畑四郎『昭和農政談』家の光協会，1980年。
東畑四郎他「農地改革の再評価によせて」暉峻衆三編『農地改革論Ⅰ』所収，昭和後期農業問題論集1，農山漁村文化協会，1985年。
東畑精一『農地をめぐる地主と農民』酣燈社，1947年。
東畑精一『農村問題の諸相』岩波書店，1940年。
戸塚喜久「農地改革実施過程」西田美昭編『戦後改革期の農業問題』日本経済評論社，1994年。
品部義博「1930年代小作争議の一特質」『歴史学研究』第438号，1976年。
品部義博「小作調停にみる土地返還争議の諸相」『土地制度史学』第84号，1979年。
内閣総理大臣官房臨時農地等被買収問題調査室『農地改革によって生じた農村の社会経済的変化と現状——類型農村の階層別農家の農政学的農村社会学的な実態分析（第一部）——』1964年。
中江淳一「農地改革の過程と土地移動の諸問題」『農林統計調査』第4巻第7号，1951年。
中野清美『回想わが村の農地解放』朝日新聞社，1989年。
中野市誌編纂委員会『中野市誌』歴史編　後編，1981年。
中野市農業協同組合『中野市農協二十年の歩み』1984年。
長野県経済部『長野県の農業』1955年。
長野県内務部農商課『長野県の不況実情』1932年。
長野県農業協同組合中央会『長野県農業協同組合史』第一巻，1968年。
長野県農地改革史編纂委員会『長野県農地改革史　後史』1960年。
長野県編『長野県政史』第三巻，1973年。
永原慶二他『日本地主制の構成と段階』東京大学出版会，1972年。
長原豊『天皇制国家と農民』日本経済評論社，1989年。
中村隆英・竹前栄治監修『GHQ日本占領史』第33巻，『農地改革』日本図書センター，1997年。
中村政則『近代日本地主制史研究』東京大学出版会，1979年。
新潟県農地部農地開拓課編『新潟県農地改革史　改革顛末』新潟県農地改革史刊行会，1963年。
新沢嘉芽統・華山謙『地価と土地政策』第二版，岩波書店，1976年。
新山新太郎『敗戦そのとき村は——続・農民私史——』農山漁村文化協会，1981年。
西田美昭編『昭和恐慌下の農村社会運動』御茶の水書房，1978年。
西田美昭「昭和恐慌期における農民運動の特質」東京大学社会科学研究所編『昭和恐慌』東京大学出版会，1978年。
西田美昭『近代日本農民運動史』東京大学出版会，1997年。
西田美昭「戦後改革と農村民主主義」東京大学社会科学研究所編『20世紀システム　5』東

京大学出版会，1998年。
農業協同組合制度史編纂委員会編『農業協同組合制度史』第４巻（資料編１）協同組合経営研究所，1968年。
農業総合研究所計画部編『農地委員会の成長――農地委員会調査報告書――』農業総合研究所，1949年。
農業発達史調査会『日本農業発達史　7』中央公論社，1978年。
農政研究センター編『農地改革とは何であったか？』小倉武一訳，農山漁村文化協会，1997年。
農政ジャーナリストの会編『現代の農協組織』1965年。
農政調査会編『農地改革事件記録』1951年。
農地委員会神奈川県協議会編『神奈川県農地改革史』1949年。
農地委員会埼玉県協議会・埼玉県農業復興会議共編『農地改革は如何に行はれたか――埼玉県農地改革の実態――』農地委員会埼玉県協議会，1949年。
農地委員会全国協議会『農村に於ける土地改革――農地改革現地報告――』1948年。
農地改革記録委員会編『農地改革顛末概要』農政調査会，1951年。
農地改革資料編纂委員会『農地改革資料集成』全十六巻（1974～82年）農政調査会。
農地制度資料集成編纂委員会『農地制度資料集成』全十巻（1967～72年）御茶の水書房。
農民教育協会『農村公職者に関する総合調査――農業委員会選挙を契機として――』1952年。
農民組合史刊行会編『農民組合運動史』日刊農業新聞社，1960年。
農林漁業基本問題調査会『農業の基本問題と基本対策』解説版，1960年。
農林省『第五回地方小作官会議』1928年（復刻版，御茶の水書房，1980年。
農林省農政局『昭和十五年農地年報』1942年。
農林省農政局『昭和十六年農地年報』1943年。
農林省農地課『昭和二十五年農地年報』1952年。
農林省農務局『大正十五年小作調停年報第一次』。
農林省農務局編『農地調整法令解説』1938年。
農林水産省百年史編纂委員会『農林水産省百年史』中巻，下巻『農林水産省百年史』刊行会，1980年。
農林大臣官房総務課『農林行政史』第一巻，農林協会，1958年。
野田公夫「農地改革」山田達夫編著『近畿型農業の史的展開』日本経済評論社，1988年。
野田公夫「農地改革期小作地引き上げの歴史的性格」『農林業問題研究』第100号，1990年。
野田公夫『日本農業の発展論理』農山漁村文化協会，2012年。
野村岩夫『慣行小作権に関する研究』協調会，1937年。
野本京子「農業委員会の歴史的位置」椎名重明編『団体主義』東京大学出版会，1985年。
W. E. ハッチンソン編「GHQ 日本占領史序説」前掲『GHQ 日本占領史』第１巻，1996年。

L. I. ヒューズ『日本の農地改革』農林省農地課訳，農政調査会，1950年。
L. I. ヒューズ『日本の土地制度と農地改革に対する批判』小宮晶平訳，農政調査会，1957年。
平賀昭彦『戦前日本農業政策史の研究』日本経済評論社，2003年。
広島県農地部農地課『広島県農地改革誌』1952年。
樋渡展洋『戦後日本の市場と政治』東京大学出版会，1991年。
福岡県農地改革史編纂委員会編『福岡県農地改革史　下巻』福岡県農地課，1953年。
福島県農地改革史編纂委員会『福島県農地改革史』1951年。
福武直編『農村社会と農民意識』東京大学出版会，1972年。
福田勇助「昭和恐慌・戦時体制期における農村産業組合の経営構造」『筑波大学農林社会経済研究』第10号，1992年。
福田勇助「都市近郊における農村協同組合の展開構造」『筑波大学農林社会経済研究』第12号，1994年。
古島敏雄『改革途上の日本農業』柏葉書院，1949年。
古島敏雄「地主の小作地取上と農地改革の限界」『東洋文化』第4号，1951年。
古島敏雄「水利支配と農業・農村社会関係」大谷省三編『農地改革・農村問題講座』第一巻，河出書房，1954年
古島敏雄・的場徳三・暉峻衆三『農民組合と農地改革』東京大学出版会，1956年。
法政大学大原社会問題研究所編『土地と自由（1）』日本社会運動史料・機関誌篇・日本農民組合機関紙，1972年，復刻版。
堀口健治「土地改良事業」暉峻衆三編『日本資本主義と農業保護政策』御茶の水書房，1990年。
升味準之輔「政治過程の変貌」岡義武編『現代日本の政治過程』岩波書店，1958年。
升味準之輔「地方政治と工業化」加藤一郎・坂本楠彦編『日本農政の展開過程』東京大学出版会，1967年。
満川元親『戦後農業団体発展史』明文書房，1972年。
美土路達雄・平井正文「農村経済における農協の地位と役割」『日本農業年報』中央公論社，1958年。
南佐久農民運動史刊行会『南佐久農民運動史（戦前編）』1983年。
三和良一『日本占領の経済政策史的研究』日本経済評論社，2002年。
村田喜代治『地域開発と社会的費用』東洋経済新報社，1975年。
森武麿「戦時期農村の構造変化」岩波講座『日本歴史　近代7』1976年。
森武麿「農村社会とデモクラシー」南亮進・中村正則・西沢保編『デモクラシーの崩壊と再生』第4章，日本経済評論社，1998年。
森武麿『戦時日本農村社会の研究』東京大学出版会，1999年。
八木芳之助『農地問題の研究（一)』有斐閣，1939年。

横山憲長『地主経営と地域経済』御茶の水書房，2011年。
山口武秀『戦後日本農民運動史（上）』三一書房，1955年。
山田功男『農地改革』下巻，日本評論社，1985年。
山田勝久のあしあと編纂委員会『土のうた――山田勝久のあしあと』1988年。
吉田克己「農地改革法の立法過程」前掲『戦後改革6　農地改革』第4章。
W. I. ラデジンスキー「日本の農地改革」『世界各国における土地制度と若干の農業問題』（その一），農政調査会，1952年。
W. I. ラデジンスキー「アジアの土地改革」『世界』川田侃訳，1964年。
W. I. ラデジンスキー（ワリンスキー編）『農業改革　貧困への挑戦』齋藤仁・磯辺俊彦・高橋満監訳，日本経済評論社，1984年。
A. リックス『日本占領の日々　マクマホン・ボール日記』竹前栄治・菊池努訳，岩波書店，1992年。
綿谷赳夫「資本主義の発展と農民の階層分化」東畑精一・宇野弘蔵編『日本資本主義と農業』岩波書店，1959年。
和田博雄遺稿集刊行会『和田博雄遺稿集』農林統計協会，1981年。

あとがき

本書は，日本農地改革の実行機関であった市町村農地委員会に関する筆者のこれまでの研究を取りまとめたものである。農地改革が短期間に徹底的に，しかも大きな混乱もなく実行されるには，改革の現場である末端農村における改革遂行力，とくに全国すべての市町村に設置された農地委員会の活動を不可欠とした。農地改革はむろん占領軍の外圧や政府の行政権力なしにはありえず農地委員会も戦時農地政策の蓄積のうえに構想されたシステムであったが，この改革実行システムが敗戦直後の農村社会に受容され，改革遂行の中核的存在として機能を果たすことなくして改革の成功はありえなかった。この意味で日本農地改革は，「農民参加型」土地改革という内実をもっていた。本書のねらいは，農地委員会に関与し改革を中心的に担った人々の言動を通して，村ぐるみの改革実行体制の整備，農民団体の組織化，厳格な農地移動統制，村民合意を調達する適切な農地調整，改革を順調に進める弾力的法運用などを映し出す農地改革像を提示することであった。これらはいずれも改革を国家レベルの結果論として捉えるだけでは明らかにしえない実行過程に刻まれた農民の英知や創意の表れであり，またこれらを分析対象とすることで，日本農地改革の徹底性と円滑性の要因を改革現場レベルで掘り起こし，農地委員会が国家と農村を連結する政策装置として機能したことを明示できたと思う。

農地委員会の事例分析を進めるなかで，もう１つ明らかになっていったのは，改革期農村における変革主体の登場と成長が，戦後新指導層の形成論理に結びついていったことである。またそこには改革を受容し新指導層を支える耕作農民の動向が刻み込まれていた。本書では，こうした農民諸階層の改革への参加の経験と記憶が，改革後の農村社会にどのような遺産を残したのかを農民指導原理の変化や農村指導層の再編という視角から捉え返し，農地委員会の歴史的機能を再考することも課題とした。

本研究を進めるうえで，筆者は多くの諸先生・先輩から御指導や御教示をいただいた。一人ひとりのお名前は掲げないが，学内，学会，研究会等では数多くの方々から貴重な御指摘を賜ったことをここに記して感謝する次第である。また筆者の農村調査に協力いただいた農地委員，専任書期，部落補助員，農民組合役員として各町村の農地改革を遂行した人々からは，当時の農村社会の実態について多くのことを学んだ。さらに旧地主や地主委員経験者からも有益な証言を得ることができた。これらの人々の証言や資料提供がなければ本研究は成り立たなかった。ある旧地主は筆者の聞き取りに対し，最初は不機嫌で何も語ろうとしなかったが，聞き取りを続けているうちに,「農地改革に遭遇した口惜しさ」を40年ぶりに語った。また農民組合役員の経験者は「当時は皆が同じものを作り同じ考えだったから農民組合の組織づくりは容易だったが，今では皆別々のものを作り兼業も多く，かつてのような組織づくりは困難」と語った。さらに専任書記の経験者は「誰からも文句の出ないよう法律に忠実にやった」としながらも,「地主も小作人も法律内でできるだけ公平になるよう苦心した」と法令の弾力的運用に苦労したことを語った。今後，資料やデータの発掘により農地改革研究の一層の進展が望まれるが，改革を直接担った人々からの聞き取りは彼らの年齢から判断してもはや不可能となっている。本書が研究史に貢献できるとすれば，こうした農地委員会に関与した人々や旧地主からの聞き取り結果を反映していることである。

これらの調査は試行錯誤の連続であった。とくに『議事録』等の基礎資料をはじめ，各村の個別事情を反映する残された諸資料が,「村の事業」としての改革過程について，どのような実態を語っているのかという，事実の再構成には一定の苦労があった。調査は複数の事例に及んでいるが，それらを積み上げて一般化することにも努めたつもりである。資料収集や農地委員・専任書記経験者宅の戸別訪問などで１町村に何度も出かけた。調査地で眼にした四季折々の山々や河川の景色は今では懐かしい思い出になっている。

このような研究を取りまとめる場合，初出の論稿を執筆順に提示し本書の構成との対応関係を明示することが通例であろう。しかし本書は筆者の非力さと課題の大きさのゆえに，長い間にわたって執筆してきた論稿を新たに加筆して取りまとめたものであり，執筆当時とは内容や構成が大きく変化している。これらは学会誌，自治体史，勤務大学の紀要のほか，それらの一部を書き直した報告書も含まれていいが，もとになった論稿は以下のとおりである。なお序章と終章は新たに書き下ろした。

1. 「農地改革と農地委員会――土地返還問題を中心として――」『筑波大学農林社会経済研究』第１号，1982年。
2. 「農地委員会の性格と機能に関する一考察――長野県中野市旧日野村の事例より――」『農業経済研究』第55巻第４号，1984年。
3. 大井町史編纂委員会『大井町（村）における農地改革』大井町史料第36集，1985年。
4. 「戦時下農地委員会と改革期農地委員会――長野県中野市旧延徳村の事例より――」『農業経済研究』第58巻第１号，1986年。
5. 「都市近郊農村における農地改革と農地委員会――埼玉県入間郡大井村の事例を通して――」『筑波大学農林社会経済研究』第６号，1987年。」
6. 大井町史編纂委員会『大井町史』通史編，下巻，第５編，第１章，1988年。
7. 「戦後改革期における農民組合連合会の組織と活動――長野県下高井郡農民組合連合会の事例分析――」『筑波大学農林社会経済研究』第11号，1993年。
8. 「戦後農協設立期における農民組織の形成と展開――長野県下高井郡平野村（現中野市）の事例を中心に――」『協同組合研究』第12巻第３号，1993年。
9. 「農地委員会の自律的権限と農村社会――長野県下高井郡日野村における異議申立・訴願を中心に――」『筑波大学農林社会経済研究』第16号，1999年。
10. 「農地改革実施過程における『地域』問題――市町村農地委員会論の視角から――」『筑波大学農林社会経済研究』第18号，2001年。
11. 佐久市志編纂委員会『佐久市志』歴史編（五）現代，第３章，2003年。
12. 「戦前・戦時における農地委員会の構想と展開――農地改革『前史』の一側面――」『筑波大学農林社会経済研究』第21号，2004年。
13. 「農地改革期農政担当者の農地委員会構想――『農民参加型』改革遂行方式の形成と特質――」『筑波大学農林社会経済研究』第23号，2006年。
14. 「戦後改革期農地調整の諸形態と論理――長野県佐久市旧桜井村の事例より

──」『筑波大学農林社会経済研究』第25号，2008年。
15.「農地改革における耕作規模調整──長野県南佐久郡前山村の「均分化」をめぐって──」『農業史研究』第46号，2012年。

本書の出版に際しては，日本経済評論社代表取締役の栗原哲也氏，出版部の谷口京延氏からさまざまな御支援と御協力をいただいた。ここに記して謝意を表したい。

福田 勇助

【著者略歴】

福田勇助（ふくだ・ゆうすけ）

1951年　山口県に生まれる
1975年　東京教育大学農学部農村経済学科卒業
1977年　同大学大学院農学研究科修士課程修了
1982年　筑波大学大学院農学研究科博士課程満期退学
現　在　筑波大学大学院生命環境系教員　博士（農学）

〈主要業績〉

「農地委員会の性格と機能に関する一考察」『農業経済研究』第55巻第４号，1984年。「戦時下農地委員会と改革期農地委員会」『農業経済研究』第58巻第１号，1986年。「戦後農協設立期における農民組織の形成と展開」『協同組合研究』第12巻第３号，1993年。「東北山間における花卉産地展開と組織革新」（共著）『農業経営研究』第38巻第２号，2000年。「農地改革における耕作規模調整」『農業史研究』第46号，2012年。『大井町史』通史編，下巻，第５編第１章，1988年，『佐久市志』歴史編（五）現代，第３章，2003年など。

日本農地改革と農地委員会
――「農民参加型」土地改革の構造と展開――

2016年２月29日　第１刷発行　定価（本体12,000円+税）

著　者　福　田　勇　助
発行者　栗　原　哲　也

発行所　株式会社　日本経済評論社
〒101-0051　東京都千代田区神田神保町3-2
電話　03-3230-1661　FAX　03-3265-2993
E-mail：info8188@nikkeihyo.co.jp
URL：http://www.nikkeihyo.co.jp/

装幀＊渡辺美知子　印刷＊文昇堂・製本＊誠製本

乱丁落丁はお取替えいたします。　Printed in Japan

ISBN978-4-8188-2405-8